高职高专电子类专业"十二五"规划教材

电工电子技术应用基础

DIANGONGDIANZIJISHUYINGYONGJICHU

GAOZHIGAOZHUANDIANZILEIZHUANYESHIERWUGUIHUAJIAOCAI

主　编　王少华　柴霞君

副主编　樊伟平　刘丽敏　王朝红

　　　　吴沁园　董学义　刘红武

　　　　李　果　姜世杰　肖美根

主　审　李　浩

中南大学出版社
www.csupress.com.cn

图书在版编目（ＣＩＰ）数据

电工电子技术应用基础／王少华主编 ．－－长沙：中南大学出版社，2012.8

ISBN 978 - 7 - 5487 - 0600 - 7

Ⅰ.电… Ⅱ.王… Ⅲ.①电工技术－高等职业教育－教材 ②电子技术－高等职业教育－教材 Ⅳ.①TM②TN

中国版本图书馆 CIP 数据核字（2012）第 179652 号

电工电子技术应用基础

王少华 柴霞君 主编

□责任编辑 陈应征

□责任印制 易红卫

□出版发行 中南大学出版社

社址：长沙市麓山南路　　　　　邮编：410083

发行科电话：0731 - 88876770　　传真：0731 - 88710482

□印　　装 长沙印通印刷有限公司

□开　　本 787×1092　1/16 □印张 20 □字数 496 千字 □插页 2

□版　　次 2012 年 8 月第 1 版 □2017 年 12 月第 4 次印刷

□书　　号 ISBN 978 - 7 - 5487 - 0600 - 7

□定　　价 38.00 元

前　言

"电工电子技术"是一门重要的应用技术基础课程，其目的是培养学生具备较高水平的电工电子应用技术理论基础及基本技能。

本书从高等职业教育人才培养目标出发，贯彻"理论与实践"并重的高职教育教学理念，采取精简理论讲解、介绍必备知识、注重技能应用、提高职业素养的课程开发思路，以"应用知识＋任务实施＋作品检验（考核评价）"的课程结构和理实一体化的教学设计，运用讲练结合的方法，让学生在体验中学习，在实践中提高，突出学生职业素质培养，是一本以学生为主体、以技能为核心、以职业素养为目标，理实一体、深浅合适、颇具高职特色的规划教材。

编者根据自己多年的教学经验，结合职业教育的特点和要求，对教学内容进行了精选，对书中的实施任务做了合理安排。全书共分电工技术、电子技术上下两篇，九个模块，特别是在上篇中适当增加了常用低压电器、基本电气控制线路知识，为非电类专业学生通过本书的学习具备中级电工基本技能提供了帮助。在编写过程中，力求叙述清楚，分析准确，尽量减少数理论证，做到深入浅出，通俗易懂，理论联系实际。书中带 * 号的内容可根据学时数的多少和专业需要进行选修。

本书由湖南生物机电职业技术学院王少华和湖南高速铁路职院柴霞君任主编，负责全书统稿。上篇中的模块一由湖南生物机电职业技术学院李果编写，模块二由长沙航空职业技术学院王朝红编写，模块三由河南周口职业技术学院董学义编写，模块四由湖南生物机电职业技术学院姜世杰编写，模块五由湖南生物机电职业技术学院王少华编写；下篇中的模块一由湖南生物机电职业技术学院刘丽敏编写，模块三由湖南高速铁路职院柴霞君、广州市轻工技师学院樊伟平编写，模块四由湖南化工职业技术学院吴沁园编写，郴州市第一人民医院刘红武参加附录编写及协助统稿工作。

本书由李浩主审，主审对书稿进行了认真的审阅，并提出了很多宝贵的意见和建议，在此深表感谢。

由于编者水平有限，书中不足和疏漏在所难免，敬请读者批评指正。

编　者
2014 年 1 月

目　录

上篇　电工技术部分

下篇　电子技术部分

上篇
电工技术部分

模块一 电工技术基本技能

一、模块描述

本模块分三个部分，分别介绍发电厂及其电力系统，工厂供电系统，低压配电系统；常用电工仪表的使用，包括万用表、兆欧表、钳形电流表、接地电阻测试仪；电工安全的必备知识，包括触电的预防和急救，雷电的防护等。

二、知识准备

1 电力系统概述

1.1 发电厂和电力系统概述

1.1.1 发电厂

发电厂是将自然界蕴藏的一次能源转换为电能的工厂。根据一次能源的不同，可将发电厂分为火力发电厂、水力发电厂、原子能发电厂、风能发电厂、太阳能发电厂、地热发电厂等。目前，我国电力能源主要是由火力发电厂与水力发电厂提供。由于火力发电厂的一次能源是煤炭，给自然环境、交通运输带来较大的压力，火力发电厂在电力能源中的比重将会逐步降低。国家对电力能源的发展是积极发展核电和水电，全面发展新能源，开展生物制能，鼓励风力发电、太阳能发电等清洁环保的发电方式。生物发电也是我国电力能源发展的一个有效的补充。

现以水力、火力发电厂为例简述电能的生产过程。

水力发电厂是把水的位能和动能转换成电能的工厂，它的基本生产过程是：从河流高处或水库内引水，利用水的压力或流速冲动水轮机旋转，将水能转变成机械能，然后水轮机带动发电机旋转，将机械能转变成电能，如图 1 - 1 所示。目前我国最大的水力发电厂是三峡，装机容量 1820 万 kW，26 台 70 万 kW 机组。

火力发电厂是利用燃料（主要是煤）的化学能来生产电能的。它的生产过程是：把煤块粉碎成煤矿粉，煤矿粉在炉膛内充分燃烧，将锅炉中的水加热成高温、高压蒸汽，燃料的化学能转化为蒸汽的热能。蒸汽经过管道送入汽轮机，推动其旋转。汽轮机与发电机是联轴的，带动发电机转子转动。这样，汽轮机旋转的机械能就转换成了电能，如图 1 - 2 所示。

1.1.2 电力系统

所谓电力系统，就是由发电、变电、输电、配电和用电五个环节组成的电能生产与消耗的系统。在电力系统中，电能的生产，即发电，是由发电厂来完成的；电能电压的变换，

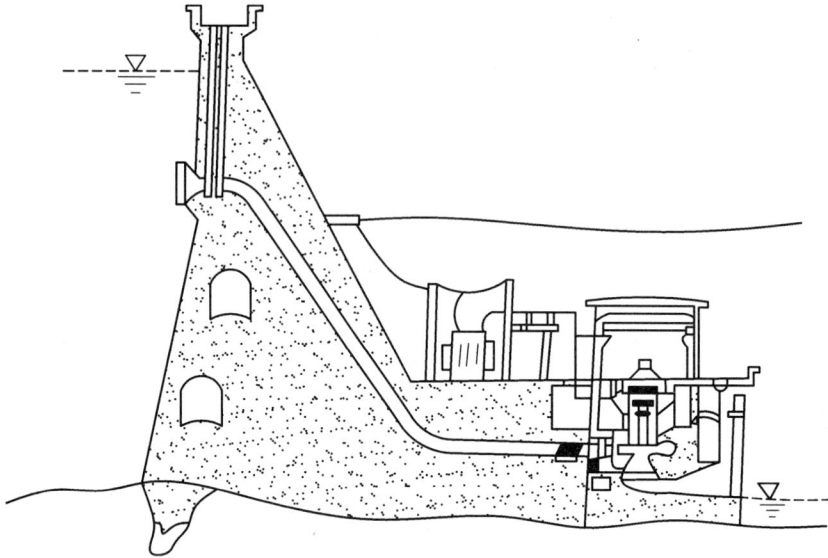

图 1-1　水力发电厂示意图

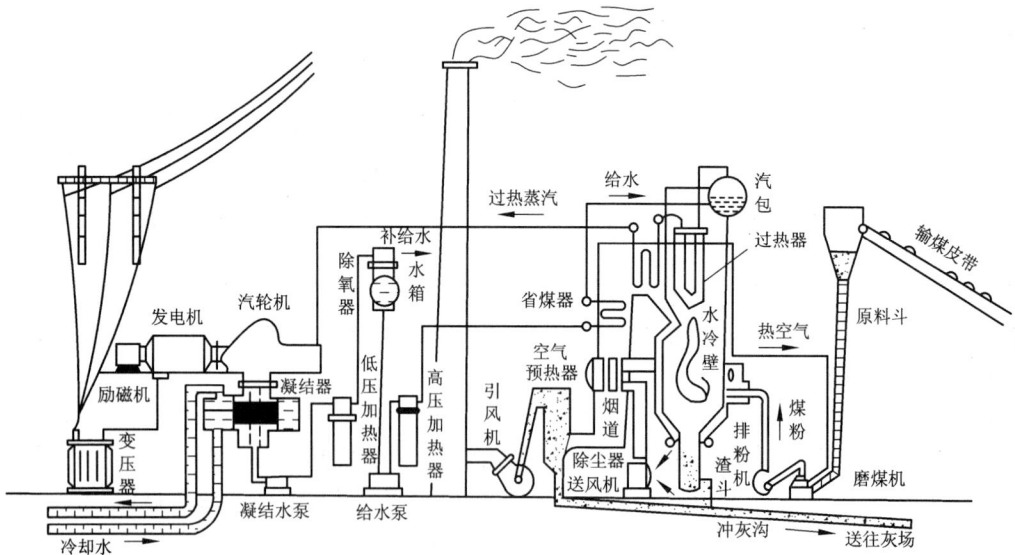

图 1-2　火力发电厂示意图

即变电,是由变电站完成的;输电和配电是由电力网来完成的;最后由用户来使用电能。

　　在电力系统中,如果每个发电厂孤立地向用户供电,其可靠性不高。如当某个电厂发生故障或停机检修时,该地区将被迫停电,因此为了提高供电的安全性、可靠性、连续性、运行的经济性,并提高设备的利用率,减少整个地区的总备用容量,常将很多发电厂、电力网和电力用户连成一个整体。这里由发电厂、电力网和电力用户组成的统一整体称为电力系统。典型的电力系统如图 1-3 所示。

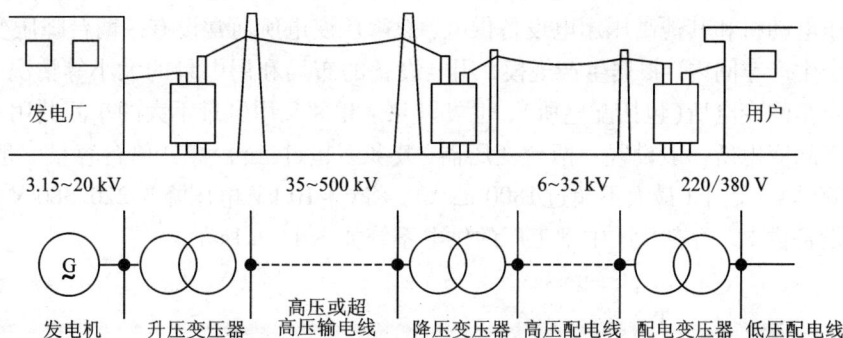

图 1-3 电力系统示意图

电能是由发电厂的发电机组产生的。发电厂发电可利用不同的自然资源，为了合理地利用自然资源，发电厂一般都建在资源丰富的地方。但是用电地区可能离发电厂很远，这就需要将发电厂发出的电能输送到用电地区。输电距离可能达到几十、几百甚至几千公里。目前，由于受到材料绝缘性能的限制，发电机发出的电压等级通常为 6 kV、10 kV。在输送功率一定的情况下，输送的电压越高，输电线路中通过的电流就越小，这样就可以减小输电导线的截面积，节约材料，又可以减少导线因发热而产生的电能损耗。因此，发电厂生产出来的电能需要升高电压（如 110 kV，220 kV，330 kV 甚至为 500 kV 等），电能输送到用电区以后，再经变电所的降压变压器把电压降为较低的电压（如 6 kV、10 kV），把电能分配给用电工厂或生活小区的配电所，配电所的降压变压器再把电压降为用户能使用的 380 V/220 V。

通常，把升压变压器、输电线路及降压变电所叫做电力网，简称电网。电网是发电厂和用户之间的中间环节，起着输送和分配电能的作用。目前我国电力网标准电压等级有：0.22 kV、0.38 kV、3 kV、6 kV、10 kV、35 kV、110 kV、220 kV、330 kV、500 kV、750 kV 等，习惯上把 1 kV 以下的电压叫做低压，把 1 kV 以上的电压叫做高压。

1.2 工厂供电系统概述

1.2.1 工厂供电的意义和要求

工厂是电力用户，它接受从电力系统送来的电能。工厂供电就是指工厂把接受的电能进行降压，然后再进行供应和分配。工厂供电是企业内部的供电系统。

工厂供电工作要很好地为工业生产服务，切实保证工厂生产和生活用电的需要，并做好节能工作，这就需要有合理的工厂供电系统。合理的供电系统需达到以下基本要求：

(1) 安全：在电能的供应分配和使用中，不应发生人身和设备事故。

(2) 可靠：应满足电能用户对供电的可靠性要求。

(3) 优质：应满足电能用户对电压和频率的质量要求。

(4) 经济：供电系统投资要少，运行费用要低，并尽可能地节约电能和材料。此外，在供电工作中，应合理地处理局部和全部、当前和长远的关系，既要照顾局部和当前利益，又要顾全大局，以适应发展要求。

1.2.2 工厂供电系统组成

工厂供电系统由高压及低压两种配电线路、变电所（包括配电所）和用电设备组成。一般大、中型工厂均设有总降压变电所,把 35～110 kV 电压降为 6～10 kV 电压,向车间变电所或高压电动机和其他高压用电设备供电,总降压变电所通常设有一两台降压变压器。

在一个生产车间内,根据生产规模、用电设备的布局和用电量的大小等情况,可设立一个或几个车间变电所(包括配电所),也可以几个相邻且用电量不大的车间共用一个车间变电所。车间变电所一般设置一两台变压器(最多不超过三台),其单台容量一般为 1000 kVA 或 1000 kVA 以下(最大不超过 1800 kVA),将 6～10 kV 电压降为 220/380 V 电压,对低压用电设备供电。一般大、中型工厂的供电系统如图 1-4 所示。

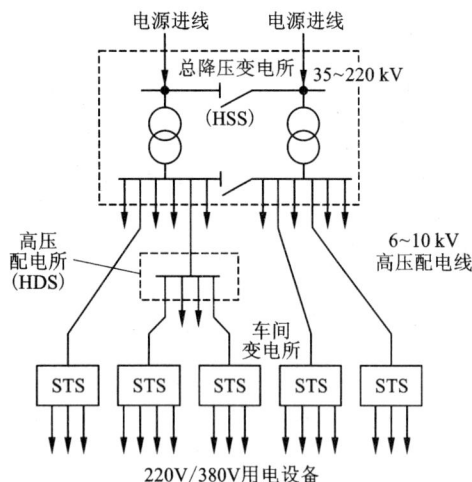

图 1-4　大、中型工厂供电系统图

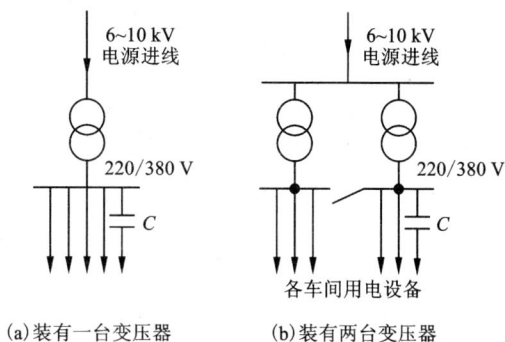

图 1-5　小型工厂供电系统图

小型工厂,所需容量一般为 1000 kVA 或稍多,因此,只需设一个降压变电所,由电力网以 6～10 kV 电压供电,其供电系统如图 1-5 所示。

变电所中的主要电气设备是降压变压器和受电、配电设备及装置。用来接受和分配电能的电气装置称为配电装置,其中包括开关设备、母线、保护电器、测量仪表及其他电气设备等。对于 10 kV 及 10 kV 以下系统,为了安装和维护方便,总是将受电、配电设备及装置做成成套的开关柜。

工业企业高压配电线路主要作为厂区内输送、分配电能之用。高压配电线路应尽可能采用架空线路,因为架空线路建设投资少且便于检修维护。但在厂区内,由于对建筑物距离的要求和管线交叉、腐蚀性气体等因素的限制,不便于架设架空线路时,可以敷设地下电缆线路。

工业企业低压配电线路主要作为向低压用电设备输送、分配电能之用。户外低压配电线路一般采用架空线路,因为架空线路与电缆相比有较多优点,如成本低、投资少、安装容易、维护和维修方便、易于发现和排除故障。电缆线路与架空线路相比,虽具有成本高、投资大、维修不便等缺点,但是他具有运行可靠、不易受外界影响、不需架设电杆、不占地面空间、不碍观瞻等优点,特别是在有腐蚀性气体和易燃、易爆场所,不宜采用架空线路时,则只有敷设电缆线路。随着经济的发展,在现代化工厂中,电缆线路得到了越来越广泛的应用。在车间内部则应根据具体情况,或用明敷配电线路或用暗敷配电线路。

在工厂内,照明线路与电力线路一般是分开的,可采用 220 V/380 V 三相四线制,尽量由一台变压器供电。

变(配)电所是联系发电厂与用户的中间环节,他起着变换与分配电能的作用。本节仅介绍常见的 10 kV 变电所。10 kV 变电所主要由变压器、高压开关柜(断路器)、低压开关柜(隔离开关、空气开关、电流互感器、计量仪表)、母线等组成。

1.3　用电负荷与低压供配电系统

1.3.1　用电负荷的分级

不同的用户,对供电可靠性的要求不一样。根据用户对供电可靠性的要求及中断供电造成的危害或影响的程度,我们把用电负荷分为三级:

(1)有下列情况之一者为一级负荷

①中断供电将造成人身伤亡。

②在政治、经济上造成重大损失。

③影响有重大政治、经济意义的用电单位的正常工作的用电负荷。

在一级负荷中,当中断供电将发生中毒、爆炸和火灾等情况的负荷,以及特别重要场所不允许中断供电的负荷,应视为特别重要的负荷。

(2)有下列情况之一者为二级负荷

①中断供电将在政治上、经济上造成较大损失时。

②中断供电将影响重要用电单位的正常工作。

(3)三级负荷

不属于一级和二级负荷的一般负荷,即为三级负荷。

在上述三类负荷中,一级负荷应采用两个电源供电;当一个电源发生故障时,另一个电源不应同时受到损坏。一般把重要的医院、铁道信号、大型商场、体育馆、影剧院,重要宾馆和电信电视中心列为一级负荷。如指挥火车运行的车站信号楼内的信号、通信设备用电源,可采用铁路专用的自闭线、贯通线两路电源供电。

对特别重要负荷,除采用两个独力电源外,还应增设应急电源。对于二级负荷,一般由两个回路供电,两个回路的电源线应尽量引自不同的变压器或两段母线。对于三级负荷无特殊要求,采用单电源供电即可。

1.3.2　常用的低压供配电系统

国际电工委员会(IEC)对建筑工程所使用的低压供电系统作了统一规定,分为 TT 系统、TN 系统、IT 系统。其中 TN 系统又分为 TN – C、TN – S、TN – C – S 系统。下面对各种供电系统做一个扼要的介绍。

TT 方式供电系统是指将电气设备的金属外壳直接接地的保护系统,也称为保护接地系统。用 TT 表示,这种接地系统目前很少采用。TN 方式供电系统是将电气设备的金属外壳与工作零线相接的保护系统,也称作接零保护系统,用 TN 表示。一旦设备出现外壳带电,接零保护系统能将漏电电流上升为短路电流,这个电流很大,是 TT 系统的 5.3 倍,实际上就是单相对地短路故障,熔断器的熔丝会熔断,低压断路器的脱扣器会立即动作而跳闸,使故障设备断电,比较安全。IT 方式供电系统中,I 表示电源侧没有工作接地,或经过高阻抗接地。第二个字母 T 表示负载侧电气设备进行接地保护。

在 TN 方式供电系统中,根据其保护零线是否与工作零线分开而划分为 TN – C、TN – S

和 TN – C – S 三种供电系统。

（1）TN – C 方式供电系统　它是用工作零线兼作接零保护线，可以称作保护中性线，可用 PEN 表示，如图 1 – 6 所示。

（2）TN – S 方式供电系统　它是把工作零线 N 和专用保护线 PE 严格分开的供电系统，称作 TN – S 供电系统，即三相五线制供电系统，如图 1 – 7 所示。

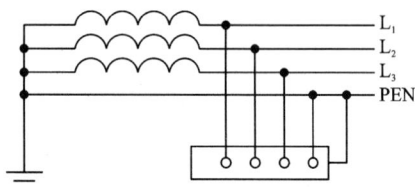

图 1 – 6　TN – C 供电系统示意图　　　　图 1 – 7　TN – S 供电系统示意图

TN – S 供电系统的特点如下：

①系统正常运行时，专用保护线上没有电流，只是工作零线上有不平衡电流。PE 线对地没有电压，电气设备金属外壳接零保护是接在专用的保护线 PE 上，安全可靠。

②工作零线只用作单相照明负载回路。

③专用保护线 PE 不许断线，也不许进入漏电开关。

④干线上使用漏电保护器，工作零线不得有重复接地，而 PE 线有重复接地，但是不经过漏电保护器，所以 TN – S 系统供电干线上也可以安装漏电保护器。

⑤TN – S 方式供电系统安全可靠，适用于工业与民用建筑等低压供电系统。在建筑工程施工前的"三通一平"（电通、水通、路通和地平——必须采用 TN – S 方式供电系统）。

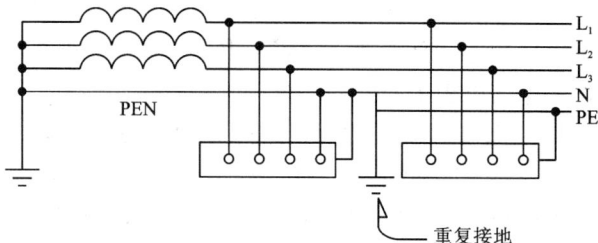

（3）TN – C – S 供电系统　它指电气设备的工作零线和保护零

图 1 – 8　TN – C – S 供电系统示意图

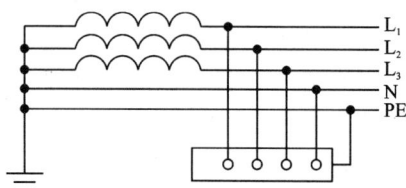

线在整个供电系统中，一部分功能合一，一部分分开的供电系统，即由三相四线制供电系统变为局部的三相五线制供电系统，如图 1 – 8 所示。

TN – C – S 方式供电系统，在建筑施工临时供电中，如果前部分是 TN – C 方式供电，而施工规范规定施工现场必须采用 TN – S 方式供电系统，则可以在系统后部分现场总配电箱分出 PE 线，TN – C – S 系统的特点如下：

①PE 线在任何情况下都不能进入漏电保护器，因为线路末端的漏电保护器动作会使前级漏电保护器跳闸造成大范围停电。

②对 PE 线除了在总箱处必须和 N 线相接以外，其他各分箱处均不得把 N 线和 PE 线相连，PE 线上不许安装开关和熔断器。

通过上述分析，TN – C – S 供电系统是在 TN – C 系统上临时变通的做法。当三相电力变压器工作接地情况良好、三相负载比较平衡时，TN – C – S 系统在施工用电实践中效果还是可行的。但是，在三相负载不平衡、建筑施工工地有专用的电力变压器时，必须采用 TN－S 方式供电系统。

PEN 线分为保护线和中性线以后，N 线应对地绝缘。为了防止分开后的 PE 线与 N 线混淆，应按国标 GB7947－87 的规定，给 PE 线和 PEN 线涂以黄绿相间的色标，给 N 线涂以浅蓝色色标。PEN 自分开后，PE 线与 N 线不能再合并，否则将丧失分开后形成的 TN－S 系统的特点。

TN－C－S 是广泛采用的配电系统，在工矿企业中，对电位敏感的电气设备往往设置在线路末端，而线路前端大多数为固定设备，因此，到了线路末端改为 TN－S 系统十分不利。在民用建筑中，电源线采用 TN－C 系统，进入建筑物内改为 TN－S 系统。这种系统，线路结构简单又能保证一定的安全水平。在电源侧的 PEN 线上难免有一定的电压降，但对工矿企业的固定设备及作为民用建筑的电源线都没有影响，PEN 分开后即有专用的保护线，可以确保 TN－S 所具有的特点。

在三相四线制供电方式中，主要采用 TN－C 供电系统，对于单相回路存在较大的安全缺陷。单相二线供电方式，最大缺陷是在发生电器外壳碰相线时，直接将 220 V 相电压施加给此时正巧触摸到的人，从而发生触电事故。

2　常用电工仪表的使用

常用电工仪表按测量方法可分为比较式和直读式两类。比较式仪表需将被测量与标准量进行比较后才能得出被测量的数量，常用的比较式仪表有电桥、电位差计等。直读式仪表将被测量的数量由仪表指针在刻度盘上直接指示出来，常用的电流表、电压表等均属直读式仪表。直读式仪表测量过程简单，操作容易，但准确度不可能太高；比较式仪表的结构较复杂，造价较昂贵，测量过程也不如直读法简单，但测量的结果较直读式仪表准确。

常用电工仪表按被测量的种类可分为电流表、电压表、功率表、频率表、相位表等。

若按电流的种类，可分为直流、交流和交直流两用仪表。

若按工作原理，可分为磁电式、电磁式、电动式仪表等。

若按显示方法，可分为指针式（模拟式）和数字式。指针式仪表用指针和刻度盘指示被测量的数值；数字式仪表先将被测量的模拟量转化为数字量，然后用数字显示被测量的数值。

按准确度可分为 0.1、0.2、0.5、1.0、1.5、2.5 和 5.0 共 7 个等级。

2.1　万用表

万用表是电工电子专业中使用得最频繁的测量仪表之一，万用表可以分为指针式万用表与数字式万用表，如图 1－9（a）（b）所示。

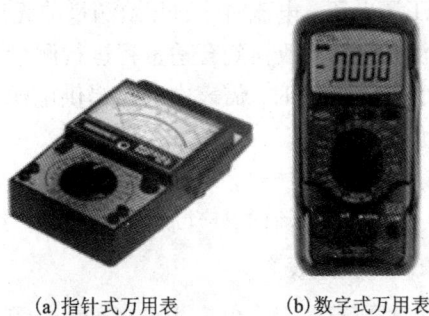

（a）指针式万用表　　（b）数字式万用表

图 1－9

（1）万用表通常具有以下测量功能：

①直流电流的测量。转换开关置于直流电流挡，被测电流从 ＋、－ 两端接入，便构成直流电流测量电路。通过改变转换开关的挡位来改变测量电流量程的目的。

②直流电压的测量。转换开关置于直流电压挡，被测电压接在 + 、 - 两端，便构成直流电压的测量电路。同样可以改变转换开关的挡位来改变倍压电阻，从而达到改变电压量程的目的。

③交流电压的测量。转换开关置于交流电压挡，被测交流电压接在 + 、 - 两端，便构成交流电压测量电路。表盘刻度反映的是交流电压的有效值。电压量程的改变与测量直流电压时相同。

④电阻的测量。转换开关置于电阻挡，被测电阻接在 + 、 - 两端，便构成电阻测量电路。电阻自身不带电源，因此接入表内电池 E。电阻的刻度与电流、电压的刻度方向相反，且标度尺的分度是不均匀的。

（2）指针式万用表使用方法

①红表笔插入" + "极，黑表笔插入" - "极。

使用前必须把测量范围的选择开关旋到与被测电量相应的挡位和量程上，并注意插孔（或接线柱）的选择。

②测量电阻前，除测量范围的选择开关旋到相应的电阻挡外，还应将表笔短接，进行电气调零。在电路中测电阻时，一般应将该电阻的一端与电路断开，严禁在电阻通电时，用万用表测量电阻。

③测量电压时，决不允许把量程范围的选择开关旋到电流或电阻挡位，否则电表将被损坏。

④万用表使用完毕后，一般应把转换开关旋到交流电压的最大量程挡，或旋至"OFF"挡。

（3）数字式万用表使用方法

数字式万用表以数字显示被测量值，因而消除了视差和减少了人为误差。数字式万用表的精确度和灵敏度都比指针式万用表高。

①先用选择开关选择被测量的项目及其量程。

②输入插孔"COM"为公用插孔，其他插孔按被测量项目选择。

③电源开关扳向"ON"为开，此时屏上即有显示。

（4）万用表使用注意事项

①测电压、电流时，如开始测量前无法估计合适量程，则应先用万用表的最高量程进行粗测，然后再改换到合适量程进行测量。

②测量电阻时，需表内电池提供电源，这时，黑表笔接内部电池正极，红表笔接内部电池负极。

③测直流电压时，红表笔接电源正，黑表笔接电源负，不能反接。

④测直流电流时，应断开被测电路，红表笔接电流入，黑表笔接电流出。

2.2　兆欧表

有时要求对众多的电力设备如：电缆、电机、发电机、变压器、互感器、高压开关、避雷器等进行绝缘性能试验，就需要用到兆欧表。兆欧表俗称摇表，是测量绝缘体电阻的专用仪表，主要由磁电式流比计与手摇直流发电机组成。

兆欧表的接线端钮有 3 个，分别标有"G（屏）"、"L（线）"、"E（地）"。被测的电阻接在 L 和 E 之间，G 端的作用是为了消除表壳表面 L、E 两端间的漏电和被测绝缘物表面漏电的影响。在进行一般测量时，把被测绝缘物接在 L、E 之间即可。但测量表面不干净或潮湿的对象时，为了准确地测出绝缘材料内部的绝缘电阻，就必须使用 G 端。

兆欧表使用注意事项：

（1）测量电气设备的绝缘电阻，必须先切断电源，遇到有电容性质的设备，例如电缆，线路必须先进行放电。

（2）兆欧表使用时，必须平放。

（3）兆欧表在使用之前应先进行开路实验，看看指针是否指在起始处，然后再将"L"和"E"两个接线柱短路，慢慢地转动兆欧表，查看指针是否指在"0"处。

（4）兆欧表引线必须绝缘良好，线不要绞在一起。

（5）兆欧表进行测量时，以转动一分钟后的读数为准。

（6）在测量时，应使兆欧表转数达到 120 r/min。

（7）兆欧表的量限往往达几千兆欧。最小刻度在 1 兆欧左右，因而不适合测量 100 千欧以下的电阻。

2.3　钳形电流表

钳形电流表携带方便，在测量交流大电流时，无需断开电源和线路即可直接测量运行中电气设备的工作电流，以便及时了解设备的工作状况，十分方便。钳形电流表如图 1-10 所示。

使用钳形电流表应注意以下问题：

（1）测量前应先估计被测电流的大小，选择合适量程。若无法估计，为防止损坏钳形电流表，应从最大量程开始测量，逐步变换挡位直至量程合适。改变量程时应将钳形电流表的钳口断开。

（2）为减小误差，测量时被测导线应尽量位于钳口的中央。

图 1-10　钳形电流表

（3）测量时，钳形电流表的钳口应紧密接合，若指针抖晃，可重新开闭一次钳口，如果抖晃仍然存在，应仔细检查，注意清除钳口杂物、污垢，然后进行测量。

（4）测量小电流时，为使读数更准确，在条件允许时，可将被测载流导线绕数圈后放入钳口进行测量。此时被测导线实际电流值应等于仪表读数值除以放入钳口的导线圈数。

（5）测量结束，应将量程开关置于最高挡位，以防下次使用时疏忽，未选准量程进行测量而损坏仪表。

2.4*　接地电阻测试仪

接地电阻测试仪，是用于建筑物防雷接地电阻、电源的重复接地的接地电阻、保护接地的接地电阻等的测量仪器。

接地电阻测试仪使用的注意事项：

（1）将仪表放置水平位置，检查检流计的指针是否在中心线上，否则应用零位调整器将其调整于中心线上。

（2）将"倍率标度"置于最大倍数，慢慢转动发电机的摇把，同时转动"测量标度盘"使检流计的指针指于中心线上。

（3）当检流计的指针接近平衡时，加快发电机摇把的转速，使其达到每分钟 120 转以上，同时调整"测量标度盘"，使指针指于中心线上。

（4）如"测量标度盘"的读数小于1时，应将倍率置于较小的倍数，再重新调整"测量标度盘"以得到更精确的读数。

（5）在填写接地电阻测试记录时，应附以电阻测试点的平面图，并应对测试点进行顺序编号。

（6）接地线路要与被保护设备断开，以保证测量结果的准确性。

（7）下雨后，土壤吸收水分太多的时候，以及气候、温度、压力等急剧变化时不宜测量。

（8）被测地极附近不能有杂散电流和已极化的土壤。

（9）探测针应远离地下水管、电缆、铁路等较大金属体，其中电流极应远离10 m以上，电压极应远离50 m以上。

（10）注意电流极插入土壤的位置，应使接地棒处于零电位的状态。

（11）连接线应使用绝缘良好的导线，以免有漏电现象。

（12）测试宜选择土壤电阻率大的时候进行，如初冬或夏季干燥季节时进行。

（13）用接地电阻测试仪测量接地电阻，要把电压和电流探测针与接地极排成一条直线。

测量前，将被测的接地体与接地线断开，仪表水平摆放，使指针位于中心线的零位上，并合理选择倍率盘上的倍率，测量时，转动摇把逐渐加速，在升速过程中随时调整指示盘，当摇把转速达到120 r/min时，指针平稳指零后，停止转动调节，这时倍率盘倍数乘以指示盘读数，即为接地电阻阻值。

3　电工安全必备知识

3.1　电流对人体的伤害

当人体触及带电体，承受过高的电压而导致死亡或局部受伤的现象称为触电。触电依据伤害程度不同可分为电击和电伤两种。

（1）电击

电击是指电流触及人体而使内部器官受到损害，它是最危险的触电事故。当电流通过人体时，轻者使人体肌肉痉挛，产生麻电感觉，重者会造成呼吸困难，心脏麻痹，甚至导致死亡。电击多发生在对地电压为220 V的低压线路或带电设备上，因为这些带电体是人们日常工作和生活中易接触到的。

（2）电伤

电伤是由于电流的热效应、化学效应、机械效应以及在电流的作用下使熔化或蒸发的金属微粒等侵入人体皮肤，使皮肤局部发红、起泡、烧焦或组织破坏，严重时也可危及生命。电伤多发生在1000 V及1000 V以上的高压带电体上，它的危险虽不像电击那样严重，但也不容忽视。

人体触电伤害程度主要取决于流过人体电流的大小和电击时间长短等因素，我们把人体触电后最大的摆脱电流，称为安全电流。我国规定安全电流为30 mA·s，即触电时间在1s内，通过人体的最大允许电流为30 mA。人体触电时，如果接触电压在36 V以下，通过人体的电流就不致超过30 mA，故我国规定，在一般条件下安全电压规定为36 V，但在潮湿地面和能导电的厂房，安全电压则规定为24 V或12 V。

3.2　触电方式

（1）单相触电

在人体与大地之间互不绝缘情况下，人体的某一部位触及到三相电源线中的任意一根导线，电流从带电导线经过人体流入大地而造成的触电伤害。单相触电又可分为中性线接地和中性线不接地两种情况。

①中性点接地电网的单相触电。在中性点接地的电网中，发生单相触电的情形如图1-11(a)所示。这时，人体所触及的电压是相电压，在低压动力和照明线路中为220 V。电流经相线、人体、大地和中性点接地装置而形成通路，触电的后果往往很严重。

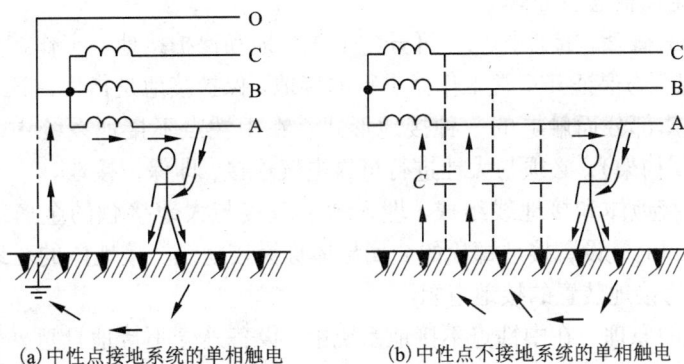

(a)中性点接地系统的单相触电　　　　(b)中性点不接地系统的单相触电

图1-11　单相触电示意图

②中性点不接地电网的单相触电。在中性点不接地的电网中，发生单相触电的情形如图1-11(b)所示。当站立在地面的人手触及某相导线时，由于相线与大地间存在电容，所以，有对地的电容电流从另外两相流入大地，并全部经人体流入到人手触及的相线。一般说来，导线越长，对地的电容电流越大，其危险性越大。

(2)两相触电

两相触电，也叫相间触电，这是指在人体与大地绝缘的情况下，同时接触到两根不同的相线，或者人体同时触及到电气设备的两个不同相的带电部位时，电流由一根相线经过人体到另一根相线，形成闭合回路，两相触电比单相触电更危险，因为此时加在人体上的是线电压。

(3)跨步电压触电

当电气设备的绝缘损坏或线路的一相断线落地时，落地点的电位就是导线的电位，电流就会从落地点(或绝缘损坏处)流入地中。离落地点越远，电位越低。根据实际测量，在离导线落地点20 m以外的地方，由于入地电流非常小，地面的电位近似等于零。如果有人走近导线落地点附近，由于人的两脚电位不同，则在两脚之间出现电位差，这个电位差叫做跨步电压。离电流入地点越近，则跨步电压越大。离电流入地点越远，则跨步电压越小。在20 m以外，跨步电压很小，可以看作为零。跨步电压触电情况，如图1-12

图1-12　跨步电压触电

所示。当发现跨步电压威胁时应赶快把双脚并在一起，或赶快用一条腿跳着离开危险区，否则，因触电时间长，也会导致触电死亡。

3.3 触电预防措施

电气设备在使用中，若设备绝缘损坏或击穿而造成外壳带电，人体触及外壳时有触电的可能。为此，电气设备必须与大地进行可靠的电气连接，即接地保护，使人体免受触电的危害。

（1）保护接地的概念及原理

①保护接地的概念。接地按功能可分为工作接地和保护接地。工作接地是指电气设备（如变压器中性点）为保证其正常工作而进行的接地，保护接地是指为保证人身安全，防止人体接触设备外露部分而触电的一种接地形式。在中性点不接地系统中，设备外露部分（金属外壳或金属构架），必须与大地进行可靠电气连接，即保护接地。

接地装置由接地体和接地线组成，埋入地下直接与大地接触的金属导体，称为接地体，连接接地体和电气设备接地螺栓的金属导体称为接地线。接地体的对地电阻和接地线电阻的总和，称为接地装置的接地电阻。

②保护接地的原理。在中性点不接地系统中，设备外壳不接地且意外带电，外壳与大地间存在电压，人体触及外壳，人体将有电容电流流过，如图 1-13(a) 所示，这样，人体就遭受触电危害。如果将外壳接地，人体与接地体相当于电阻并联，流过每一通路的电流值将与其电阻的大小成反比。人体电阻比接地体电阻大得多，人体电阻通常为 $600 \sim 1000$ Ω，接地电阻通常小于 4Ω，流过人体的电流很小，这样就完全能保证人体的安全，如图 1-13(b) 所示。

保护接地适用于中性点不接地的低压电网。在不接地电网中，由于单相对地电流较小，利用保护接地可使人体避免发生触电事故。但在中性点接地电网中，由于单相对地电流较大，保护接地就不能完全避免人体触电的危险，而要采用保护接零。

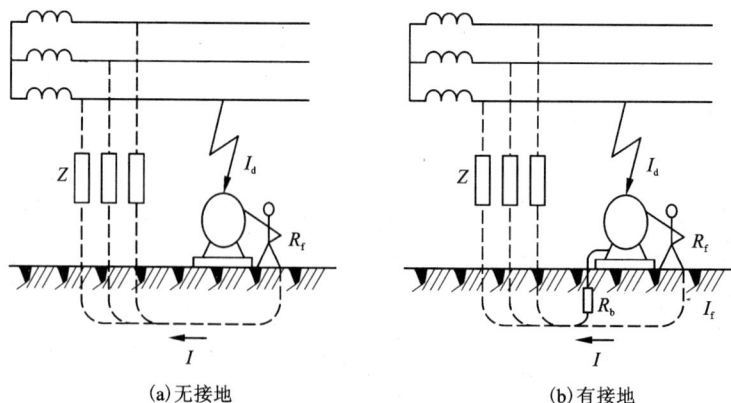

(a)无接地　　　　　　　　　　(b)有接地

图 1-13 保护接地原理图

（2）保护接零的概念及原理

①保护接零的概念。保护接零是指在电源中性点接地系统中，将设备需要接地的外露部分与电源中性线直接连接，相当于设备外露部分与大地进行了电气连接。

②保护接零的工作原理。当设备正常工作时，外露部分不带电，人体触及外壳相当于

触及零线，没有危险，如图 1 - 14 保护接零示意图
所示。采用保护接零时，应注意不宜将保护接地和
保护接零混用，而且中性点工作接地必须可靠。

③重复接地。在电源中性线采用了工作接地的
系统中，为确保保护接零的可靠，还需相隔一定距
离将中性线或接地线重新接地，称为重复接地。

从图 1 - 15(a)可以看出，一旦中性线断线，设
备外露部分带电，人体触及同样会有触电的可能。
而在重复接地的系统中，如图 1 - 15(b)，即使出现
中性线断线，但外露部分因重复接地而使其对地电
压大大下降，对人体的危害也大大下降。不过应尽
量避免中性线或接地线出现断线的现象。

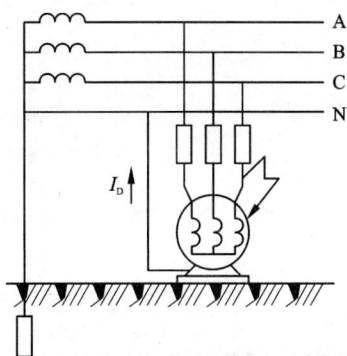

图 1 - 14　保护接零示意图

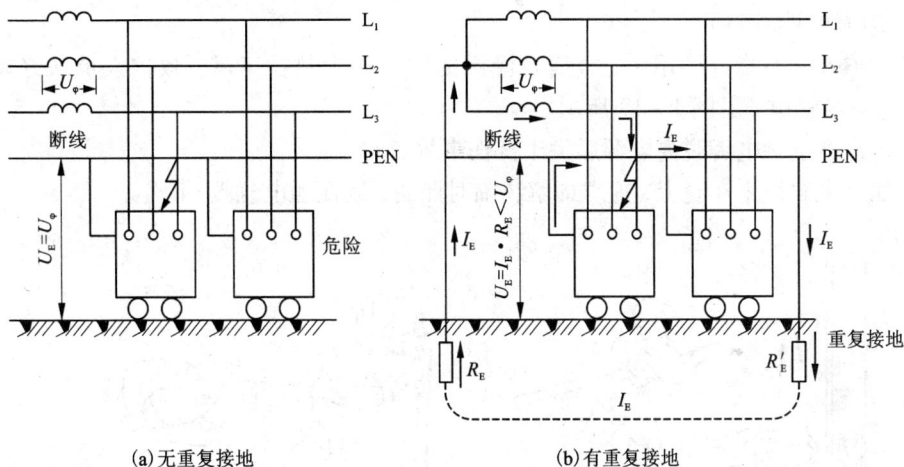

(a)无重复接地　　　　　　　(b)有重复接地

图 1 - 15　重复接地原理图

（3）漏电保护

漏电保护为近年来推广采用的一种新的防止触电的保护装置。在电气设备中发生漏电
或接地故障而人体尚未触及时，漏电保护装置已切断电源；或者在人体已触及带电体时，
漏电保护器能在非常短的时间内切断电源，减轻对人体的危害，目前应用较多的是电流动
作型漏电保护装置，他是由测量元件、放大元件、执行元件、检测元件组成，电流动作型漏
电保护装置原理图如图 1 - 16 所示。

3.4　触电急救

当我们发现有人触电时，首先要尽快地使触电者脱离电源，然后再根据具体情况，采
取相应的急救措施。

触电急救步骤如下：

（1）脱离电源

发生触电事故，首先脱离电源。如果电源开关或插头离触电地点很近，可以迅速拉开
开关，切断电源。在高压线路或设备上触电应立即通知有关部门停电，为使触电者脱离电

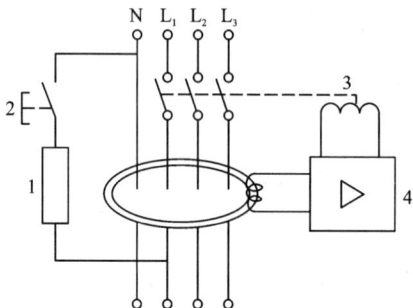

图 1 – 16　电流动作型漏电保护装置原理图

1—检测元件；2—实验开关；3—执行元件；4—放大元件

源应戴上绝缘手套，穿绝缘靴，使用适合该挡电压的绝缘工具，顺序打开开关或切断电源。

脱离电源注意事项：

①救护人员不能直接用手、金属及潮湿的物体作为救护工具，救护人员最好单手操作，以防自身触电，见图 1 – 17 所示。

②防止高空触电者脱离电源后发生摔伤事故。

③如果事故发生在晚上，应立即解决临时照明，以便触电急救。

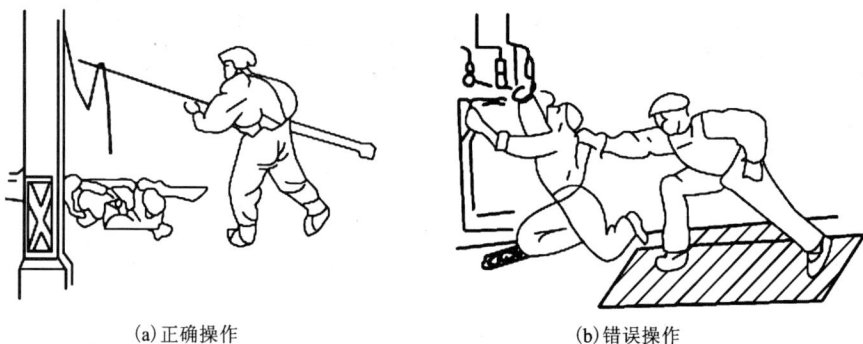

(a)正确操作　　　　　　　　　　　　(b)错误操作

图 1 – 17　脱离电源操作示意图

(2)现场急救

当触电者脱离电源后，根据具体情况应就地迅速进行救护，同时赶快派人请医生前来抢救，触电者需要急救的大体有以下几种情况：

①触电不太严重，触电者神志清醒，但有些心慌，四肢发麻，全身无力，或触电者曾一度昏迷，但已清醒过来，应使触电者安静休息，不要走动，严密观察并请医生诊治。

②触电较严重，触电者已失去知觉，但有心跳，有呼吸，应使触电者在空气流通的地方舒适、安静地平躺，解开衣扣和腰带以便呼吸，如天气寒冷应注意保温，并迅速请医生诊治或送往医院。

③触电相当严重，触电者已停止呼吸，应立即进行人工呼吸，如果触电者心跳和呼吸都已停止，人完全失去知觉，应采用人工呼吸法和心脏挤压法进行抢救。

（3）人工呼吸

口对口人工呼吸是人工呼吸法中最有效的一种，在施行前，应迅速将触电者身上妨碍呼吸的衣领、上衣、裙带等解开，并清除口腔内脱落的假牙、血块、呕吐物等，使呼吸道畅通。然后使触电者仰卧，头部充分后仰，使鼻孔朝上。

具体操作步骤见图 1 - 18 所示。

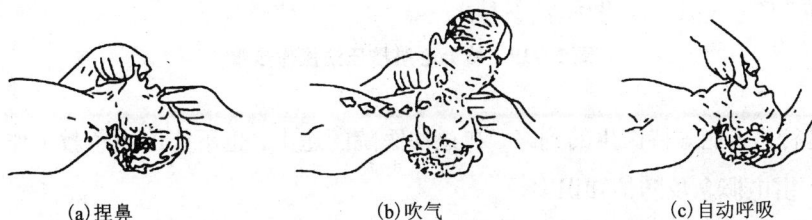

(a)捏鼻　　　　　　　　(b)吹气　　　　　　　　(c)自动呼吸

图 1 - 18　人工呼吸步骤图

①一手捏紧触电者鼻孔，另一手将其下颌拉向前下方（或托住其颈后），救护人深吸一口气后紧贴触电者的口向内吹气，同时观察胸部是否隆起，以确保吹气有效，为时约 2 秒钟。

②吹气完毕，立即离开触电者的口，并放松捏紧的鼻子，让他自动呼气，注意胸部的复原情况，为时约 3 秒钟。

③按照上述步骤连续不断地进行操作，直到触电者开始呼吸为止。

触电者如系儿童，只可小口吹气（或不捏紧鼻子，任其自然漏气，以免肺泡破裂；如发现触电者胃部充气膨胀，可一面用手轻轻加压于其上腹部，一面继续吹气和换气，如无法使触电者的嘴张开，可改口对鼻人工呼吸。

（4）心脏挤压

胸外心脏挤压法是触电者心脏停止跳动后的急救方法，其目的是强迫心脏恢复自主跳动，实施胸外心脏挤压法时（具体要求同口对口人工呼吸法），抢救者骑跪在病人腰部。具体操作步骤如下：

①使触电者躺在比较坚实、平整、稳固的地方，颈部枕垫软物，头部稍后仰，保持呼吸道畅通，救护人跪在触电者一侧或跨于其腰部两侧。

②两手相叠，手掌根部放在心窝上方，掌根用力向下压，使胸骨下段与相连的肋骨下陷 3 ~ 4 cm，压迫心脏使心脏内血液搏击。

③挤压后突然放松，掌根不必离开胸腔，依靠胸廓弹性，使胸骨复位，此时，心脏舒张，大静脉的血液流回心脏。

④按照上述步骤，连续有节奏地进行，每秒钟一次，一直到触电者的嘴唇及身上皮肤的颜色转为红润，以及摸到动脉搏动为止。

进行胸外心脏挤压时，靠救护者的体重和肩肌适度用力，要有一定的冲击力量，而不是缓慢用力，但也不要用力过猛。如触电者是儿童，可以用一只手挤压，要轻一些，以免损伤胸骨，而且每分钟以挤压 100 次左右为宜。

触电急救的要点是迅速，救护得法，切不可惊慌失措，束手无策，特别注意的是急救

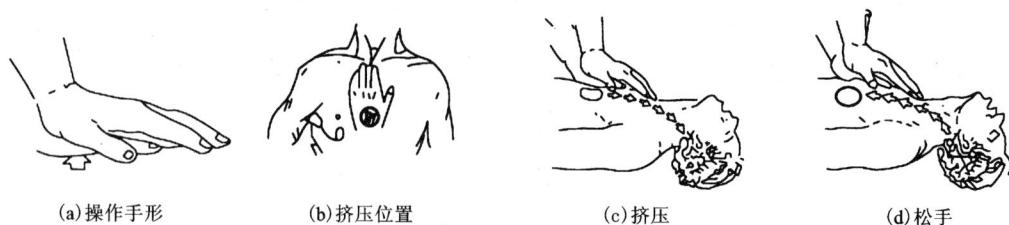

| (a)操作手形 | (b)挤压位置 | (c)挤压 | (d)松手 |

图 1 – 19　胸外心脏挤压法操作步骤

要尽早地进行,不能等待医生的到来,在送往医院的途中,也不能停止急救工作。

3.5*　雷电概念及防护知识

雷电产生的强电流、高电压、高温热具有很大的破坏力和多方面的破坏作用,给人类生活、生产造成严重灾害。

(1)雷电形成与活动规律

雷鸣与闪电是大气层中强烈的放电现象。雷云在形成过程中,由于摩擦、冻结等原因,积累起大量的正电荷或负电荷,产生很高的电位。当带有异性电荷的雷云接近到一定程度时,就会击穿空气而发生强烈的放电。

雷电活动规律:南方比北方多,山区比平原多,陆地比海洋多,热而潮湿的地方比冷而干燥的地方多,夏季比其他季节多。一般来说,下列物体或地点容易受到雷击:

①空旷地区的孤立物体、高于 20 m 的建筑物,如水塔、宝塔、尖形屋顶、烟囱、旗杆、天线、输电线路杆塔等。在山顶行走的人畜,也易遭受雷击。

②金属结构的屋面,砖木结构的建筑物或构筑物。

③特别潮湿的建筑物、露天放置的金属物。

④排放导电尘埃的厂房、排废气的管道和地下水出口、烟囱冒出的热气(含有大量导电质点、游离态分子)。

⑤金属矿床、河岸、山谷风口处、山坡与稻田接壤的地段、土壤电阻率小或电阻率变化大的地区。

(2)雷电种类及危害

①直击雷。即雷直接击在建筑物或其他地面物体上发生机械效应和热效应。直击雷发生时,雷电流可达 200 kA 以上,可以引起火灾、生命伤害、物体爆裂和房屋倒塌,破坏作用很大。

②感应雷。即雷电流产生电磁效应和静电效应。建筑物上空有雷云时,建筑物上会感应出与雷云所带电荷性质相反的电荷,雷云放电后,其与大地的电场消失了,但聚集在建筑物顶上的电荷不会立即散去,只能较慢的向地中流散,此时屋顶与地面有很高电位差,造成室内电线、金属设备等放电,危及设备和操作人员的安全甚至引起火灾和爆炸。

③球形雷。雷击时形成的一种离子团火球,能量大时辐射频率高,发蓝白光,能量小时发红黄光。离子球随气流移动能量不断衰减,直至完全消亡。

④雷电侵入波。雷击时在电力线路或金属管道上产生的高压冲击波。

雷击的破坏和危害,主要在四个方面:一是电磁性质的破坏,二是机械性质的破坏,三是热性质的破坏，四是跨步电压破坏。

（3）民用建筑物的防雷等级

民用建筑根据其重要性、使用性质、发生雷电事故的可能性和后果，从防雷的角度出发将建筑物防雷分成三类：

第一类：具有特别重要用途的属于国家级的大型建筑物，如国家级的会堂、办公建筑、博物馆、展览馆、火车站、航空港、通信枢纽、超高层建筑、国家重点保护文物类的建筑物和构筑物。该类建筑物设计中应达到防止直击雷、感应过电压和高电位引入等雷害的要求。

第二类：重要的或人员密集的大型建筑物，如省部级办公大楼，省级大型集会、展览、体育、交通、通信、商业、广播、剧场建筑等，以及省级重点文物保护的建筑物和构筑物、19 层以上的住宅建筑和高度超过 50 m 的其他建筑物。该类建筑物主要应防止直击雷，条件许可也可以采取措施防止感应过电压和高电位引入。

第三类：凡不属于第一、第二类的一般建筑物均属三类防雷要求，这类建筑物一般只在容易遭受直击雷部位采取不定期措施，进行重点保护。

（4）常用防雷装置

防雷基本思想是疏导，即设法构成通路将雷电流引入大地，从而避免雷击的破坏。

常用的避雷装置有避雷针、避雷线、避雷网、避雷带和避雷器等。

①避雷针。一种尖形金属导体，装设在高大、凸出、孤立的建筑物或室外电力设施的凸出部位。

避雷针的基本结构如图 1－20 所示，利用尖端放电原理，将雷云感应电荷积聚在避雷针的顶部，与接近的雷云不断放电，实现地电荷与雷云电荷的中和。

②避雷线、避雷网和避雷带。保护原理与避雷针相同。避雷线主要用于电力线路的防雷保护，避雷网和避雷带主要用于工业建筑和民用建筑的保护。对一般民用建筑，常常沿墙敷设避雷带，屋顶敷设避雷网来防雷。

③避雷器。有保护间隙、管形避雷器和阀形避雷器三种，其基本原理类似。正常时，避雷器处于断路状态。出现雷电过电压时发生击穿放电，将过电压引入大地。过电压终止后，迅速恢复阻断状态。三种避雷器中，保护间隙是一种

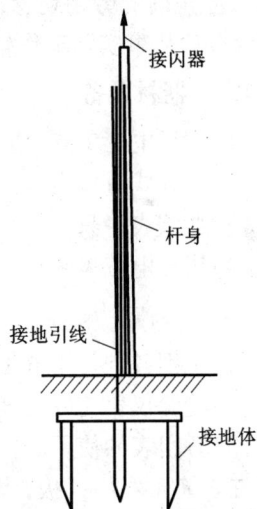

接闪器

杆身

接地引线

接地体

图 1－20　避雷示意图

最简单的避雷器，性能较差。管形避雷器的保护性能稍好，主要用于变电所的进线段或线路的绝缘弱点。工业变配电设备普遍采用阀形避雷器，通常安装在线路进户点。

（5）防雷小常识

①为防止感应雷和雷电侵入波沿架空线进入室内，应将进户线最后一根支撑物上的绝缘子铁脚可靠接地。

②雷雨时，应关好室内门窗，以防球形雷飘入，不要站在窗前或阳台上、或有烟囱的灶前；应离开电力线、电话线、天线 1.5 m 以外。

③雷雨时，不要洗澡、洗头，不要待在厨房、浴室等潮湿的场所。

④雷雨时，不要使用家用电器，应将电器的电源插头拔下。

⑤雷雨时，不要停留在山顶、湖泊、河边、沼泽地、游泳池等易受雷击的地方，最好不用带金属柄的雨伞。

⑥雷雨时，不能站在孤立的大树、电杆、烟囱和高墙下，不要乘坐敞篷车和骑自行车。避雨时应选择有屏蔽作用的建筑或物体，如汽车、电车、混凝土房屋等。

⑦如果有人遭到雷击，应不失时机地进行人工呼吸和胸外心脏挤压，并送医院抢救。

三、任务实施

任务1　常用电工仪表的使用

1.1　工作任务

(1)掌握常用电工仪表的结构、动作原理；

(2)掌握常用电工仪表的检测和使用方法

1.2　内容要求

掌握常用电工仪表的结构、动作原理，掌握常用电工仪表的检测和使用方法。通过实训来树立正确的劳动观念，培养理论联系实际、精益求精的工作作风和实事求是的工作态度，为今后从事实际工作生产打下良好的技能基础。

1.3　器材准备

(1)常用电工工具一套

(2)指针式万用表一只

(3)兆欧表一只

(4)钳形电流表一只

1.4　实施步骤

(1)识别各种常用电工仪表及其型号和适用范围。

(2)检验仪表完好程度，检查各仪表是否良好，器件外部是否完整无缺。

(3)万用表的使用。

红表笔插入"＋"极，黑表笔插入"－"极。使用前必须把测量范围的选择开关旋到与被测电量相应的挡位和量程上，并注意插孔(或接线柱)的选择。测量电阻前，除测量范围的选择开关旋到相应的电阻挡外，还应将表笔短接，进行电气调零。在电路中测电阻时，一般应将该电阻的一端与电路断开，严禁在电阻通电时，用万用表测量电阻。万用表使用完毕后，一般应把转换开关旋到交流电压的最大量程挡，或旋至"OFF"挡。

(4)兆欧表的使用

兆欧表使用时，必须平放。兆欧表在使用之前应先进行开路实验，看看指针是否指在"∞"处，然后再将"L"和"E"两个接线柱短路，慢慢地转动兆欧表，查看指针是否指在"0"处。引线必须绝缘良好，线不要绞在一起。兆欧表进行测量时，以转动一分钟后的读数为准。

在测量时，应使兆欧表转数达到 120 r/min。兆欧表的量程往往达几千兆欧。最小刻度在 1 兆欧左右，因而不适合测量 100 千欧以下的电阻。

（5）钳形电流表的使用

测量前应先估计被测电流的大小，选择合适量程。若无法估计，为防止损坏钳形电流表，应从最大量程开始测量，逐步变换挡位直至量程合适。为减小误差，测量时被测导线应尽量位于钳口的中央。测量时，钳形电流表的钳口应紧密接合。测量小电流时，为使读数更准确，在条件允许时，可将被测载流导线绕数圈后放入钳口进行测量。此时被测导线实际电流值应等于仪表读数值除以放入钳口的导线圈数。测量结束，应将量程开关置于最高挡位。

（6）通电试验。

测试时必须有指导教师在场方能进行。在操作过程中应严格遵守操作规程以免发生仪表损坏或意外。

1.5　考核评价

（1）学生要能正确指出各表的使用范围和应用领域

（2）仪表的接线和测量必须程序正确步骤规范，无超量程使用现象，无造成仪表损坏的错误操作，所测数据读数正确。

（3）仪表使用完毕后，符合 6S 规范，整理整顿，清扫清洁，素养安全。

四、模块习题

1-1　通常所说的电力系统是由哪几部分组成的？

1-2　什么叫 TT 供电系统、IT 供电系统、TN 供电系统，目前民用建筑常用的是哪一种供电系统，该供电系统具有什么样的特点。

1-3　某电工师傅为了供电的安全，在 TN-C-S 供电系统中，给三根火线(L1、L2、L3)、工作接零线 N 与保护接零线 PE 都接上了保险丝，请问这种做法对吗？请给出简要的评价。

1-4　请简要回答 TN-S 供电系统与 TN-C-S 供电系统的区别。

1-5　请简要说明电力负荷的分级，一级负荷、二级负荷、三级负荷供电有哪些要求。

1-6　万用表通常可以测量哪几种电气参数？

1-7　请简要说明万用表测量电阻的使用步骤。

1-8　接地电阻测试仪通常使用在哪些领域？

1-9　万用表测量电阻时，是如何读数的？

1-10　电流对人体的伤害可以分成哪两类，我国规定在一般条件下安全电压为多少伏？

1-11　简要说明触电急救的步骤。

1-12　简要说明人工呼吸的操作步骤。

1-13　发现有人触电假死，我们应让其立即脱离电源，并马上送医院抢救。请判断上述情况对错，并说明原因。

1-14　常见的避雷装置有哪几种形式？

1-15　联想我们日常生活当中实际情况，请说说对于防雷我们应注意一些什么？

模块二　直流电路

一、模块描述

模块二主要介绍电路和电路模型的基本概念，电路中的基本物理量及参考方向，电路元件和电路的基本定律。并以直流电路为例介绍线性电路的一般分析方法，包括支路电流法、戴维南定理等。

二、知识准备

1　电路的基本概念及基本定律

1.1　电路的基本概念

1.1.1　电路与电路模型

电路就是电流的流通路径，是将电器设备或元件，按照所需完成的功能，用一定的方式连接起来所构成的电流通路。电路的作用有两种，一种作用是实现电能的输送与转换，如供电系统等；另一种作用是实现信号的传递和处理，如收音机、电视机等。

电路的形式多种多样，有的复杂有的简单。一个完整的电路通常是由电源、负载和中间环节三部分组成的一个闭合回路。

电源的作用是为电路提供电能，是一种将非电能(如化学能、机械能和原子能等)转换成电能的装置。

负载的作用是取用电能，它能将电能转换为其他形式的能量，常见的负载有电炉、电动机、电灯、扬声器等。

中间环节的作用是将电源和负载连接成闭合回路，起到传输、分配和控制电路的作用，如电线、开关、放大器、变压器等。

手电筒电路就是最简单的实际电路，如图 2 – 1(a)所示，由干电池、灯泡、导线和开关组成。其中，干电池是电源，灯泡是负载，开关和导线是中间环节。

由于实际电路元器件电磁关系比较复杂，为了便于对实际电路进行分析、计算，通常在一定的条件下，忽略元器件的次要特性，用一个或多个足以表征其主要特性的理想化元器件代替实际元器件。如白炽灯的功能是把电能转换成灯丝的热能，使灯丝的温度升高到白炽而发光，其主要电磁性质是消耗电能，因此，可以用一个代表消耗电能的理想电阻元件作为白炽灯的模型。

理想电路元件主要有理想电阻元件(简称电阻)、理想电感元件(简称电感)、理想电容元件(简称电容)、理想电压源和理想电流源等。

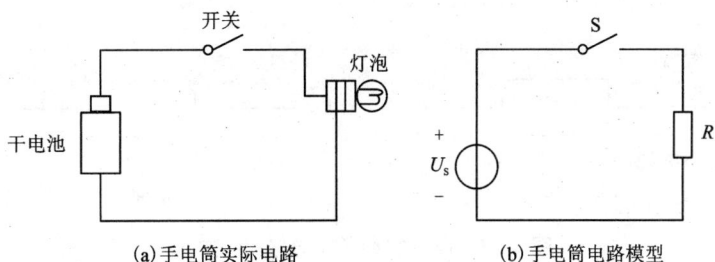

(a)手电筒实际电路　　　　　　(b)手电筒电路模型

图 2 - 1　手电筒电路

把实际电路中的各种设备和器件都用理想元件来表征,实际电路就可以画成由各种理想元件的图形符号连接而成的电路图,这就是实际电路的电路模型(简称电路)。

在电路图中,各种电器元件都不需要画出原有的形状,而采用统一规定的图形符号。如图 2 - 1(b)所示为手电筒电路的电路模型。其中,灯泡为理想电阻元件 R,干电池(忽略其内阻)为理想电源 U_S,导线和开关为无电阻的理想导线。

此后,本模块所分析研究的电路都是指电路模型。

1.1.2　电路中的基本物理量及参考方向

（1）电流

电流是由电荷(带电粒子)有规则的定向运动而形成的,规定正电荷运动的方向为电流方向。电流的大小用电流强度来衡量。电流强度是指在单位时间内通过某一导体横截面的电荷量。设在 dt 时间内通过导体某一横截面的电荷量为 dq,则通过该截面的电流强度为

$$i = \frac{dq}{dt} \tag{2-1}$$

上式表示电流是随时间变化的函数,用小写字母 i 表示。若电流不随时间而变化,则 $\frac{dq}{dt}$ 等于常数,该电流称为恒定电流(简称直流),用大写字母 I 表示。它所通过的路径就是直流电路。

在直流电路中,式(2-1)可表示为

$$I = \frac{Q}{t} \tag{2-2}$$

在上式中,所有的物理量都要采用国际单位制。电流的单位为安培(A),电荷量的单位为库仑(C),时间的单位为秒(s)。若电流较小,也可用毫安(mA)、微安(μA)作单位。它们的换算关系是

$$1\ A = 10^3\ mA = 10^6\ μA$$

习惯上常把电流强度简称为电流。

在分析电路时,往往很难事先确定某一段电路中电流的实际方向,因此,有必要引入参考方向的概念。

参考方向是假定的方向。在电路分析计算前,可先任意选定某一方向为电流的参考方向(也称正方向)。如图 2 - 2 中所示,当电流的实际方向与参考方向相同时,i 为正;当电流的实际方向与参考方向相反时,i 为负。一旦选定了参考方向,就可根据电流的正负值

确定电流的实际方向。

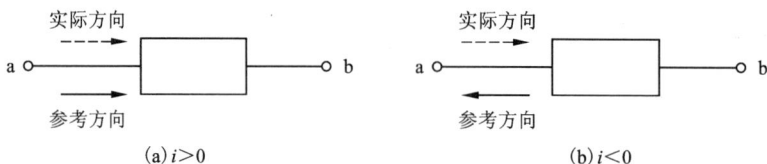

实际方向
参考方向
(a) $i>0$

实际方向
参考方向
(b) $i<0$

图 2-2 电流的参考方向与实际方向

图 2-2 中的方框,表示一个二端元件或二端网络(与外部只有两个端钮相连的元件或网络称为二端元件或二端网络)。

(2)电压与电动势

①电压

在电路中,如果电量为 dq 的正电荷从 a 点沿任意路径移动到 b 点时电场力做的功为 dw 则 a、b 两点间的电压,为

$$u_{ab} = \frac{dw}{dq} \tag{2-3}$$

也就是说,电场力把单位正电荷从 a 点沿任意路径移动到 b 点时做的功在数值上等于 a、b 两点间的电压。

在直流电路中,式(2-3)可表示为

$$U = \frac{W}{Q} \tag{2-4}$$

在国际单位制中,电压的单位为伏特(V)。当然电压的单位还有千伏、毫伏、微伏。它们的换算关系为

$$1 \text{ kV} = 10^3 \text{ V}, 1 \text{ V} = 10^3 \text{ mV} = 10^6 \text{ μV}$$

电路中电压的参考方向,可用箭头表示,也可用"+"代表高电位,"-"代表低电位,如图 2-3 所示。当电压的实际方向与参考方向相同时,u 为正;当电压的实际方向与参考方向相反时,u 为负。电压 u 的参考方向(极性)是 a 点为高电位 b 点为低电位,也可用双下标 u_{ab} 来表示该参考方向。

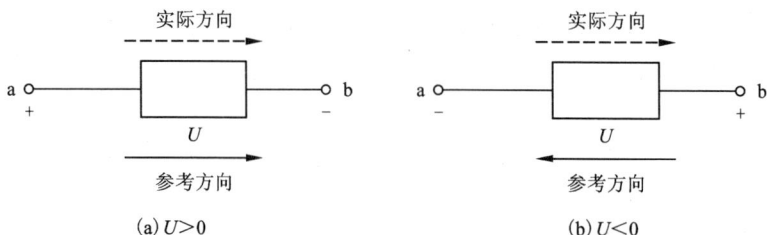

实际方向
参考方向
(a) $U>0$

实际方向
参考方向
(b) $U<0$

图 2-3 电压的参考方向与实际方向

在电路分析计算时,电流和电压参考方向的选取,原则上是任意的。但为了方便,元件上电流和电压常取一致的参考方向,称为关联参考方向,如图 2-4(a)所示;若电流和

电压选取的参考方向相反，则称为非关联参考方向，如图 2-4(b)所示。

当采用关联参考方向时，电路中只要标出电流或电压中的一个参考方向即可。本书在分析计算电路时，如未作特殊说明，均采用关联参考方向。

要特别指出的是，欧姆定律在关联参考方向下才可写为

$$u = Ri \tag{2-5}$$

在非关联参考方向下，则写为

$$u = -Ri \tag{2-6}$$

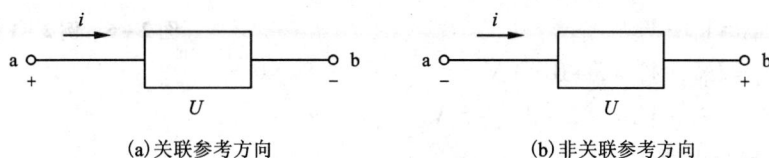

(a)关联参考方向　　　　　　　　　(b)非关联参考方向

图 2-4　关联参考方向与非关联参考方向

②电动势

电动势是度量电源内非静电力做功本领的物理量，在数值上等于电源力把单位正电荷从"-"极板经电源内部移到"+"极板所做的功。用公式可表示为

$$E = \frac{W}{Q} \tag{2-7}$$

电动势的单位与电压一样，也为伏特(V)。

电动势的方向是：在电源内部由低电位指向高电位(即由"-"极指向"+"极)。

(3)电位

电位是电路中某点对参考点的电压。电位用符号 V 加下标表示，如图 2-5 中 A 点、B 点的电位可分别用 V_A、V_B 表示。电位的单位和电压的单位一样，都为伏特。

为了计算电路中各点的电位必须选定电路中的某一点作为参考点，取参考点的电位为零。参考点的选取原则上是任意的，工程上，通常选大地为参考点，机壳需接地的设备，可选机壳作为参考点。机壳不接地的设备，为分析方便，通常选元件

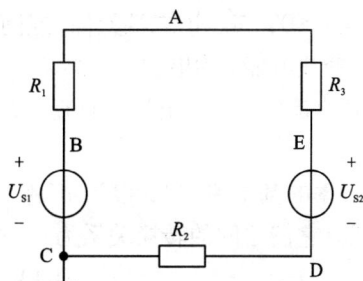

图 2-5　电路中的参考点

汇集的公共端或公共线作为参考点，在电路图中用符号"⊥"表示。

电位是一个相对的物理量，它的大小和极性与所选取的参考点有关。在同一个电路中，参考点选择得不同，则某点的电位就不同。所以，在分析电路时，一旦选定了参考点，在解题过程中就不能改变。而电路中某两点电压的大小与参考点的选择无关，电压不随参考点的变化而变化。

电压与电位的关系是：

$$U_{AB} = V_A - V_B \tag{2-8}$$

也就是说，电路中任意两点间的电压等于这两点的电位之差。

例 2 – 1 电路如图 2 – 6 所示，已知 $U_{AB} = 2$ V，$U_{BC} = -4$ V，$U_{DC} = 3$ V，求 V_A、V_B、V_C、V_D 及 U_{AD} 各为多少？

解：选 C 点为参考点，则 $V_C = 0$ V，

而　　　$U_{BC} = V_B - V_C$

则　　　$V_B = U_{BC} + V_C = -4 + 0 = -4$ V

同理　　$U_{AB} = V_A - V_B$

　　　　$V_A = U_{AB} + V_B = 2 + (-4) = -2$ V

　　　　$U_{DC} = V_D - V_C$

　　　　$V_D = U_{DC} + V_C = 3 + 0 = 3$ V

　　　　$U_{AD} = V_A - V_D = -2 - 3 = -5$ V

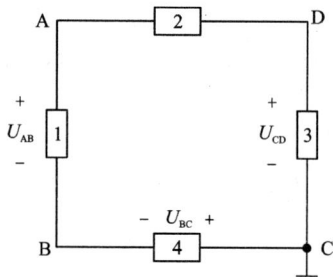

图 2 – 6　例 2 – 1 图

（4）电功率与电能

①电功率。在单位时间内电路吸收或释放的电能定义为该电路的功率，即

$$p = \frac{dw}{dt} \tag{2-9}$$

功率是衡量电路吸收或释放电能快慢的物理量。

一个二端元件或二端网络，当电压、电流采用如图 2 – 4（a）所示的关联参考方向时，其吸收（或消耗）电能的功率为

$$p = \frac{dw}{dt} = \frac{dw}{dq}\frac{dq}{dt} = ui \tag{2-10}$$

若采用图 2 – 4（b）所示的非关联方向，则其吸收（或消耗）电能的功率为

$$p = -ui \tag{2-11}$$

若 $p > 0$，表示该二端元件（或网络）吸收电能，为负载；若 $p < 0$，表示该二端元件（或网络）释放电能，为电源。

在直流电路中，电压、电流、功率均为恒定量，则

$$P = UI \tag{2-12}$$

功率的基本单位为瓦特（简称"瓦"），符号为 W。常见的单位还有千瓦（kW）、毫瓦（mW），它们之间的转换关系为

$$1 \text{ kW} = 10^3 \text{W}; \ 1 \text{ mW} = 10^{-3} \text{W}$$

例 2 – 2 求如图 2 – 7（a）、（b）所示二端网络的功率，并说明是吸收功率还是释放电能。

解：在图 2 – 7（a）中，U 与 I 为关联参考方向，故

$$P = UI = 1 \times 5 = 5(\text{W}) > 0$$

该二端网络吸收电能。

在图 2 – 7（b）中，U 与 I 为非关联参考方向，故

$$P = -UI = -1 \times 5 = -5(\text{W}) < 0$$

该二端网络释放电能。

②电能。电能是衡量用电量多少的物理量。若 P 为电路吸收电能的功率，则电路在时间 dt 内消耗的电能为

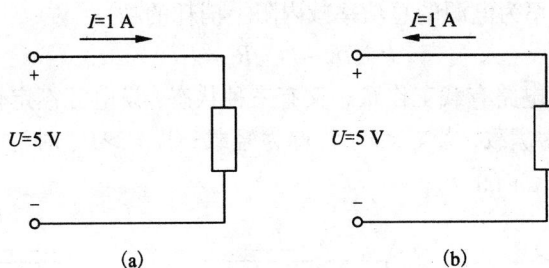

图 2-7 例 2-2 图

$$\mathrm{d}w = p\mathrm{d}t = ui\mathrm{d}t$$

在时间从 $t_0 \sim t$ 内电路消耗的电能为

$$W = \int_{t_0}^{t} p\mathrm{d}t = \int_{t_0}^{t} ui\mathrm{d}t \qquad (2-13)$$

在直流电路中,电压、电流、功率均为恒定量,则在时间从 $t_0 \sim t$ 内电路消耗的电能为

$$W = P(t - t_0) = UI(t - t_0)$$

当 $t_0 = 0$ 时,上式即为

$$W = UIt \qquad (2-14)$$

电能的单位即功或能量的单位,在国际单位制中为焦耳(J)。实际中常用"度"作为电能计量的单位。

$$1\ \text{度} = 1\ \text{千瓦·小时}(\text{kW·h})$$

1 度电换算成焦耳为:

$$1\ \text{度} = 1\ \text{kW·h} = 1000\text{W} \times 3600\text{s} = 3.6 \times 10^{6}\text{J}$$

1.2 电路中的工作状态

通常,电路有三种工作状态,即:空载(开路)、有载和短路。

1.2.1 空载状态

空载状态又称开路或断路状态,如图 2-8(a),A、B 两点断开时 $(R_\text{L} = \infty)$,电源处于空载(开路)状态。电路处于空载工作状态的特点是:

(1)开路电流为零 $(I = 0)$。

(2)其端电压(也称开路电压)等于电源电动势 $(U = E)$。

(3)电源的输出功率为零 $(P = 0)$。

1.2.2 有载工作状态

有载工作状态是指电源与负载连接成闭合回路,电路中有电流,负载两端的电压为 U。如图 2-8(b)所示,E 为电源的电动势,R_o 为电源的内阻,当电源与负载 R_L 接通时,电流流过负载形成闭合回路。电路处于有载工作状态的特点是:

(1)电路中的电流为

$$I = \frac{E}{R_\text{o} + R_\text{L}} \qquad (2-15)$$

(2)电源的端电压等于负载的电压

$$U = IR_\text{L} = E - IR_\text{o} \qquad (2-16)$$

（3）电源输出的功率为电源的总功率减内阻上消耗的功率

$$P = IE - I^2 \cdot R_o = IU \tag{2-17}$$

根据负载的大小，电路有载工作状态又有三种状态：设电源额定输出功率为 P_N，若电源输出功率 $P = P_N$ 称为满载；若 $P < P_N$ 时称为轻载；若 $P > P_N$ 时称为过载。过载会导致电气设备的损害，应注意防止。

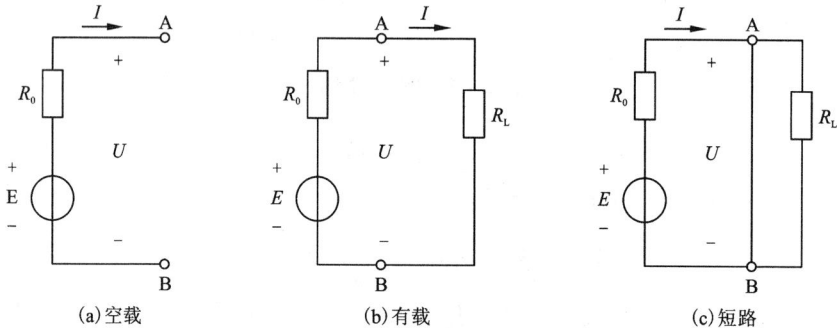

(a)空载　　　　　　　　(b)有载　　　　　　　　(c)短路

图 2-8　电源的三种工作状态

1.2.3　短路

短路工作状态是指电源未经负载而直接由导线形成回路，如图 2-8(c)所示，A、B 两点间由于某种原因被短接（$R_L = 0$）时，电源处于短路状态。电路处于短路工作状态的特点是：

（1）短路处电压为零（$U = 0$）。

（2）电路中的电流（称为短路电流）$I_S = E/R_o$，其值很大。

（3）电源的输出功率为零（$P = 0$），电源产生的功率全部消耗在内阻上，而造成电源过热而损伤或毁坏。

由上可知，电源短路是一种严重事故，后果非常严重，会损坏电器设备并有可能引起火灾，因此，电路中必须设置短路保护装置，从而保证电源、线路等设备的安全。

1.3　电路的基本元件

电路元件（简称元件）是组成电路最基本的单元，根据外部端子的数目可分为二端元件和多端元件，从能量的角度来看又可分有源元件和无源元件。电压源和电流源在电路中发出电功，属于有源元件；而负载元件在电路中消耗电功或交换能量，属于无源元件。

1.3.1　无源元件

常见的无源元件有电阻、电容和电感等负载元件。

（1）电阻

电阻元件是代表电路中消耗电能这一物理现象的理想二端元件。电阻器、电灯、电炉、扬声器等都是消耗电能的器件，它们的电路模型是理想电阻元件（简称电阻）。

定义：一个二端元件伏安特性可用 $u-i$ 平面上过坐标原点的曲线来描述，则此二端元件就称为电阻，用符号 R 来表示。如图 2-9 所示，其中图 2-9(a)为电阻的图形符号。

当伏安特性是过原点的直线，则称该电阻为线性电阻，如图 2-9(b)所示；当伏安特性是过原点的曲线，则称为非线性电阻，如图 2-9(c)所示。本书除特别说明外，电阻均指线性电阻。

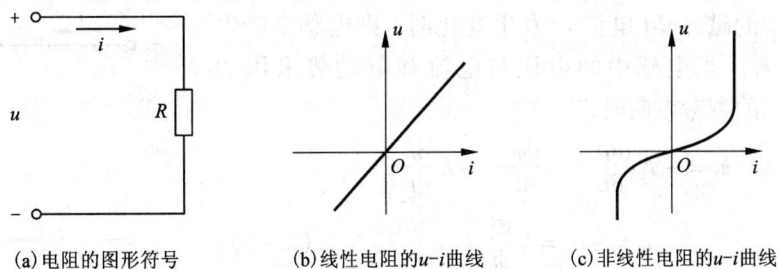

(a)电阻的图形符号　　　(b)线性电阻的u-i曲线　　　(c)非线性电阻的u-i曲线

图2-9　电阻元件及其伏安特性图

若电压与电流取关联参考方向,对于线性电阻,电压、电流间的关系符合欧姆定律,可表示为

$$u = Ri \qquad\qquad (2-18)$$

在国际单位制中,电压与电流的单位分别为伏特(V)和安培(A)时,电阻的单位为欧姆(Ω),其他常用的单位有千欧(kΩ)和兆欧(MΩ)。它们之间的换算关系是

$$1\ \Omega = 10^{-3}\ k\Omega = 10^{-6}\ M\Omega$$

令 $G = \dfrac{1}{R}$,上式可表示为:

$$i = \frac{u}{R} = Gu \qquad\qquad (2-19)$$

式中:G 称为电导,单位为西门子(S)。

电阻是耗能元件,具有把电能转化为其他形式能量的特点。电阻的标示方法:

a. 直标法:直接以有效数字和单位标示在电阻外表面。

如:360 Ω,51 kΩ,10 MΩ 等。($1\ M\Omega = 10^3\ k\Omega$　$1\ k\Omega = 10^3\ \Omega$)

b. 色环标示法:

● 四环标示:前两环色标有效数字,第三环色标 10^n 次方,第四环色标误差等级。

● 五环标示:前三环色标有效数字,第四环色标 10^n 次方,第五环色标误差等级。

● 色标对应数字:

0	1	2	3	4	5	6	7	8	9		10^{-1}	10^{-2}
黑	棕	红	橙	黄	绿	蓝	紫	灰	白	(无)	银	金
										±20%	±10%	±5%

（2）电感

在很多设备中,常常看到用各种漆包线绕制的线圈,这就是电感器。电感元件是实际线圈的理想模型,它反映了电流产生磁场和磁场储存能量这一物理现象。

定义:流经一个二端元件的电流 i 和它的磁通链 ψ 两者之间的关系是 I-ψ 平面的一条曲线,则此二端元件称为电感,用 L 表示。其图形符号如图2-10所示。

若 i-ψ 特性为过原点的直线,即 $\dfrac{\psi}{i} = L =$ 常数,则该电感称为线性电感;若 i-ψ 特性为过原点的曲线,则称为非线性电感。本书除特别说明,电感均指线性电感。

对于线性电感有

$$\psi = N\Phi = Li$$

当电感中的磁通 Φ(电流 i)发生变化时,则电感中产生感应电动势 e_{L}。当电感中的电压与电流和电动势采用如图 2-10 所示的参考方向时,

$$e_{\mathrm{L}} = -N\frac{\mathrm{d}\Phi}{\mathrm{d}t} = -\frac{\mathrm{d}\psi}{\mathrm{d}t} = -L\frac{\mathrm{d}i}{\mathrm{d}t}$$

$$u = -e_{\mathrm{L}} = L\frac{\mathrm{d}i}{\mathrm{d}t} \qquad (2-20)$$

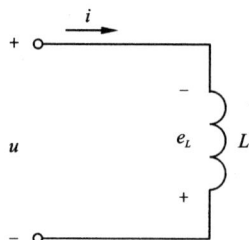

图 2-10　电感元件

由上式可知,电感的端电压与电流的变化率成正比。其中,比例系数 L 称为线圈的电感,单位为亨利(H)。其常用单位还有毫亨(mH)和微亨(μH)。换算关系是:

$$1\ \mathrm{H} = 10^3\ \mathrm{mH} = 10^6\ \mathrm{\mu H}$$

当电感中的电流为恒定的直流电时,其端电压 $U = 0$,故在直流电路中电感可视为短路。

在关联方向下电感的电压和电流关系可表示为

$$i = \frac{1}{L}\int_{-\infty}^{t} u\mathrm{d}t = \frac{1}{L}\int_{-\infty}^{0} u\mathrm{d}t + \frac{1}{L}\int_{0}^{t} u\mathrm{d}t = i_0 + \frac{1}{L}\int_{0}^{t} u\mathrm{d}t \qquad (2-21)$$

式中:i_0 为电流的初始值,即 $t = 0$ 时,通过电感的电流。式(2-21)表明电感的电流具有记忆功能,它是一种记忆元件。

电感标示方法:

a. 直标法　直接以有效数字和单位标示在电感外表面。

如:100 μH, 20 mH 等(1 mH = 10^3 μH, 1 H = 10^3 mH)

b. 缩略数字标注

小数表示毫亨:0.2　0.1

整数表示微亨:

100	102 = 10×10^2
= 10×10^0	= 1000 μH
= 10 μH	= 1 mH

(3)电容

两块互相靠近、彼此绝缘的金属极板就能构成一个电容器,两极板间的绝缘物质称为电容器的介质。在两极板间加上电压后,两极板上能存储电荷,在介质中建立电场,因此电容器是能存储电场能量的元件。电容元件是实际电容器的理想模型。

定义:一个二端元件所存储的电荷 q 和端电压 u 两者之间的关系是 q-u 面上的一条曲线,则此二端元件称为电容,用符号 C 表示。其图形符号如图 2-11 所示。

如果电容的 q-u 曲线为通过原点的直线,即 $\dfrac{q}{u} = C =$ 常数,则该电容称为线性电容;否则称为非线性电容,本书除特别说明外,电容均指线性电容。

由于 $q = Cu$,当电容的电压和电流采用如图 2-11 所示的关

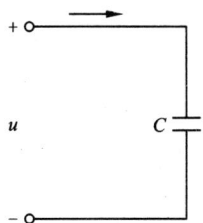

图 2-11　电容元件

联方向时，两者的关系为

$$i = \frac{dq}{dt} = C\frac{du}{dt} \tag{2-22}$$

上式说明：电容的电流与其两端电压的变化率成正比。比例系数为 C。当电压和电荷的单位分别用国际单位伏特和库仑表示时，电容的单位为法拉（符号为 F）。常用的单位还有微法（μF）和皮法（pF），它们的换算关系为：

$$1\ F = 10^6\ \mu F = 10^{12}\ pF$$

当电容两端加恒定的直流电压时，其电流 $I=0$，故在直流电路中，电容可视为开路。

在关联方向下，电容的电压、电流的关系可表示为

$$u = \frac{1}{C}\int_{-\infty}^{t} i\,dt = \frac{1}{C}\int_{-\infty}^{0} i\,dt + \frac{1}{C}\int_{0}^{t} i\,dt = u_0 + \frac{1}{C}\int_{0}^{t} i\,dt \tag{2-23}$$

式中：u_0 为电压的初始值，即 $t=0$ 时电容两端的电压，式（2-23）表明电容的电压具有记忆功能，它是一个记忆元件。

电容的标示方法：

a. 直标法：直接以有效数字和单位标示在电容外表面。

如：2200 pF　0.2 μF　100 μF（1 F = 10^6 μF，1 μF = 10^6 pF）

b. 缩略数字标注：

小数表示微法 μF：0.2　0.02

整数表示皮法 pF：$102 = 10 \times 10^2 = 1000$ pF

1.3.2　有源元件

实际电源有电池、信号源、发电机等，根据电源的特点，我们可以把电源分为电压源和电流源。

（1）电压源

电压源是一个理想电路元件，其端压

$$u(t) = u_s(t) \tag{2-24}$$

式中，$u_s(t)$ 为给定的时间函数。与流过电压源的电流大小无关。电压源的符号如图 2-12 所示。

电压源的端电压与电流的关系称为电压源的伏安特性。理想直流电压源的伏安特性是一条平行于横坐标的直线，如图 2-13 所示。

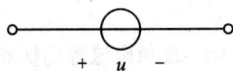

图 2-12　电压源的图形符号　　　　**图 2-13　理想电压源的伏安特性**

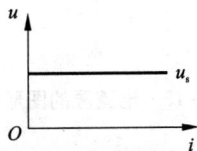

实际上理想电压源是不存在的，实际电压源总有一定的内阻，可以用理想电压源和内阻的串联来表示。图 2-14（a），为一实际电压源的等效模型。

实际电压源的伏安特性关系式为

$$u = u_s - i \cdot R_o \qquad (2-25)$$

上式表明电源输出电压 u 随输出电流 i 变化。其伏安特性曲线如图 2-14(b)所示。

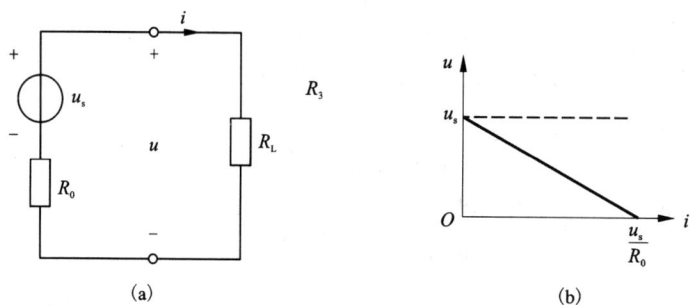

图 2-14　实际电压源及其伏安特性

由伏安特性曲线可看出，电压源内阻越小，输出电压变化就越小，输出电压越稳定。

当 $R_0 = 0$ 时，$U = U_s$，电压源的输出电压恒定不变，此时电压源为理想电压源。在实际中，当 $R_o \ll R_L$ 时，可以近似认为电压源是理想电压源。

由图 2-14(a)可看出电压源的电压和电压源的电流一般取非关联参考方向，此时电压源发出的电功功率为：$P(t) = u_s(t) \cdot i(t)$。当 $P > 0$ 时，电压源发出电功；当 $P < 0$ 时，电压源吸收电功。

（2）电流源

电流源也是一个理想电路元件，电流源发出的电流

$$i(t) = i_s(t) \qquad (2-26)$$

式中，$i_s(t)$ 为给定的时间函数，与电流源两端电压的大小无关。电流源的符号如图 2-15 所示。

电流源的端电压与电流源的电流的关系称为电流源的伏安特性。理想直流电流源的伏安特性是一条平行于纵坐标的直线，如图 2-16 所示。

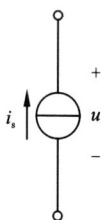

图 2-15　电流源的图形符号　　　　　　**图 2-16　理想电流源的伏安特性**

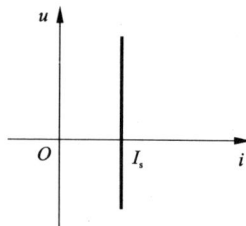

实际电流源可以用理想电流源和内阻的并联来表示。图 2-17(a)为一实际电流源的等效模型。由图 2-17(a)可得

$$i = i_s - \frac{u}{R_o} \qquad (2-27)$$

式中，i 为负载电流，$i_s = \dfrac{u_s}{R_o}$ 为电流源的电流，$\dfrac{u_s}{R_o}$ 为流经内阻的电流。

由上式可看出，电流源的输出电流 i 随电压的变化而变化，其伏安特性如图 2-17(b) 所示。从伏安特性曲线可看出，电流源电阻越大，输出电流变化越小，输出电流越稳定。

当内阻 $R_o = \infty$ 时，$i = i_s$，电流源输出电流恒定不变，与端电压无关。此时电流源为理想电流源。在

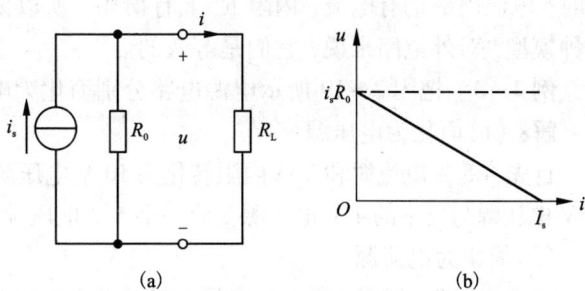

图 2-17　实际电流源及其伏安特性

实际中，当 $R_o \gg R_L$ 时，可以近似认为电流源是理想电流源。

由图 2-17(a) 可看出电流源的电压和电流源的电流一般取非关联参考方向，此时电压源发出电功的功率为：$P(t) = u(t) \cdot i_s(t)$。当 $P > 0$ 时，电流源发出电功；当 $P < 0$ 时，电流源吸收电功。

(3)电压源与电流源的等效变换

把式(2-25)两边同除以电压源的内阻 R_o 得

$$\frac{u}{R_o} = \frac{u_s}{R_o} - i$$

整理得

$$i = \frac{u_s}{R_o} - \frac{u}{R_o}$$

令

$$i_s = \frac{u_s}{R_o}$$

则可得

$$i = i_s - \frac{u}{R_o} \tag{2-28}$$

由电压源公式(2-25)推出得到的公式(2-28)与电流源的公式(2-27)完全相同，说明电压源和电流源的输出端处的电压 u 与电流 i 的关系是完全相同的。对外电路来说，这两种电源是等效的。等效变换电路如图 2-18。

等效变换必须满足以下条件：

电压源转换成电流源：

$$i_s = \frac{u_s}{R_o} \tag{2-29}$$

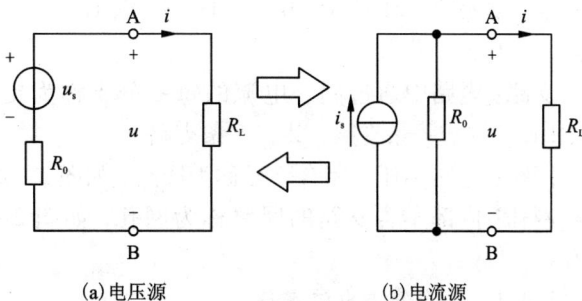

图 2-18　电压源与电流源的等效变换

电流源转换成电压源：

$$u_s = i_s \cdot R_o \tag{2-30}$$

要注意的是，电压源与电流源的等效变换是对外电路而言，对电源内部并不等效。如在图 2-18(a)中，当电压源开路时，$I = 0$，内阻 R_o 上无损耗；但在图 2-18(b)中，负载开

路时,电源内部仍有电流,内阻 R_o 上有损耗。所以说,电压源与电流源是同一实际电源的两种模型,对外电路来说,它们是等效的。

例 2 - 3 把图 2 - 19 所示电源电路分别简化为电压源和电流源。

解:(1)简化为电压源

首先将 5 A 电流源和 2 Ω 内阻转化为 10 V 电压源与 2 Ω 内阻。见图 2 - 19(a),然后把 10 V 电压源与反串的 4 V 电压源变成一个 6 V 电压源 2 Ω 内阻,极性如图 2 - 19(b)所示。

(2)简化为电流源

再把如图 2 - 20(b)所示的电压源转化为 3 A 电流源和 2 Ω 内阻即可,见图 2 - 20(c)。

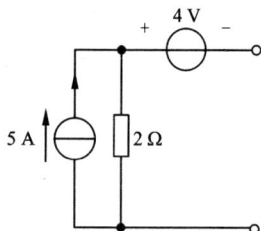

图 2 - 19　例 2 - 3 电路图

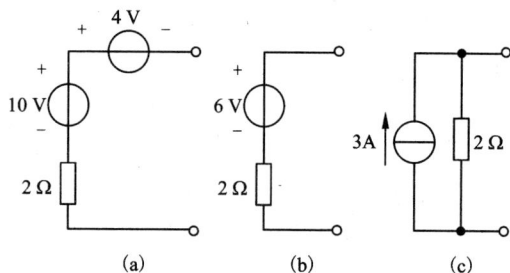

(a)　　　　　(b)　　　　　(c)

图 2 - 20　例 2 - 3 等效电路图

1.4　基尔霍夫定律

基尔霍夫定律是分析和计算电路的基本定律,它包括基尔霍夫电流定律和基尔霍夫电压定律。现以电路图 2 - 21 为例,先熟悉几个有关电路结构的术语。

节点:3 条或 3 条以上支路的汇交点,称为节点。如图 2 - 21 所示,B、C、D、E、F、G 各点,共有 3 个节点。

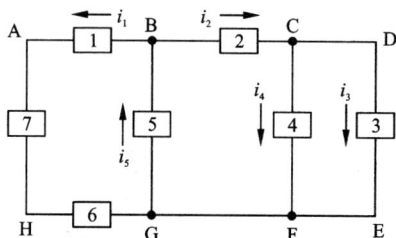

图 2 - 21　电路结构图

支路:电路中通过同一电流的每一分支称为支路。如图 2 - 21 中 BAHG、BG、BC、CF、DE 各构成一条支路,共有 5 条支路。

回路:电路中任一闭合路径称为回路,如图 2 - 21 中 ABGH、BCFG 等共有 6 个回路。

网孔:内部不含支路的回路称为网孔,如图 2 - 21 中 ABGH、BCFG、CDEF 共 3 个网孔。

1.4.1　基尔霍夫电流定律

基尔霍夫电流定律(简称 KCL),又称节点电流定律。它的内容是:任一时刻流入电路中任一节点的电流之和恒等于流出该节点的电流之和。

用公式表示为

$$\sum i_\text{入} = \sum i_\text{出} \qquad\qquad (2 - 31)$$

如图 2 - 22 所示的电路中的节点 A,可得出

$$i_1 + i_2 = i_3 + i_4$$

或

$$i_3 + i_4 - i_1 - i_2 = 0$$

上式表示任一时刻流入节点 A 的所有支路电流的代数和等于零。

基尔霍夫电流定律的另一表述形式：任一时刻流过电路中任一节点，所有电流的代数和恒等于零。若规定流入为正，流出为负，则可用公式表示为

$$\sum i = 0 \tag{2-32}$$

在直流电路中为

$$\sum I = 0 \tag{2-33}$$

基尔霍夫电流定律还可以推广应用于包围局部电路的任一假设的闭合曲面(高斯面)。例如图 2-23 中虚线所示的闭合曲面。

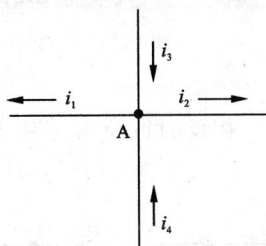

图 2-22　节点

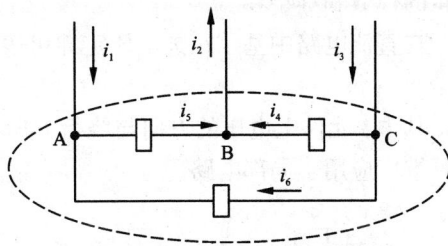

图 2-23　KCL 扩展应用

在图 2-23 中对节点 A、B、C 分别应用 KCL 可得

$$i_1 - i_5 + i_6 = 0$$
$$-i_2 + i_4 + i_5 = 0$$
$$i_3 - i_4 - i_6 = 0$$

上列三式相加，则有

$$i_1 + i_3 - i_2 = 0$$

即

$$\sum i = 0$$

可见，在任一时刻流入(或流出)任一闭合曲面的所有电流的代数和也恒等于零。

例 2-4　图 2-21 中，已知 $i_1 = 3$ A，$i_3 = 1$ A，$i_4 = -2$ A，求 i_2、i_5。

解：根据图 2-21 中各点电流的方向，任选两个节点列方程

对 B 点：

$$i_1 + i_2 - i_5 = 0 \tag{1}$$

对 C 点：

$$i_2 - i_3 - i_4 = 0 \tag{2}$$

把已知电流代入方程(1)、(2)解得

$$i_2 = -1 \text{ A}, \ i_5 = 2 \text{ A}$$

解题时应注意：三个节点只能列两个电流方程。n 个节点只能列 $n-1$ 个方程。

例 2-5　电路如图 2-24 所示，已知：(1)当 S 闭合时 $I = 1$ A，求 I'；(2)当 S 断开时，求 I。

解：如图 2-24 中所示取一闭合曲面，

(1)S 闭合时，根据 KCL 可得

$$I' = I = 1(\text{A})$$

(2)S 断开时，根据 KCL 可得 $I = I' = 0$

1.4.2　基尔霍夫电压定律

基尔霍夫电压定律(简称 KVL)，又称回路电压定律，是用以确定回路中各段电压间关

系的。它的内容是：任意时刻，沿电路中任一回路中所有电压的代数和恒等于零。用公式表示为

$$\sum u = 0 \qquad (2-34)$$

例如在图 2-25 电路中，从 A 点出发 ABCDA 回路绕行一周回到 A 点，根据该回路中各段电压所标正方向可列出

$$u_1 + u_2 - u_3 + u_4 = 0$$

上式表示任一时刻沿该方向回路中所有各段电压的代数和等于零。

在直流电路中基尔霍夫电压定律可表示为

$$\sum U = 0 \qquad (2-35)$$

其中，元件上电压的方向与绕行方向一致时，取正号；相反时取负号。基尔霍夫定律也可推广应用于局部电路。

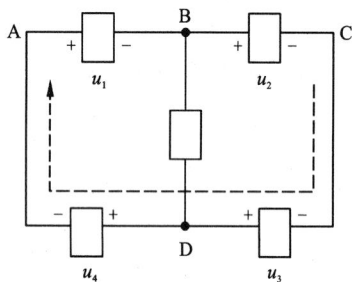

图 2-24　例 2-5 电路图

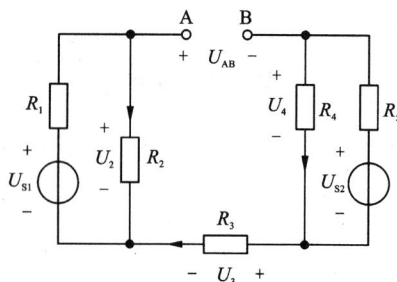

图 2-25　基尔霍夫电压定律

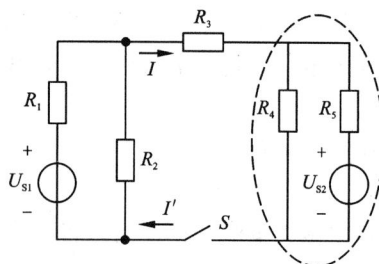

图 2-26　KVL 推广应用于局部电路

如图 2-26 所示的电路中，可列出

$$U + U_4 + U_3 - U_2 = 0$$

例 2-6　如图 2-27 所示的电路中，已知 $U_S = 12$ V，$I_S = 4$ A，$R_1 = 3\ \Omega$，$R_2 = 2\ \Omega$，求恒流源的端电压 U。

解：由 KVL 可得

$$U_1 + U_2 - U - U_S = 0$$

整理得　$U = U_1 + U_2 - U_S = IR_1 + IR_2 - U_S$
$$= 4 \times 3 + 4 \times 2 - 12 = 8 \text{ V}$$

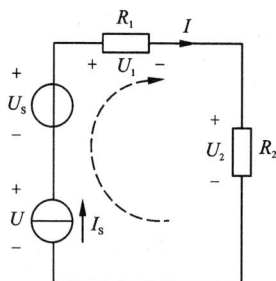

图 2-27　例 2-6 电路图

2　直流电路的分析方法

2.1　电阻的串、并联

2.1.1　电阻的串联

如图 2-28 所示为 n 个电阻串联及其等效电阻电路。电阻串联的特点是各电阻流过同一电流。

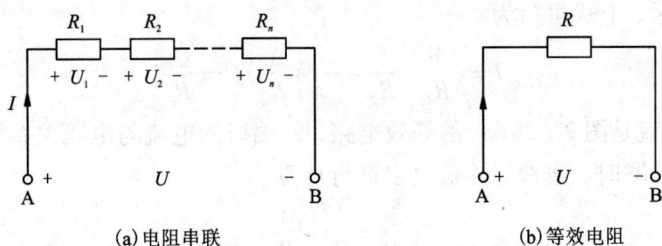

(a)电阻串联   (b)等效电阻

图 2 – 28 电阻串联及其等效电阻

根据 KVL 可得该二端网络端口上的电压电流关系

$$U = U_1 + U_2 + \cdots + U_n = R_1 I + R_2 I + \cdots + R_n I = (R_1 + R_2 + \cdots + R_n) I = RI \quad (2-36)$$

式中，$R = \sum_{k=1}^{n} R_k$ 称为 n 个电阻串联的等效电阻。

图 2 – 28(b)就是图 2 – 28(a)的等效电路，就端口的电流与电压关系而言是等效的。

在串联电路中，各电阻元件的电压与端口电压的关系为

$$U_k = R_k I = \frac{R_k}{R} U \quad (2-37)$$

由上式可知在串联电路中，电阻两端的电压与电阻值成正比。称为串联电路分压公式。

电阻吸收电能的功率为

$$P_k = U_k I = \frac{R_k}{R} UI = R_k I^2 \quad (2-38)$$

2.1.2 电阻的并联

如图 2 – 29 所示为 n 个电阻并联及其等效电阻电路。电阻并联的特点是各电阻元件两端的电压相同，即互相并联的各电阻元件接在相同两节点间。

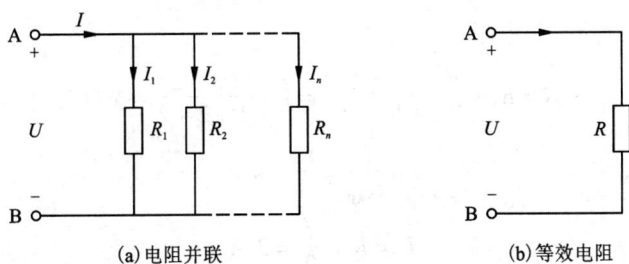

(a)电阻并联   (b)等效电阻

图 2 – 29 电阻并联及其等效电阻

根据 KCL 可得该二端网络端口上的电压电流关系

$$
\begin{aligned}
I &= I_1 + I_2 + \cdots + I_n = G_1 U + G_2 U + \cdots + G_n U \\
&= (G_1 + G_2 + \cdots + G_n) U \\
&= GU
\end{aligned} \quad (2-39)
$$

其中 $G = \sum_{k=1}^{n} G_k$ 称为 n 个电阻元件并联的等效电导，其倒数为等效电阻。

若用电阻表示，上式可写为

$$I = \left(\frac{1}{R_1} + \frac{1}{R_2} + \cdots + \frac{1}{R_n}\right)U = \frac{U}{R} \tag{2-40}$$

图 2-29(b) 就是图 2-29(a) 的等效电路，就端口的电流与电压关系而言是等效的。当两个电阻并联时，通常用等效电阻进行计算。

$$\frac{1}{R} = \frac{1}{R_1} + \frac{1}{R_2}$$

等效电阻

$$R = \frac{R_1 R_2}{R_1 + R_2} \tag{2-41}$$

在并联电路中，各电阻元件流过的电流与端口电流的关系为

$$I_k = G_k U = \frac{G_k}{G} I \tag{2-42}$$

上式为并联电路分流公式。

电阻吸收电能的功率为

$$P_k = U I_k = \frac{G_k}{G} U I = G_k U^2 \tag{2-43}$$

2.1.3　电阻的串并联电路

若一个电阻性二端网络，既有电阻的串联，又有电阻的并联，则称为电阻的串并联电路。就端口特性而言，该二端网络等效为一个电阻。

例 2-7　电路如图 2-30 所示，若已知 $R_1 = 1\ \Omega$，$R_2 = 4\ \Omega$，$R_3 = 2\ \Omega$，$R_4 = 2\ \Omega$，(1)求 AB 端口的等效电阻。(2)若 AB 间的电压为 12 V，求各电阻上吸收电能的功率。

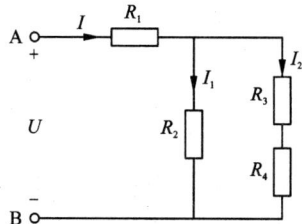

图 2-30　例 2-7 电路图

解：(1) AB 端口的等效电阻

$$R = R_1 + \frac{R_2(R_3 + R_4)}{R_2 + R_3 + R_4} = 1 + \frac{4(2+2)}{4+2+2} = 3\ \Omega$$

(2) 　　　　　　　　　　$$I = \frac{U}{R_{AB}} = \frac{12}{3} = 4\ A$$

由分流式可知　　　　　　$$I_1 = I_2 = \frac{I}{2} = 2\ A$$

则由电路可知　　　　$$P_2 = I_1^2 R_2 = 16\ W;\quad P_3 = I_2^2 R_3 = 8\ W$$

例 2-8　电路如图 2-31 所示，求 AB 端口的等效电阻。

解：要判断出串并联关系，可先将电路中的各节点用英文字母按顺序标出，在本例中，端口用 A、B，其他节点依次用 C、D 标出，根据元件在节点间的位置判断各电阻元件之间的串并联关系。R_1 与 R_2 在 A、C 间，故它们是并联关系，然后与 R_4 串联，再与 R_3 并联，最后与 R_5 串联，可画出等效电路如图 2-31(b) 所示。

根据等效电路，把已知代入可得，$R_{AC} = 2\ \Omega$，$R_{AD} = 1.5\ \Omega$，故 $R_{AB} = 6.5\ \Omega$。

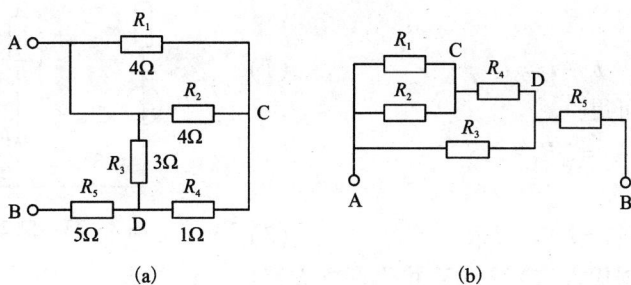

图 2 – 31 例 2 – 8 电路图

2.2 支路电流法

前面分析的直流电路，都能运用欧姆定律及电阻的串、并联进行化简、计算，是简单直流电路。而在实际中，经常会遇到如图 2 – 32 所示电路，这种电路不能用电阻的串、并联化简，是复杂直流电路。

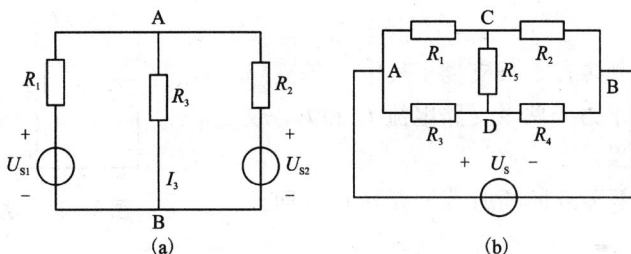

图 2 – 32 复杂直流电路

支路电流法是电路分析最基本的方法之一。它是以支路电流为变量，根据基尔霍夫节点电流定律和回路电压定律列出方程组，然后解联立方程，求得各支路电流。

支路电流法解题步骤如下：

(1)先标出各个支路电流的参考方向和独立回路的循环方向。支路电流的参考方向和独立回路的循环方向可以任意假设，一般与电动势方向一致，对具有两个以上电动势的回路，一般较大电动势的方向为回路的循环方向。

(2)根据 KCL 列节点电流方程，m 个节点的电路可列出 $m-1$ 个独立方程。

(3)根据 KVL 列回路电压方程。如果电路有 n 条支路，$(n>m)$ 则还缺的 $n-(m-1)$ 个方程可由回路电压方程补足。一般回路电压方程可在独立回路中列出。为保证所列方程为独立方程，每次选取回路时至少应包含一条前面未曾用过的新支路，最好选用网孔作为回路。

(4)代入已知条件，解联立方程式，即可求出各支路电流的大小，并确定各支路电流的实际方向。计算结果为正值，说明实际方向与参考方向相同；计算结果为负值，说明实际方向与参考方向相反。

例 2 – 9 图 2 – 33 所示是两个电源对负载供电的电路。已知 $R_1=R_2=1\ \Omega$，$R_3=5\ \Omega$，$U_{S1}=21\ V$，$U_{S2}=12\ V$，求各支路电流。

解：(1)假设各支路电流参考方向和回路循环方向如图 2 – 33 所示。

(2)电路中有两个节点，只能列一个节点电流方程。

$$I_1 + I_2 = I_3 \tag{1}$$

(3)由回路1可得：

$$U_{S1} = I_1 R_1 + I_3 R_3 \tag{2}$$

由回路2可得：

$$U_{S2} = I_3 R_3 + I_2 R_2 \tag{3}$$

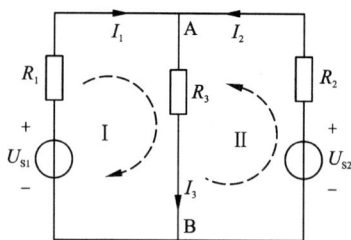

图2-33　例2-9电路图

(4)将已知数据代入(1)(2)(3)可得联立方程：

$$\begin{cases} I_1 + I_2 - I_3 = 0 \\ I_1 + 5I_3 = 21 \\ I_2 + 5I_3 = 12 \end{cases} \quad 解之得 \quad \begin{cases} I_1 = 6\ \text{A} \\ I_2 = -3\ \text{A} \\ I_3 = 3\ \text{A} \end{cases}$$

I_1、I_3 为正值，说明实际方向与图中所示参考方向相同。I_2 为负值，说明实际方向与图中所示参考方向相反。

例2-10　电路如图2-34所示，已知 $R_1 = 2$ Ω，$R_2 = 3$ Ω，$U_S = 11$ V，$I_S = 5$ A，试用支路电流法求 I_1 和 I_2。

解：图2-34中共有3条支路，其中一条支路的电流已知为 I_S。求另外两条支路电流 I_1 和 I_2，故只需列两个独立方程。

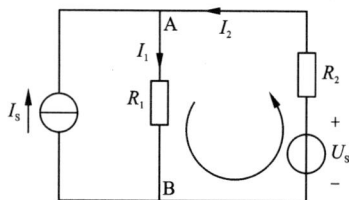

图2-34　例2-10图

(1)I_1 和 I_2 的参考方向和所选回路绕行方向如图2-34所示。

(2)根据KCL对节点 A 可得

$$I_1 - I_2 = I_S \tag{1}$$

(3)根据KVL由右边网孔可得

$$R_1 I_1 + R_2 I_2 = U_S \tag{2}$$

(4)将已知数据代入(1)、(2)可得联立方程：

$$\begin{cases} I_1 - I_2 = 5 \\ 2I_1 + 3I_2 = 11 \end{cases}$$

联立(1)、(2)解得

$$\begin{cases} I_1 = 5.2\ \text{A} \\ I_2 = 0.2\ \text{A} \end{cases}$$

I_1 为正值，说明实际方向与图中所示参考方向相同。I_2 为负值，说明实际方向与图中所示参考方向相反。

2.3　戴维南定理

在对电路进行分析计算时，有时只需要求某一条支路的电流，而不需要把所有的支路电流都算出来，这时用戴维南定理解决问题非常方便。

戴维南定理指出：

任何一个线性有源二端网络，如图2-35（a）所示，都可用一个实际电压源来等效，如

图2-35(b)所示。等效电压源的电压 U_S 等于该二端网络的开路电压 U_{OC}，如图2-35(c)所示。等效内阻 R_o 等于该有源二端网络中所有的理想电源皆为零时所得无源二端网络的等效电阻 R_{AB}，如图2-35(d)。

戴维南定理解题步骤如下：

（1）断开所求支路，画出开路图，求出有源二端网络的开路电压 U_{OC}。

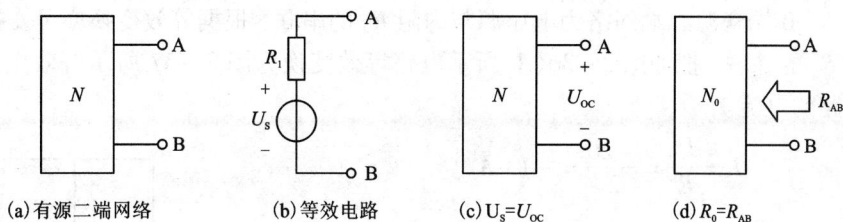

(a)有源二端网络　　(b)等效电路　　(c) $U_S = U_{OC}$　　(d) $R_o = R_{AB}$

图2-35　戴维南定理

（2）画出无源二端网络等效电路图，将电压源短路，电流源开路，求出等效电阻 R_{AB}。

（3）画出含源二端网络的戴维南等效电路，U_S 极性应与 U_{OC} 一致，接上被断开支路，利用欧姆定律即得所求支路电流 I。

例2-11　如图2-36(a)所示的电路中，已知 $R_1 = 2\ \Omega$，$R_2 = 8\ \Omega$，$R_3 = 6\ \Omega$，$R_4 = 3\ \Omega$，$I_{S1} = 10\ A$，$U_{S2} = 6\ V$。求通过 R_4 支路的电流 I。

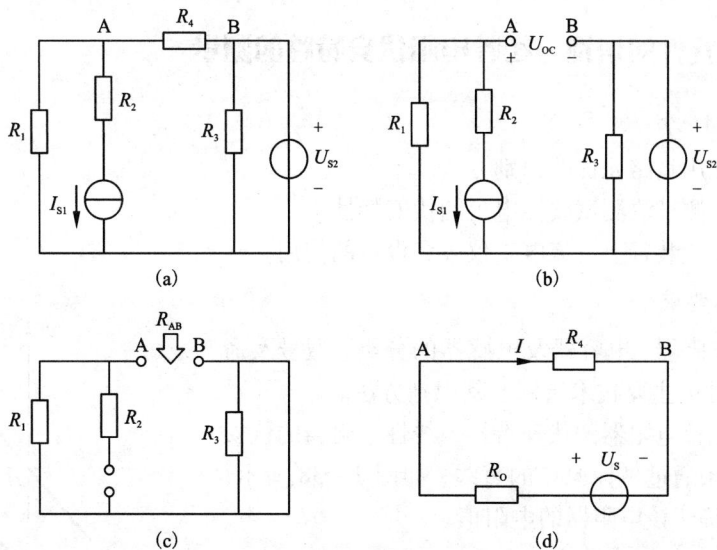

图2-36　例2-11图

解：（1）断开所求支路，画出开路图如图2-36(b)。
$$U_{OC} = -(I_{S1}R_1 + U_{S2}) = -26\ V$$
（2）画出无源二端网络等效电路图，电路如图2-36(c)所示。
$$R_{AB} = R_1 = 2\ \Omega$$

（3）画出所示含源二端网络的戴维南等效电路，电路如图 2 - 36(d)所示。

$$U_S = U_{OC} = -26 \text{ V}$$

$$R_o = R_{AB} = 2 \text{ }\Omega$$

则　　　　　　　　$$I = \frac{U_S}{R_o + R_4} = \frac{-26}{2+3} = -5.2 \text{ A}$$

由本例可见，与电流源串联的电阻 R_2 和电压源并联的电阻 R_3，对计算无影响。

由于 A、B 端含源二端网络为电压源与内阻 R_o 的串联，根据等效变换亦可变换为电流源与电阻 R_o 的并联，把如图 2 - 36(d)所示电路等效变换为图 2 - 37 所示等效电路，亦可得待求支路的电流。

$$I_S = \frac{U_S}{R_o} = \frac{-26}{2} = -13 \text{ A}$$

$$I = \frac{R_o}{R_o + R_4}I_S = \frac{2}{2+3} \times (-13) = -5.2 \text{ A}$$

以上分析说明，含源二端网络也可以用一个实际电流源等效代替，其电流源电流 I_S 等于该二端网络的短路电流，等效内阻等于该二端网络中所有电源皆为零时所得无源二端网络的等效电阻 R_{AB}。

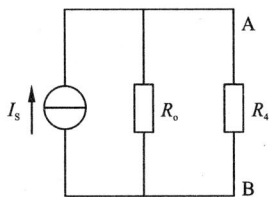

图 2 - 37　等效变换图

三、任务实施

任务1　元件的识别与线性电阻伏安特性的测量

1.1　工作任务

（1）学会常用电路元件的识别方法。

（2）用逐点测试法测试线性电阻的伏安特性。

（3）学会实验装置上直流电工仪表和设备的使用。

1.2　内容要求

（1）了解电阻器、电容器及电感器的分类、型号及命名，掌握各元件的主要技术指标及其识别方法。

（2）掌握线性电阻器的伏安特性。线性电阻的伏安特性曲线是一条通过坐标原点的直线，如图 2 - 38 所示，该直线的斜率等于该电阻器的电阻值。

1.3　器材准备

可调直流稳压电源(0 ~ 10 V)1 台，万用表 1 块，直流数字毫安表 1 块，直流数字电压表 1 块，电阻器、电容器、电感器各种规格若干。

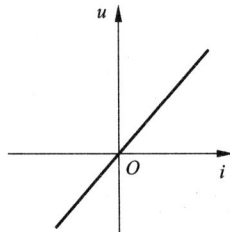

图 2 - 38　线性电阻伏安特性曲线

1.4　实施步骤

（1）电阻器的识别

①根据电阻器上的标识读出主要技术指标，并应用万用表实测，将结果填入训练表 2 - 1。

表 2 - 1

序号	标识	识别				测量		合格否
		材料	阻值	允许误差	功率	量程	阻值	

②根据电阻器上的色环读出主要技术指标,并应用万用表实测,将结果填入训练表 2 - 2。

表 2 - 2

序号	色环颜色	识别				测量		合格否
		材料	阻值	允许误差	功率	量程	阻值	

(2)电容器的识别

根据电阻容上的标识读出主要技术指标,并应用万用表实测,将结果填入训练表 2 - 3。

表 2 - 3

序号	标识	识别			测量	合格否
		材料	容量	耐压	容量	

(3)电感器的识别

根据电感器上的标识读出主要技术指标。将结果填入训练表 2 - 4。

表 2 - 4

序号	标识	识别		测量	合格否
		电感量	品质因数	电感容量	

(4)测定线性电阻器的伏安特性

①按图 2 - 39 接线,其中线性电阻 R 取 1 kΩ 和 510 Ω 分别接入电路中,调节直流稳压电源的输出电压 U_s,从 0 伏开始缓慢地增加,一直到 10 V,记下相应的电压表和电流表的读数,填入训练表 2 - 5。

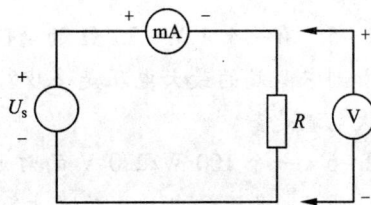

图 2 - 39　测量电路

表 2 - 5

$U(\mathrm{V})$	0	1	2	3	4	……	10
当 $R = 1\ \mathrm{k}\Omega$ 时，$I_1(\mathrm{mA})$							
当 $R = 510\ \Omega$ 时，$I_2(\mathrm{mA})$							

②根据测量得出的训练表 2 - 5 数据，画出伏安特性曲线。

注意：

（1）测线性电阻特性时，稳压电源输出应由小至大逐渐增加，稳压源输出端切勿碰线短路。

（2）进行不同实验时，应先估算电压和电流值，合理选择仪表的量程，勿使仪表超量程，仪表的极性亦不可接错。

四、模块习题

2 - 1　电路由哪几部分组成？各有什么作用？

2 - 2　在图 2 - 40 中，各电流的参考方向如图中所设，已知 $I_1 = 8\ \mathrm{A}$，$I_2 = -2\ \mathrm{A}$，$I_3 = 10\ \mathrm{A}$。试确定各电流的实际方向。

2 - 3　求图 2 - 41 中 A、B、C 各点的电位。

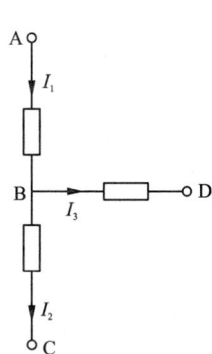

图 2 - 40　题 2 - 2 图

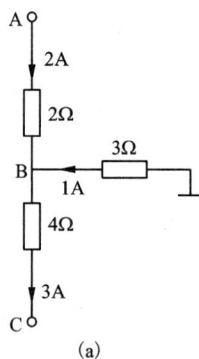

(a)

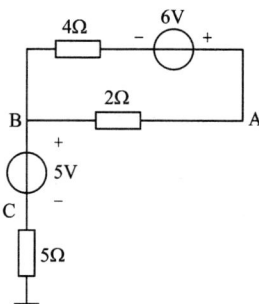

(b)

图 2 - 41　题 2 - 3 图

2 - 4　试求如图 2 - 42 中所示电路中 A、B 两点的电位及 U_{AB}。

2 - 5　有一个 1 W、25 Ω 的电阻器，使用时允许加到它两端的最大电压是多少？允许流过它的最大电流是多少。

2 - 6　一个 100 W/220 V 的灯泡接到 110 V 电压的两端，此时的电功率为多大？在一小时内电流做了多少功？消耗电能多少度？

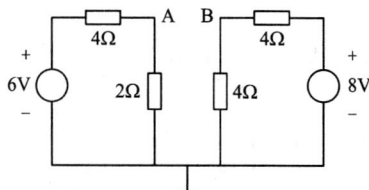

图 2 - 42　题 2 - 4 图

2-7 试计算图2-4中各元件的功率，并说明元件是吸收还是发出电功。

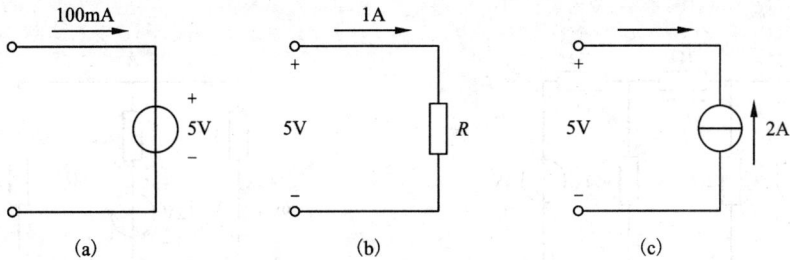

图2-43 题2-7图

2-8 电路如图2-44，已知 $U_S = 12$ V，$I_S = 3$ A，$R = 2\ \Omega$。试求图中的 U_1、U_2 和各元件的功率。

2-9 电路如图2-45所示，已知 $U_S = 100$ V，$R_o = 1\ \Omega$，负载电阻 $R_L = 99\ \Omega$，当开关分别处于1、2、3位置时电流表与电压表的读数分别是多少？

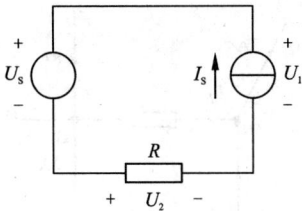

图2-44 题2-8图

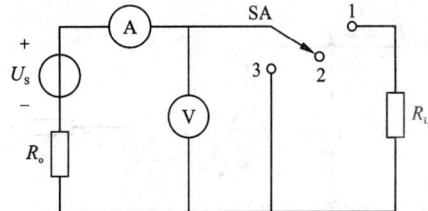

图2-45 题2-9图

2-10 试分别求出图2-45中开关处于1、2、3位置时负载消耗的电功和电源发出电能的功率。

2-11 在图2-46所示电路中，信号源 $U_S = 16$ V，信号源内阻 $R_o = 20\ \Omega$，$R_1 = 20\ \Omega$，求 R_2 取多大时才可以获得最大功率？最大功率为多少？

2-12 把图2-47中所示各电路，简化为等效的电压源和电流源。

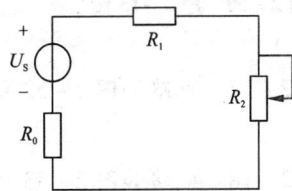

图2-46 题2-11图

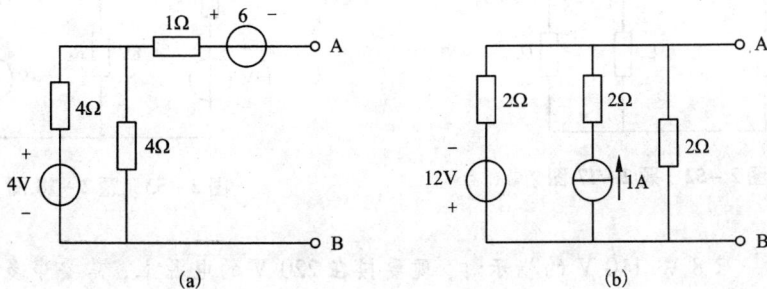

图2-47 题2-12图

2 – 13 试用电源等效变换求图 2 – 48 中的电流 I。

2 – 14 电路如图 2 – 49 所示，试用电源等效变换求 A、B 两结点间的电压 U。

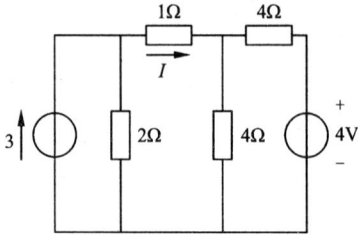

图 2 – 48 题 2 – 13 图

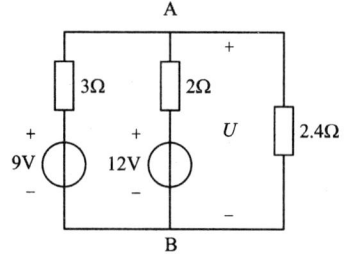

图 2 – 49 题 2 – 14 图

2 – 15 写出图 2 – 50 电路中的电压 u 和电流 i 的伏安关系。

2 – 16 求图 2 – 51 中未知电流。

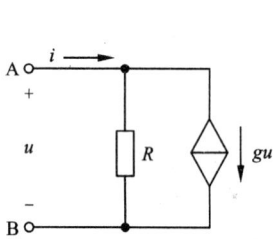

(a)

(b)

图 2 – 50 题 2 – 15 图

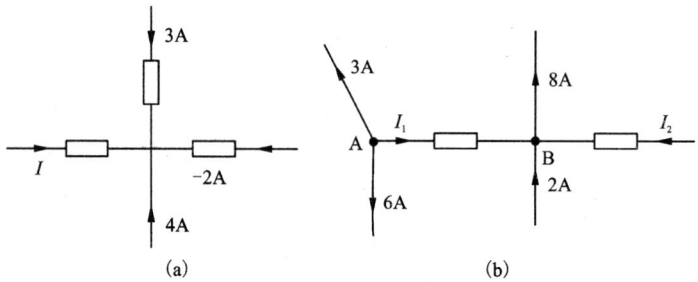

图 2 – 51 题 2 – 16 图

2 – 17 电路如图 2 – 52 所示，已知 $U_1 = 16$ V，$U_4 = 6$ V，$i_1 = 3$ A，$i_2 = 1$ A。求 U_2、U_3 和 i_3。

2 – 18 电路如图 2 – 53 所示，求 U_1、U_3。

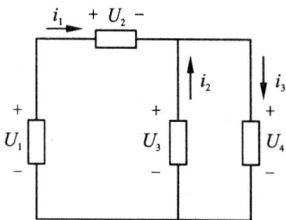

图 2 – 52 题 2 – 17 图

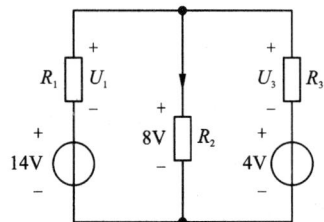

图 2 – 53 题 2 – 18 图

2 – 19 一只 8 W/110 V 的指示灯，现要接在 220 V 的电源上，需要串多大阻值的电阻？该电阻的功率应为多大？

2 – 20 两只额定值分别为 40 W/110 V，100 W/110 V 的白炽灯，接在 220 V 电源上，

能否正常工作？为什么？

2-21 多量程直流电流表如图 2-54 所示，已知表头等效电阻 $R_o = 1.5 \text{ k}\Omega$，$R_1 = 100 \Omega$，$R_2 = 400 \Omega$，$R_3 = 500 \Omega$，试计算 0-1，0-2，0-3，各端点间的等效电阻即各档的电流表内阻。

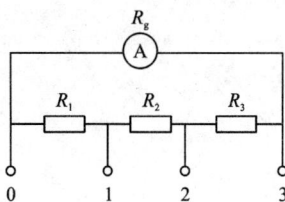

图 2-54 题 2-21 图

2-22 计算如图 2-55 所示电路 AB 间的等效电阻。

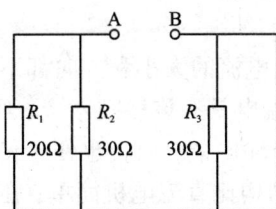

(a)

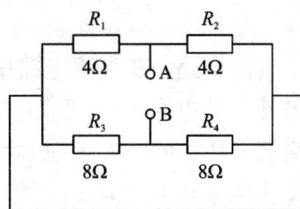

(b)

图 2-55 题 2-22 图

2-23 电路如图 2-56 所示，试用支路电流法求各支路电流。

2-24 电路如图 2-57 所示，用支路电流法求电流 I_1 和 I_2。

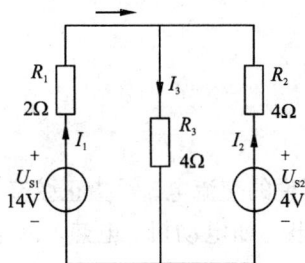

图 2-56 题 2-23 图

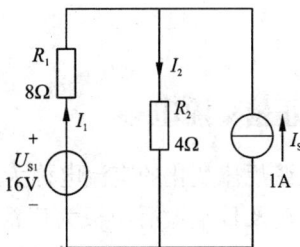

图 2-57 题 2-24 图

2-25 电路如图 2-58 所示，试用戴维南定理求流过电阻 R_3 上的电流 I_3。

2-26 电路如图 2-59 所示，试用戴维南定理求流过电阻 R_3 的电流 I_3。

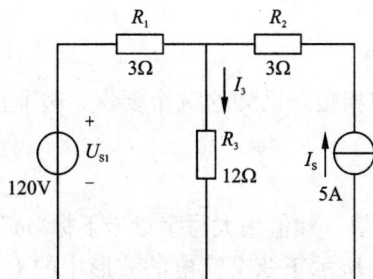

图 2-58 题 2-25 图

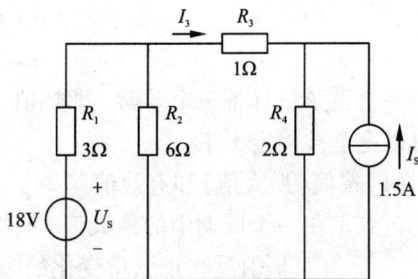

图 2-59 题 2-26 图

模块三　交流电路

一、模块描述

前面已介绍了直流电路，在直流电路中电压或电流的大小和方向都不随时间变化。本模块我们将学习另外一种电路——交流电路。交流电具有许多技术上、经济上的优越性。利用变压器变换交流电压，可以大量地远距离地传输电能，而且也便于使用；利用整流设备可以方便地从交流电获得直流电；交流电机的结构比直流电机简单；在通信技术中可利用交流电实现信息的传输等等。所以，对交流电的研究有着重要意义。交流电的产生主要有两类方式：一类是由交流发电机产生，另一类是用含电子器件的电子振荡器产生。

本模块首先着重介绍正弦交流电路的基本概念和分析计算方法。在此基础上，认识和检测日光灯的电路元件，安装日光灯，并对日光灯电路参数进行测量。通过实际操作训练，掌握常见电工仪表的使用方法，学会安装日光灯并能排除常见故障。

二、知识准备

1　正弦交流电

按正弦规律变化的交流电称为正弦交流电。通常所说的交流电，常指正弦交流电。在工农业生产及日常生活中极为广泛地应用着正弦交流电。如电动机、电热、冶金、电信、照明等许多方面都应用正弦交流电。

1.1　正弦交流电概述

1.1.1　正弦交流电的三要素

大小、方向都随时间按正弦规律作周期性变化的电流和电压统称为正弦交流电或正弦量，其波形如图 3-1 所示。正弦量在任一时刻的值称为瞬时值，其数学表达式为

$$u = U_m \sin(\omega t + \psi_u) \tag{3-1}$$

$$i = I_m \sin(\omega t + \psi_i) \tag{3-2}$$

一个正弦量具备三个要素，即幅值、角频率和初相角。已知这三个要素，这个正弦量就可以完全被确定下来。

（1）幅值（最大值）和有效值

正弦量在一个周期中的最大值，叫幅值，也叫峰值。幅值用大写字母带下标"m"表示，如 U_m、I_m 等。幅值反映正弦量变化的幅度。图 3-1 所示正弦交流电的波形中的 U_m 便是电压的幅值，幅值为正值。

交流电的有效值是根据它的热效应确定的。交流电流 i 通过电阻 R 在一个周期内所产

生的热量和直流电流 I 通过同一电阻 R 在相同时间内所产生的热量相等,则这个直流电流 I 的数值叫做交流电流 i 的有效值,用大写字母表示,如 I、U 等。正弦量有效值是幅值的 $1/\sqrt{2}$。

日常照明用电电压 220 V(有效值),相应的最大值为

$$U_\mathrm{m} = 220\sqrt{2}\ \mathrm{V} = 311\ \mathrm{V}$$

在工程实际应用中,若无特别说明,正弦

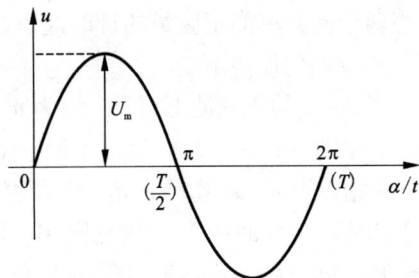

图 3-1　交流电的波形

电量的数值一般都是指有效值,如照明线路的电压 220 V、低压动力线路的电压 380 V,异步电动机的额定电流 8.8 A 等。用交流电流表、交流电压表测量的数值和电气设备铭牌上的额定值都是指的有效值。

例 3-1　电容器的耐压值为 250 V,问能否用在 220 V 的单相交流电源上?

解:因为 220 V 的单相交流电源为正弦电压,其振幅值为 311 V,大于其耐压值 250 V,电容可能被击穿,所以不能接在 220 V 的单相交流电源上。各种电器件和电气设备的绝缘水平(耐压值)要按最大值考虑。

(2)周期、频率和角频率

用周期或频率来表示正弦量变化的快慢,正弦量循环变化一次所需要的时间称为周期 T,单位为秒(s)。每秒钟变化的次数称为频率 f,单位为赫兹(Hz)。周期与频率互为倒数

$$f = 1/T \tag{3-3}$$

每个国家有特定的交流电标准频率,称为工频。我国及亚洲大多数国家的工频是 50 Hz,欧洲国家的工频也是 50 Hz,而美洲国家和亚洲的日本、韩国的工频则是 60 Hz。

正弦量变化的快慢也可用角频率 ω 表示,角频率和频率及周期的关系为

$$\omega = \frac{2\pi}{T} = 2\pi f \tag{3-4}$$

(3)相位和初相

式(3-1)和式(3-2)中 $\omega t + \psi_\mathrm{u}$ 和 $\omega t + \psi_\mathrm{i}$ 称为相位,反映了正弦量随时间变化的进程。把 $t=0$ 时刻正弦量的相位叫做"初相",用字母"ψ"表示。规定 $|\psi|$ 不超过 π 弧度。

初相表示正弦交流电变化的起点位置,初相不同,交流电变化的起点不同。正弦量的相位和初相都与计时起点有关。在一个正弦交流电路中,电压 u 和电流 i 的频率是相同的,但初相不一定相同,如图 3-2 所示。

两个同频率正弦量的相位角之差,称为相位差,用 φ 表示。

图 3-2 中,电压 u 和电流 i 的相位差为

$$\varphi = (\omega t + \psi_\mathrm{u}) - (\omega t + \psi_\mathrm{i}) = \psi_\mathrm{u} - \psi_\mathrm{i} \tag{3-5}$$

所以,两个同频率正弦电量的相位差就等于它

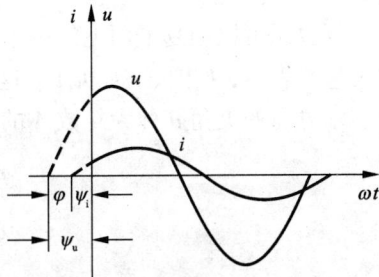

图 3-2　u 和 i 的相位不相等

们的初相之差。规定相位差的绝对值不能大于 π。

当两个同频率的正弦量的计时起点改变时，它们的相位和初相位跟着改变，但是两者之间的相位差仍保持不变。

由图 3 - 2 的正弦波形可见，因为 u 和 i 的初相位不同，所以它们的变化步调是不一致的，即不是同时到达正的幅值或零值。图中 $\psi_u > \psi_i$，所以 u 较 i 先到达正的幅值。这时我们说，在相位上 u 比 i 超前 φ 角，或者说 i 比 u 滞后 φ 角。初相相等的两个正弦量，它们的相位差为零，这样的两个正弦量同相。同相的两个正弦量同时到达零值，同时到达最大值，步调一致。相位差 φ 为 180° 的两个正弦量相位关系叫做反相。

例 3 - 2　在选定的参考方向下，已知两正弦量的解析式为 $u = 200\sin(1000t + 200°)$ V，$i = -5\sin(314t + 30°)$ A，试求两个正弦量的三要素。

解：(1) $u = 200\sin(1000t + 200°)$ V $= 200\sin(1000t - 160°)$ V

所以电压的振幅值 $U_m = 200$ V，角频率 $\omega = 1000$ rad/s，初相 $\theta_i = -160°$。

(2) $i = -5\sin(314t + 30°)$ A $= 5\sin(314t + 30° + 180°)$ A $= 5\sin(314t - 150°)$ A

所以电流的振幅值 $I_m = 5$ A，角频率 $\omega = 314$ rad/s，初相 $\theta_i = -150°$。

例 3 - 3　已知 $u = 220\sqrt{2}\sin(\omega t + 235°)$ V，$i = 10\sqrt{2}\sin(\omega t + 45°)$ A
求 u 和 i 的初相及两者间的相位关系。

解：$u = 220\sqrt{2}\sin(\omega t + 235°)$ V $= 220\sqrt{2}\sin(\omega t - 125°)$ V
所以电压 u 的初相角为 $-125°$，电流 i 的初相角为 45°。

$$\varphi_{ui} = \psi_u - \psi_i = -125° - 45° = -170° < 0$$

表明电压 u 滞后于电流 i 170°。

1.1.2　正弦量的相量表示法

为了便于正弦量之间的运算，常把正弦量用复数形式来表示，这种表示法称为正弦量的相量表示法。下面先复习一下复数。

(1) 复数的概念

在数学中常用 $A = a + jb$ 表示复数。其中 a 为实部，b 为虚部，$j = \sqrt{-1}$ 称为虚单位。在电工技术中，为区别于电流的符号，虚数单位常用 j 表示。

取一直角坐标系，其横轴称为实部，纵轴称为虚轴，这两个坐标轴所在的平面称为复平面。这样，每个复数对应于复平面上唯一的点。如复数 $A = 4 + 3j$，所对应的一点为图 3 - 3 上的 A 点。

复数还可以用复平面上的一个矢量来表示。复数 $A = a + jb$ 可用一个从原点 O 到 P 点的矢量来表示，如图 3 - 4 所示，这种矢量称为复矢量。矢量的长度 r 为复数的模；矢量与正实轴方向的夹角 θ 称为复数 A 的幅角，不难看出：

$$\left.\begin{aligned} r &= |A| = \sqrt{a^2 + b^2} \\ \theta &= \arctan\frac{b}{a}\,(\theta \leqslant 2\pi) \end{aligned}\right\} \tag{3-6}$$

$$\left.\begin{aligned} a &= r\cos\theta \\ b &= r\sin\theta \end{aligned}\right\} \tag{3-7}$$

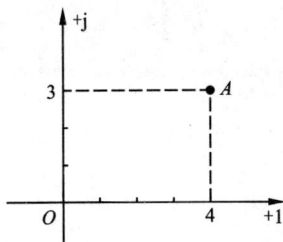

图 3 - 3　复数在复平面上的表示

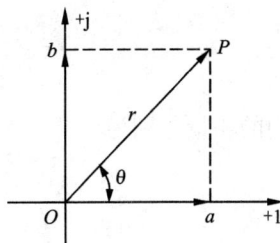

图 3 - 4　复数的矢量表示

（2）复数的四种形式

①复数的代数形式：$A = a + jb$

②复数的三角形式：$A = r\cos\theta + jr\sin\theta$

③复数的指数形式：$A = re^{j\theta}$

④复数的极坐标形式：$A = r \angle \theta$

在以后的运算中，代数式与极坐标式是常用的，对它们的换算应十分熟练。

例 3 - 4　写出复数 $A = 100 \angle 30°$ 的三角形式和代数形式。

解：三角形式

$$A = 100(\cos30° + j\sin30°)$$

代数形式

$$A = 100(\cos30° + j\sin30°) = 86.6 + j50$$

（3）复数的四则运算

设

$$A_1 = a_1 + jb_1 = r_1 \angle \theta_1$$
$$A_2 = a_2 + jb_2 = r_2 \angle \theta_2$$

①复数的加减法：实部和虚部分别相加或相减。

$$A_1 \pm A_2 = (a_1 \pm a_2) + j(b_1 \pm b_2)$$

②复数的乘除法：模相乘或相除、辐角相加或相减。

$$A \cdot B = r_1 \angle \theta_1 \cdot r_2 \angle \theta_2 = r_1 \cdot r_2 \angle \theta_1 + \theta_2$$

$$\frac{A}{B} = \frac{r_1 \angle \theta_1}{r_2 \angle \theta_2} = \frac{r_1}{r_2} \angle \theta_1 - \theta_2$$

例 3 - 5　求复数 $A = 8 + j6$，$B = 6 - j8$ 之和 $A + B$ 及积 $A \cdot B$。

解：$A + B = (8 + j6) + (6 - j8) = 14 - j2$

$A \cdot B = (8 + j6)(6 - j8) = 10 \angle 36.9° \cdot 10 \angle -53.1° = 100 \angle -16.2°$

（4）正弦量的相量表示法

正弦交流电路中的电压和电流都是单一频率的物理量，只要表示出最大值（或有效值）和初相，该正弦量便可确定，可利用复数把这两个要素表示出来，复数的模等于正弦量的最大值（或有效值），辐角等于正弦量的初相。为与一般的复数相区别，我们把表示正弦量的复数称为相量。并用正弦量的大写字母顶上加以圆点"·"来表示。

本书中所说的相量常指有效值相量，以 $\dot{U}$、$\dot{I}$ 等表示，如设元件两端的电压和流过元件

的电流均采用关联参考方向。并设电压、电流的瞬时表达式分别为

$$u = \sqrt{2}U\sin(\omega t + \psi_u)$$

$$i = \sqrt{2}I\sin(\omega t + \psi_i)$$

则代表它们的相量分别为

$$\dot{U} = U\angle\psi_u$$
$$\dot{I} = I\angle\psi_i$$

(3-8)

提示： 正弦量可用相量来表示，但正弦量不等于相量（复数）。

正弦量的相量和复数一样，可以在复平面上用矢量表示。画在复平面上用矢量表示相量的图形称为相量图。显然，只有同频率的多个正弦量对应的正弦量画在同一的复平面上才有意义。

正弦量用相量表示后，同频率正弦量之间的加减乘除运算就可以转化为复数之间的运算了。把用相量表示的正弦量进行正弦交流电路运算的方法称为相量法。

例 3-6 已知同频率的正弦量的解析式为：$i = 10\sin(\omega t + 30°)$；$u = 220\sqrt{2}\sin(\omega t - 45°)$，写出电流和电压的相量 $\dot{I}$、$\dot{U}$，并绘出相量图。

解： 由解析式可得

$$\dot{I} = \frac{10}{\sqrt{2}}\angle 30° = 5\sqrt{2}\angle 30° \text{ (A)}$$

$$\dot{U} = \frac{220\sqrt{2}}{\sqrt{2}}\angle -45° = 220\angle -45° \text{ (V)}$$

相量图如图 3-5 所示。

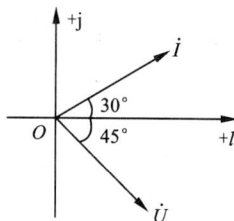

图 3-5 例 3-6 图

例 3-7 已知工频条件下，两正弦量的相量各为 $\dot{U}_1 = 10\sqrt{2}\angle 60° \text{V}$，$\dot{U}_2 = 20\sqrt{2}\angle -30° \text{V}$，试求两正弦电压的解析式。

解： 由于

$$\omega = 2\pi f = 2\pi \times 50 = 100\pi \text{ rad/s}$$

$$U_1 = 10\sqrt{2} \text{ V}, \psi_1 = 60°$$

$$U_2 = 20\sqrt{2} \text{ V}, \psi_2 = -30°$$

所以

$$u_1 = \sqrt{2}U_1\sin(\omega t + \psi_1) = 20\sin(100\pi t + 60°) \text{ V}$$

$$u_2 = \sqrt{2}U_2\sin(\omega t + \psi_2) = 40\sin(100\pi t - 30°) \text{ V}$$

1.2 单元件正弦交流电路特性

电阻元件、电感元件及电容元件是交流电路的基本元件，日常生活中的交流电路都是由这三种元件组合起来的。为了分析这种电路，我们先分析单元件上电压与电流的关系，能量的转换和储存。

为便于分析各元件正弦交流电路特性，我们可取单元件上端电压 u 和电流 i 中的其中一个为参考正弦量。

1.2.1　电阻元件的正弦交流电路

（1）电阻元件上电压与电流的关系

在如图3-6所示电压与电流为关联参考方向时，便可得到交流电路中电阻元件上电压与电流的下列关系式。

①电流和电压的瞬时关系。如图3-6所示，当线性电阻R两端加上正弦电压u时，电阻中便有电流i通过。任一瞬间电压u和电流i的瞬时关系仍服从欧姆定律。即

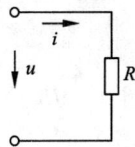

图3-6　纯电阻电路

$$i = \frac{u}{R} \tag{3-9}$$

②电流和电压的数量关系。设电流i为参考正弦量，即

$$i = I_m \sin\omega t$$

则
$$u = iR = I_m R\sin\omega t = U_m \sin\omega t \tag{3-10}$$

其中
$$U_m = I_m R \quad 或 \quad U = IR \tag{3-11}$$

③电流和电压的相位关系。因电阻是纯实数，在电压和电流为关联参考方向时，电流和电压同相。图3-7（a）为电阻元件上电流与电压的波形图。

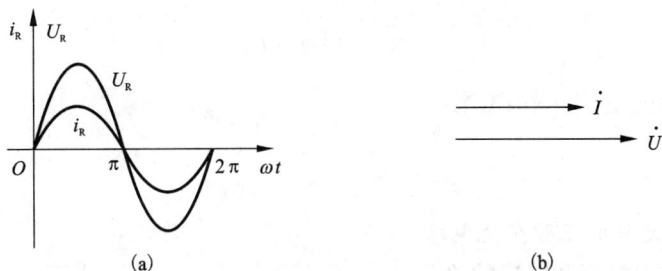

图3-7　电阻元件上电流与电压之间的关系

④电压与电流的相量关系。由式（3-10）和式（3-11）得

$$\dot{I} = I\angle 0$$

$$\dot{U} = U\angle 0 = I \cdot R\angle 0$$

所以

$$\dot{U} = \dot{I}R \tag{3-12}$$

上式是电阻元件上电流与电压的相量关系，也是欧姆定律的相量形式。图3-7（b）电阻元件上电流与电压的相量，二者是同相关系。

（2）电阻元件的功率

①瞬时功率。交流电路中，任一瞬间，元件上电压的瞬时值与电流的瞬时值的乘积叫做该元件的瞬时功率，用小写字母p表示。

由式（3-10）、（3-11）和$p = ui$得

$$p = ui = U_m \sin\omega t \cdot I_m \sin\omega t = UI(1 - \cos2\omega t)$$

由上式可知，p恒为正值。表明电阻元件是一个耗能元件，任一瞬间均从电源吸收功率。

②平均功率(有功功率)。工程上都是计算瞬时功率的平均值,即平均功率,用大写字母 P 表示。周期性交流电路中的平均功率就是其瞬时功率在一个周期内的平均值,即

$$P = \frac{1}{T}\int_0^T p\,\mathrm{d}t = \frac{1}{T}\int_0^T UI(1 - \cos 2\omega t)\,\mathrm{d}t = UI$$

由于 $U = IR$,

所以

$$P = UI = I^2 R = \frac{U^2}{R} \qquad\qquad (3-13)$$

功率的单位为瓦(W),工程上也常用千瓦(kW),即 $1\ \mathrm{kW} = 1000\ \mathrm{W}$。

由于平均功率反映了电阻元件实际消耗电能的情况,因此又称有功功率,习惯上常把"平均"或"有功"两字省略,简称功率。例如,60 W 的灯泡,1000 W 电炉等,瓦数都是指有功功率。

例 3 - 8　一电阻 $R = 100\ \Omega$,R 两端的电压 $u = 100\sqrt{2}\sin(\omega t - 30°)$ V。求:(1)通过电阻 R 的电流 I 和 i;(2)电阻 R 接受的功率 P。

解:(1)因为

$$i = \frac{u}{R} = \frac{100\sqrt{2}\sin(\omega t - 30°)}{100} = \sqrt{2}\sin(\omega t - 30°)\ \mathrm{A}$$

所以

$$I = \frac{\sqrt{2}}{\sqrt{2}} = 1\ (\mathrm{A})$$

(2)$P = UI = 100 \times 1 = 100\ (\mathrm{W})$

或

$$P = I^2 R = 1^2 \times 100 = 100\ (\mathrm{W})$$

1.2.2　电感元件的正弦交流电路

(1)电感元件上电压和电流的关系

①电压和电流的瞬时关系。电感元件上的伏安特性在前面已学过,在图 3 - 8 所示的参考方向下,有

$$u = L\frac{\mathrm{d}i}{\mathrm{d}t} \qquad\qquad (3-14)$$

②电压和电流的数量关系

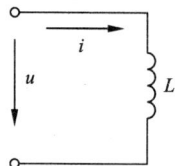

图 3 - 8　纯电感电路

设

$$i = I_{\mathrm{m}}\sin\omega t$$

则

$$u = I_{\mathrm{m}}\omega L\cos\omega t = I_{\mathrm{m}}\omega L\sin(\omega t + 90°) = U_{\mathrm{m}}\sin(\omega t + 90°) \qquad (3-15)$$

$$U_{\mathrm{m}} = I_{\mathrm{m}}\omega L = I_{\mathrm{m}}X_{\mathrm{L}} \quad 或 \quad U = IX_{\mathrm{L}}$$

其中

$$X_{\mathrm{L}} = \omega L = 2\pi f L \qquad\qquad (3-16)$$

X_{L} 称为感抗,感抗 X_{L} 与电源频率成正比,X_{L} 表示电感元件对电流的阻碍作用,单位为 Ω。在直流电路中电感元件相当于短路。

③电压和电流的相位关系。由式(3 - 15)可知

$$\psi_{\mathrm{u}} = \psi_{\mathrm{i}} + \frac{\pi}{2} \qquad\qquad (3-17)$$

即电感元件上电压超前电流 $90°$。

图 3 - 9 给出了电流和电压的波形图。

④电压和电流的相量关系。把式(3-15)改写成相量形式：

$$\dot{I} = I\angle 0$$

$$\dot{U} = I\omega L\angle\frac{\pi}{2} = j\omega LI\angle 0$$

所以
$$\dot{U} = j\omega L\dot{I} = jX_L\dot{I} \tag{3-18}$$

电流和电压的相量图如图3-10所示。

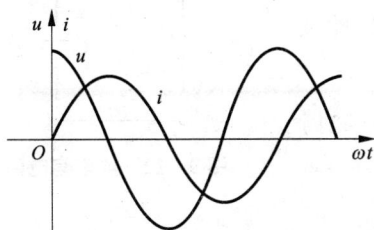

图3-9 电感元件上电流和电压的波形图

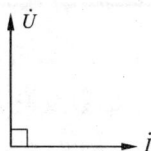

图3-10 电感元件电流和电压的相量图

(3)电感元件的功率

①瞬时功率。由式(3-15)和 $p = ui$ 得

$$p = ui = UI\sin 2\omega t$$

图3-11给出了功率曲线图。

②平均功率

$$P = \frac{1}{T}\int_0^T p\mathrm{d}t = \frac{1}{T}\int_0^T UI\sin 2\omega t\mathrm{d}t = 0 \tag{3-19}$$

由图3-11可看到，在一个周期内吸收电能的功率与释放电能的功率是相等的，即平均功率为零。这说明电感元件上只有能量交换而不耗能，为储能元件。

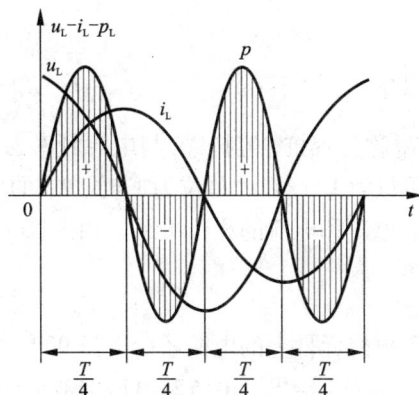

图3-11 电感元件的功率曲线

由式(3-16)和(3-19)可知，电感元件对电流起阻碍作用，而自身又不消耗能量。所以广泛应用于限流装置，如荧光灯的镇流器、电动机的启动、电风扇的调速、电焊机调节电流的电抗器等。

③无功功率。我们把电感元件上电压的有效值和电流的有效值的乘积叫做电感元件的无功功率，用 Q 表示。

$$Q = UI = I^2X_L = \frac{U^2}{X_L} \tag{3-20}$$

Q 反映了电感元件与电源之间能量交换的规模。$Q > 0$，表明电感元件是接受无功功率的。无功功率的单位为"乏"(var)，工程中也常用"千乏"(kvar)。1 kvar = 1000 var

提示：有功功率的"有功"是指"消耗"，而无功功率的"无功"是指"交换"，一定不能将"无功"理解为"无用"。

例3-9 已知一个电感 $L = 2H$，接在 $u = 220\sqrt{2}\sin(314t - 60°)$ V 的电源上。求：

（1）X_L；（2）通过电感的电流 i；（3）电感上的无功功率 Q。

解：（1）$X_L = \omega L = 314 \times 2 = 628$（$\Omega$）

（2）$\dot{I} = \dfrac{\dot{U}}{jX_L} = \dfrac{220\angle -60°}{628j} = 0.35\angle -150°$（A），$i = 0.35\sqrt{2}\sin(314t - 150°)$ A

（3）$Q = UI = 220 \times 0.35 = 77$（var）

1.2.3　电容元件的正弦交流电路

（1）电容元件上电压和电流的关系

①电压和电流的瞬时关系。电容元件上的伏安特性关系在上一章已讲过，在图 3 - 12 所示的参考方向下，有

$$i = C\frac{du}{dt} \qquad (3-21)$$

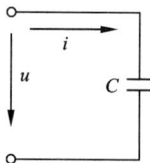

图 3 - 12　纯电容电路

②电压和电流的数量关系。设 $u = U_m\sin\omega t$，则

$$i = C\frac{du}{dt} = \omega C U_m\cos\omega t = \omega C U_m\sin\left(\omega t + \frac{\pi}{2}\right) = I_m\sin\left(\omega t + \frac{\pi}{2}\right) \qquad (3-22)$$

$$I_m = \omega C U_m = \frac{U_m}{\dfrac{1}{\omega C}} = \frac{U_m}{X_C}$$

其中
$$X_C = \frac{1}{\omega C} = \frac{1}{2\pi f C} \qquad (3-23)$$

X_C 称为容抗，容抗 X_C 与电源频率 ω 成反比。在直流电路中电容元件相当于开路。当 ω 的单位为 1/s，C 的单位为 F 时，X_C 的单位为 Ω。

③电压和电流的相位关系。由式（3 - 22）得

$$\theta_i = \theta_u + \frac{\pi}{2} \qquad (3-24)$$

即电容元件上的电流超前电压 90°。

图 3 - 13 给出了电流和电压的波形图。

④电容元件上电压与电流的相量关系。由式（3 - 22）得：

$$\dot{U} = U\angle 0$$

$$\dot{I} = I\angle\frac{\pi}{2} = \frac{U}{X_C}\angle\frac{\pi}{2} = \frac{j}{X_C}U\angle 0 = \frac{j}{X_C}\dot{U}$$

所以
$$\dot{U} = -jX_C\dot{I} \text{ 或 } \dot{I} = \frac{\dot{U}}{-jX_C} \qquad (3-25)$$

电容元件电流和电压的相量图如图 3 - 14 所示。

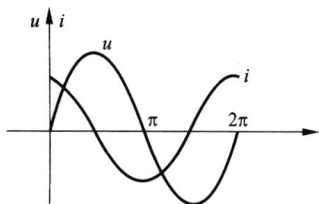

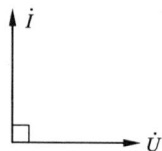

图 3 - 13　电容元件上电流和电压的波形图　　　　**图 3 - 14　电容元件电流和电压的相量图**

（2）电容元件的功率

①瞬时功率。由式（3 – 22）和 $p = ui$ 得

$$p = ui = UI\sin2\omega t$$

图 3 – 15 给出了电容元件功率曲线图。

②平均功率

$$P = \frac{1}{T}\int_0^T p\mathrm{d}t = \frac{1}{T}\int_0^T UI\sin2\omega t\mathrm{d}t = 0$$

$$(3 - 26)$$

与电感元件一样，电容元件也只有能量交换而不耗能，为储能元件。

③无功功率。我们把电容元件上电压的有效值与电流的有效值乘积的负值，称为电容元件的无功功率，用 Q 表示。即

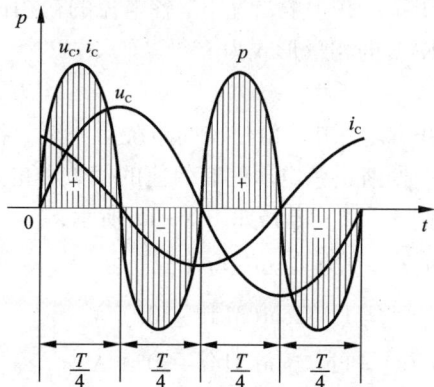

图 3 – 15　电容元件功率曲线

$$Q = - UI = - I^2 X_C = - \frac{U^2}{X_C} \qquad (3 - 27)$$

Q 反映了电容元件与电源之间能量交换的规模。$Q < 0$ 表示电容元件是发出无功功率的，单位是乏（var）或千乏（kvar）。

小结：电感线圈具有的是"通直流、阻交流，通低频、阻高频"的特性，而电容器具有的是"通交流、阻直流，通高频、阻低频"的特性。

例 3 – 10　一电容 $C = 100\ \mu\mathrm{F}$，接于 $u = 220\sqrt{2}\sin(1000t - 45°)$ V 的电源上。求：（1）流过电容的电流 i；（2）电容元件的有功功率 P 和无功功率 Q；（3）绘出电流和电压的相量图。

解：（1）$X_C = \dfrac{1}{\omega C} = \dfrac{1}{1000 \times 100 \times 10^{-6}} = 10\ (\Omega)$

$$\dot{U} = 220\angle -45°\ \mathrm{V}$$

$$\dot{I} = \frac{\dot{U}}{-\mathrm{j}X_C} = \frac{220\angle -45°}{10\angle -90°} = 22\angle 45°\ (\mathrm{A})$$

$$\therefore i = 22\sqrt{2}\sin(1000t + 45°)\ (\mathrm{A})$$

（2）$P = 0$

$$Q = - UI = - 220 \times 22 = - 4840\ (\mathrm{var})$$

（3）相量图如图 3 – 16 所示。

1.3　正弦交流电路的分析

本节我们首先阐述基尔霍夫定律的相量形式。对于任何电压和电流，其瞬时值都应满足基尔霍夫定律，即

$$\sum i = 0,\ \sum u = 0 \qquad (3 - 28)$$

在正弦电路中，用相量来表示正弦量，即得基尔霍夫定律的相量形式。

KCL 的相量形式为

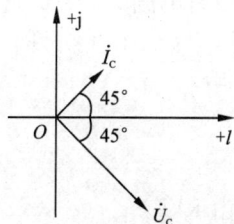

图 3 – 16　例 3 – 10 图

$$\sum \dot{I} = 0 \qquad (3 - 29)$$

式(3-29)的意义为正弦电流电路中流出(或流入)任一节点的各支路电流相量的代数和等于零。在一般情况下,各电流的初相位并不相同,有效值的代数和并不一定等于零。

KVL 的相量形式为

$$\sum \dot{U} = 0 \qquad\qquad (3-30)$$

即在正弦电路中,沿任一回路绕行一周,各段电压相量的代数和等于零。在一般情况下,沿任一回路正弦电压的有效值的代数和也并不一定等于零。

例 3-11 电路如图 3-17 所示,

$u(t) = 220\sqrt{2}\sin 314t$ V,

$i_1(t) = 11\sqrt{2}\sin(314t - 30°)$ A,

$i_2(t) = 11\sqrt{2}\sin(314t + 90°)$ A。

求:各表的读数。

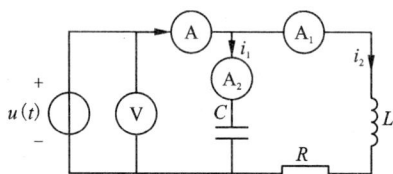

图 3-17　例 3-11 电路图

解:

$$\dot{U} = 220\angle 0° \text{ V}, \quad \dot{I}_1 = 11\angle -30°, \quad \dot{I}_2 = 11\angle 90° \text{ A},$$

$$\dot{I} = \dot{I}_1 + \dot{I}_2 = 11\angle 90° + 11\angle -30° = 11\angle 30° \text{ (A)}$$

所以,各表读数分别为:220 V, 11 A, 11 A, 11 A。

1.3.1　RLC 串联交流电路

电阻、电感、电容串联电路是具有一般意义的典型电路。它包含了三个不同的电路参数。常用的串联电路都可认为是这种电路的特例。图 3-18(a)、(b)、(c)分别为 RLC 串联交流电路、相量模型和相量图。

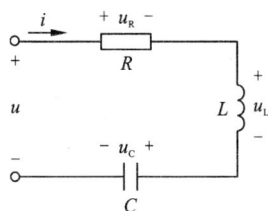
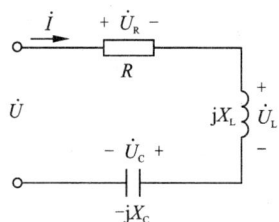
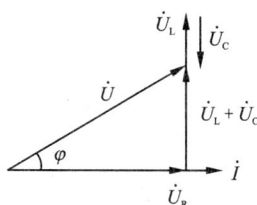

(a)RLC串联电路　　　　　　(b)相量模型　　　　　　(c)相量图

图 3-18　RLC 串联交流电路

(1)电压与电流的关系

设有电流 $\dot{I} = I\angle 0°$ 通过 RLC 串联电路

则 R、L、C 上分别有压降

$$\dot{U}_R = \dot{I}R$$

$$\dot{U}_L = \dot{I}jX_L$$

$$\dot{U}_C = -\dot{I}jX_C$$

由 KVL:

$$\dot{U} = \dot{U}_R + \dot{U}_L + \dot{U}_C = \dot{I}R + \dot{I}jX_L - \dot{I}jX_C = \dot{I}[R + j(X_L - X_C)]$$

$$\dot{U} = \dot{I}(R + jX) = \dot{I}Z \qquad\qquad (3-31)$$

其中:

$$Z = R + j(X_L - X_C) = R + jX \qquad\qquad (3-32)$$

式(3-31)叫做欧姆定律的相量形式，复数 Z 称为复阻抗或阻抗，$X = X_L - X_C$ 称为 RLC 串联电路的电抗，X 的正、负关系到电路的性质。

$$Z = \dot{U}/\dot{I} = R + j(X_L - X_C) = |Z| \angle \varphi = \frac{U \angle \psi_u}{I \angle \psi_i} = \frac{U}{I} \angle \psi_u - \psi_i$$

由上式可得

$$|Z| = \sqrt{R^2 + (X_L - X_C)^2} = \frac{U}{I} \tag{3-33}$$

$$\varphi = \arctan \frac{X_L - X_C}{R} = \psi_u - \psi_i \tag{3-34}$$

$$U = I|Z| = I\sqrt{R^2 + (X_L - X_C)^2} = \sqrt{U_R^2 + (U_L - U_C)^2} \tag{3-35}$$

由式(3-33)可知，$|Z|$、R、$X_L - X_C$ 三者之间的关系可用直角三角形(称为阻抗三角形)来表示，如图 3-19 所示。式(3-34)中与图 3-19 中，电源电压 u 与电流 i 的相位差角 φ 又可称为阻抗角。

由式(3-35)可知，U、U_R、$U_L - U_C$ 三者之间的关系也可用直角三角形(称为电压三角形)来表示。

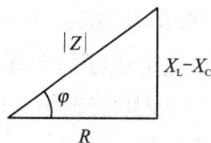

图 3-19　阻抗三角形

(2)电路的性质

随着电路参数的不同，电压 u 与电流 i 之间的相位差 φ 也就不同。如果 $X_L > X_C$，$\varphi > 0$，$\psi_u > \psi_i$，则在相位上电压 u 比电流 i 超前 φ 角，这种电路是呈感性的；如果 $X_L < X_C$，$\varphi < 0$，$\psi_u < \psi_i$，则在相位上电流 i 比电压 u 超前 φ 角，这种电路是电容性的；当 $X_L = X_C$，即 $\varphi = 0$ 时，则电流 i 与电压 u 同相，这种电路是呈阻性的。

理想电阻、电感、电容的复阻抗分别为

$$Z_R = R,$$
$$Z_L = j\omega L,$$
$$Z_C = \frac{1}{j\omega C} = -j\frac{1}{\omega C},$$

例 3-12　有一 RLC 串联电路，其中 $R = 30\ \Omega$，$L = 382\ \text{mH}$，$C = 39.8\ \mu\text{F}$，外加电压 $u = 220\sqrt{2}\sin(314t + 60°)$ V，试求：(1)复阻抗 Z，并确定电路的性质；(2)$\dot{I}$、$\dot{U}_R$、$\dot{U}_L$、$\dot{U}_C$。

解：(1)$Z = R + j(X_L - X_C) = R + j(\omega L - \frac{1}{\omega C}) = 30 + j(314 \times 0.382 - \frac{10^6}{314 \times 39.8})$

$= 30 + j(120 - 80) = 30 + j40 = 50 \angle 53.1°\ (\Omega)$

$\varphi = 53.1° > 0$，所以此电路为电感性电路。

(2)$\dot{I} = \frac{\dot{U}}{Z} = \frac{220 \angle 60°}{50 \angle 53.1°} = 4.4 \angle 6.9°\ (\text{A})$

$\dot{U}_R = \dot{I}R = 4.4 \angle 6.9° \times 30 = 132 \angle 6.9°\ (\text{V})$

$\dot{U}_L = \dot{I}jX_L = 4.4 \angle 6.9° \times 120 \angle 90° = 528 \angle 96.9°\ (\text{V})$

$\dot{U}_C = -\dot{I}jX_C = 4.4 \angle 6.9° \times 80 \angle -90° = 352 \angle -83.1°\ (\text{V})$

1.3.2　阻抗的串并联电路

(1)无源二端网络的复阻抗

复阻抗的概念不但可应用于单一电阻、电感、电容元件及其串联电路，还可应用于正弦稳态下的任一线性无源二端网络，如图 3 - 20 所示。

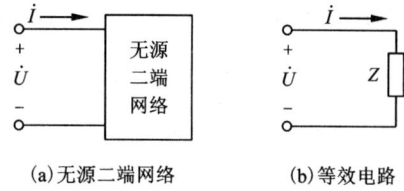

(a)无源二端网络　　　(b)等效电路

图 3 - 20　无源二端网络的复阻抗

无源二端网络端口电压和端口电流的比值为该无源二端网络的阻抗，并用符号 Z 表示。即

$$Z = \frac{\dot{U}}{\dot{I}} = |Z| \angle \varphi = \frac{U}{I} \angle \psi_u - \psi_i \tag{3-36}$$

其中，$|Z|$ 为二端网络的复阻抗的大小，等于端电压大小与端电流大小的比值；φ 为其阻抗角，反映端电压超前端电流的角度。

同样可根据 φ 角来判断二端网络的性质：$\varphi > 0$，端电压超前于端电流，网络呈电感性；$\varphi < 0$，端电压滞后于端电流，网络呈电容性；$\varphi = 0$，端电压与端电流同相，网络呈电阻性。

（2）复阻抗的串并联

复阻抗的串并联计算规则和电阻电路的串并联计算规则相同。对于有 n 个阻抗串联而成的电路，如图 3 - 21 所示，其等效阻抗为

$$Z = \sum_{i=1}^{n} Z_i = Z_1 + Z_2 + Z_3 + \cdots + Z_i \tag{3-37}$$

两个阻抗 Z_1 和 Z_2 串联时，如图 3 - 22 所示，电压分配为

$$\dot{U}_1 = \frac{Z_1}{Z_1 + Z_2} \dot{U}; \; \dot{U}_2 = \frac{Z_2}{Z_1 + Z_2} \dot{U} \tag{3-38}$$

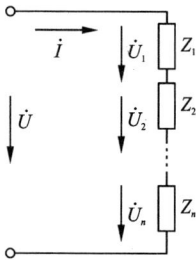

图 3 - 21　多阻抗串联

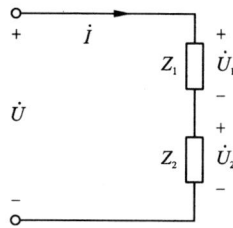

图 3 - 22　两阻抗串联

对于有 n 个阻抗并联而成的电路，如图 3 - 23 所示，其等效导纳 Y（Y 为 Z 的倒数）为

$$Y = \sum_{i=1}^{n} Y_i = Y_1 + Y_2 + Y_3 + \cdots + Y_i \tag{3-39}$$

两个阻抗 Z_1 和 Z_2 并联时如图 3 - 24 所示,，其等效阻抗 Z 及电流分配分别为

$$Z = \frac{Z_1 Z_2}{Z_1 + Z_2}$$

$$\dot{I}_1 = \frac{Z_2}{Z_1 + Z_2} \dot{I}; \; \dot{I}_2 = \frac{Z_1}{Z_1 + Z_2} \dot{I} \tag{3-40}$$

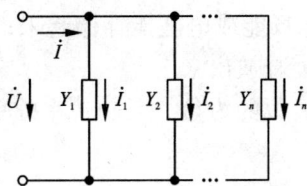

图 3-23 多阻抗并联

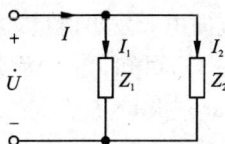

图 3-24 两阻抗并联

例3-13 如图3-25所示,已知$R_1 = 30\ \Omega$,$X_L = 40\ \Omega$,$R_2 = 80\ \Omega$,$X_C = 60\ \Omega$,电源电压 $u = 220\sqrt{2}\sin\omega t$ V,试求 i_1 和 i_2。

解: $\dot{U} = 220\angle 0°$ V

$$Z_1 = R_1 + jX_L = 30 + j40 = 50\angle 53.1°\ (\Omega)$$

$$Z_2 = R_2 - jX_C = 80 - j60 = 100\angle -36.9°\ (\Omega)$$

$$\dot{I}_1 = \frac{\dot{U}}{Z_1} = \frac{220\angle 0°}{50\angle 53.1°} = 4.4\angle -53.1°\ (A)$$

$$\dot{I}_2 = \frac{\dot{U}}{Z_2} = \frac{220\angle 0°}{100\angle -36.9°} = 2.2\angle 36.9°\ (A)$$

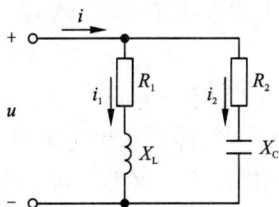

图 3-25 例3-13 电路图及相量电路图

所以 $i_1(t) = 4.4\sqrt{2}\sin(\omega t - 53.1°)$ V

$i_2(t) = 2.2\sqrt{2}\sin(\omega t + 36.9°)$ V

对于复阻抗的串并联电路,其分析方法类似于直流电阻电路。需要指出的是,基于相量分析的直流电阻电路的一般方法均可适用于正弦交流电路。

1.3.3 正弦交流电路的功率

前面我们已分别讨论了 R、L、C 的功率计算,现在我们来分析一下不是单个参数时二端网络的功率的计算。如图 3-26 所示二端网络,设端口电流 $i(t) = \sqrt{2}I\sin\omega t$,电压

$$u(t) = \sqrt{2}U\sin(\omega t + \varphi)$$

(1)瞬时功率

瞬时功率是能量的变化率,即瞬时电压与瞬时电流的乘积。

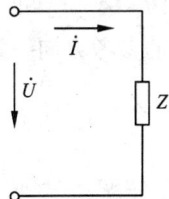

图 3-26 二端网络

$$p(t) = \frac{dw}{dt} = u(t) \cdot i(t) \tag{3-41}$$

(2)平均功率(有功功率)

"平均功率"表征单位时间二端网络消耗掉的电能,即单位时间网络中的电能转化为其他形式的并且消耗掉的能量。其数学表达式为

$$P = UI\cos\varphi \tag{3-42}$$

平均功率单位为瓦特或千瓦,记 W 或 kW。

(3)无功功率

无功功率正是用来表征电源与阻抗中的电抗分量进行能量交换的规模大小的物理量。其表达式为

$$Q = UI\sin\varphi \qquad\qquad (3-43)$$

当 $Q > 0$ 时，表示电抗从电源吸收能量，并转化为电场能或电磁能存储起来；当 $Q < 0$ 时，表示电抗向电源发出能量，将存储的电场能或电磁能释放出来。

由式(3-43)可知，感性负载无功功率为正，容性负载的为负。无功功率的单位为乏或千乏，记 var 或 kvar。

(4)视在功率 S

视在功率一般用来表征变压器或电源设备能为负载提供的最大有功功率，也就是变压器或电源设备的容量。电机与变压器的容量可以根据其额定电压与额定电流来计算

$$S = UI \qquad\qquad (3-44)$$

即视在功率为电路中的电压和电流有效值的乘积。视在功率的单位为伏安(V·A)，工程上也常用千伏安(kV·A)表示。二者的换算关系为

$$1 \text{ kV} \cdot \text{A} = 1000 \text{ V} \cdot \text{A}$$

(5)功率三角形

以上三种功率和功率因数 $\cos\varphi$ 在数量上有一定关系，可以用"功率三角形"将它们联系在一起(如图 3-27 所示)，即

$$S^2 = P^2 + Q^2 \qquad\qquad (3-45)$$

其中

$$\tan\varphi = \frac{Q}{P}$$

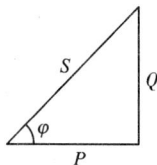

图 3-27 功率三角形

$$\lambda = \cos\varphi = \frac{P}{S}$$

例 3-14 已知一阻抗 Z 上的电压、电流分别为 $\dot{U} = 220\angle 30°\text{V}$，$\dot{I} = 5\angle -30°\text{A}$(电压和电流的参考方向一致)，求 Z、$\cos\varphi$、P、Q、S。

解： $Z = \dfrac{\dot{U}}{\dot{I}} = \dfrac{220\angle 30°}{5\angle -30°} = 44\angle 60° \ (\Omega)$

$$\cos\varphi = \cos 60° = \frac{1}{2}$$

$$P = UI\cos\varphi = 220 \times 5 \times \frac{1}{2} = 550 \ (\text{W})$$

$$Q = UI\sin\varphi = 220 \times 5 \times \frac{\sqrt{3}}{2} = 550\sqrt{3} \ (\text{var})$$

$$S = \sqrt{P^2 + Q^2} = 1100 \ (\text{V} \cdot \text{A})$$

(6)功率因数的提高

①提高功率因数的意义。由于供电系统中的负载多为感性负载，如交流感应电动机、日光灯、变压器、发电机等，常常会使 $\cos\varphi$ 减小，从而造成 P 下降，能量不能充分的利用。同时由于 $P = UI\cos\varphi$，所以 $I = P/U\cos\varphi$，在输电功率与输电电压一定的情况下，$\cos\varphi$ 越小，输电电流越大。因而增加了线路与发动机绕组的功率损耗。

所以，提高功率因数一方面可以使电源设备的容量得到充分的利用，同时也能使电能得到大量节约。

②提高功率因数的方法。按照供电规则，高压供电的工业平均功率因数不低于 0.90。提高功率因数的常用方法就是于电感性负载并联适当的电容器，其电路图和相量图如图 3-28 所示。

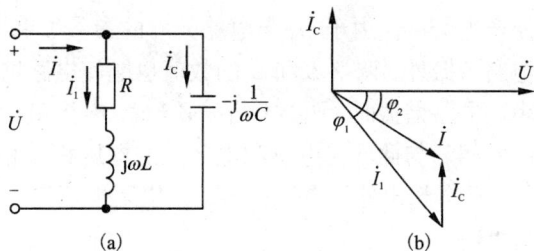

图 3-28 功率因数的提高

由相量图可知，并联电容器以后，总电压 u 和线路电流 i 之间的相位差 φ 变小了，即 $\cos\varphi$ 变大了。

由相量图可求得

$$C = \frac{P}{\omega U^2}(\tan\varphi_1 - \tan\varphi_2) \qquad (3-46)$$

在并联补偿电容前后，感性负载的电流、电压、有功功率和功率因数并没有发生变化。但通过并联一个适当的补偿电容，却能提高整个电路或整个供电系统的功率因数，而这正是所我们需要的。

例 3-15 图 3-29 所示为一日光灯装置等效电路，$P = 40$ W，$U = 220$ V，$I = 0.4$ A，$f = 50$ Hz，求：(1)此日光灯的功率因数；(2)若要把功率因数提高到 0.9，需并联多大容量的电容器？

解：(1)因为 $P = UI\cos\varphi$

所以

$$\cos\varphi = \frac{P}{UI} = \frac{40}{220 \times 0.4} = 0.455$$

(2)由 $\cos\varphi_1 = 0.455$ 得 $\varphi_1 = 63°$，$\tan\varphi_1 = 1.96$。由 $\cos\varphi_2 = 0.9$ 得 $\varphi_2 = 26°$，$\tan\varphi_2 = 0.487$。

利用式(3-46)可得

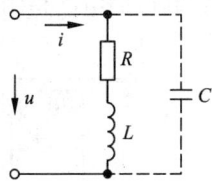

图 3-29 例 3-15 图

$$C = \frac{P}{\omega U^2}(\tan\varphi_1 - \tan\varphi_2) = \frac{40}{2 \times 3.14 \times 220^2 \times 50}(1.96 - 0.487)$$

$$= 3.88 \times 10^{-6}(\text{F}) = 3.88\ (\mu\text{F})$$

1.3.4 电路的谐振

谐振为交流电路中的一种特殊现象，在无线电和电工技术中得到广泛应用，但另一方面，发生谐振可能造成某种危害而应该加以避免。

在交流电路中，端电压和总电流一般存在相位差，如果改变电源频率或调节电路参数，可以使电路呈现纯电阻电路的特性，这种现象称为谐振。谐振可分为串联谐振和并联谐振。

(1)串联谐振

用电感线圈和电容器串联组成的谐振电路。当计及电感线圈中的损耗时，此电路成为如图 3-30 所示的 $R-L-C$ 串联电路。

当外加电压的频率 ω 等于电路的谐振频率时，即

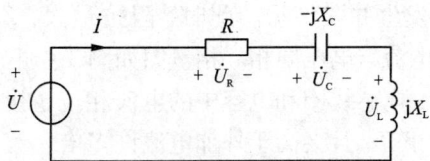

图 3-30 串联谐振电路

$$\omega = \omega_0 = 1/\sqrt{LC} \tag{3-47}$$

便产生谐振。由于 ω_0 与电路元件的参数 L 和 C 有关，所以除了改变外加电压的频率能使电路谐振外，调整 L 和 C 的数值也能使电路谐振。

串联电路谐振时，阻抗最小，$Z = R$；电流最大，电流与电压同相。与此同时电感和电容上的电压相位相反，大小相等，且会超出外加电压许多倍。电阻电压等于外加电压(如图 3-31)。

由于电路的总电抗为零，电路与电源不再有能量交换。电源只向电路输送有功功率供电路的电阻消耗，储存在电感器和电容器内的磁场和电场能量却在进行周期性的交换。

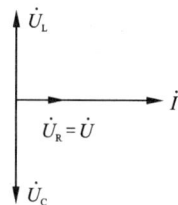

图 3-31 串联谐振相量图

例 3-16 串联谐振电路如图 3-32 所示，已知电压表 V_1、V_2 的读数分别为 150 V 和 120 V，试问电压表 V 的读数为多少？

解： 串联谐振时，

$$U_L = U_C = U_2 = 120 \ (V)$$

$$U = U_R = \sqrt{U_1{}^2 - U_L{}^2} = \sqrt{150^2 - 120^2} = 90 \ (V)$$

所以，电压表的读数为 90 V。

(2)并联谐振

并联谐振电路是用线性电感线圈和电容器并联组成的谐振电路，如图 3-33 所示。

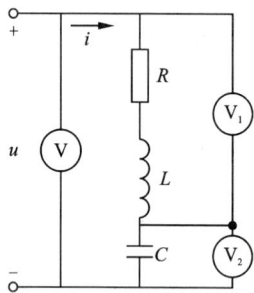

图 3-32 例 3-16

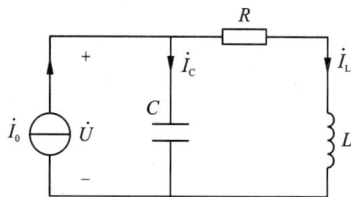

图 3-33 并联谐振电路

当电源频率满足谐振频率时，即

$$\omega = \omega_0 = \frac{1}{\sqrt{LC}} \tag{3-48}$$

发生并联谐振。此时，阻抗最大，$Z = R$；电流最小，电流与电压同相。相量图如图 3-34 所示。当 R 越小时，电感线圈和电容中的电流相位越接近相反，大小接近相等，且会高于外加电流许多倍。

并联谐振时电路内的能量收放过程类似于串联谐振电路的能量收放过程，也是出现了在电感与电容之间

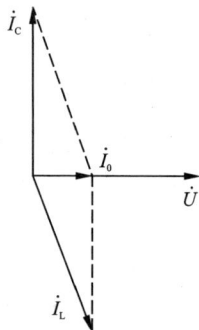

图 3-34 并联谐振相量图

的周期性能量交换。

周期性的电磁能量振荡过程是谐振赖以维持的根本原因,这种过程愈剧烈,电路的谐振亦愈剧烈。许多种无线电设备采用谐振电路来完成调谐、滤波等功能。值得注意的是,当 R 很小时,出现串联谐振的电路中,电感器和电容器上的电压会超出外加电压许多倍(Q 倍,$Q = \omega L / R$);而在并联谐振时电感器和电容器上的电流会超出外加电流许多倍(Q 倍,$Q = \omega L / R$),故在电力系统中却常要防止谐振发生,以免引起过电压、过电流,造成系统的设备损坏或人身事故。

2 三相交流电路

目前,世界各国的电力系统中电能的生产、传输和供电方式绝大多数都采用三相制。所谓三相制,就是由三个同频率、等幅值、相位依次相差 120° 的正弦交流电源所组成的供电系统,又称三相电路。三相电力体系是由三相电源、三相负载和三相输电线路三部分组成。三相电路与单相交流电路相比较,在发电、输电和用电等方面具有许多优点。

2.1 三相电源

2.1.1 三相对称电动势的产生

三相对称电动势是由三相交流发电机产生的。图 3 – 35 为简化的三相交流发电机原理示意图。

(1)三相交流发电机的结构

三相交流发电机主要由定子和转子组成。定子铁芯的内圆表面冲有槽,用以放置三相定子绕组,三相定子绕组结构是相同的,一般以 U、V、W 表示每个绕组的首端,以 X、Y、Z 表示每个绕组的末端。绕组的两边放置在定子铁芯槽内,各相绕组的首端或末端之间依序相互间隔 120°,称为对称三相绕组。转子铁芯上绕有直流励磁绕组,选用合适的极面形

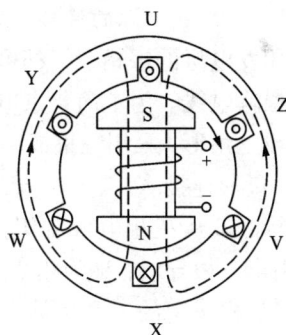

图 3 – 35 三相交流发电机示意图

状和励磁绕组的布置,可以使发电机空气隙中的磁感应强度按正弦规律分布。

(2)三相交流发电机的工作原理及三相电动势的特征

当转子由原动机带动匀速转动时,三相定子绕组将依次切割磁力线,产生幅值相等、频率相同、相位互差 120° 的正弦交流电动势。这样的三相电动势称为三相对称电动势,通常规定三相电动势的正方向从绕组的末端指向首端(三相绕组上的电压的正方向与电动势相反),其表达式为

$$e_U = E_m \sin \omega t$$
$$e_V = E_m \sin(\omega t - 120°)$$
$$e_W = E_m \sin(\omega t - 240°) = E_m \sin(\omega t + 120°)$$

若用有效值相量形式表示,则为

$$\dot{E}_U = E \angle 0°$$
$$\dot{E}_V = E \angle -120°$$
$$\dot{E}_W = E \angle -240° = E \angle 120°$$

若用波形图和相量图表示,则如图 3 – 36 所示。

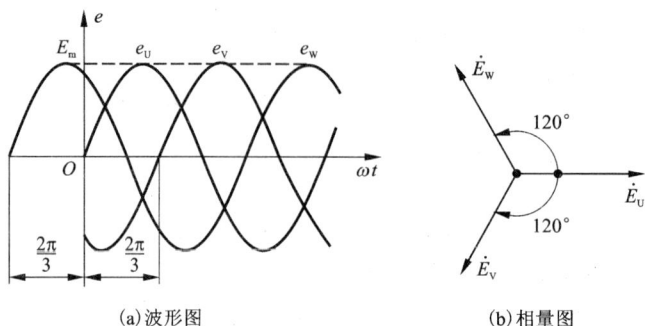

(a)波形图　　　　　　　　(b)相量图

图 3 – 36　三相交流电的波形图和相量图

(3)相序

三相电动势依次达到正最大值(或零值)的次序称为三相电源的相序。规定 U – V – W 的相序为顺序(正序),W – V – U 为逆序(负序)。电力系统一般采用顺序。

2.1.2　三相电源的连接

三相发电机的每相绕组都可以作为一个独立电源供电,而每相需要两根输电线,三相共需六根输电线。为了简化供电线路,充分体现三相制的优越性,实际中是把三相电源接成星形或三角形,只用三根或四根输电线。

(1)星形连接

①接法。从三相电源绕组的三个始端 U、V、W 引出三根导线,称为相线或端线(俗称火线)。将三相绕组的三个末端 X、Y、Z 接到一起,构成一个公共点 N,称为中点,由中点引出的导线称为中线(俗称零线)。这种连接方式叫做电源的星形连接。若三相电路中有中线,则称为三相四线制星形电路(如图 3 – 37);若无中线,则称为三相三线制星形电路。工程上常用不同的颜色区分三相四线制的导线,黄色表示 U 相,绿色表示 V 相,红色表示 W 相,浅蓝色表示中线。

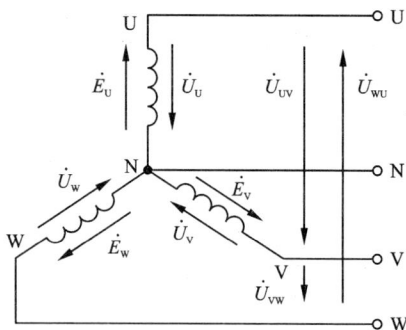

图 3 – 37　三相电源的星形连接

②相电压与线电压的关系。三相四线制中,向负载供出的电压可以取自两根相线之间,也可以取自相线与中线之间。相线与相线之间的电压称为线电压,分别用 U_{UV}、U_{VW}、U_{WU} 表示;相线与中线之间的电压称为相电压,分别用 U_U、U_V、U_W 表示。各线电压与相电压的关系为

$$\dot{U}_{UV} = \dot{U}_U - \dot{U}_V$$

$$\dot{U}_{VW} = \dot{U}_V - \dot{U}_W$$

$$\dot{U}_{WU} = \dot{U}_W - \dot{U}_U$$

　　根据上述关系式，可应用平行四边形法则作相量图(如图 3 - 38 所示)，该图说明了三相电源绕组星形连接时线、相电压之间的数量关系和相位关系。由于三个电动势是对称的，故三个相电压也是对称的。三个线电压也是对称的，在相位上比相应的相电压超前 30°。

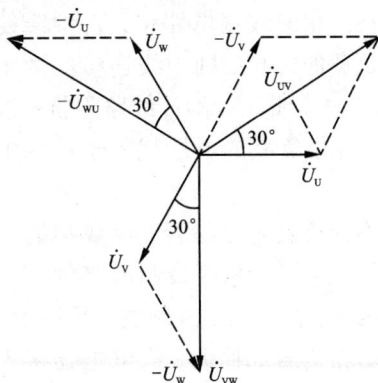

图 3 - 38　三相电源星形连接时的电压相量图

　　对称三个相电压数量上相等，可用"U_P"统一表示，对应三个线电压的数值可用"U_L"统一表示。由相量图可知，线、相电压之间的关系为

$$U_L = \sqrt{3} U_P \qquad (3 - 49)$$

　　三相电源的星形连接应用十分普遍，它可以输出两组不同的电压，这是单相电源无法办到的。在低压供电系统中，最常用到的是相电压 220 V，线电压 380 V。应当注意，在三相供电线路中，凡提到供电的额定电压，一般都指线电压。

　　(2)三角形连接

　　三相电源也可作三角形连接，即依次将每一相绕组的末端与另一相绕组的首端相连，构成一个闭合的三角形。在三个连接点上引出三根相线，就构成三相三线制供电系统，如图 3 - 39 所示。

　　由图 3 - 39 可知，电源作三角形连接时，线电压等于相电压，即 $U_L = U_P$。

　　电源绕组作三角形连接时，各相绕组的首尾端

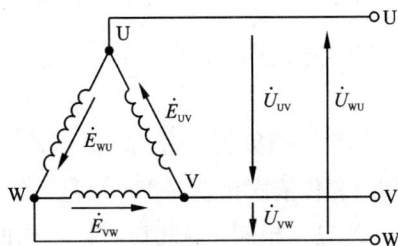

图 3 - 39　三相电源的三角形连接

绝不能接反，否则将在电源内部引起较大的环流把电源损坏。

　　电源的三角形连接只能向负载提供一种电压。实际应用中，三相发电机一般不用三角形连接，在企业供配电中也很少应用。但是，做为高压输电用的三相电力变压器，有时需要采用三角形连接。

2.2　三相负载的连接

　　负载接入电源要遵循两个原则，即电源电压应与负载的额定电压一致；全部负载应均匀地分配给三相电源。有些用电设备需要三相电源，即本身就是一组三相负载，这样的负载称为三相负载，如三相电动机、电热炉；另一类用电设备只需要单相电源，称为单相负载，如电风扇、照明等，这类负载应按一定规则连接起来，组成三相负载。

　　三相交流电路中，负载的连接方式有两种——星形连接和三角形连接。

2.2.1　三相负载的星形连接

　　三相负载作星形连接时，如果负载不对称，一定要接成三相四线制。如果负载对称，则可接成三相三线制。

　　(1)三相四线制电路

　　三相四线制电路如图 3 - 40 所示，三相负载 Z_U、Z_V、Z_W 分别介于电源各相线与中线之间，这样，四根导线把电源和负载连接起来，构成了三相四线制星形连接。

在三相四线制电路中，若中线的阻抗远小于负载的阻抗，则中线连接的两中点的电压 $\dot{U}_{N'N}=0$。此时，不计线路阻抗，根据 KVL 可得，各相负载的电压就等于该相电源的相电压。

不论负载对称与否，负载端的电压总是对称的，这是三相四线制电路的一个重要特点。因此，在三相四线制供电系统中，可以将各种单相负载如照明、家电电器接入其中一相使用。

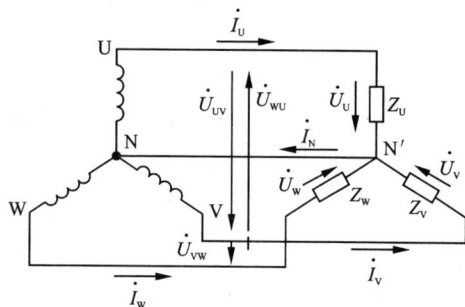

图 3-40　三相负载的三相四线制连接

在三相电路中，流过端线的电流称为线电流，流过每相负载的电流称为相电流。从图 3-40 中可以看出，星形连接的负载，其线电流等于相电流。如果知道每相负载的复阻抗和负载两端的电压，则可以按单相正弦交流电路求得相电流，即

$$\dot{I}_U=\frac{\dot{U}_U}{Z_U},\ \dot{I}_V=\frac{\dot{U}_V}{Z_V},\ \dot{I}_W=\frac{\dot{U}_W}{Z_W} \tag{3-50}$$

中线电流则为

$$\dot{I}_N=\dot{I}_U+\dot{I}_V+\dot{I}_W \tag{3-51}$$

如果三相负载对称，即 $Z_U=Z_V=Z_W=Z$，由于电源电压对称，因此负载端相电流大小相等，相位依次相差 120°，也是一组对称的正弦量。此时中线电流为 $\dot{I}_N=\dot{I}_U+\dot{I}_V+\dot{I}_W=0$，N′ 与 N 电位相同，因此在对称三相四线制的电路中可去掉中线。在对称三相电路的计算时，只要算出一相的电流，由对称性（相位依次相差 120°），可写出另外两相的电流。

不对称三相电路中，三相电流也不对称，中性线电流 $\dot{I}_N\neq0$，此时中线绝不能断开。当有中线存在时，它能使作星形连接的各相负载，即使在不对称的情况下，也均有对称的电源相电压，从而保证各相负载能正常工作。如果中线断开，各相负载的电压就不再等于电源相电压，使负载不能正常工作，甚至造成严重事故。

在三相四线制中，规定中线上不准安装熔断器和开关，有时中线还采用钢芯导线来加强其机械强度，以免断开。另外，在连接三相负载时，应尽量接近对称，使其平衡，以减小中线电流，这样，中线的截面可以比相线做得细一些。

（2）三相三线制电路

当三相负载对称时，中线中无电流通过，因此中线不起作用。这时中线的存在与否对电路不会产生影响。实际工程应用中的三相异步电动机、三相电炉和三相变压器等三相设备，都属于对称三相负载，因此把它们星形连接后与电路相连时，一般都不用中线。没有中线的三相供电方式称为三相三线制。

例 3-17　如图 3-41（a）所示的三相四线制电路中，每相负载阻抗 $Z=3+j4\Omega$，外加电压 $U_L=380$ V，试求负载的相电压和相电流。

解：由于该电路为对称电路，故可归结为一相电路来计算，其相电压为

$$U_p=\frac{U_l}{\sqrt{3}}=220\ \text{V}$$

各相电流为 $I_p = \dfrac{U_p}{|Z|} = \dfrac{220}{\sqrt{3^2+4^2}} = \dfrac{220}{5} = 44$ A

相电压与相电流的电位差角为 $\varphi = \arctan\dfrac{X}{R} = \arctan\dfrac{4}{3} = 53.1°$

选 $\dot{U}_U$ 为参考相量，则有

$$\dot{I}_U = \dfrac{\dot{U}_U}{Z} = 44\angle-53.1° \text{ A}$$

$$\dot{I}_V = \dot{I}_U\angle120° = 44\angle-173.1° \text{ A}$$

$$\dot{I}_W = \dot{I}_U\angle120° = 44\angle66.9° \text{ A}$$

相量图如图 3-41(b)所示。

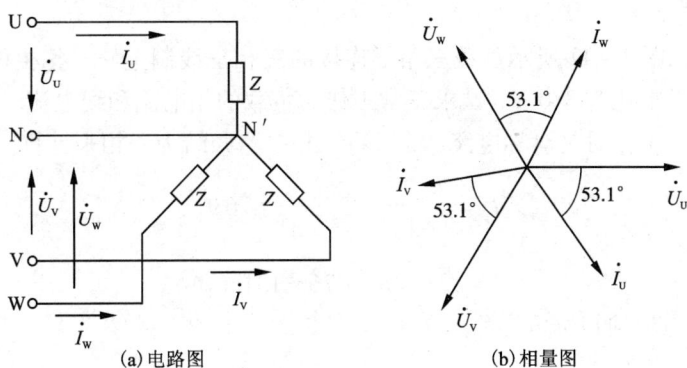

(a)电路图　　(b)相量图

图 3-41 例 3-17 图

2.2.2 三相负载的三角形连接

如果三相负载的额定电压等于电源线电压，必须采用三角形连接。将三相负载的首、尾依次相接连成一个闭环，再由各相的首端分别引出端线与电源的三根相线相连，即构成三相负载的三角形连接。

图 3-42(a)所示为负载的三角形电路。不计线路阻抗时，电源的线电压直接加于各相负载，负载的相电压等于电源的线电压。由于电源的线电压总是对称，因此，无论负载本身是否对称，负载的相电压总是对称的。

相电流为

$$\dot{I}_{UV} = \dfrac{\dot{U}_{UV}}{Z_{UV}}, \ \dot{I}_{VW} = \dfrac{\dot{U}_{VW}}{Z_{VW}}, \ \dot{I}_{WU} = \dfrac{\dot{U}_{WU}}{Z_{WU}} \qquad(3-52)$$

线电流为

$$\left.\begin{array}{l} \dot{I}_U = \dot{I}_{UV} - \dot{I}_{WU} \\ \dot{I}_V = \dot{I}_{VW} - \dot{I}_{UV} \\ \dot{I}_W = \dot{I}_{WU} - \dot{I}_{VW} \end{array}\right\} \qquad(3-53)$$

如果负载对称，由式(3-52)可知，相电流是对称的，由式(3-53)和图 3-42(b)可求得线电流也是一组对称三相正弦量，其有效值为相电流的$\sqrt{3}$倍，相位滞后于相应的相电流 30°。

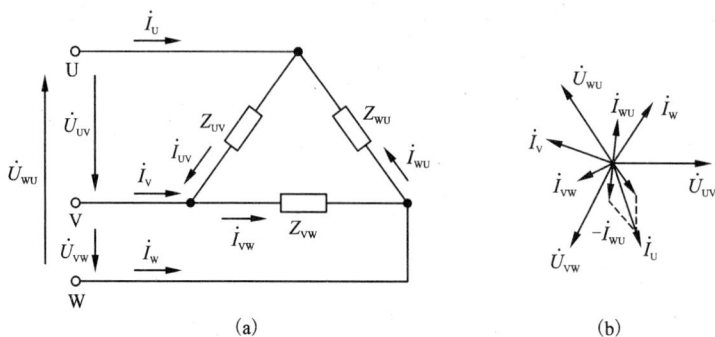

图 3 – 42　负载的三角形连接及电压、电流相量图

例 3 – 18　如图 3 – 42 所示负载三角形连接的三相三线制电路,各相负载的复阻抗为 $Z = 3 + j4\ \Omega$,电源电压为 380 V,试求正常工作时负载的相电流和线电流。

解:由于正常工作时是对称电路,故可将三相电路归结为一相来计算。其相电流为

$$I_p = \frac{U_L}{|Z|} = \frac{380}{\sqrt{3^2 + 4^2}} = 76\ \text{A}$$

线电流为　　　　　　　　　$I_L = \sqrt{3}I_p = \sqrt{3} \times 76 \approx 131.6\ \text{A}$

相电压与相电流的相位角为

$$\varphi = \arctan\frac{X}{R} = \arctan\frac{4}{3} = 53.1°$$

相电流滞后于对应相电压 53.1°,线电流则比相电流再滞后 30°。

2.2.3　三相电路的功率

三相交流电路可以视为三个单相交流电路的组合。因此,三相交流电路中各相功率的计算方法与单相电路相同。三相交流电路的有功功率、无功功率和视在功率均可用下式来计算:

$$P = P_U + P_V + P_W$$

$$Q = Q_U + Q_V + Q_W$$

$$S = \sqrt{P^2 + Q^2}$$

当三相负载对称时,不论负载是星形连接或是三角形连接,各相功率都是相等的,此时三相总功率是各相功率的 3 倍,即

$$P = 3U_p I_p \cos\varphi = \sqrt{3} U_L I_L \cos\varphi \tag{3-54}$$

$$Q = 3U_p I_p \sin\varphi = \sqrt{3} U_L I_L \sin\varphi \tag{3-55}$$

$$S = 3U_p I_p = \sqrt{3} U_L I_L \tag{3-56}$$

例 3 – 19　有一对称三相负载,每相的复阻抗为 $Z = 6 + j8\ \Omega$,电源电压为 380 V,试求分别用星形连接和三角形连接时负载的相电流、线电流和三相功率 P、Q、S。

解:每相负载的阻抗为

$$|Z| = \sqrt{R^2 + X^2} = \sqrt{6^2 + 8^2} = 10\ \Omega$$

星形连接时
$$U_\text{p} = \frac{U_\text{L}}{\sqrt{3}} = \frac{380}{\sqrt{3}} \approx 220 \text{ V}$$

$$I_\text{L} = I_\text{p} = \frac{U_\text{P}}{|Z|} = \frac{220}{10} = 22 \text{ A}$$

$$\cos\varphi \frac{R}{|Z|} = \frac{6}{10} = 0.6$$

$$\sin\varphi = \frac{X}{|Z|} = \frac{8}{10} = 0.8$$

总的有功功率为 $P_\text{Y} = \sqrt{3}U_\text{L}I_\text{L}\cos\varphi = \sqrt{3} \times 380 \times 22 \times 0.6 \approx 8.7 \text{ kW}$

无功功率为 $Q_\text{Y} = \sqrt{3}U_\text{L}I_\text{L}\sin\varphi = \sqrt{3} \times 380 \times 22 \times 0.8 \approx 11.6 \text{ kvar}$

视在功率为 $S_\text{Y} = \sqrt{3}U_\text{L}I_\text{L} = \sqrt{3} \times 380 \times 22 = 14.5 \text{ kVA}$

三角形连接时 $U_\text{p} = U_\text{L} = 380 \text{ V}$

$$I_\text{p} = \frac{U_\text{p}}{|Z|} = \frac{380}{10} = 38 \text{ A}$$

$$I_\text{L} = \sqrt{3}I_\text{p} = \sqrt{3} \times 38 = 65.8 \text{ A}$$

负载的功率因数不变，总的有功功率为

$$P_\triangle = \sqrt{3}U_\text{L}I_\text{L}\cos\varphi = \sqrt{3} \times 380 \times 65.8 \times 0.6 \approx 26 \text{ kW}$$

无功功率为 $Q_\triangle = \sqrt{3}U_\text{L}I_\text{L}\sin\varphi = \sqrt{3} \times 380 \times 65.8 \times 0.8 \approx 34.6 \text{ kvar}$

视在功率为 $S_\triangle = \sqrt{3}U_\text{L}I_\text{L} = \sqrt{3} \times 380 \times 65.8 = 43.3 \text{ kVA}$

此例表明，在电源电压不变的情况下，同一对称负载作三角形连接的有功功率是星形连接有功功率的三倍。这就告诉我们，若要使负载正常工作，负载的接法必须正确。如果正常工作为星形连接的负载误接为三角形，会因功率过大而烧毁负载；如果正常工作为三角形连接的负载误接为星形，则会因功率过小而使负载不能正常工作。对于无功功率和视在功率也有同样的结论。

三、任务实施

任务1 日光灯电路

1.1 工作任务

(1)安装日光灯电路。

(2)排除日光灯电路的常见故障。

(3)选择元件，提高日光灯电路的功率因数。

1.2 内容要求

(1)能识别日光灯电路中各元件；会测试日光灯电路中各元件的参数，从而判断其好坏。

(2)会画日光灯的电路图，并按照安全规范要求，正确利用工具和仪表，熟练完成各元器件的连接、安装；元件布置要合理，安装要准确，布线要美观。

（3）检查无误后，经老师同意，通电调试。调试时，注意观察电度表，各电器元件及线路各部分工作是否正常；若发现异常情况，必须立即切断电源；调试过程如遇故障能自行排除。

（4）会选择合适的元件并正确连接，提高日光灯电路的功率因数。

1.3　器材准备

所需器材如表3－1所示

表3－1　任务1所需准备的器材

设备与仪表名称	规格与型号	数量
交流电流表	0～300 mA	3只
交流功率表	D51, 600 V, 1 A	1只
日光灯管	220 V, 40 W	1支
镇流器	40 W	1只
启辉器及日光灯附件	40 W	1套
可变电容器箱	0～10 μF	1个
导线、电工胶布		若干
万用表及其他通用电工工具		1套

1.4　实施步骤

（1）认识日光灯电路

①日光灯结构。日光灯电路由日光灯管、镇流器、启辉器等部分组成，如图3－43。

日光灯管　日光灯管是一支细长的玻璃管，在管内壁涂上荧光粉，并充以氩气和少量的汞。灯管两端各装有灯丝，它须有一瞬时高电压帮助

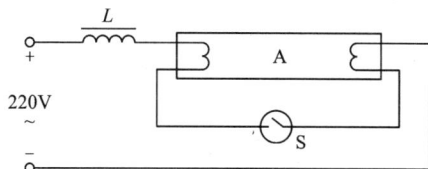

图3－43　日光灯原理图

起燃。在正常工作时，灯管两端电压比较低，需要有一限流元件（如镇流器）与它串联才能接于220 V电源上正常工作。在实验电路中将灯管视为一电阻性元件。

镇流器　根据现有市场情况，日光灯常见的有电感镇流器式和电子镇流器两种。该项目采用的是电感镇流器式。镇流器是一个带有铁芯的电感线圈。其在电路中有两个作用：一是在灯管起燃瞬间产生一高压帮助灯管起燃，二是在正常工作时，限制电路中的电流不致过大。在实验电路中镇流器属于有电阻的感性元件。

启辉器　启辉器主要由辉光放电管即氖泡和电容器组成。在充有氖气的玻璃泡内装有两个电极，一为固定电极，另一为双金属片制成的U形可动电极。当两电极加以一定高的电压时，则氖气电离形成气体导电，同时拌有热量产生使双金属片受热膨胀而与固定电极接触，此时气体停止导电，双金属片不再受热而收缩恢复原来状态。启辉器在电路中起自动开关作用。

②工作原理。当接通交流电源时，电源电压加在起辉器两端，放电产生热量，使起辉器内U形双层金属片伸张，两电极触点接通，触点间电压为0，触点间放电停止，温度降

低，两触点断开，触点闭合期间电流通过灯丝加热汞蒸气，断开瞬间镇流器产生高压，日光管内稀薄的汞蒸气导电，使惰性气体在高压下电离产生弧光放电而发出紫外光照射在管壁荧光粉上，荧光粉是一种换能物质，将紫外光辐射能转换为可见光。正常发光后，镇流器起限流作用。

（2）电路组装与电路参数的测定

①日光灯的安装。设计好布线图，固定灯座、启辉器座、镇流器等元件，参照图 3-44 接线，安装灯管和启辉器，经检查无误后，方可通电，观察日光灯是否亮。若日光灯不亮，检查电路寻找故障并排除故障。

②切断电源，按图 3-44 将交流功率表、电流表和电容器接入电路（电压用万用表测，不必事先接入电路），经检查无误后，方可通电进行实验。

图 3-44 提高功率因数的日光灯电路

③把电容器开关置于断开位置，接通电源开关，读取电流表和功率表所测数据，记入表 3-2 中；在日光灯正常工作的情况下，用万用表分别测量镇流器两端电压 U_L、灯管两端电压 U_R 和总电压 U，记入表 3-2 中。

④改变可变电容器箱的电容值（1 μF，3 μF），读取数据，记入表 3-2 中。

⑤由表 3-2 中的测量数据，计算功率因数。

⑥分析测量和计算结果。

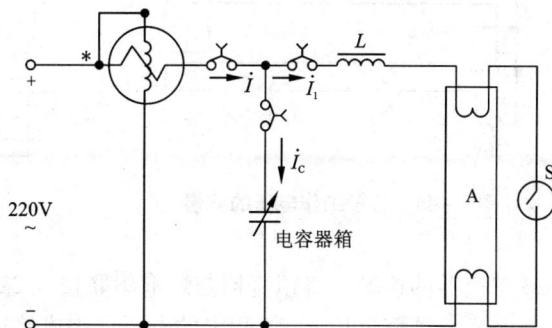

表 3-2 日光灯电路参数的测定

序号	电容量 μF	测量数值							计算数值
		P/W	U/V	U_L/V	U_R/V	I/mA	I_1/mA	I_C/mA	功率因数
1	0								
2	1 μF								
3	3 μF								

（3）元件检测与故障的排除

日光灯的故障主要表现为不发光、发黑、灯管两头亮中间不亮、灯管"跳"但不亮等，故障原因为工作电压、镇流器、启辉器、灯丝等的故障。下面介绍利用万用表检测灯管的工作电压、灯丝电阻、镇流器短路等的方法。

①灯管工作电压的测量。在日光灯正常工作时，取下启辉器；使用万用表交流电压 250 V 量程，两表棒分别接触启辉器底座两插孔（接线如图 3-45 所示），测量灯管工作电压。

②灯丝电阻的测量。测量灯丝电阻时，先断开电源，使用万用表欧姆 $R \times 1$ 挡，分别对两头灯丝进行测量读数，接线如图 3-46 所示。所测电阻值为冷态电阻值，正常阻值大小

从几欧姆到十几欧姆，如为∞，则灯丝已断。

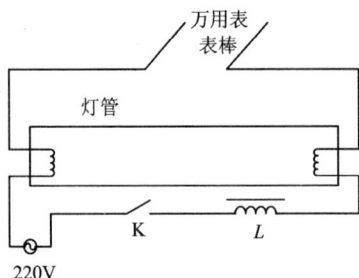

图 3-45　灯管工作电压的测量

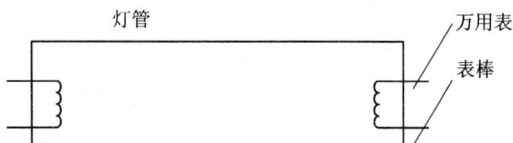

图 3-46　灯丝电阻的测量

③镇流器的检测。将镇流器与灯泡串联接入 220 V 电源，用万用表交流电压 250 V 量程，测出镇流器两端电压，如测出的电压很小或接近零，说明镇流器已短路。

（4）注意事项

①实验时，应尽量少用连接导线，还要注意避免导线交叉、更不要缠绕在一起。

②测功率时分清功率表的电压线圈和电流线圈。电压线圈要并联在被测电路两端，而电流线圈要接电流插头，测量时把插头插在被测功率的线路中串接的电流插孔盒中。

③注意安全用电。必须先切断电源才能进行接线、拆线、检查配件；在实验过程中，应注意观察有无异常现象发生，如有异常现象，应立即切断电源并停止实验。

1.5　考核评价

考核评价标准如表 3-3 所示

表 3-3　任务 1 考核评价评分表（教师用）

项目	配分	评 分 标 准	扣分	得分
安装设计	10	绘制电路图及布线图不正确　　　　　　　　扣 10 分		
线路的安装	30	1. 元件布置不合理扣 5 分 2. 元件安装松动，每处扣 5 分 3. 电器元件损坏，每只扣 10 分 4. 功率表安装不符合要求扣 10 分 5. 导线安装不符合要求，每处扣 2 分 6. 不能正确使用万用表、功率表等仪表，每次扣 2 分		
通电试验	30	安装线路错误，造成短路、断路故障，每通电 1 次扣 10 分，扣完 30 分为止		
实训报告	10	没按照报告要求完成、内容不正确扣 10 分		
团结协作精神	10	小组成员分工协作不明确、不能积极参与扣 10 分		
安全文明生产	10	违反安全文明生产规程扣 5~10 分		
定额时间：2.5 小时		每超时 5 分钟扣 5 分		
备注		除定额时间外，各项目的最高扣分不应超过配分	成绩	

四、模块习题

3-1　已知正弦交流电压 $u = 220\sqrt{2}\sin(314t + 60°)$ V，则它的最大值、有效值、角频率、相位、初相位各为多少？

3-2　已知 $i_1 = 5\sin 314t$ A，$i_2 = 15\sin(942t + 90°)$ A，能说 i_2 比 i_1 超前 90°吗？为什么？

3-3　将下列各表示式中，相互有对应关系的式子用带箭头的线连起来。

$u(t) = -220\sqrt{2}\sin(\omega t - 60°)$ V　　　　$\dot{U} = 220\angle\dfrac{\pi}{2}$

$u(t) = 311\cos\omega t$ V　　　　$\dot{U}_m = 311\angle\dfrac{2\pi}{3}$

$u(t) = 14.14\sin(\omega t - 45°)$　　　　$\dot{U}_m = 14.14\angle -\dfrac{\pi}{4}$

$u(t) = 10\sqrt{2}\sin(\omega t + 30°)$　　　　$\dot{U} = 10e^{j\frac{\pi}{6}}$

3-4　在 5 Ω 电阻的两端加上电压 $u = 311\sin 314t$ V，求：(1)流过电阻的电流有效值；(2)电流瞬时值；(3)有功功率。

3-5　有一电感 $L = 0.626$ H，加正弦交流电压 $U = 220$ V，$f = 50$ Hz，求：(1)电感中的电流 I_m、I；(2)无功功率 Q_L。

3-6　一个 $C = 50$ μF 的电容接于 $u = 220\sqrt{2}\sin(314t + 60°)$ V 的电源上，求 i_C 及 Q_C。

3-7　电路如图 3-47 所示，Z，φ 各为多少？

3-8　在图 3-48 所示电路中，$U_1 = 4$ V，$U_2 = 6$ V，$U_3 = 3$ V，则 U 为多少？

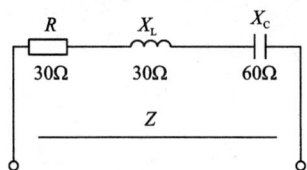

图 3-47　习题 3-7 图　　　　图 3-48　习题 3-8 图

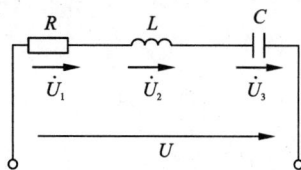

3-9　已知下列各负载电压相量和电流相量，试求各负载的等效电阻和等效电抗，并说明负载的性质。

(1) $\dot{U} = 100\angle 120°$ V，$\dot{I} = 5\angle 60°$ A；

(2) $\dot{U} = -100\angle 30°$ V，$\dot{I} = -5\angle -60°$ A。

3-10　已知 $R-L-C$ 串联电路中，$R = 10$ Ω，$X_L = 15$ Ω，$X_C = 5$ Ω，其中电流 $\dot{I} = 2\angle 30°$ A，试求：(1)总电压 $\dot{U}$；(2)$\cos\varphi$；(3)该电路的功率 P，Q，S。

3-11　已知 40 W 的日光灯电路，在 $U = 220$ V 正弦交流电压下正常发光，此时电流值 $I = 0.36$ A，求该日光灯的功率因数和无功功率 Q。

3-12　三相负载的连接方式是由什么决定的？

3-13　三相电动机接在三相电源中，若其额定电压等于电源的线电压，应作什么连

3-13　三相电动机接在三相电源中，若其额定电压等于电源的线电压，应作什么连接？若其额定电压等于电源的线电压的 $1/\sqrt{3}$，应作什么连接？

3-14　在三相四线制供电系统中，为什么中线不能接开关和熔断器？

3-15　判断下列说法的正误：

(1)如果三相负载的阻抗值相等，这三相负载一定是对称的。

(2)三相负载做 Y 接时，无论负载对称与否，线电流总等于相电流。

(3)三相电源向电路提供的视在功率为：$S = S_A + S_C + S_C$。

(4)中线的作用就是使不对称 Y 接三相负载的端电压保持对称。

(5)三相不对称负载越接近对称，中线上通过的电流就越小。

3-16　现要做一个 10 kW 的电阻炉，用三角形接法，电源线电压为 380 V。问每相的电阻值为多少？若改为星形接法，每相阻值又是多少？

3-17　有一三相对称负载，其每相的电阻 $R = 8\ \Omega$，感抗 $X_L = 6\ \Omega$。如果将负载连成星形接于线电压 $U_L = 380$ V 的三相电源上，试求相电压、相电流及线电流的有效值。

3-18　三相对称负载作三角形连接，线电压为 380 V，线电流为 17.3 A，三相功率为 9.12 kW。求每相负载的电阻和电抗。

3-19　有 60 只"220 V、40 W"的白炽灯，今欲接入线电压为 380 V 的三相电路中使用，问应如何连接才最合理？并求各线电流、相电流及电路的总功率。

模块四　电动机　变压器

一、模块描述

电动机是把电能转换成机械能的一种设备，它主要包括一个用以产生磁场的电磁铁绕组或分布的定子绕组和一个旋转电枢或转子。

电动机的工作效率较高，又没有烟尘、气味，不污染环境，噪声也较小。由于它的一系列优点，所以在工农业生产、交通运输、国防、商业及家用电器、医疗电器设备等各方面广泛应用。

变压器是利用电磁感应的原理来改变交流电压的装置。它的功能主要有：电压变换；电流变换，阻抗变换；隔离；稳压（磁饱和变压器）等。在电器设备和无线电路中，常用作升降电压、匹配阻抗，安全隔离等。

二、知识准备

1　电动机

1.1　三相异步电动机

三相异步电动机转子的转速低于旋转磁场的转速，转子绕组因与磁场间存在着相对运动而感生电动势和电流，并与磁场相互作用产生电磁转矩，实现能量变换。

异步电动机是把交流电能转变为机械能的一种动力机械。它结构简单，制造、使用和维护简便，成本低廉，运行可靠，效率高，因此在工农业生产及日常生活中得以广泛应用。三相异步电动机被广泛用来驱动各种金属切削机床，起重机，中、小型鼓风机，水泵及纺织机械等。

1.1.1　三相异步电动机的结构

异步电动机主要由定子和转子两部分组成，这两部分之间由气隙隔开。根据转子结构不同，分成笼型和绕线型两种。图4-1为三相笼型异步电动机的结构。

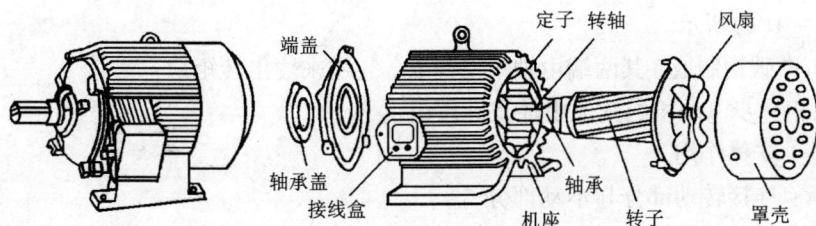

图4-1　三相异步电动机的外形和内部结构图

（1）定子

定子由定子铁芯，定子绕组和机座三部分组成。

定子铁芯是电机磁路的一部分，它由0.5 mm厚，两面涂有绝缘漆的硅钢片叠成，在其内圆冲有均匀分布的槽，槽内嵌放三相对称绕组。定子绕组是电机的电路部分，它由铜线缠绕而成，三相绕组根据需要可接成星形（Y）形和三角形（△），如图4-2所示，由接线盒的端子板引出。机座是电动机的支架，一般用铸铁或铸钢制成。

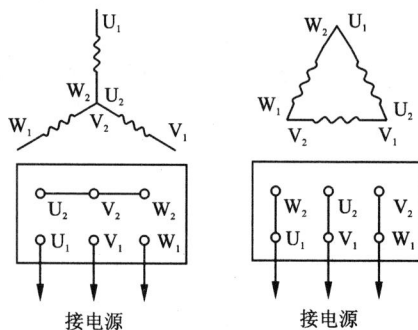

图4-2　三相定子绕组的联接

（2）转子

转子由转子铁芯、转子绕组和转轴三部分组成。

按转子结构的不同，三相异步电动机可分为笼式和绕线式两种。

笼式转子的异步电动机结构简单、运行可靠、重量轻、价格便宜，得到了广泛的应用，其主要缺点是调速困难。

绕线式三相异步电动机的转子和定子一样也设置了三相绕组并通过滑环、电刷与外部变阻器连接。调节变阻器电阻可以改善电动机的启动性能和调节电动机的转速。

转子铁芯也是由0.5 mm厚、两面涂有绝缘漆的硅钢片叠成，在其外圆冲有均匀分布的槽，如图4-3所示，槽内嵌放转子绕组，转子铁芯装在转轴上。

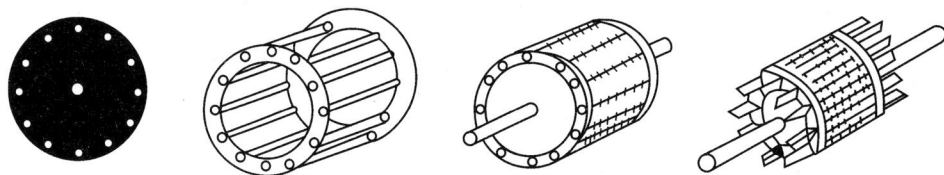

图4-3　笼型转子

笼型转子绕组结构与定子绕组不同，转子铁芯各槽内都嵌有铸铝导条（个别电机有用铜导条的），端部有短路环短接，形成一个短接回路。去掉铁芯，形如一笼子，如图4-4（a）所示。

绕线型转子绕组结构与定子绕组相似，在槽内嵌放三相绕组，通常为星形（Y）连接，绕组的三个端线接到装在轴上一端的三个滑环上，再通过一套电刷引出，以便与外电路相连，如图4-4（c）所示。

转轴由中碳钢制成，其两端由轴承支撑着，它用来输出转矩。

（3）三相异步电动机的其他附件及其作用。

①端盖：支撑作用。

②轴承：连接转动部分与不动部分。

③轴承端盖：保护轴承。

④风扇：冷却电动机。

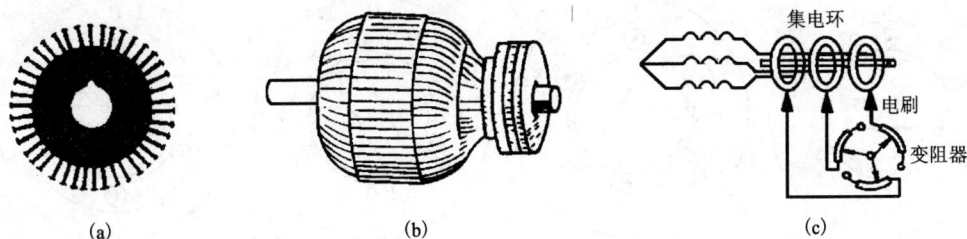

图 4-4 绕线式转子

1.1.2 三相异步电动机的工作原理

三相异步电动机转动原理如下：三相交流电压通入定子绕组，产生旋转磁场。磁力线切割转子导条使导条两端出现感应电动势，闭合的导条中便有感应电流通过。在感应电流与旋转磁场的相互作用下，转子导条受到电磁力并形成电磁转矩，从而使转子转动。

（1）旋转磁场

为便于分析，异步电动机的三相绕组用三个线圈 U_1-U_2、V_1-V_2、W_1-W_2 表示，它们在空间互差 $120°$ 电角度，并接成 Y 形连接，如图 4-5（a）所示，为对称三相绕组。把三相绕组接到三相交流电源上，三相绕组便有三相对称电流流过。假定电流的正方向由线圈的始端流向末端，流过三相线圈的电流分别为：

$$i_U = I\sin\omega t$$
$$i_V = I\sin(\omega t - 120°)$$
$$i_W = I\sin(\omega t + 120°)$$

其波形如图 4-5（b）所示。

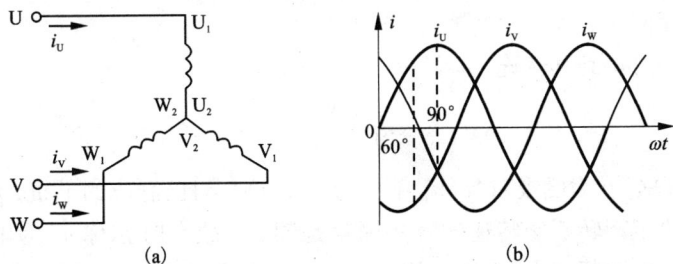

图 4-5 三相对称电流

由于电流随时间作周期性变化，所以电流流过线圈产生的磁场分布情况也随时间作周期性变化，现研究几个瞬间，如图 4-6 所示：

①当 $\omega t = 0°$ 瞬间，由图 4-5 看出，$i = 0$，U 相没有电流流过，Q_2 为负，表示电流由末端流向首端（即 V_2 端为 $\otimes$，V_1 端为 $\odot$）；$i_为$ 正，表示电流由首端流入（即 W_1 端为 $\otimes$，W_2 端为 $\odot$），如图 4-6（a）所示。这时三相电流所产生的合成磁场方向由"右手螺旋定则"判得为水平向右。

②当 $\omega t = 120°$ 瞬间，由图 4-5 得：i 为正，$Q_2 = 0$，i 为负，用同样方式可判得三相合成

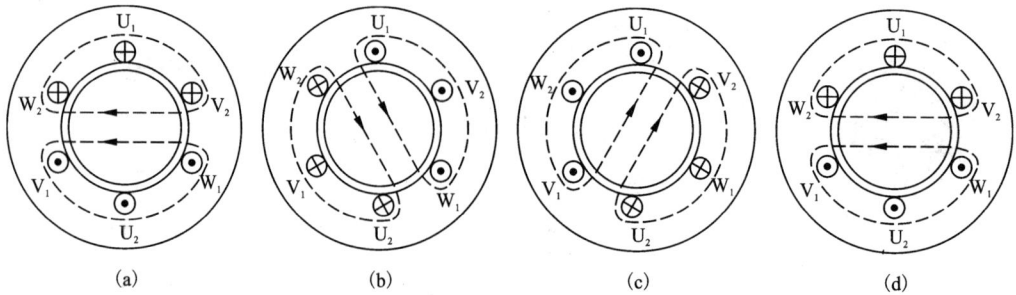

图 4-6　定子旋转磁场

磁场顺相序方向旋转了 120°，如图 4-6(b) 所示。

③当 $\omega t = 240°$ 瞬间，i 为负，Q_2 为正，$i = 0$，合成磁场又顺相序方向旋转了 120°，如图 4-6(c) 所示。

④当 $\omega t = 360°$（即为 0°）瞬间，又转回到(1)的情况，如图 4-6(d) 所示。

由此可见，三相绕组通入三相交流电流时，将产生旋转磁场。若满足两个对称（即绕组对称、电流对称），则此旋转磁场的大小会恒定不变（称为圆形旋转磁场），否则将产生椭圆形旋转磁场（磁场大小不恒定）。

由上图可看出，旋转磁场的旋转方向与相序方向一致，如果改变相序，则旋转磁场旋转方向也就随之改变。三相异步电动机的反转正是利用这个原理。

通过上述分析可以总结出电动机工作原理为：当电动机的三相定子绕组（各相差 120° 电角度），通入三相对称交流电后，将产生一个旋转磁场，该旋转磁场切割转子绕组，从而在转子绕组中产生感应电流（转子绕组是闭合通路），载流的转子导体在定子旋转磁场作用下将产生电磁力，从而在电机转轴上形成电磁转矩，驱动电动机旋转，并且电机旋转方向与旋转磁场方向相同。

进一步分析还可得到其转速

$$n_1 = \frac{60f_1}{p} \tag{4-1}$$

式中：f_1 为电网频率，p 为磁极对数（n_1 单位为 r/min）。对已制成的电机，p 为常数，则 n_1 与 f_1 成正比，即决定旋转磁场转速的唯一因素是频率，故有时亦称 n_1 为电网频率所对应的同步转速。我国电网频率为 50 Hz，故 n_1 与 p 具有如下关系：

表 4-1　磁极对数与转速关系表

p	1	2	3	4	5	6
n_1(r/min)	3000	1500	1000	750	600	500

可见，同步转速是有级的。

（2）三相异步电动机转动原理

图 4-7 所示是三相异步电动机的工作原理图。

图4-7中，N，S表示由通入定子的三相交流电产生的旋转磁场的两极。转子中只表示出分别靠近N极和S极的两根导条（铜或铝）。当旋转磁场向顺时针方向旋转时，其磁力线切割转子导条，导条中就感应出电动势。在电动势的作用下，闭合的导条中就有感应电流。感应电流的方向可以根据右手定则来判断，判断结果如图4-7所示。在这里应用右手定则时，可假设磁极不动，而转子导条向逆时针方向旋转切割磁力线，这与实际上磁极顺时针方向旋转时磁力线切割转子导条是相当的。

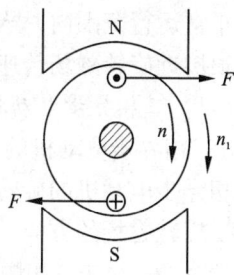

图4-7 转子转动的原理图

导条中的感应电流与旋转磁场相互作用，使转子导条受到电磁力F。电磁力方向可以由左手定则来确定。靠近N极和S极的两根导条产生的电磁力形成电磁转矩，使转子转动起来。

①电生磁：定子三相绕组U、V、W通三相交流电流产生旋转磁场，其转向与相序一致，为顺时针方向，转速为$n_1 = 60f_1/p$。假定该瞬间定子旋转磁场方向向下。

②磁生电：定子旋转磁场旋转切割转子绕组，在转子绕组产生感应电动势，其方向由"右手螺旋定则"确定。由于转子绕组自身闭合，便有电流流过，并假定电流方向与电动势方向相同，如图4-7中所示。

③电磁作用产生力矩：这时转子绕组感应电流在定子旋转磁场作用下，产生电磁力，其方向由"左手螺旋定则"判断，如图4-7所示。该力对转轴形成转矩（称电磁转矩），可见，他的方向与定子旋转磁场（即电流相序）一致，于是，电动机在电磁转矩的驱动下，以n的速度顺着旋转磁场的方向旋转。

当向三相定子绕组中通入对称的三相交流电时，就产生了一个以同步转速n_1，沿定子和转子内圆空间作顺时针方向旋转的旋转磁场。由于旋转磁场以n_1转速旋转，转子导体开始时是静止的，故转子导体将切割定子旋转磁场而产生感应电动势（感应电动势的方向用右手定则判定）。由于转子导体两端被短路环短接，在感应电动势的作用下，转子导体中将产生与感应电动势方向基本一致的感生电流。转子的载流导体在定子磁场中受到电磁力的作用（力的方向用左手定则判定）。电磁力对转子轴产生电磁转矩，驱动转子沿着旋转磁场方向旋转。

异步电动机转速n恒小于定子旋转磁场转速n_1，只有这样，转子绕组与定子旋转磁场之间才有相对运动（转速差），转子绕组才能感应电动势和电流，从而产生电磁转矩。因而$n < n_1$（有转速差）是异步电动机旋转的必要条件，异步的名称也由此而来。

我们定义异步电动机的转速差$(n_1 - n)$与旋转磁场转速n_1的比率，称为转差率，用s表示。

$$s = \frac{n_1 - n}{n_1} \qquad (4-2)$$

转差率是分析异步电动机运行的一个重要参数，他与负载情况有关。当转子尚未转动（启动瞬间）时，$n = 0$，$s = 1$；当转子转速接近于同步转速（空载运行）时，$n_1 \approx n$，$s \approx 0$。因此对异步电动机来说，s是在$1 \sim 0$范围内变化。异步电动机负载越大，转速越慢，转差率就越大。负载越小，转速越快，转差率就越小。

在正常运行范围内，异步电动机的转差率很小，仅在 0.01~0.06 之间，可见异步电动机转速很接近旋转磁场转速。

1.1.3　三相异步电动机的换向与转速

(1)三相异步电动机的换向

三相异步电动机的旋转方向取决于定子旋转磁场的旋转方向，并且两者的方向相同。只要改变旋转磁场的方向，就能使三相异步电动机反转。因此，将三相接线端中的任意两相接线端对调，改变三相顺序，就改变了旋转磁场的方向，从而实现三相异步电动机换向。

(2)三相异步电动机的转速

三相异步电动机的转速与旋转磁场有关。而旋转磁场的转速取决于磁场的极数，旋转磁场的极数与定子绕组安排有关。

根据式(4-1)和式(4-2)可知三相异步电动机的转速为

$$n = (1-s)n_1 = (1-s)\frac{60f_1}{p} \tag{4-3}$$

1.1.4　三相异步电动机的电磁转矩与机械特性

(1)三相异步电动机的电磁转矩

如前面所述，异步电动机之所以能转动，是因为转子绕组中产生的感应电流，而感应电流同旋转磁场的磁通作用产生电磁转矩。因此，电磁转矩是三相异步电动机中最重要的物理量之一，机械特性是它的主要特性。对电动机进行分析往往离不开它们。而且在讨论电动机转矩之前，必须要弄清转子电路中各物理量以及它们之间的相互关系。

由工作原理可知，异步电动机的电磁转矩是由与转子电动势同相的转子电流(即转子电流的有功分量)和定子旋转磁场相互作用产生的，可见电磁转矩与转子电流有功分量(I_{2a})及定子旋转磁场的每极磁通(Φ_0)成正比，即

$$T = C_T \Phi_0 I_{2a} \cos\varphi_2 \tag{4-4}$$

式中：C_T 为计算转矩的结构常数；$\cos\varphi_2$ 是转子回路的功率因数。

需说明的是当磁通一定时，电磁转矩与转子电流有功分量 I_{2a} 成正比，而并非与转子电流 I_2 成正比。当转子电流大，若大的是转子电流无功分量(并非是有功分量)，则此时的电磁转矩就不大，启动瞬间就是这种情况。

经推导还可以算出电磁转矩与电动机参数之间的关系：

$$T_{em} \approx C_T' U_1^2 \frac{sR_2}{R_2^2 + (sX_{20})^2} \tag{4-5}$$

式中，C_T' 为电机结构常数；R_2 为转子绕组电阻；X_{20} 为转子不转时转子绕组感抗。由式(4-5)可知，T_{em} 与 U_1 的平方成正比。可见电磁转矩对电源电压特别敏感，当电源电压波动时，转矩按 U_1^2 关系发生变化。

(2)三相异步电动机的机械特性

由式(4-5)可知，当 R_2，X_{20} 为常数时，$T_{em} = f_1(s)$ 之间的关系曲线称为 $T_{em} - s$ 曲线，如图4-8所示

当电动机空载时，$n \approx n_1$，$s \approx 0$，故 $T_{em} = 0$；当 s 尚小时($s = 0 \sim 0.2$)，分母中 $(sX_{20})^2$ 很小，可略去不计，此时 $T_{em} \propto s$，故当 s 增大，T_{em} 也随之增大。当 s 大到一定值后，$(sX_{20})^2 \gg$

R_2，R_2 可略去不计，此时 $T_{em} \propto 1/sX_{20}{}^2$，故 T_{em} 随 s 增大反而下降，$T_{em} - s$ 曲线由上升至下降过程中，必出现一最大值，此即为最大转矩 T_{em}。

由 $n = (1 - s)n_1$ 关系，可将 $T_{em} - s$ 关系改为，$n = e_1(T_{em})$ 关系，此即为异步电动机的机械特性，如图 $4 - 9$ 所示。因 n 与 T_{em} 均属机械量，故称此特性为机械特性，它直接反映了当电动机转矩变化时，转速的变化情况。

以最大转矩 T_m 为界，机械特性分为两个区，上边为稳定运行区，下边为不稳定运行区。当电动机工作在稳定区上某一点时，电磁转矩 T 能自动地与轴上的负载转矩 T_L 相平衡（忽略空载损耗转矩）而保持匀速转动。如果负载转矩 T_L 变化，电磁转矩 T_L 将自动适应随之变化达到新的平衡而稳定运行。即电动机在稳定运行时，其电磁转矩和转速的大小都决定于它所拖动的机械负载。

异步电动机机械特性的稳定区比较平坦，当负载在空载与额定值之间变化时，转速变化不大，一般仅为 $1\% \sim 6\%$，这样的机械特性称为硬特性，三相异步电动机的这种硬特性很适合于金属切削机床等工作机械的需要。

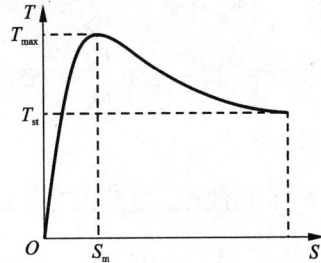

图 $4 - 8$　三相异步电动机的转矩特性曲线

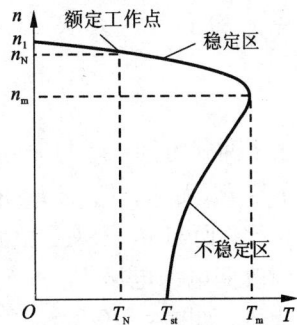

图 $4 - 9$　三相异步电动机的
机械特性曲线

如果电动机工作在不稳定区，则电磁转矩不能自动适应负载转矩的变化，因而不能稳定运行。例如负载转矩 T_L 增大，使转速 n 降低时，工作点将沿特性曲线下移，电磁转矩反而减小，会使电动机的转速越来越低，直到停转（堵转），当负载转矩 T_L 减小时，电动机转速又会越来越高，直至进入稳定区运行。

为正确使用异步电动机，除注意机械特性曲线上的两个区域外，还要关注三个特征转矩：

①额定转矩 T

它是电动机额定运行时的转矩，可由铭牌上的 P_N 和 n 求得

$$T_N \approx 9550 \frac{P_N}{n_N} \tag{4 - 6}$$

T_N 的单位为 N/m，P_N 的单位为 kW。

由上式知，当输出功率 P_N 一定时，额定转矩与转速成反比，也近似与磁极对数成正比（$n \approx n_1 = 60f_1/p$，故频率一定时，转速近似与磁极对数成反比）。因此，相同功率的异步电动机磁极对数越多，亦即转速越低，其额定转矩就越大。

图 $4 - 9$ 所示，$n = f(T_{em})$ 曲线中的额定转矩 T_N 和额定转速 n_N 所对应的点，称为额定工作点。异步电动机若运行于此点或附近，其效率及功率因数均较高。

例 $4 - 1$　有两台功率和额定电压都相同的三相异步电动机，一台的额定功率 $P_N = 7.5$ kW，$U_N = 380$ V，$n_N = 955$ r/min，另一台 $n_N = 1450$ r/min。试分别求它们的额定转矩。

解： 第一台：$T_N = 9550 \dfrac{P_N}{n_N} = 9550 \times \dfrac{7.5}{995} \text{ N/m} = 75 \text{ N/m}$

第二台：$T_N = 9550 \dfrac{P_N}{n_N} = 9550 \times \dfrac{7.5}{1432} \text{ N/m} = 50 \text{ N/m}$

②最大转矩 T_m

由图 4-9 曲线知，电动机有个最大转矩 T_m，令 $\dfrac{\mathrm{d}T_{em}}{\mathrm{d}s}=0$，解得产生最大转矩的临界转差率

$$s_m = \frac{R_2}{X_{20}} \tag{4-7}$$

代入式(4-5)，得

$$T_m = C_T \frac{U_1^2}{2X_{20}} \tag{4-8}$$

由上两式可知：s_m 与 R_2 成正比，而与 U_1 无关；T_m 与 U_1 的平方成正比，而与 R_2 无关。由此可以得到改变电源电压 U_1 和 R_2 的机械特性，如图 4-10 所示。

当电动机负载转矩大于最大转矩，电动机就要停转（故最大转矩也称停转转矩），此时电动机电流即刻能升至 $(5\sim7)I_N$，致使绕组过热而烧毁。

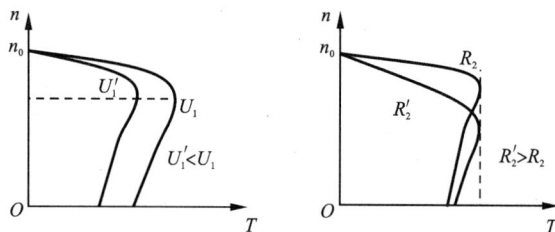

图 4-10   对应不同的 U_1 和 R_2 的机械特性曲线

最大转矩对电动机的稳定运行有重要意义。当电动机负载突然增加，短时过载，短时接近于最大转矩，电动机仍能稳定运行，由于时间短，也不至于过热。为保证电动机稳定运行，不因过载而停转，要求电动机有一定的过载能力。把最大转矩与额定转矩之比，称作过载能力，也称作最大转矩倍数，用 λ_T 表示

$$\lambda_T = \frac{T_m}{T_N} \tag{4-9}$$

一般三相异步电动机的 λ_T 在 1.8~2.2 范围。

③启动转矩 T_{st}

电动机刚启动瞬间，即 $n=0$，$s=1$ 时的转矩叫启动转矩。将 $s=1$ 代入式(4-5)，得

$$T_{st} \approx C_T' U_1^2 \frac{R_2}{R_2^2 + X_{20}^2} \tag{4-10}$$

可见，启动转矩也与电源电压、转子电阻有关。电源电压 U_1 降低，则启动转矩 T_{st} 减小。转子电阻适当增大，启动转矩增大。式(4-7)中，当转子电阻 $R_2 = X_{20}$ 时，$s_m = 1$，故此时 $T_{st} = T_m$。当 R_2 继续再增大，启动转矩又开始减小。

只有当启动转矩大于负载转矩时，电动机才能启动。启动转矩越大，启动就越迅速。由此引出电动机的另一个重要性能指标——启动转矩倍数 K_{st}

$$K_{st} = \frac{T_{sT}}{T_N} \tag{4-11}$$

它反映电动机启动负载的能力。一般三相异步电动机的 $K_{st}=1.0\sim2.2$。

1.1.5　三相异步电动机的启动、制动与调速

(1)三相异步电动机的启动

电动机接上电源,转速由零开始运转,直至稳定运转状态的过程,称为启动过程。

对电动机启动要求是:启动电流小,启动转矩大,启动时间短。

当异步电动机刚接上电源,转子尚未旋转瞬间($n=0$),定子旋转磁场对静止转子的相对速度最大,于是转子绕组感应电动势和电流也最大,则定子的感应电流也最大,它往往可达 $5\sim7$ 倍的额定电流。由理论分析指出,启动瞬间转子电流虽大,但转子的功率因数 $\cos\varphi_2$ 很低,故此时转子电流的有功分量却不大(而无功分量大),因此启动转矩不大,它只有额定转矩的 $1.0\sim2.2$ 倍,所以笼型异步电动机的启动性能较差。

笼型异步电动机的启动方法有直接启动(全压启动)和降压启动两种。

①直接启动。把电动机三相定子绕组直接加上额定电压的启动叫直接启动。此方法启动最简单,投资少,启动时间短,启动可靠,但启动电流大,一般只用于小容量电动机(如 $7.5\ kW$ 以下电动机)。是否可采用直接启动,取决于电源的容量及启动频繁的程度,否则应该采用降压启动。

②降压启动。降压启动的主要目的是为了限制启动电流,但问题是在限制启动电流的同时,启动转矩也受到限制,因此他只适用于在轻载或空载情况下启动,最常用的启动方法有 Y－△ 换接启动和自耦补偿器启动。

Y－△ 换接启动只适用于定子绕组为 △ 形连接,且每相绕组都有两个引出端子的三相笼型异步电动机。

启动前先将定子绕组接成 Y 形连接,然后合上电源开关进行启动,此时定子每相绕组所加电压为额定电压的 $1/\sqrt{3}$,从而实现了降压启动,待转速上升至一定值后,迅速将定子绕组接为 △ 形连接,使电动机每相绕组在全压下运行。

由交流电路知识可推得:Y 形连接启动时的启动电流为 △ 形连接直接启动时的 $1/3$,其启动转矩为后者的 $1/3$,即:

$$I_Y=I_\triangle/3$$
$$T_Y=T_\triangle/3 \qquad\qquad(4-12)$$

Y－△ 启动设备简单,成本低,操作方便,动作可靠,使用寿命长。目前,$4\sim100\ kW$ 异步电动机均设计成 380 V 的 △ 形连接,因此此启动方法得以广泛应用。

对容量较大或正常运行时接成 Y 形连接而不能采用 Y－△ 形启动的笼型电动机常采用自耦补偿器启动。其原理接线图如图 4－11 所示,它是利用自耦变压器降压原理启动。

启动前先将 Q_2 合向"启动"侧,然后合电源开关 Q_1,这时自耦变压器的一次绕组加全电压,抽头的二次绕组电压加在电动机定子绕组上,电动机便在低电压下启动。待转速上升至一定值后,迅速将 Q_2 切换到"运行"侧,切除自耦变压器,电动机就在全电压下运行。

用这种方法启动,电网供给的启动电流和启动转矩都是直接启动时的 $1/K^2$(K 为自耦变压器的变比),自耦变压器设有三个抽头,QJ_2 型三个抽头比(即 $1/K^2$)分别为 55%,64%,73%;QJ_3 型为 40%,60%,80%,可得到三种不同的电压,以便根据启动转矩的要求而灵活选用。

至于绕线型异步电动机的启动,只要在转子回路串入适当的电阻,见图 4－4(c),就

既可限制启动电流,又可增大启动转矩,克服笼型异步电动机启动电流大启动转矩小的缺点。绕线型异步电动机在启动过程中,需逐级将启动电阻切除。除在转子回路串电阻启动外,现用得更多的是在转子回路接频敏变阻器启动,此变阻器在启动过程中能自动减小阻值,以代替人工切除电阻。

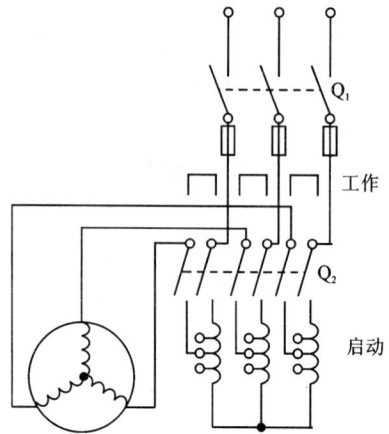

图 4 – 11　自耦补偿器启动

普通笼型异步电动机启动转矩较小,若满足不了要求,可选用具有较大启动转矩的双笼型或深槽型异步电动机。而绕线型异步电动机的启动转矩更大,他适用于要求启动转矩较大的生产机械,如卷扬机、起重机等。

(2)三相异步电动机的制动

许多生产机械工作时,为提高生产力和安全起见,往往需要快速停转或由高速运行迅速转为低速运行,这就需要对电动机进行制动。所谓制动就是要使电动机产生一个与旋转方向相反的电磁转矩(即制动转矩),可见电动机制动状态的特点是电磁转矩方向与转动方向相反。三相异步电动机常用的制动方法有能耗制动、反接制动和回馈制动。

①能耗制动。所谓能耗制动,即在电动机脱离三相交流电源之后,定子绕组上加一个直流电压,即通入直流电流,利用转子感应电流与静止磁场的作用达到制动的目的。

异步电动机能耗制动接线如图 4 – 12(a)所示。制动方法是在切断电源开关同时在定子两相绕阻间通入直流电流。于是定子绕阻产生一个恒定磁场,转子因惯性而旋转切割该恒定磁场,在转子绕组产生感应电动势和电流。由图 4 – 12(b)可判得,转子的载流导体与恒定磁场相互作用产生电磁转矩,其方向与转子转向相反,起制动作用,因此转速迅速下降,当转速下降至零时,转子感应电动势和电流也降至为零,制动过程结束。制动期间,运转部分所储藏的动能转变为电能消耗在转子回路的电阻上.故称能耗制动。

对笼型异步电动机,可调节直流电流的大小来控制制动转矩的大小,对绕线型异步电动机,还可采用转子串电阻的方法来增大初始制动转矩。

能耗制动能量消耗小,制动平稳,广泛应用于要求平稳准确停车的场合,也可用于起重机一类机械上,用来限制重物下降速度,使重物匀速下降。

②反接制动。所谓反接制动,它是通过反接相序,使电机产生起阻滞作用的反转矩以便制动电机。

异步电动机反接制动接线如图 4 – 13 所示。制动时将电源开关 Q 由"运转"位置切换到"制动"位置,把它的任意两相电源接线对调。由于电压相序反了,所以定子旋转磁场方向反了,而转子由于惯性仍继续按原方向旋转.这时转矩方向与电动机的旋转方向相反,如图 4 – 13 所示,成为制动转矩,.

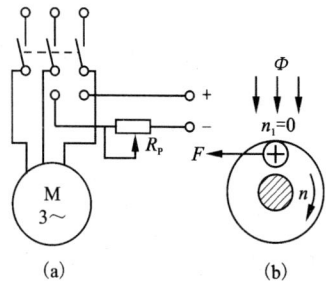

图 4 – 12　能耗制动

若制动的目的仅为停车。则在转速接近于零时,可利用某种控制电器将电源自动切除,否则电机将会反转。反接制动时，当转子的转速相对于反转旋转磁场的转速较大（$n + n_1$），因此电流较大。为了限制制动电流，较大容量电动机通常在定子电路（笼型）或转子电路（绕线型）串接限流电阻。

这种方法制动比较简单，制动效果较好。在某些中型机床主轴的制动中常采用，但能耗较大。

③回馈制动。回馈制动采用的是有源逆变技术，将再生电能逆变为与电网同频率同相位的交流电回送电网，从而实现制动。要实现回馈制动，就必须要将回馈电能进行同频同相控制、回馈电流控制等条件，才能将回馈电能安全送达电网上。

回馈制动发生在电动机转速大于定子旋转磁场转速 n_1 的时候，如当起重机下放重物时，重物拖动转子，使转速 $n > n_1$。这时转子绕组切割定子旋转磁场方向与原电动状态相反，则转子绕组感应电动势和电流方向也随之相反，电磁转矩方向也反了，即由与转向同向变为反向，成为制动转矩（如图 4-14 所示），使重物受到制动而匀速下降。实际上这台电动机已转入发电机运行状态，他将重物的势能转变为电能而回馈到电网，故称回馈制动。

前述变极调速电动机，当从高速（少极）调至低速（多极）瞬间，转子的转速高于多极的同步转速，就产生回馈制动作用，迫使电动机转速迅速下降。

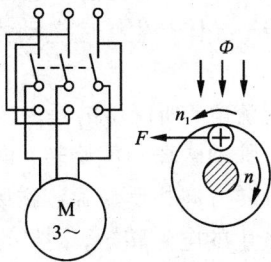

图 4-13　反接制动

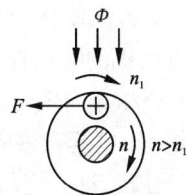

图 4-14　回馈制动

（3）三相异步电动机的调速

为了提高生产效率或满足生产工艺的要求，许多生产机械在工作过程中都需要调速。由

$$n = (1 - s)n_1 = (1 - s)\frac{60f_1}{p} \qquad (4-13)$$

可知，三相异步电动机的调速方法有：变极（p）调速，变频（f_1）调速和转子串电阻（线绕式）调速。

①变极调速。三相异步电动机采用改变磁极对数的方法进行调速，称为变极调速。

改变异步电动机定子绕组的连接，可以改变磁极对数，从而得到不同的转速。由于磁极对数 p 只能成倍地变化，所以这种调速方法不能实现无级调速。为了得到更多的转速，可在定子上安装两套三相绕组，每套都可以改变磁极对数，采用适当的连接方式，就有三种或四种不同的转速。这种可以改变磁极对数的异步电动机称为多速电动机。

变极调速虽然不能实现平滑无级调速，但它比较简单、经济，在金属切削机床上常被用来扩大齿轮箱调速的范围。

②变频调速。三相异步电动机采用改变电源频率的方法进行调速，称为变频调速。

由于频率 f_1 能连续调节，故可得较大范围的平滑调速，它属无级调速，其调速性能好，但它需有一套专用变频设备。随着晶闸管元件及变流技术的发展，交流变频变压调速是上个世纪80年代迅速发展起来的，现在已经成为一种技术成熟、应用广泛的专门电力传动调速技术，现代电力机车就普遍使用变频调速。

③转子串电阻调速

在绕线型异步电动机转子回路里串可调电阻，在恒转矩负载下，转子回路电阻增大，其转速 n_1 下降。

这种调速方法优点是有一定的调速范围，设备简单，但能耗较大，效率较低，广泛用于起重设备。

除此之外，利用电磁滑差离合器来实现无级调速的一种新型交流调速电动机——电磁调速三相异步电动机现已较多应用。

1.2 单相异步电动机

使用单相交流电源的异步电动机称为单相异步电动机。它在电风扇、洗衣机、电冰箱、吸尘器及空调等家用电器以及各种医疗器械、小型机械和小功率的电动工具方面得到广泛应用。单相异步电动机的工作原理与三相异步电动机相仿，其转子一般都是鼠笼式的，其定子绕组通入交流电同样会产生旋转磁场，切割转子导体产生感应电动势和感应电流，从而形成电磁转矩使转子转动。

单相异步电动机的特点在于定子绕组通入的是单相交流电，所产生的是一个空间位置固定不变，而大小和方向随时间作正弦变化的脉动磁场。脉动磁场不能旋转，但它可以分解为两个大小相等（包括磁感应强度和旋转的角速度）、旋转方向相反的旋转磁场。当转子静止时，这两个旋转方向相反的旋转磁场对转子作用所产生的电磁转矩，同样也是大小相等、方向相反，故电动机不能自行启动；当转子受到外力作用转动后，这两个旋转磁场对转子作用所产生的电磁转矩就不相等，且外力方向的电磁转矩较大，因此外力消失后，电动机仍然可以转动。

为了使单相异步电动机通电后能产生旋转磁场自行启动，必须再产生一个与此脉动磁场频率相同、相位不同、在空间相差一定角度的另一脉动磁场，再与原脉动磁场合成为旋转磁场。常用的方法有电容分相式和罩极式两种，下面介绍电容分相式单相电动机的结构和工作原理。

1.2.1 单相异步电动机的结构和工作原理

单相异步电动机结构分为定子和转子两个部分。定子上有一个或两个绕组，转子多半是鼠笼式，与三相异步电动机的鼠笼转子完全一样。

电容分相式异步电动机在定子中放置两个在空间相隔90°的绕组 A 和 B，如图4-15(a)所示，B 绕组串联适当的电容器 C 后与 A 绕组并联于单相交流电源上。电容器的作用是使通过它的电流 I_B 超前于 I_A 接近90°，这就是分相。

设两相绕组的电流分别为 $i_A = I_{Am}\sin\omega t$，$i_B = I_{Bm}\sin(\omega t + 90°)$，他们的波形图如图4-15(b)所示，即把单相交流电变为两相交流电。这样的两相交流电流产生的两个脉动磁场相合成的磁场，也是一个旋转磁场，其原理如图4-16所示。在此旋转磁场的作用下，鼠笼式转子就会顺着同一方向转动起来。单相交流电产生的脉动磁场虽然不能使转子启动，但一旦启动以后，却能产生电磁转矩使转子继续运转。因此电容分相式电动机启动后，绕组 B 可以留在电路中，也可用离心开关在转速上升到一定数值后切除，这时只留下绕组 A 工作，但仍可继续带动负载运转。所以，绕组 A 叫工作绕组，绕组 B 叫启动绕组。

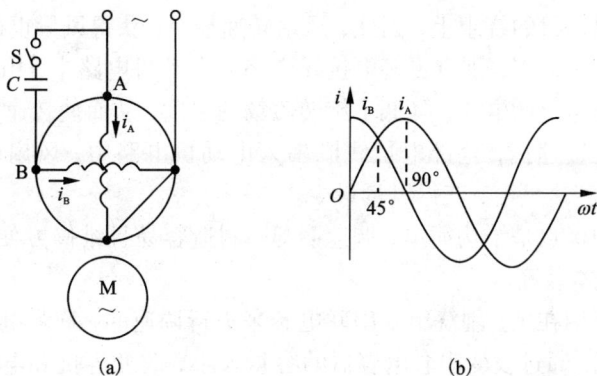

图 4 - 15　电容分相式异步电动机和它的两相电流

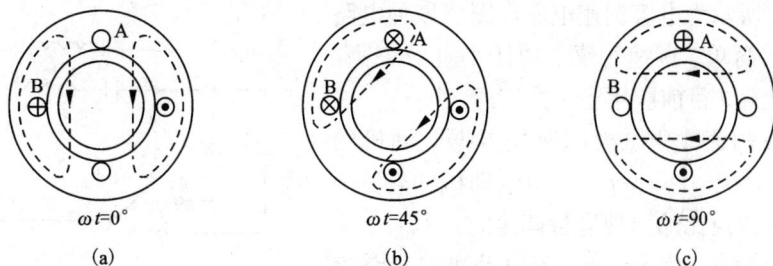

图 4 - 16　两相旋转磁场

除用电容来分相外，也可用电感和电阻来分相。工作绕组的电阻少，匝数多（电感大）；启动绕组的电阻大，匝数少（电感小），以达到分相的目的。

1.2.2　单相异步电动机换向与调速

（1）单相异步电动机换向

电容分相式电动机也可反向运行，这只要利用一个转换开关将工作绕组与启动绕组互换即可，如图 4 - 17 所示。当开关 S 合在位置 1 时，电容器 C 与 B 绕组串联，绕组 B 为启动绕组，绕组 A 为工作绕组，电流 I_B 超前于 I_A 接近 90°，电动机正转；当开关 S 合在位置 2 时，C 与 A 绕组串联，绕组 A 为启动绕组，绕组 B 为工作绕组，电流 I_B 滞后于 I_A 接近 90°，电动机反转。因为旋转磁场的转向是由两个绕组中电流的相序决定的，所以只要调换一个绕组与电容器 C 串联，就可以改变电容分相式电动机的转向。洗衣机中的电动机靠定时器自动转换开关，使波轮周期性地改变旋转方向，就是这个原理。

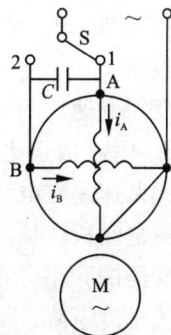

图 4 - 17　正反转电路

（2）单相异步电动机调速

①电抗器调速。电抗器调速是在单相电动机电路中串入一个电抗器，通过调节电抗线圈的匝数多少来达到调速目的。电抗器是一只带有铁芯的电感线圈，中间有几个抽头，可用于调速。风扇电机普遍采用这种调速方法。

当调速开关打在快速挡时，电抗器中只有一小部分线圈串入风扇电动机电路，电源电压基本上全部加在电动机的绕组上，因此，风扇转速最快，获得风量也最大。

当调速开关打在中速挡，则有更多电抗线圈串入电动机电路中，由于线圈的电抗作用降低了加在电动机绕组上的电压，降低了旋转磁场的强度，从而使转速变慢，风量减少。

当调速开关打在慢速挡，全部电抗线圈串入电动机电路中，风扇电动机上的电压更低，磁场强度更弱，转速更慢，获得风量最少。

电抗器调速法的优点是结构简单、调速明显、制造容易且维修方便，其缺点是需专门附加一只电抗器，成本较高。

②电容调速。利用在主、副绕组中串联电容来进行调速的，称为电容调速。电路中电容的降压、移相作用，通过改变串联电容器的容量大小，改变容抗和电路中的电流以及定子磁场的强弱，从而达到改变转矩和转速的目的。一般串联电容量减少，容抗增加，使电流减少，定子磁场的强度减弱，从而转速下降。

图 4 - 18 所示为电容调速电原理图。该种电路的优点是结构简单、调速可靠、功耗小且效率高。缺点是成本较高，目前应用还不太广泛。

③变磁极调速。变磁极调速是根据电动机的转速公式：$n = 60f(1 - s)/p$，利用电动机的转速 n 与磁极对数 p 成反比的原理进行调速的。

我国电源频率 f 为 50 Hz。若电动机定子绕组做成两极，则转速 n 为 3000 r/min；若电动机定子

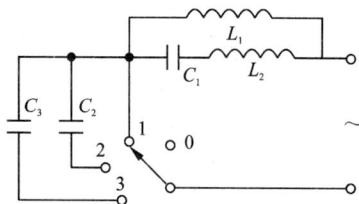

图 4 - 18　电容调速

绕组做成 4 极，则转速 n 为 1500 r/min；若电动机定子绕组做成 6 极，则转速 n 为 1000 r/mm。

例如，空调器中的风扇电动机通常采用变磁极调速的方法。在电动机的定子绕组中设计了两组线圈，其中一组线圈构成 6 极电动机，当他通电时，电动机低速运转，空调器执行"低冷"功能，另一组线圈构成 4 极电动机，当他通电时，电动机高速运转，空调器执行"高冷"功能。

③变频调速。变频调速是根据电动机的转速公式：$n = 60f(1 - s)/p$，利用电动机转速 n 与电源频率 f 成正比的原理进行调速的。

变频调速是在电动机前面加装一只变频器，把来自电网的 50 Hz 交流电能，改变频率后提供给电动机。从而实现变频调速的目的。

变频器的频率可在 30 ~ 125 Hz 范围内自动调节。由于变频技术日益成熟，变频设备成本也大幅度下降，所以变频调速在空调器、冰箱甚至风扇上得到广泛使用。

变频技术可分为交流变频技术与直流变频技术两种。直流变频技术比交流变频技术更节能、更优越。

1.3 特种电机

前面介绍的各种电机，都是作为动力来使用的，其主要任务是将电能转换为机械能驱动生产机械运转，实现能量的变换。在自动控制系统和计算装置中还有另一类电机，是作为转换和传递信号来使用的，这类电机称为控制电机，又称为微电机。由于控制电机的主要任务是转换和传递信号，所以控制电机具有精度高、准确度高、可靠性高、动作灵敏、重量轻、体积小及耗电少等特点。控制电机的种类很多，本章只介绍常用的测速发电机、伺服电动机、步进电动机和直线电动机。

1.3.1 控制微电机

(1)测速发电机

测速发电机是一种测量转速的微型发电机，它把输入的机械转速变换为电压信号输出，并要求输出的电压信号与转速成正比。测速发电机分直流测速发电机和交流测速发电机两大类。

①直流测速发电机：直流测速发电机实际就是一种微型直流发电机，按定子磁极的励磁方式分为电磁式和永磁式。

直流测速发电机的工作原理与一般直流发电机相同，如图4－19所示。在恒定的磁场 Φ_0 中，外部的机械转轴带动电枢旋转，电枢绕组切割磁场从而在电刷间产生感应电动势。

在空载时，直流测速发电机的输出电压就是电枢感应电动势。显然输出电压与转速成正比。

图4－19 直流测速发电机的工作原理

②交流测速发电机。交流测速发电机分为同步测速发电机和异步测速发电机。在实际应用中异步测速发电机使用较广泛。交流异步测速发电机与交流伺服电动机的结构相似，其转子结构有笼型的，也有杯型的，在自动控制系统中多用空心杯转子异步测速发电机。

③测速发电机的应用。测速发电机的作用是将机械速度转换为电气信号，常用作测速元件、校正元件、解算元件，与伺服电机配合，广泛使用于许多速度控制或位置控制系统中，如在稳速控制系统中，测速发电机将速度转换为电压信号作为速度反馈信号，可达到较高的稳定性和较高的精度，在计算解答装置中，常作为微分、积分元件。

(2)伺服电动机

伺服电动机在自动控制系统和计算装置中作为执行元件用来驱动控制对象，又名执行电动机。其功能是把所接受的电信号转换为电动机轴上的角位移或角速度输出。若改变输入信号电压的大小和极性(或相位)，则伺服电动机的转角、转速和转向都将非常灵敏和准确地跟着变化。伺服电动机按其使用的电源性质可分为交流伺服电动机和直流伺服电动机两大类。

伺服电动机多用于功率稍大的，高精度的自动控制系统及测量装置等设备，如电视摄像机、各种录音机、X－Y函数记录仪、机床控制系统等。

(3)步进电动机

步进电动机是一种利用电磁铁的作用原理，将电脉冲信号变换成角位移或线位移的电

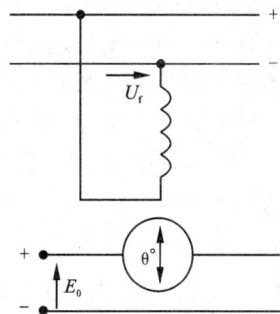

动机。这种电动机每输入一个脉冲信号，它就转动一定的角度或前进一步，故又称为脉冲电动机。步进电动机转子的位移与脉冲数成正比，其转速与脉冲频率成正比，而不受电源电压、负载大小和环境条件的影响。与伺服电动机相比较，具有启动转矩较大、动作更加准确、调速范围宽广等特点。因而近年来在脉冲技术和数字控制系统中的应用日益广泛，例如在数控机床、自动绘图机、轧钢机以及自动记录仪表等设备中都有应用。

步进电动机的种类很多，按励磁方式可分为反应式、永磁式和感应式三种。其中反应式步进电动机的定子、转子都由硅钢片叠成，具有转动惯量小、响应快、转速高和结构简单等特点，应用比较普遍。

1.3.2　直线电动机

直线电动机是一种将电能转换为直线运动的机械能的电动机，它分为直线异步电动机、直线直流电动机和直线自整角电动机等，而使用最多的是直线异步电动机。直线电机的优点是：结构简单，反应速度快，灵敏度高，随动性好，容易密封，不怕污染，适应性强（由于直线电机本身结构简单，又可做到无接触运行，因此容易密封，各部件用尼龙浸渍后，采用环氧树脂加以涂封，这样它就不怕风吹雨打，或有毒气体和化学药品的侵蚀，在核辐射和液体物质中也能应用）。工作稳定可靠寿命长（直线电机是一种直接传动的特种电机，可实现无接触传递力，没有什么机械损耗，故障少，几乎不需要维修，又不怕振动和冲击）。额定值高（直线电机冷却条件好，特别是长次级接近常温状态，因此线负荷和电流密度可以取得很高）。有精密定位和自锁的能力（和控制系统相配合，可做到 0.001 mm 的位移精度和自锁能力）。

直线感应电机的应用面相当宽。例如可用于高速列车、传送车、传送线、传送带、搬运钢材、机械手、电动门、加速器、电磁锤、电磁搅拌器和电磁泵、金属分离器、帘幕驱动等。还有一些特殊的直线电机应用在其他领域。例如压电直线电动机（利用压电材料的逆压电效应直接把电能转换成机械能。特点是步距小、推力不大、机构简单、速度易控制），用于精密测量和计量，也可在定位驱动中作为执行元件，在光学系统的聚焦驱动，激光干涉仪和计量系统中可得到应用，也可应用于光刻机上。磁悬浮列车是将直线电动机的初级装在列车上，钢轨作为次级，其速度很高，是一种极具发展前途的交通工具。

2　变压器

变压器是利用电磁感应原理传输电能或信号的器件，具有变压、变流、变阻抗和隔离的作用，是一种常见的电气设备。

变压器是利用电磁感应的原理来改变交流电压的装置，主要构件是初级线圈、次级线圈和铁芯（磁芯）。在电器设备和无线电路中，常用作升降电压、匹配阻抗，安全隔离等。在发电机中，不管是线圈运动通过磁场或磁场运动通过固定线圈，均能在线圈中感应电势，此两种情况，磁通的值均不变，但与线圈相交链的磁通数量却有变动，这是互感应的原理。变压器就是一种利用电磁互感应，变换电压，电流和阻抗的器件。

变压器的功能主要有：电压变换、电流变换、阻抗变换、隔离、稳压（磁饱和变压器）等。

变压器的种类很多，在电力系统和电子线路中应用十分广泛。例如，在电力系统中，用电力变压器把发电机发出的电压升高后进行远距离输电，到达目的地以后再用变压器把电压降低供用户使用;在实验室中,用自耦变压器改变电源电压;在测量上,利用仪用互感器扩大对交流电压、电流的测量范围;在电子设备和仪器中,用小功率电源变压器提供多种电压,用耦合变压器传递信号并隔离电路上的联系等等。变压器虽然大小悬殊,用途各异,但其基本结构和工作原理是相同的。

2.1 变压器的基本结构、类型与工作原理

2.1.1 变压器的基本结构和类型

变压器的种类很多,可按升降压、相数、用途、结构、冷却方式等进行分类。

按电压的升降分类:有升压变压器和降压变压器两种。

按相数分类:有单相变压器、三相变压器及多相变压器。

按用途分类:有用于供电系统中的电力变压器,有用于测量和继电保护的变压器(电压互感器和电流互感器),有产生高电压供电设备的耐压试验用的试验变压器,有电炉变压器、电焊变压器和整流变压器等特殊用途的变压器。

按照冷却方式及冷却的介质分类:有以空气冷却的干式变压器,有以油冷却的油浸式,有以水冷却的水冷式变压器。

变压器由铁芯和绕组两大部分组成,图4-20(a)和(b)分别是它的结构示意图和图形符号。这是一个简单的双绕组变压器,在一个闭合的铁芯上套有两个绕组,绕组与绕组之间以及绕组与铁芯之间都是绝缘的。绕组通常用绝缘的铜线或铝线绕成,与电源相连的绕组,称为原绕组;与负载相连的绕组,称为副绕组。为了减少铁芯中的磁滞损耗和涡流损耗,变压器的铁芯大多用(0.35~0.5)mm厚的硅钢片叠成,为了降低磁路的磁阻,一般采用交错叠装方式,即将每层硅钢片的接缝错开。

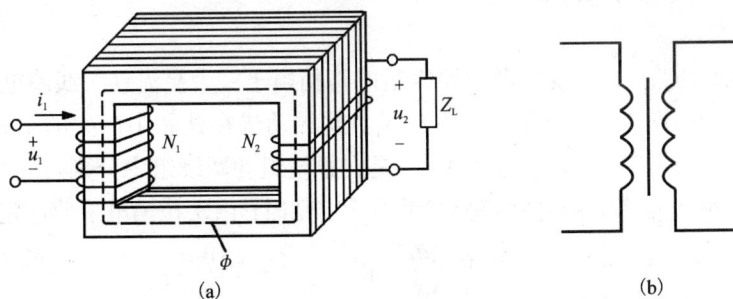

图4-20 变压器的示意图和图形符号

变压器按铁芯和绕组的组合形式,可分为心式和壳式两种,如图4-21所示。心式变压器的铁芯被绕组所包围,而壳式变压器的铁芯则包围绕组。心式变压器用铁量比较少,多用于大容量的变压器,如电力变压器都采用心式结构;壳式变压器用铁量比较多,但不需要专门的变压器外壳,常用于小容量的变压器,如各种电子设备和仪器中的变压器多采用壳式结构。变压器按冷却方式又可分为自冷式和油冷式(常用于三相变压器中)两种,在自冷式变压器中,热量依靠空气的自然对流和辐射直接散发到周围空气中。当变压器的容量较大时常采用油冷式,此时变压器的铁芯和绕组全部浸在变压器油内,使其产生的热量通过变压器油传给箱壁而散发到空气中去。

2.1.2　变压器的工作原理

变压器是变换交流电压、电流和阻抗的器件,当初级线圈中通有交流电流时,铁芯(或磁芯)中便产生交流磁通,使次级线圈中感应出电压(或电流)。

变压器由铁芯(或磁芯)和线圈组成,线圈有两个或两个以上的绕组,其中接电源的绕组叫初级线圈,其余的绕组叫次级线圈。

(1)电压变换

变压器的原绕组接交流电压 u_1 且副绕组开路时的运行状态称为空载运行,如图 4-22 所示。这时副绕组中的电流 $i_2 = 0$,开路电压用 u_{20} 表示。原绕组中通过的电流为空载电流 i_{10},各量的参考方向如图 4-22 所示。图中 N_1 为原绕组的匝数,N_2 为副绕组的匝数。

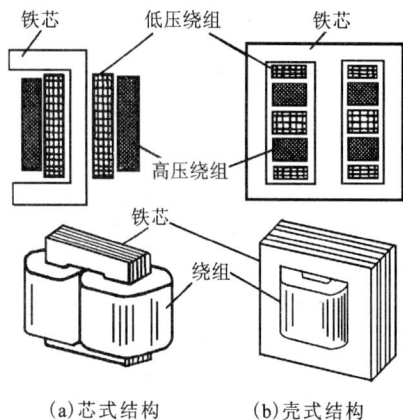

图 4-21　变压器的结构

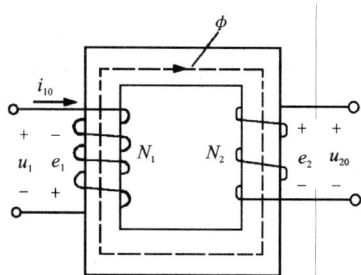

图 4-22　变压器的空载运行

由于副绕组开路,这时变压器的原绕组电路相当于一个交流铁芯线圈电路,通过的空载电流 i_{10} 就是励磁电流,且产生磁动势 $i_{10}N_1$,此磁动势在铁芯中产生的主磁通 Φ 通过闭合铁芯,既穿过原绕组,也穿过副绕组,于是在原绕组和副绕组中分别感应出电动势 e_1 和 e_2。e_1 及 e_2 与 Φ 的参考方向之间符合右手螺旋定则时,由法拉第电磁感应定律可得

$$e_1 = -N_1 \frac{\mathrm{d}\Phi}{\mathrm{d}t} \quad \text{和} \quad e_2 = -N_2 \frac{\mathrm{d}\Phi}{\mathrm{d}t} \qquad (4-14)$$

由式(4-14)可得 e_1 和 e_2 的有效值分别为

$$E_1 = 4.44fN_1\Phi_{\mathrm{m}} \quad \text{和} \quad E_2 = 4.44fN_2\Phi_{\mathrm{m}} \qquad (4-15)$$

其中,f 为交流电源的频率;Φ_{m} 为主磁通 Φ 的最大值。

由于铁芯线圈电阻 R 上的电压降 iR 和漏磁通电动势 e_0 都很小,均可忽略不计,故原、副绕组中的电动势 e_1 和 e_2 的有效值近似等于原、副绕组上电压的有效值,即

$$U_1 \approx E_1 \quad \text{和} \quad U_{20} \approx E_2$$

所以可得

$$\frac{U_1}{U_{20}} \approx \frac{E_1}{E_2} = \frac{N_1}{N_2} = K_{\mathrm{u}} \qquad (4-16)$$

由式(4-16)可见,变压器空载运行时,原、副绕组上电压的比值等于两者的匝数比,

这个比值 K_u 称为变压器的变压比。变压器可以把某一数值的交流电压变换为同频率的另一数值的电压，这就是变压器的电压变换作用。当原绕组匝数 N_1 比副绕组匝数 N_2 多时，$K_u > 1$，这种变压器称为降压变压器；反之，原绕组匝数 N_1 比副绕组匝数 N_2 少时，$K_u < 1$，这种变压器称为升压变压器。

（2）电流变换

变压器是一种传送电能的设备，在传送电能的过程中绕组及铁芯中的损耗很小，励磁电流也很小。理想情况下可以认为一次侧视在功率与二次侧视在功率相等。

如果变压器的副绕组接上负载，则在副绕组感应电动势 e_2 的作用下，副绕组将产生电流 i_2。这时，原绕组的电流将由 i_{10} 增大为 i_1，如图 4 – 23 所示。副绕组电流 i_2 越大，原绕组电流 i_1 也就越大。由副绕组电流 i_2 产生的磁动势 i_2N_2 也要在铁芯中产生磁通，即这时变压器铁芯中的主磁通应由原、副绕组的磁动势共同产生。

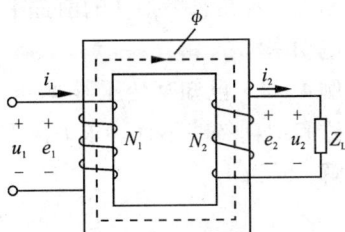

图 4 – 23　变压器的负载运行

由 $U_1 = E_1 = 4.44fN_1\Phi_m$ 可知，在原绕组的外加电压（电源电压 U_1）和频率 f 不变的情况下，主磁通 Φ_m 基本保持不变。因此，有负载时产生主磁通的原、副绕组的合成磁通势 $(i_1N_1 + i_2N_2)$ 应和空载时产生主磁通的原绕组的磁通势 (i_0N_1) 基本相等，用公式表示，即

$$(i_1N_1 + i_2N_2) = (i_0N_1) \tag{4-17}$$

如用相量表示，则为

$$\dot{I}_1N_1 + \dot{I}_2N_2 = \dot{I}_{10}N_1 \tag{4-18}$$

这一关系称为变压器的磁动势平衡方程式。

由于原绕组空载电流较小，约为额定电流的 10%，所以 $\dot{I}_{10}N_1$ 与 $\dot{I}_1N_1$ 相比，可忽略不计，即

$$\dot{I}_1N_1 \approx -\dot{I}_2N_2 \tag{4-19}$$

由上式可得原、副绕组电流有效值的关系为

$$\frac{I_1}{I_2} \approx \frac{N_2}{N_1} = \frac{1}{K_u} \tag{4-20}$$

此时，若漏磁和损耗忽略不计，则有

$$\frac{U_1}{U_2} \approx \frac{N_1}{N_2} = K_u$$

从能量转换的角度来看，当副绕组接上负载后，出现电流 i_2，说明副绕组向负载输出电能，这些电能只能由原绕组从电源吸取，然后通过主磁通传递到副绕组。副绕组负载输出的电能越多，原绕组向电源吸取的电能也越多。因此，副绕组电流变化时，原绕组电流也会相应地变化。

通过上述分析可以总结出变压器初级、次级线圈间的电压和电流之比为：

变压器两组线圈圈数分别为 N_1 和 N_2，N_1 为初级，N_2 为次级。在初级线圈上加一交流电压，在次级线圈两端就会产生感应电动势。当 $N_2 > N_1$ 时，其感应电动势要比初级所加的电压还要高，这种变压器称为升压变压器；当 $N_2 < N_1$ 时，其感应电动势低于初级电压，

这种变压器称为降变压器。

若在忽略损耗的前提下,初级、次级电压和线圈匝数间具有下列关系:

电压之比 $\qquad U_1/U_2 = N_1/N_2$

式中,n 称为电压比(圈数比)。当 $n<1$ 时,则 $N_1>N_2$,$U_1>U_2$,该变压器为降压变压器。反之则为升压变压器。

同理,若在忽略损耗的前提下,初级、次级电流和线圈匝数间具有下列关系:

电流之比 $\qquad I_1/I_2 = N_2/N_1$

同理,若在忽略损耗的前提下,初级、次级功率和线圈匝数间具有下列关系:

电功率 $\qquad P_1 = P_2$

例 4-2　已知某变压器 $N_1=1000$,$N_2=100$,$U_1=220$ V,$I_2=2$ A。若为纯电阻负载,且漏磁和损耗忽略不计。求 U_2、I_1、输入 P_1 和输出功率 P_2。

解:因为 $\qquad K_u = N_1/N_2 = 10$

所以 $\qquad U_2 = U_1/K_u = 22$ V

$\qquad I_1 = I_2/K_u = 0.2A$

输入功率 $\qquad P_1 = U_1 I_1 = 44$ W

输出功率 $\qquad P_2 = U_2 I_2 = 44$ W

(3)阻抗变换作用

变压器除了有变压和变流的作用外,还有变换阻抗的作用,以实现阻抗匹配。图 4-24(a)所示的变压器原绕组接电源 U_1,副绕组的负载阻抗模为 $|Z|$,对于电源来说,图中虚线框内的电路可用另一个阻抗模 $|Z'|$ 来等效代替。

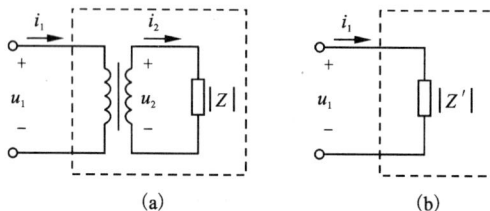

图 4-24　变压器的负载阻抗变换

如图 4-24(b)所示,负载阻抗 Z' 接于二次侧。当变压器处于负载运行时,从一次绕组看进去的阻抗为

$$|Z| = U_1/U_2$$

而负载阻抗为

$$|Z'| = U_2/I_2$$

所谓等效,就是他们从电源吸取的电流和功率相等,即接在电源上的阻抗模 $|Z'|$ 和接在变压器副绕组的负载阻抗模 $|Z|$ 是等效的。当忽略变压器的漏磁和损耗时,等效阻抗可通过下面计算得出。

$$|Z'| = K_u^2 |Z| \qquad (4-21)$$

原、副绕组电压比 K_u(又称匝数比)不同时,负载阻抗模 $|Z|$ 折算到原绕组的等效阻抗模 $|Z'|$ 也不同。通过选择合适的电压比 K_u,可以把实际负载阻抗模变换为所需的、比较合适的数值,这就是变压器的阻抗变换作用。在电子电路中,为了提高信号的传输功率,常用变压器将负载阻抗变换为适当的数值,即阻抗匹配。

例 4-3　已知某交流信号源的电压 $U_S=10$ V,内阻 $R_0=200$ Ω,负载 $R_L=8$ Ω,且漏磁和损耗忽略不计。

（1）若将负载与信号源直接相连，求信号源的输出功率为多大？

（2）若要负载上的功率达到最大，且用变压器进行阻抗变换，则变压器的匝数比应为多大？此时信号源的输出功率又为多大？

解：（1）$P = I^2 R_L = \left[\dfrac{U_S}{R_0 + R_L}\right]^2 = \left[\dfrac{10}{200 + 8}\right]^2 \times 8 = 0.0185 \text{ W}$

（2）变压器把负载 R_L 进行阻抗变换

$$R_L' = R_0 = 200 \ \Omega$$

所以变压器的匝数比应为

$$\frac{N_1}{N_2} = \sqrt{\frac{R_L'}{R_L}} = \sqrt{\frac{200}{8}} = 5$$

此时信号源的输出功率为

$$P = I^2 R_L = \left(\frac{10}{200 + 200}\right)^2 \times 200 = 0.125 \text{ W}$$

2.2 变压器的应用

正确地使用变压器，不仅能保证变压器正常工作，并能使其具有一定的使用寿命，因此必须了解变压器的技术指标和额定值。变压器的额定值有：

（1）原边额定电压 U_{1N}：指原边绕组应当施加的正常电压。

（2）原边额定电流 I_{1N}：指在 U_{1N} 作用下原边绕组允许通过电流的限额。

（3）副边额定电压 U_{2N}：指原边为额定电压 U_{1N} 时副边的空载电压。

（4）副边额定电流 I_{2N}：指原边为额定电压时，副边绕组允许长期通过的电流限额。

（5）额定容量 S_N：指变压器输出的额定视在功率。

对单相变压器：$S_N = U_{2N}I_{2N} = U_{1N}I_{1N}$。

（6）额定频率 f_N：指电源的工作频率。我国的工业频率是 50 Hz。

（7）变压器的效率 η_N：指变压器的输出功率 P_{2N} 与对应的输入功率 P_{1N} 的比值，通常用小数或百分数表示。

前面对变压器的讨论均忽略了其各种损耗，而变压器是典型的交流铁芯线圈电路，其运行时原边和副边必然有铜损和铁损，所以实际上变压器并不是百分之百地传递电能。大型电力变压器的效率可达 99%，小型变压器的效率约为 60% ~ 90%。

（8）电压调整率

电压调整率也是变压器的一个重要的技术指标，它是指变压器由空载到满载（输出额定电流）时，副绕组电压的相对变化量，可表示为

$$\Delta U\% = \frac{U_{20} - U_2}{U_{20}} \times 100\% \qquad (4-22)$$

变压器副绕组的电阻压降和漏磁感应电动势都很小，所以加负载后 U_2 的变化不大，电压调整率约为 3% ~ 6%。

2.3 特殊变压器

变压器是利用电磁感应原理传输电能或信号的器件，具有变压、变流和变阻抗的作用。它的种类很多，应用十分广泛。本节将讨论变压器的主要应用及几种特殊用途的变压器。

2.3.1　仪用互感器

仪用互感器是电工测量中经常使用的一种专用双绕组变压器，它用于扩大测量仪表的量程和用于控制、保护电路特殊用途的变压器。仪用互感器按用途不同可分为电压互感器和电流互感器两种。

（1）电压互感器

电压互感器是常用来扩大电压测量范围的仪器，图4-25（a）为其外形图，图4-25（b）为电路原理图。其原绕组匝数（N_1）多，与被测的高压电网并联；副绕组匝数（N_2）少，与电压表或功率表的电压线圈连接。因为电压表或功率表的电压线圈电阻很大，所以电压互感器副绕组电流很小，近似于变压器的空载运行，根据电压变换原理可得

$$U_1 = \frac{N_1}{N_2}U_2 = K_{\mathrm{u}}U_2 \qquad (4-23)$$

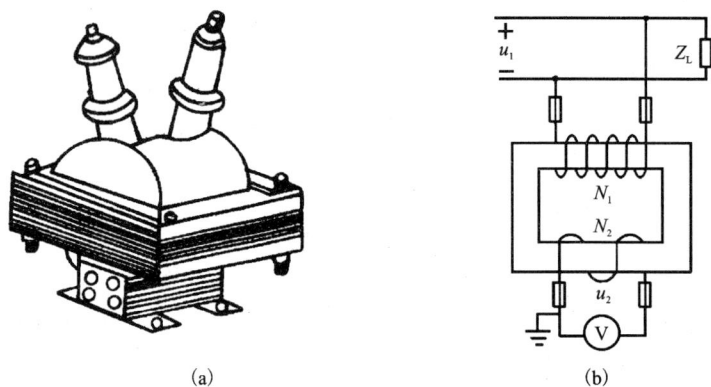

（a）　　　　　　　　（b）

图4-25　电压互感器

由式（4-23）可知，将测得的副绕组电压 U_2 乘以变压比 K_{u}，便是原绕组高压侧的电压 U_1，故可用低量程的电压表去测量高电压。通常电压互感器不论其额定电压是多少，其副绕组额定电压皆为100 V，可采用统一的100 V标准电压表。因此，在不同电压等级的电路中所用的电压互感器，其电压比是不同的，其原绕组的额定电压应选得与被测线路的电压等级相一致，例如6000/100、10000/100等。

使用电压互感器时，其铁芯、金属外壳及副绕组的一端都必须可靠接地。因为当原、副绕组间的绝缘层损坏时，副绕组将出现高电压，若不接地，则会危及运行人员的安全。此外，电压互感器的原、副绕组一般都装有熔断器作为短路保护，以免电压互感器副绕组发生短路事故后，极大的短路电流烧坏绕组。

（2）电流互感器

电流互感器是常用来扩大电流测量范围的仪器，图4-26（a）为其外形图，图4-26（b）为电路原理图。它的原绕组匝数（N_1）少，有的则直接将被测回路导线作原绕组，与被测量的主线路相串联，流过原绕组的电流为主线路的电流 I_1；它的副绕组匝数（N_2）较多，导线较细，与电流表或功率表的电流线圈串联，流过整个闭合的副绕组的电流为 I_2。根据电流变换原理可得

$$I_1 = \frac{N_2}{N_1}I_2 = K_i I_2 \qquad (4-24)$$

由式(4-24)可知,将测得的副绕组电流 I_2 乘以变流比 K_i,便是原绕组被测主线路的电流 I_1 的值,故可用低量程的电流表去测量大电流。通常电流互感器不论其额定电流是多少,其副绕组额定电流都为 5 A,可采用统一的 5 A 标准电流表。因此,在不同电流等级的电路中所用的电流互感

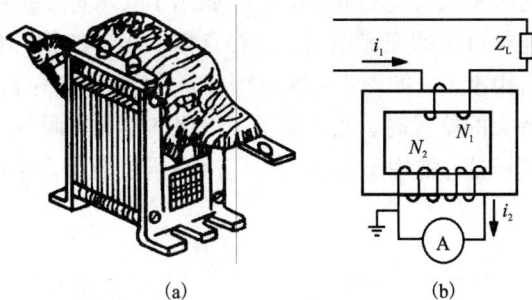

图 4-26 电流互感器

器,其电流比是不同的,其原绕组的额定电流值应选得与被测主线路的最大工作电流值等级相一致,例如30/5、50/5、100/5 等。

与电压互感器一样,使用电流互感器时,为了安全起见,其铁芯、金属外壳及副绕组的一端都必须可靠接地,以防止当原、副绕组间的绝缘层损坏时,副绕组上出现高电压,若不接地,则会危及运行人员的安全。此外,电流互感器在运行中不允许其副绕组开路,因为它正常工作时,流过其原绕组的电流就是主电路的负载电流,其大小决定于供电线路上负载的大小,而与副绕组的电流几乎无关,这点和普通变压器是不同的。正常工作时,磁路的工作主磁通由原、副绕组的合成磁势 $(\dot{I}_1 N_1 + \dot{I}_2 N_2)$ 产生,因为磁动势 $\dot{I}_1 N_1$ 和 $\dot{I}_2 N_2$ 是相互抵消的,故合成磁势和主磁通值都较小。当副绕组开路时,则 $\dot{I}_2 N_2$ 为零,合成磁势变为 $\dot{I}_1 N_1$,主磁通将急剧增加,使铁损巨增,铁芯过热而烧毁绕组;同时副绕组会感应出很高的过电压,危及绕组绝缘和工作人员的安全。

图 4-27 为钳形电流表,其中图(a)为其外形图,图(b)为电路原理图。用它来测量电流时不必断开被测电路,使用十分方便,它是一种特殊的配有电流互感器的电流表。电流互感器的钳形铁芯可以开合,测量电流时先按下扳手,使可动铁芯张开,将被测电流的导线放在铁芯中间,再松开扳手,让弹簧压紧铁芯,使其闭合。这样,该导线就成为电流互感器的原绕组,其匝数 $N=1$。电流互感器的副绕组绕在铁芯上

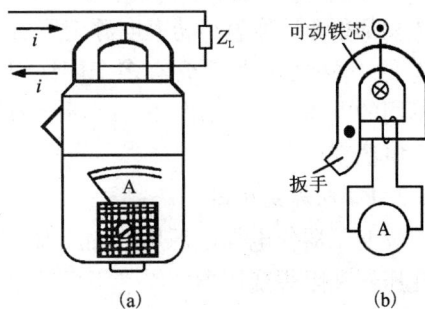

图 4-27 钳形电流表

并与电流表接成闭合回路,可从电流表上直接读出被测电流的大小。

2.3.2 自耦变压器

如果变压器的原、副绕组共用一个绕组,其中副绕组为原绕组的一部分(如图 4-28 所示),这种变压器叫自耦变压器。由于同一主磁通穿过原、副绕组,所以原、副绕组电压之比仍等于它们的匝数比,电流之比仍等于它们的匝数比的倒数,即

$$\frac{U_1}{U_{20}} = \frac{U_1}{U_2} = \frac{N_1}{N_2} = K_u, \quad \frac{I_1}{I_2} = \frac{N_2}{N_1} = \frac{1}{K_u}$$

与普通变压器相比,自耦变压器用料少,重量轻,尺寸小,但由于原、副绕组之间既有

磁的联系又有电的联系,故不能用于要求原、副绕组电路隔离的场合。在实用中,为了得到连续可调的交流电压,常将自耦变压器的铁芯做成圆形,副绕组抽头做成滑动触头,可以自由滑动,如图4-29(a)、(b)、(c)分别为它的外形、示意图和表示符号。当用手柄移动触头的位置时,就改变了副绕组的匝数,调节了输出电压的大小。这种自耦变压器又称为调压器,常用于实验室中交流调压。使用自耦调压器时应注意以下几点。

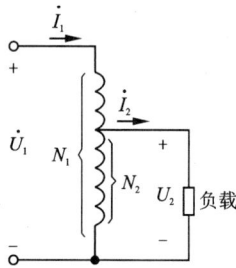

图4-28　自耦变压器的电路图

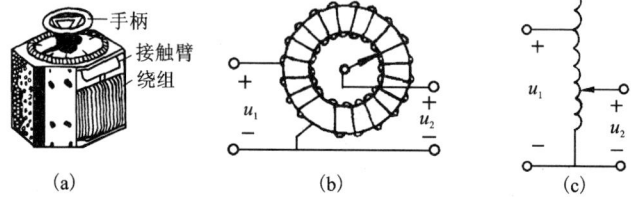

图4-29　自耦调压器的外形、示意图和表示符号

(1)原绕组输入端接电源相线,公共端接电源中线。原、副绕组不能对调使用,否则可能会烧坏绕组,甚至造成电源短路。

(2)接通电源前,先将滑动触头移至零位,接通电源后再逐渐转动手柄,将输出电压调到所需值。用完后,再将手柄转回零位,以备下次安全使用。

(3)输出电压无论多低,其电流不允许大于额定电流。

2.3.3　小功率电源变压器

在各种仪器设备中提供所需电源电压的变压器,一般容量和体积都很小,称为小功率电源变压器。为了满足不同部件的需要,这种变压器常含有多个副绕组,可从副绕组获得多个不同的电压。例如,图4-30所示为具有三个副绕组的小功率电源变压器。

2.3.4　电焊变压器

电焊变压器作电焊电源用的变压器。按焊接方式可分为弧焊变压器和阻焊变压器两类。下面简单介绍弧焊变压器。

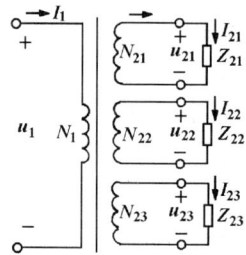

图4-30　小功率电源变压器

弧焊变压器:弧焊是通过电弧产生的热量熔化焊件接头处而实现焊接。为了保证焊接质量和电弧的稳定性,弧焊变压器必须具有如图4-31(弧焊变压器的外特性)所示的陡降外特性。

弧焊变压器在空载时,变压器副边输出起弧需要的电压(为60~80 V)。当工作时,焊件内有电流通过,形成电弧。电抗器起限流作用,并产生电压降,使焊枪与焊件间的电压降低,形成陡降的外特性。为了维持电弧,工作电压通常为2.5~30 V。当电弧长度变化时,电流变化比较小,可保证焊接质量和电弧的稳定。为了满足大小不同、厚度不同的焊件对焊接电流的要求,可调节电抗器活动铁芯的位置,即改变电抗器磁路中的空气隙,使电抗随之改变,以调节焊接电流。

实际上的弧焊变压器常采用增强漏磁式,如图4-32所示。它与普通变压器不同,其副绕组分成两部分。其中一部分有中间抽头4,3与4连接是大电流,3与2连接是小电流。中间的活动铁芯用来调节漏磁。它的漏磁通比普通变压器大许多倍,而且漏磁通绝大多数从活动铁芯通过。所以这种变压器又称磁分路电焊变压器。当磁分路铁芯向前移出时,磁阻增大,漏磁通减小,因而漏抗变小,使电焊变压器的工作电流增大;反之,工作电流减小。这样,可调节焊接电流。

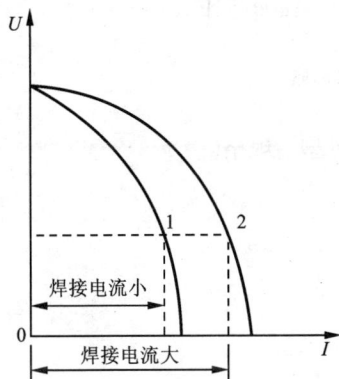

图4-31 弧焊变压器的外特性

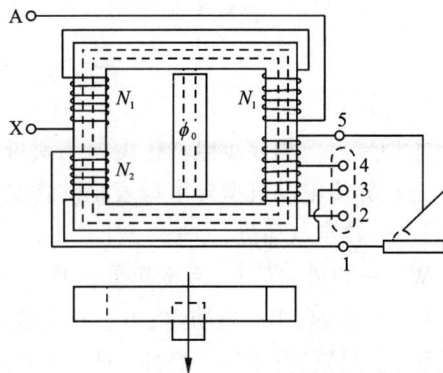

图4-32 增强漏磁式电焊变压器原理图

三、任务实施

任务1 三相异步电动机的铭牌识读、拆装、绕组首尾端的判别

1.1 工作任务

(1)了解三相异步电动机的铭牌数据是电动机运行的重要参数。
(2)学习拆装三相异步电动机的方法。
(3)学习判断三相异步电机绕组首、末端的方法

1.2 内容要求

通过训练,学会通过电动机的铭牌了解其主要参数和性能,进一步掌握电动机的基本构造和工作原理 学会电动机的拆装方法,掌握三相异步电动机的首、末的判断,以便正确地选择和使用三相异步电动机。

1.3 器材准备

(1)三相异步电动机 一台
(2)万用表(或直流微安表 TS-B-01)一块
(3)干电池(或直流稳压电源)
(4)活动扳手、螺丝刀、手锤等工具

1.4 实施步骤

(1)读三相异步电动机铭牌上的数据,熟悉异步电动机的外形结构及各引线端,并做好数据记录。

```
┌─────────────────────────────────────────────┐
│               三相异步电动机                   │
│  型号    Y160L-4    功率15kW      频率50Hz     │
│  电压    380V       电流30.3A     接法△       │
│  转速    1440r/min  温升80℃      绝缘等级B     │
│  工作方式 连续       重量45kg                  │
│  ─────────────────────────────────────────  │
│       年  月  日   编号    ××电机厂          │
└─────────────────────────────────────────────┘
```

图4-33　三相异步电动机铭牌

①型号。三相异步电动机型号主要说明电动机的机型、规格。

三相异步电动机型号字母表示的含义：

J——异步电动机；O——封闭；L——铝线缠组；

W——户外；Z——冶金起重；Q——高启动转轮；

D——多速；B——防爆；R——绕线式；

S——双鼠笼；K——高速；H——高转差率。

②额定值。在异步电动机铭牌上标注有一系列额定数据。在一般情况下，**电动机都按其铭牌上标注的条件和额定数据运行，即所谓的额定运行。**

异步电动机的额定数据主要有：

额定功率 P_N。在额定运行情况下，电动机轴上输出的机械功率称为额定功率，单位为kW，即千瓦。

额定电压 U_N。在额定运行情况下，外加于定子绕组上的线电压称为额定电压，单位为V，即伏或kV，即千伏。

额定电流 I_N。电动机在额定电压下，轴端有额定功率输出时，定子绕组线电流，单位为A，即安。

额定频率 f_N。我国规定标准工业用电的频率为50 Hz。

额定转速 n_N。指电动机在额定运行时电动机的转速，单位为r/min，即转/分。

③连接方法。电动机出线盒中有六个接线柱，分上下两排用金属连接板可以把三相定子绕组接成星形(Y形)或三角形(△形)。

星形接法是把三个末端连接在一起，三角形接法是首尾相接。

星形连接：相电流等于线电流，但相电压不等于线电压。

三角形连接：相电压等于线电压，但相电流不等于线电流。

定子绕组接成星形还是三角形，视定子每相绕组的额定电压和电源电压相对关系而定。例如，一般低电压配电线路的线电压为380 V，若定子每相绕组的额定电压为220 V，则接成星形；若每相绕组的额定电压为380 V，则接成三角形。

④绝缘等级和温升。绝缘等级是指电动机所用绝缘材料的耐热等级，分A、E、B、F等级。常用B级绝缘材料的允许最高温度为120℃左右。

允许温升是指电动机的温度与周围环境温度相比升高的限度。例如B级绝缘的电动机温升为80℃(环境温度以40℃为标准)。

⑤工作方式。表示电动机的运行方式，可分为连续、短时、断续三种。

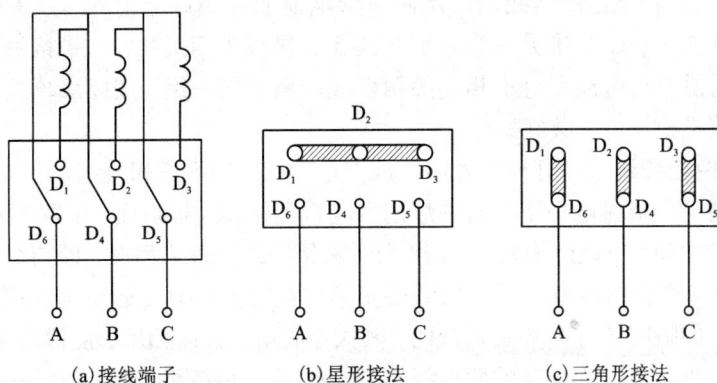

(a)接线端子　　　　(b)星形接法　　　　(c)三角形接法

图4-34　定子绕组的接线方法

（2）拆装三相交流异步电动机，并记录相应步骤。

①拆卸异步电动机。

A. 拆卸电动机之前，必须拆除电动机与外部电气连接的连线，并做好相位标记。

B. 拆卸步骤

a. 带轮或联轴器；b. 前轴承外盖；c. 前端盖；d. 风罩；e. 风扇；f. 后轴承外盖；g. 后端盖；h. 抽出转子；i. 前轴承；j. 前轴承内盖；k. 后轴承；l. 后轴承内盖。

C. 皮带轮或联轴器的拆卸

拆卸前，先在皮带轮或联轴器的轴伸端作好定位标记，用专用拉具将皮带轮或联轴器慢慢位出。拉时要注意皮带轮或联轴器受力情况务必使合力沿轴线方向，拉具项端不得损坏转子轴端中心孔。

D. 拆卸端盖、抽转子

拆卸前，先在机壳与端盖的接缝处（即止口处）作好标记以便复位。均匀拆除轴承盖及端盖螺栓拿下轴承盖，再用两个螺栓旋于端盖上两个项丝孔中，两螺栓均匀用力向里转（较大端盖要用吊绳将端盖先挂上）将端盖拿下。（无顶丝孔时，可用铜棒对称敲打，卸下端盖，但要避免过重敲击，以免损坏端盖）对于小型电动机抽出转子是人工进行的，为防手滑或用力不均碰伤绕组，应用纸板垫在绕组端部进行。

D. 轴承的拆卸、清洗

拆卸轴承应先用适宜的专用拉具。拉力应着力于轴承内圈，不能拉外圈，拉具顶端不得损坏转子轴端中心孔（可加些润滑油脂）。在轴承拆卸前，应将轴承用清洗剂洗干净，检查它是否损坏，有无必要更换。

②装配异步电动机。

A. 用压缩空气吹净电动机内部灰尘，检查各部零件的完整性，清洗油污等。

B. 装配异步电动机的步骤与拆卸相反。装配前要检查定子内污物，锈是否清除，止口有无损坏伤，装配时应将各部件按标记复位，并检查轴承盖配合是否合适。

C. 轴承装配可采用热套法和冷装配法。

（3）绕组首、尾端判别

①用小灯泡和电池法。

A. 先判断同一相绕组的两线端。用两节干电池和一小灯泡串联,一头接在定子绕组引出的任一根线头上,然后将另一头分别与其他五根线头相接触,如果接触某一引出线端时灯泡亮了,则说明与电池和灯泡相连的两根线端属于同一组,按此法再找出另外两相绕组的两根同相线端,并一一做好标记。

B. 将任意两相绕组与小灯泡三者串联成一个回路,将第三相绕组的一端串联一电池,另一线与电池的另一极碰触一下,如果灯泡发亮(根据变压器原理,串联两相绕组的瞬间感应电势是相迭加的,所以灯泡发亮),则表明两相绕组是首末串联,即与灯泡相连的两根线端,一根是第一根的首端 D_1,另一根线端是第二相的末端 D_5,若灯泡不亮,则说明两相串联绕组所产生的瞬间感应电势是相减的,其大小相等、方向相反,使得总感应电势为零,故灯泡不亮。这表明与灯泡相连的两根线端都分别是两相绕组的首端 D_1 和 D_2(或者认为是末瑞 D_4 与 D_5 也可以),并做好首末端的标记。

C. 将已判知首末端的一相绕组与第三相绕组串联,再照上述方法判别出第三相绕组的首末端,最后都做上 $D_1 \sim D_6$ 的首末端标记,以便接线。

在上述方法中,应当注意灯泡的额定电压与电池电压要相配合,否则会因电流太小,使灯泡该亮而没有亮,造成误判,所以,应把两相串联绕组的线端对调一下,再测试一次,若两次灯泡均不发亮,则说明感应电流太小,适当增加电池节数(增高电压)或更换一只额定电压更小的灯泡即可。同样道理,也可采用 220 V 或 36 V 的交流电源和白炽灯来代替电池和小灯泡。但为了防止过高的感应电势烧坏灯泡和绕组,应将灯泡和电源对调串入绕组中,即原单相绕组处(串联接地处)接入白炽灯,原两相绕组串联灯泡处换接入交流电源,判别方法与前述相同,但要特别注意安全,同时应注意,换用交流电源后,接通绕组线圈的时间应尽量缩短,以免线圈过热,影响其绝缘。

②用万用表和电池法。

A. 用万用表电阻挡代替电池与小灯泡,测出各相绕组的两根线端,电阻值最小的两线端为一相绕组的线端。

B. 将万用表选择开关切换三测直流电流挡(或直流电压挡也可以),量程可小些,这样指针偏转自明显。将任意一组绕组的两个线瑞先标上首端 D_1 和末端 D_4 的标记并接到万用表上,并且指定首端 D_1 接万用表的" − "端上,末端 D_4 接万用表的" + "端上。再将另一相绕线的一个线端接电池的负极,另一线端去碰触电池正极,同时注意观察表针的瞬间偏转方向,若表针正转移(向右转动),则与电池正极碰触的那根线端为首端,与电池负极往连接的一根线端为末端,做好首末端标记 D_2 和 D_5。若万用表指针瞬间反转移(向左转动则该相绕组的首末端与上述判别正好相反。

C. 万用表与绕组的接线不动,用上述同样的方法判别第三相绕组的首末端。该方法的原理也是利用变压器的电磁感应原理。需注意的是观察电池接通时那一瞬间的万用表指针的偏转方向,而不应是电池断开绕组时的瞬间万用表的指针偏转变化。

1.5　考核评价

(1)装配异步电动机时应注意:

①拆、装转子时,一定要遵守要点的要求,不得损伤绕组,拆前、装后均应测试绕组绝缘及绕组通路。

②拆、装时不能用手锤直接敲击零件,应垫铜、铝棒或硬木,对称敲。

③装端盖前应用粗铜丝，从轴承装配孔伸入钩住内轴承盖，以便于装配外轴承盖。

④用热套法装轴承时，只要温度超过100度，应停止加热，工作现场应放置1211灭火器。

⑤清洗电机及轴承的清洗剂(汽、煤油)不准随使乱倒，必须倒入污油井。

(2)应记录电动机的有关参数和拆装步骤并总结实验结果。

(3)回答问题：

①电动机的额定电压与电机接线方法有什么关系？

②简述三相异步电动机的拆装步骤。

③分析用电流表法判定三相绕组首、末端方法的道理。

四、模块习题

4-1　三相鼠笼式异步电动机具有什么样的结构？主要由几部分组成？各部分的功能是什么？

4-2　三相异步电动机只接两根电源线能否产生旋转磁场？为什么？

4-3　绕线式电动机转子电路断开时，电动机能否旋转？为什么？

4-4　为什么异步电动机正常工作时转子转速总是小于同步转速？如何根据转差率的大小来判别电动机的运行情况？

4-5　当异步电动机的定子绕组与电源接通后，若转子被阻，长时间不能转动，对电动机有何危害？如遇到这种情况，应采取何措施？

4-6　异步电动机有哪几种调速方法？各种调速方法有何优缺点？异步电动机有哪几种制动方法？各有何特点？

4-7　三相异步电动机在一定的负载转矩下运行时，如果电源电压降低，电动机转矩，电流及转速各自有什么变化？

4-8　一台三相异步电动机的额定功率为4 kW，额定电压为220/380 V，为△/Y连接，额定转速为1450 r/min，额定功率因数为0.85，额定效率为0.86。求(1)额定运行时的输入功率；(2)定子绕组接成Y形和△形时的额定电流；(3)额定转矩。

4-9　某异步电动机定子绕组为△连接，额定功率为10 kW，额定转速为2930 r/min，启动能力为1.5，额定电压为380 V，若启动时轴上反抗转矩为额定转矩的0.54倍，问启动时加在定子绕组上的电压不能低于多少伏？能否采用Y—△启动？

4-10　有一单相照明变压器，容量为10 kVA，额定电压为3300/220 V。

(1)求原、副绕组的额定电流？

(2)今欲在副边接上220 V、40 W的白炽灯(可视为纯电阻)，如果要求变压器在额定情况下运行，这种电灯最多可接多少盏？

4-11　将$R=8\ \Omega$的扬声器接在变压器的副边，已知$N_1=300$，$N_2=100$，信号源电动势$E=6$ V，内阻$R_0=100\ \Omega$。试求此时信号源输出的功率是多少。

4-12　一台50 kVA、6000/230 V的变压器，试求：

(1)电压变比K及I_{1N}和I_{2N}。

(2)该变压器在满载情况下向$\cos\varphi=0.85$的感性负载供电时，测得副边电压为220 V，求此时变压器输出的有功功率。

模块五 常用低压电器、基本电气控制线路

一、模块描述

本模块主要介绍各种常用的低压电器及基本电气控制线路的基本知识。

低压电器是指在低压配电系统和控制系统中起通断、保护、控制或调节作用的电器。

电气控制线路是由各种有触点的继电器、接触器、行程开关、控制按钮等组成的控制电路，来实现对电力拖动系统的启动、制动、反向和调速的控制，实现对电力拖动系统的保护及生产加工自动化。任何复杂的电气设备或系统都是由基本控制线路组成的。通过学习达到如下目标：

(1)掌握常用低压电器的识别、选择、拆装、维修、与调整使用的基本技能。

(2)掌握电动机的启动、停止、正反转控制原理，并能设计简单的单元电路。

(3)能根据提供的线路图，按照安全规范要求，正确利用工具和仪表，熟练完成电气元器件安装；元件在配电板上布置要合理，安装要准确。

(4)能按照现场管理要求(整理、整顿、清扫、清洁、素养、安全)安全文明生产。

二、知识准备

1 低压配电电器

1.1 低压电器的基本知识

低压电器是指在电路中实现对电路或非电对象的控制、检测、保护、变换、调节等作用的基本器件。低压电器能够依据操作信号或外界现场信号的要求，自动或手动改变电路的状态、参数，实现对电路或被控对象的控制、保护、测量、指示、调节。由低压控制电器组成的控制系统，称为继电器－接触器控制系统，又称继电控制系统。

1.1.1 电器的分类

(1)按工作电压等级分类

①高压电器。用于交流电压 1200 V、直流电压 1500 V 及以上电路中的电器，例如高压断路器、高压隔离开关、高压熔断器等。

②低压电器。用于交流 50 Hz、额定电压为 1200 V 以下，直流额定电压 1500 V 及以下的电路中的电器，例如接触器、继电器等。

(2)按动作原理分类

①手动电器。用手或依靠机械力进行操作的电器，如手动开关、控制按钮、行程开关等。

②自动电器。借助于电磁力或某个物理量的变化自动进行操作的电器,如接触器、各种类型的继电器、电磁阀等。

(3)按用途分类

①控制电器。用于各种控制电路和控制系统的电器,例如接触器、继电器、电动机启动器等。

②主令电器。用于自动控制系统中发送动作指令的电器,例如按钮、行程开关、万能转换开关等。

③保护电器。用于保护电路及用电设备的电器,如熔断器、热继电器、各种保护继电器、避雷器等。

④执行电器。指用于完成某种动作或传动功能的电器,如电磁铁、电磁离合器等。

⑤配电电器。用于电能的输送和分配的电器,例如高压断路器、隔离开关、刀开关、自动空气开关等。

(4)按工作原理分类

①电磁式电器。依据电磁感应原理来工作,如接触器、各种类型的电磁式继电器等。

②非电量控制电器。依靠外力或某种非电物理量的变化而动作的电器,如刀开关、行程开关、按钮、速度继电器、温度继电器等。

1.1.2 电磁式电器的基本结构

电磁式电器是低压电器中最典型的一种电器。控制系统中的接触器和继电器是两种最常用的电磁式电器。电磁式电器的结构由感应(电磁机构)和执行(触头系统)两个主要部分组成。

(1)电磁机构

电磁式电器分为直流和交流两类,都是利用电磁铁的原理而制成。电磁机构由线圈、铁芯和衔铁组成,主要作用是通过电磁感应原理将电能转换成机械能,带动触头动作,完成接通或分断电路的功能,如图5-1及图5-2所示。

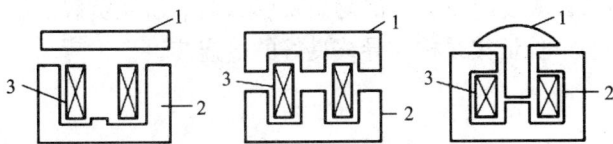

图5-1 直动式电磁机构

1—衔铁;2—铁芯;3—线圈

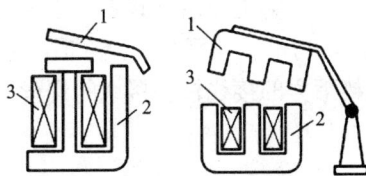

图5-2 转动式电磁机构

1—衔铁;2—铁芯;3—线圈

(2)触头系统

触头就是"开关",是有触点电器的执行部分。吸引线圈得电后通过衔铁的动作使触头闭合或断开来控制电路的工作状态。

(3)电弧和灭弧方法

触点由闭合状态过渡到断开状态的过程中会产生电弧。电弧一经产生,就会产生大量热能。电弧的存在既烧蚀触头金属表面,降低电器的使用寿命,又延长了电路的分断时间,所以在电器中应该采取措施迅速熄灭电弧。灭弧方法有:

①机械灭弧。通过极限装置将电弧迅速拉长、变薄，增大对空气的散热面积而使其熄灭。这种方法多用于开关电器中。

②磁吹灭弧。在一个与触头串联的磁吹线圈产生的磁场作用下，电弧受电磁力的作用而拉长，被吹入有固体介质构成的灭弧罩内，与固体介质相接触，电弧被冷却而熄灭。

③纵缝灭弧。在电弧所形成的磁场电动力的作用下，可使电弧拉长并进入灭弧罩的纵缝中，几条纵缝可将电弧分割成数段并且与固体介质相接触，电弧便迅速熄灭。这种结构多用于交流接触器上。

④栅片灭弧。当触头分开时，产生的电弧在电动力的作用下被推入一组金属栅片中而被分割成数段，彼此绝缘的金属栅片的每一片都相当于一个电极，因此就有许多个阴阳极间压降，使电弧无法继续维持而熄灭，所以交流电器常常采用栅片灭弧。

1.2　开关

常用低压开关类电器包括刀开关、转换开关、自动开关三类。

1.2.1　刀开关

（1）负荷开关

①胶盖闸刀开关。胶盖闸刀开关又叫开启式负荷开关，这种开关结构简单，价格低廉，安装使用维修方便，广泛用作照明电路和小容量（5.5 kW 及以下）动力电路不频繁启动的控制开关。

胶盖闸刀开关结构简单（如图 5-3 所示），由刀开关和熔断器组合而成。在瓷底板上装有进线座、静触头、熔丝、出线座和铜质刀片式的动触头。上面装以胶木盖防止电弧及触及带电体伤人，胶盖上开有与刀片式动触头数相同的槽，便于动触头上、下启动进行与动触点分、合操作。

胶盖闸刀开关一般使用在低压小电流配电系统中，用来接通与断开电源。对于额定电压为 220 V 的双极胶盖闸刀开关可以在额定负载下切断电源，对于 500 V 的三极胶盖闸刀开关只宜作隔离开关用，不可带负荷操作。对于 4.5 kW 及以下的电动机，可采用胶盖闸刀开关作为全压启动设备。胶盖闸刀开关安装时，瓷底应与地面垂直，手柄向上推为合闸，不得倒装和平装。接线时，电源进线必须接闸刀上方的静触头接线柱，通往负载的引线接下方的接线柱。接线时螺丝必须拧紧，保证接线柱与导线良好的电连接。

图 5-3　胶盖闸刀开关　　　　　　　　　　　图 5-4　铁壳开关

常用的胶盖闸刀开关型号有 HK1、HK2 两种。选用胶盖闸刀开关时，应注意以下三

点：第一，根据电压和极数选择。第二，根据额定电流选择。第三，选择开关时，应注意检查各刀片与对应夹座是否直线接触，有无歪扭，有无各刀片与夹座开合不同步的现象，夹座对刀片接触压力是否足够。如有问题，应修理或更换。

②铁壳开关。铁壳开关又叫封闭式负荷开关，供手动不频繁地接通或断开负荷电路及作短路保护之用。对于60 A及以下等级的负荷开关，还可作为交流感应电动机的不频繁直接启动及停止之用。对装有中性接线柱的负荷开关，可作为各种单相负荷回路的控制开关用。

铁壳开关主要由刀开关、熔断器和钢板外壳构成（如图5-4所示），故名铁壳开关。采用侧面手柄操作，操动机构装有机械联锁，保证铁盖打开时不能合闸，或在手柄合闸时不能打开铁盖，以免触电及电弧溅出伤人。在铁壳内装有由刀片和夹座组成的触头系统、熔断器和速断弹簧，30 A以上的还装有灭弧罩。铁壳开关能快速分合闸，分合速度与手柄操作速度无关。

铁壳开关主要有HH3和HH4两种，HH3系列开关的熔断器在60 A等级以下者采用半封闭瓷插式熔断器。在100 A等级以上者采用有填料的管式熔断器。而HH4系列开关均采用RC1A瓷插式熔断器。铁壳开关的选用可参照胶盖闸刀开关的选用原则进行。安装时，将铁壳开关固定在木质配电板上垂直于地面安装，其安装高度通常在1.3~1.5 m之间。外壳上的接地螺拴应就近可靠接地。

操作时，不得面对铁壳开关拉闸或合闸，一般用左手掌握手柄。若更换熔丝，必须在分闸时进行，而且只能换上同规格熔丝。

（2）板形刀开关

板形刀开关常用于低压开关柜内或进户线上作不带负荷的隔离开关（如图5-5所示）。它的结构简单，安装方便。其接线方式有板前接线和板后接线两种。操作方式分为杠杆牵动式和手柄式两种。板形刀开关安装要求与胶盖闸刀开关基本相同。

使用时，严禁带负荷操作。合闸顺序是先合上板形刀开关，再合上其他负荷开关，分断时先断开其他负荷开关，再分断板形刀开关。对无灭弧罩的板形刀开关，更应如此，而且分断时动作要迅速，干脆。各刀片与夹座间的开、合要同步。

常用的板形刀开关型号有HD11、HS13等。

（3）熔断器式刀开关

HR3熔断器式刀开关具有刀开关和熔断器的双重功能（如图5-6所示），采用这种组合开关电器可以简化配电装置结构，经济实用，越来越广泛地用在低压配电屏上。

图5-5　HD11、HS13型板形刀开关

图5-6　HR3型熔断器式刀开关

1.2.2　转换开关

（1）组合开关

转换开关又叫组合开关，属于手动控制电器。可作为电源引入开关，或作 5.5 kW 以下电动机的直接启动、停止、反转和调速等之用，优点是体积小、寿命长、结构简单、操作方便、灭弧性能较好，多用于机床控制电路。其额定电压为 380 V，额定电流有 6 A、10 A、15 A、25 A、60 A、100 A 等多种。

选用转换开关时，应根据用电设备的耐压等级，容量和极数等综合考虑。转换开关本身不带过载和短路保护装置，在它所控制的电路中，必须另外加装保护设备，才能保证电路和设备安全。目前使用较多的组合开关有 HZ10、HY23 等，如图 5-7 所示。

(a)HZ10型转换开关　　　　　　(b)HY23型转换开关

图 5-7　转换开关

（2）万能转换开关

万能转换开关是一种多档式、控制多回路的主令电器，一般可作为各种配电装置的远距离控制，也可作为电压表、电流表的换向开关，还可作为小容量电动机(2.2 kW 以下)的启动、调速、换向之用，有 LW5、LW6(如图 5-8 所示)等系列。LW6 系列开关由操作机构、面板、手柄及数个触头座等主要部件组成，用螺栓组装成为一个整体。其操作位置有 2 ~ 12 个，触头底座有 1 ~ 10 层，其中每层底座均可装三对触头，并由底座中间的凸轮进行控制。由于每层凸轮可做成不同的形状，因此，当手柄转到不同位置时，通过凸轮的作用，可使各对触头按所需要的规律接通和分断。图 5-9 为 LW6 系列万能转换开关中某一层的结构原理图。

图 5-8　LW6 系列万能转换开关

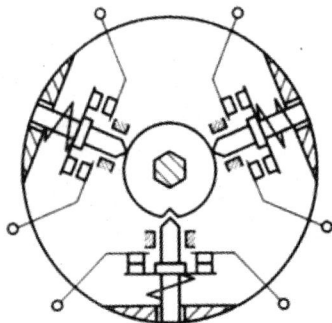

图 5-9　万能转换开关某层结构

图 5 - 10、图 5 - 11 分别为刀开关、转换开关的文字符号及图形符号。

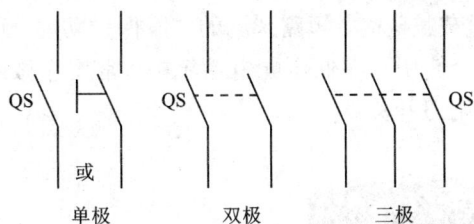

单极	双极	三极

图 5 - 10　刀开关的文字符号及图形符号

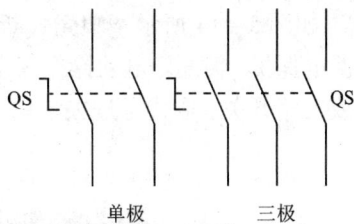

单极	三极

图 5 - 11　转换开关的文字符号及图形符号

1.3　低压断路器

低压断路器又称自动开关或空气开关。它相当于刀开关、熔断器、热继电器和欠电压继电器的组合，是一种既有手动开关作用又能自动进行欠压、失压、过载和短路保护的电器。断路器具有良好的灭弧性能，它能带负荷通断电路，可以用于电路的不频繁操作，是低压供配电线路中重要的开关设备。

断路器主要由触头系统、灭弧系统、脱扣器和操作机构等部分组成。它的操作机构比较复杂，主触头的通断可以手动，也可以电动。断路器的结构原理如图 5 - 12 所示。

当手动合闸后，跳钩 2 和锁扣 3 扣住，开关的触头闭合。当电路出现短路故障时，过电流脱扣器 6 中线圈的电流会增加许多倍，突增的电磁吸力使得其上部的衔铁逆时针方向转动推动锁扣向上，使其跳钩 2 脱钩，在弹簧弹力的作用下，开关自动打开，断开线路；当线路过负荷时，热元件 8 的发热量会增加，使双金属片向上弯曲程度加大，托起锁扣 3，最终使开关跳闸；当线路电压不足时，欠压脱扣器 5 中线圈的电流会下降，铁芯的电磁力下降，不能克服衔铁上弹簧的拉力，使衔铁上跳，锁扣 3 上跳，与跳钩 2 脱离，致使开关打开。按钮 9 和 10 起分励脱扣作用，当按下按钮 9 时，开关的动作过程与线路失压时是相同的；按下按钮 10 时，使分励脱扣器线圈通电，最终使开关打开。

低压断路器的文字符号及图形符号如图 5 - 13 所示。

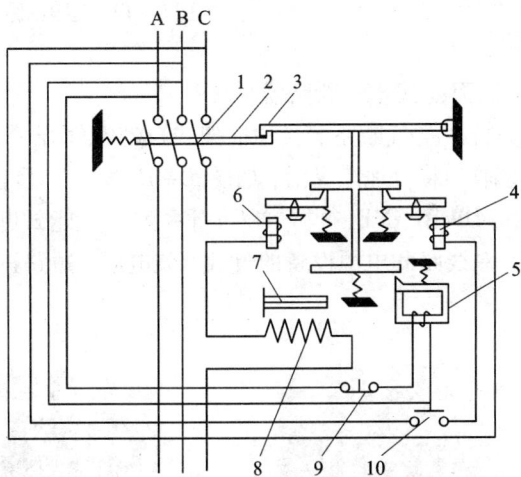

图 5 - 12　低压断路器原理图
1—触头；2—跳钩；3—锁扣；4—分励脱扣器；
5—欠电压脱扣器；6—过电流脱扣器；7—双金属片；
8—热元件；9—常闭按钮；10—常开按钮

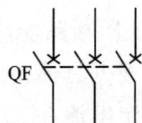

**图 5 - 13　低压断路器的
文字符号及图形符号**

（1）塑壳式低压断路器

塑壳式低压断路器又称为装置式低压断路器。目前常用的型号有 DZ5、DZ10、DZ20、DZ47 等，如图 5-14 所示。塑壳式断路器具有过载长延时、短路瞬动的二段保护功能，还可以与漏电保护、测量、电动操作等模块单元配合使用。在低压配电系统中，常用它做终端开关或支路开关，取代了过去常用的熔断器和闸刀开关。

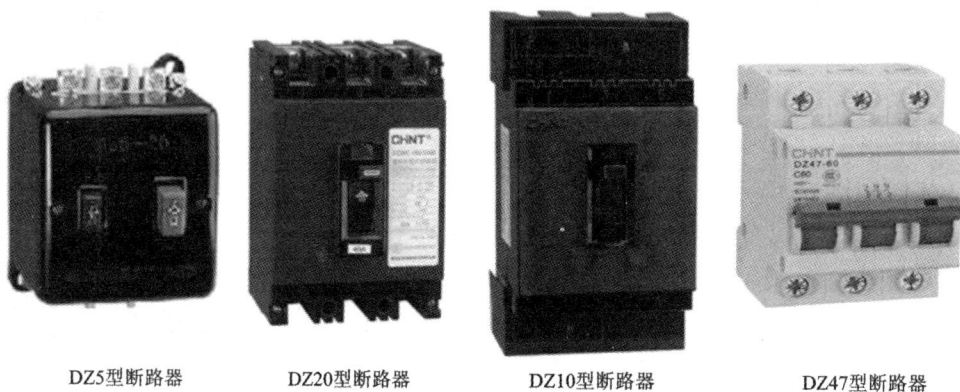

DZ5型断路器　　　DZ20型断路器　　　DZ10型断路器　　　DZ47型断路器

图 5-14　塑壳式低压断路器

（2）万能式空气断路器

万能式空气断路器又称框架式自动空气开关，它可以带多种脱扣器和辅助触头，操作方式多样，装设地点灵活，如图 5-15 所示。目前常用的型号有 AE（日本三菱）、DW12、DW15、DW16、ME（德国 AEG）等系列。万能式断路器一般安装于配电网络中，用来分配电能，对线路和电源设备的过载、欠电压、短路进行保护。

图 5-15　万能式空气断路器

（3）低压断路器选用原则

首先根据具体使用条件选择类别，再按电路的额定电流及对保护的要求来确定具体参数。当额定电流在 30 A 以下、短路电流不太大时，首选塑壳式断路器。额定电流比较大，可以选用框架式断路器，当然也可以用那些性能好的塑壳式断路器代替。对短路电流特别大的支路要注意断路器的限流能力能否满足要求。有漏电保护要求时，断路器须有此功能。

1.4　熔断器

熔断器是一种在电路中作短路保护(有时也作过载保护)的保护电器。低压熔断器是根据电流的热效应原理工作的。使用时串接在被保护线路中,当线路发生短路或严重过载时,熔体产生的热量使自身熔化而切断电路。熔断器具有反时限特性,即过载电流小时,熔断时间长;过载电流大时,熔断时间短。所以,在一定过载电流范围内,当电流恢复正常时,熔断器不会熔断,可继续使用。

低压熔断器由熔断体(简称熔体)、熔断器底座和熔断器支持件组成。熔体是核心部件,做成丝状(熔丝)或片状(熔片)。低熔点熔体由锑铅合金、锡铅合金、锌等材料制成,高熔点熔体由铜、银、铝制成。

常用的熔断器有瓷插式熔断器 RC1A 系列、无填料管式熔断器 RM10 系列、螺旋式熔断器 RLl 系列、有填料封闭式熔断器 RT0 系列及快速熔断器 RS0、RS3 系列等。

(1)无填料瓷插式熔断器

无填料瓷插式熔断器,主要安装在室内交流 380 V 及以下电压等级的线路末端,作为配电支线或电气设备的短路保护和过负荷保护之用。常用的型号是 RClA 型,如图 5-16 所示。该系列瓷插式熔断器主要由瓷盖、瓷底、触头和熔体四部分组成,其本身没有固定的熔体,对于容量较大的熔断器,在灭弧室内还有编织的石棉,用来帮助灭弧。

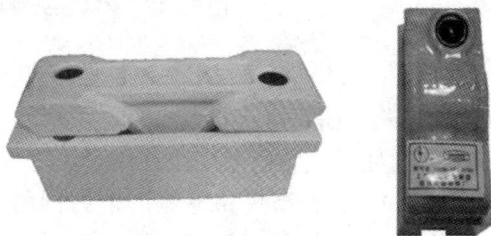

图 5-16　RCIA 型无填料瓷插式熔断器

(2)无填料封闭管式熔断器

无填料封闭管式熔断器适用于额定电压 380 V 或直流的低压电力网络及配电装置中,作为电缆、导线及电气设备的短路保护及过负荷保护之用。常用的型号是 RMl0 型,如图 5-17 所示。该系列无填料封闭管式熔断器由熔断管、熔体及触座组成,具有结构简单、更换熔体方便等优点。

熔断管　　　　　触座

图 5-17　RMl0 型无填料封闭管式熔断器

(3)有填料螺旋式熔断器

由于电网容量不断增大,故障电流可能达到 20~50 kA,甚至达 100 kA。无填料熔断器因其结构和特性限制不能分断这样大的短路电流,为此需要在熔管中填充石英砂,借以提高其灭弧能力,这就是有填料熔断器。

RLl 系列螺旋式熔断器(俗称螺旋保险器),适用于交流 50~60 Hz,电压至 500 V,额定电流至 200 A 的电路中,作为过载及短路保护元件。RLl 系列熔断器由瓷制底座、带螺纹的瓷帽、熔管、瓷套所组成。熔管内装有熔丝并装满石英砂,将熔体放入底座中,旋紧瓷帽电路就接通。瓷帽顶部有玻璃圆孔,其中有熔断指示器,当熔体熔断时指示器跳出,可从该孔看到,如图 5-18 所示。

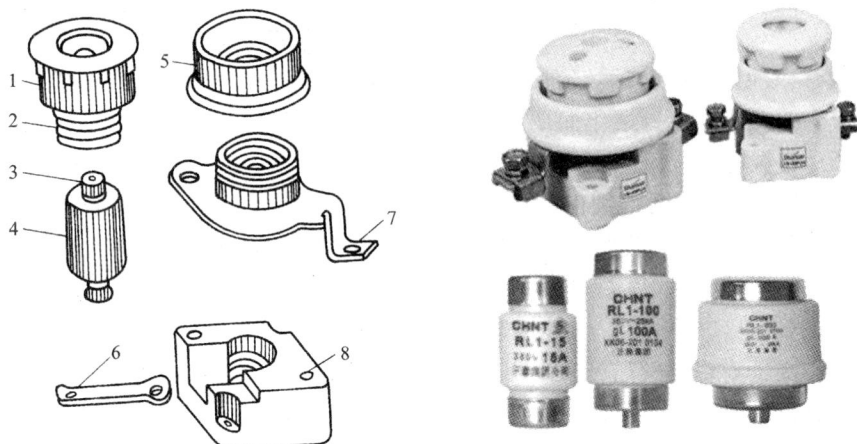

图5-18　RL1系列螺旋式熔断器及熔管

1—瓷帽；2—金属螺管；3—指示器；4—熔管；5—瓷套；6—下接线端；7—上接线端；8—瓷座

(4)有填料封闭式熔断器

有填料封闭管式熔断器广泛使用于额定电压交流380 V、50 Hz及直流440 V、额定电流至1000 A、具有高短路电流的电力网络或配电装置中，作电缆、导线及电气设备(如电动机及变压器)的短路保护及电缆、导线的过载保护。常用的型号为RT0系列，见图5-19。

(5)熔断器的图形与文字符号

熔断器在电气原理图中的图形与文字符号见图5-20。

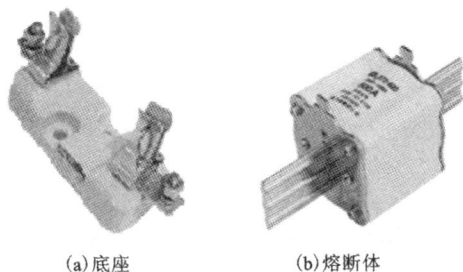

(a)底座　　(b)熔断体

图5-19　RT0系列螺旋式熔断器

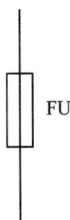

FU

图5-20　熔断器图形符号与文字符号

(6)熔断器的选用原则

选择熔断器类型时的主要依据是负载的保护特性和短路电流的大小。对于容量小的电动机和照明支线，常采用熔断器作为过载及短路保护，因而希望熔体的熔化系数适当小些。通常选用铅锡合金熔体的RC1A系列熔断器。对于较大容量的电动机和照明干线，则应着重考虑短路保护和分断能力。通常选用具有较高分断能力的RM10和RL1系列的熔断器。当短路电流很大时，宜采用具有限流作用的RT0和RT12系列的熔断器。

2　低压控制电器

低压控制电器是控制电路或控制自动电器以达到自动控制目的的电器，如继电器、接触器、电磁铁、变阻器、主令控制器等等。

2.1　主令电器

控制系统中，主令电器主要用来接通或断开控制电路，以发布命令或信号，直接或通过电磁式电器间接作用于控制电路，改变控制系统工作状况的电器。常用来控制电力拖动系统中电动机的启动、停车、调速及制动等。常用的主令电器有控制按钮、行程开关、接近开关、万能转换开关、主令控制器及其他主令电器如脚踏开关、倒顺开关、紧急开关、钮子开关等。

2.1.1　按钮

控制按钮是通过按揿操作使触点通断的一种特殊开关形式的低压主令电器，是一种结构简单、使用广泛的手动主令电器，它可以与接触器或继电器配合，对电动机实现远距离的自动控制，用于实现控制线路的电气联锁。

其结构如图5-21所示，控制按钮由按钮帽、复位弹簧、桥式触点和外壳等组成，通常做成复合式，即具有常闭触点和常开触点。它具有弹簧自动复位功能，当按下按钮时，先断开常闭触点，后接通常开触点；松开时，在复位弹簧的作用下，自动恢复到原始状态。

"常开触点"是指按钮未受到外力作用时处于断开位置的触点；"常闭触点"是指按钮未受到外力作用时处于接通的触点。

按钮开关的图形符号及文字符号见图5-22。

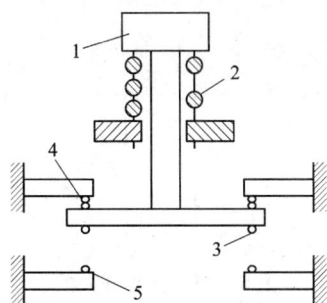

图5-21　按钮开关结构示意图
1—按钮帽；2—复位弹簧；3—动触点；
4—常闭静触点；5—常开静触点

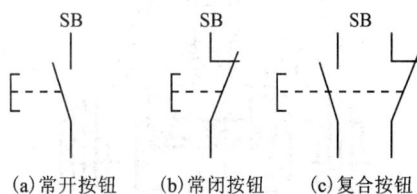

(a)常开按钮　　(b)常闭按钮　　(c)复合按钮

图5-22　按钮的图形符号及文字符号

为适应不同场合下使用，按钮具有不同结构形式。例如一般情况可选用普通按揿操作的按钮，结构最简单、操作最方便；在控制盘中可选紧急式或旋钮式按钮；对一些容易出现误动作而可能造成事故的场合，宜用钥匙式按钮。还有用多只按钮元件拼装成多联式按钮等。

为了正确无误地操作，按钮还采用不同颜色用以识别不同用途。按钮选择的主要依据是使用场所、所需要的触点数量、种类及颜色。

常用的控制按钮有 LA2、LA4、LAl8、LA19 型等系列按钮，如图 5 - 23 所示。SFAN - 1 型为消防打碎玻璃按钮。LA2 系列为仍在使用的老产品，新产品有 LAl8、LAl9、LA20 等系列。其中 LAl8 系列采用积木式结构，触点数目可按需要拼装至 6 常开 6 常闭，一般装成 2 常开 2 常闭。LAl9、LA20 系列有带指示灯和不带指示灯两种，前者按钮帽用透明塑料制成，兼作指示灯罩。

(a)LA2型　　　(b)LA4型　　　(c)LA18型　　　　(d)LA19型

图 5 - 23　控制按钮

2.1.2　行程开关

行程开关又称位置开关或限位开关。它的作用与按钮相同，只是其触点的动作不是靠手动操作，而是利用生产机械某些运动部件上的挡铁碰撞其滚轮使触头动作来实现接通或分断电路的。行程开关用于控制机械设备的行程及限位保护。在实际生产中，将行程开关安装在预先安排的位置，当装于生产机械运动部件上的模块撞击行程开关时，行程开关的触点动作，实现电路的切换。

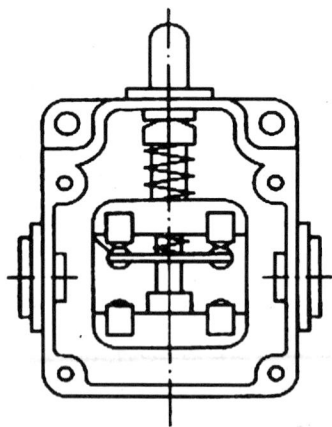

图 5 - 24　行程开关的结构原理

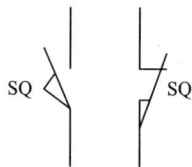

图 5 - 25　行程开关的
图形符号及文字符号

行程开关按其结构可分为直动式、滚轮式、微动式和组合式，主要区别在传动系统。行程开关由操作机构、触头系统和外壳等 3 个部分构成，其结构原理如图 5 - 24 所示。

行程开关的图形符号及文字符号见图 5 -25，图 5 -26 为各类行程开关。

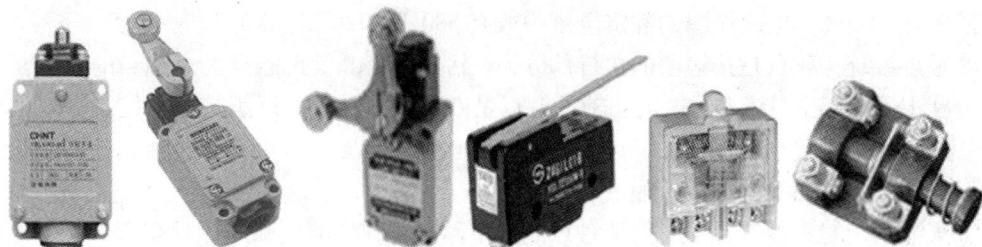

图 5 - 26　各类行程开关

2.2　交流接触器

接触器是一种用来自动接通或断开大电流电路的电器。它可以频繁地接通或分断交直流电路，并可实现远距离控制。其主要控制对象是电动机，也可用于电热设备、电焊机、电容器组等其他负载。它还具有低电压释放保护功能，接触器具有控制容量大、过载能力强、寿命长、设备简单经济等特点，是电力拖动自动控制线路中使用最广泛的电器元件。

按照所控制电路的种类，接触器可分为交流接触器和直流接触器两大类。

2.2.1　交流接触器

交流接触器是一种适用于远距离接通和分断电路及交流电动机的电器。主要用做控制交流电动机的启动、停止、反转、调速，并可与热继电器或其他适当的保护装置组合，保护电动机可能发生的过载或断相，也可用于控制其他电力负载如：电热器、电照明、电焊机、电容器组等。

（1）交流接触器的结构

接触器主要由电磁系统、触点系统、灭弧系统及其他部分组成，见图 5 - 27。

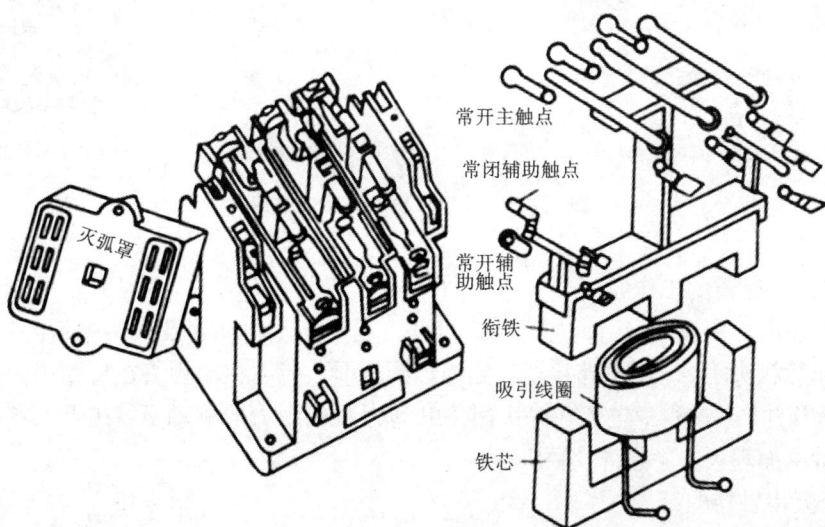

图 5 - 27　交流接触器的结构

①电磁系统。电磁系统包括电磁线圈和铁芯，是接触器的重要组成部分，依靠它带动触点的闭合与断开。电磁线圈的额定电压一般有 380 V、220 V、110 V、36 V 等。

②触点系统。触点是接触器的执行部分，包括主触点和辅助触点。主触点的作用是接通和分断主回路，控制较大的电流。辅助触点是在控制回路中，以满足各种控制方式的要求。一般交流接触器具有 3 对主触点、2 对常开辅助触点及 2 对常闭辅助触点。交流接触器的触点大部分采用双断点桥式触头结构。

③灭弧系统。灭弧装置用来保证触点断开电路时，产生的电弧可靠地熄灭，减少电弧对触点的损伤。为了迅速熄灭断开时的电弧，通常接触器都装有灭弧装置，一般大容量的接触器(20 A 以上)采用缝隙灭弧罩及灭弧栅片灭弧，小容量接触器采用双断口触头灭弧、电动力灭弧、相间弧板隔弧及陶土灭弧罩灭弧。

④其他部分。有绝缘外壳、弹簧、短路环、传动机构等。

图 5 - 28 是几种常用的交流接触器。

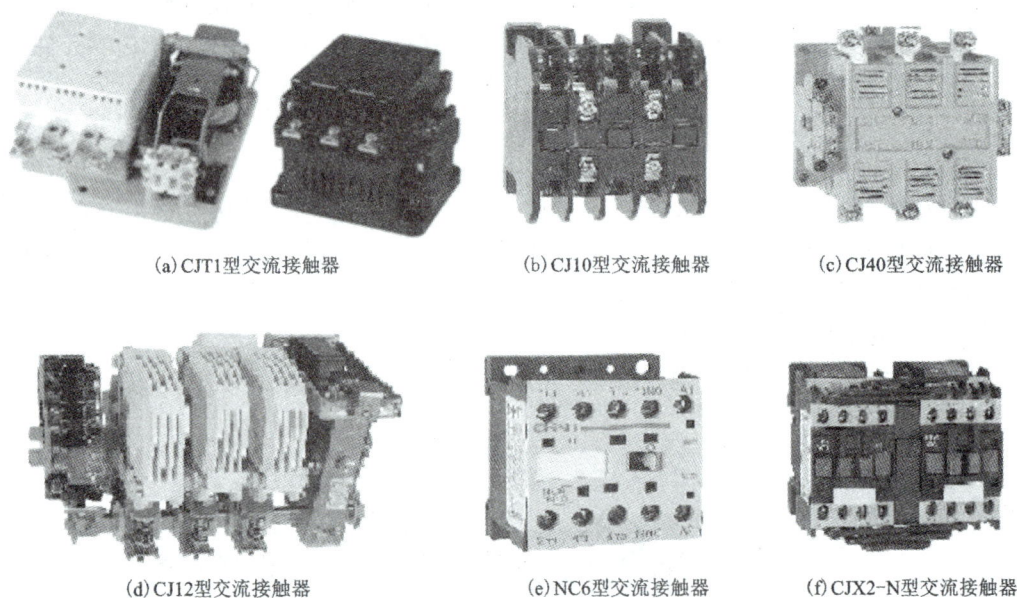

(a)CJT1型交流接触器　　(b)CJ10型交流接触器　　(c)CJ40型交流接触器

(d)CJ12型交流接触器　　(e)NC6型交流接触器　　(f)CJX2-N型交流接触器

图 5 - 28　几种常用的交流接触器

(2)交流接触器的工作原理

当线圈通电后衔铁被吸引，电磁系统的吸力克服反作用弹簧及触头弹簧的反作用力，使动触头和静触头闭合，主电路接通。当线圈断电时，衔铁和动触头在反作用力作用下运动，触头断开并产生电弧，电弧在触头回路电动力及气动力的驱动下，在灭弧室中受到强烈冷却去游离而熄灭，主电路最后切断。

(3)交流接触器的符号

交流接触器的图形符号及文字符号见图 5 - 29。

(4)交流接触器的基本参数

①额定电压。指主触点额定工作电压，应等于负载的额定电压。一只接触器常规定几

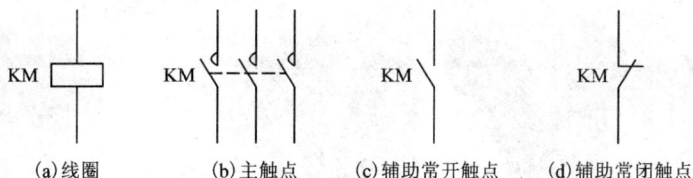

(a)线圈　　　(b)主触点　　　(c)辅助常开触点　　　(d)辅助常闭触点

图 5 - 29　交流接触器的图形符号及文字符号

个额定电压,同时列出相应的额定电流或控制功率。通常,最大工作电压即为额定电压。常用的额定电压值为 220 V、380 V、660 V 等。

②额定电流。接触器触点在额定工作条件下的电流值。380 V 三相电动机控制电路中,额定工作电流可近似等于控制功率的两倍。常用额定电流等级为 5 A、10 A、20 A、40 A、60 A、100 A、150 A、250 A、400 A、600 A。

③通断能力。可分为最大接通电流和最大分断电流。最大接通电流是指触点闭合时不会造成触点熔焊时的最大电流值;最大分断电流是指触点断开时能可靠灭弧的最大电流。一般通断能力是额定电流的 5 ~ 10 倍。

④动作值。可分为吸合电压和释放电压。一般规定,吸合电压不低于线圈额定电压的85%,释放电压不高于线圈额定电压的 70%。

⑤吸引线圈额定电压。接触器正常工作时,吸引线圈上所加的电压值。一般该电压数值以及线圈的匝数、线径等数据均标于线包上,而不是标于接触器外壳铭牌上。

⑥操作频率。接触器在吸合瞬间,吸引线圈需消耗比额定电流大5 ~ 7 倍的电流,如果操作频率过高,则会使线圈严重发热,直接影响接触器的正常使用。为此,规定了接触器的允许操作频率,一般为每小时允许操作次数的最大值。

⑦寿命。包括电寿命和机械寿命。目前接触器的机械寿命已达 1000 万次以上,电气寿命约是机械寿命的 5% ~ 20%。

(5)交流接触器的选用

①根据接触器极数和电流种类来确定。

②根据接触器所控制负载的工作任务来选择相应使用类别的接触器。

③根据负载功率和操作情况来确定接触器主触头的电流等级。

④根据接触器主触头接通与分断主电路电压等级来决定接触器的额定电压。

⑤根据接触器吸引线圈的额定电压应由所接控制电路电压确定。

⑥接触器触头数和种类应满足主电路和控制电路的要求。

2.2.2　直流接触器

直流接触器主要用于远距离接通和分断直流电路,还用于直流电动机的频繁启动、停止、反转和反接制动。直流接触器的结构和工作原理基本上与交流接触器相同。在结构上也是由电磁机构、触点系统和灭弧装置等部分组成。由于直流电弧比交流电弧难以熄灭,直流接触器常采用磁吹式灭弧装置灭弧。

直流接触器常用的有 CZ0 系列,分单极和双极两大类,常开、常闭辅助触点各不超过两对。图 5 - 30 是几种常用的直流接触器。

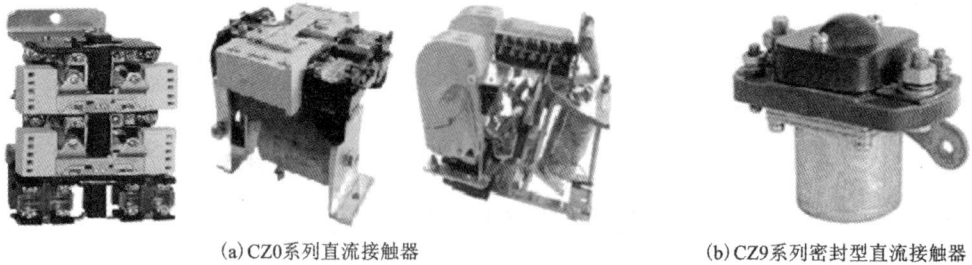

(a)CZ0系列直流接触器　　　　　　　　　　(b)CZ9系列密封型直流接触器

图 5 − 30　几种常用的直流接触器

2.3　继电器

继电器是根据某种输入信号的变化，接通或断开控制电路，起控制、放大、联锁、保护和调节作用，实现自动控制和保护电力装置的自动电器。其输入信号可以是外部信号也可以是内部信号。当输入量（如电压、电流、温度等）达到规定值时，使被控制的输出电路导通或断开。可分为电量继电器及非电量继电器两大类。

继电器的种类很多，按输入信号的性质分为电压继电器、电流继电器、时间继电器、温度继电器、速度继电器、压力继电器等；按工作原理可分为电磁式继电器、感应式继电器、电动式继电器、热继电器和电子式继电器等；按输出形式可分为有触点和无触点两类；按用途可分为控制用与保护用继电器等。

继电器通常应用于自动控制电路中，它是用较小电流去控制较大电流的一种"自动开关"。具有动作快、工作稳定、使用寿命长、体积小等优点。广泛应用于电力保护、自动化、运动、遥控、测量和通信等装置中。

2.3.1　电磁式继电器的结构与工作原理

电磁式继电器是应用得最早、最多的一种型式。它根据信号变化，接通或断开电路。其结构及工作原理与接触器大体相同，由电磁系统、触点系统和释放弹簧等组成，如图 5 −31 所示。由于继电器用于控制电路，流过触点的电流比较小（一般 5 A 以下），故不需要灭弧装置。

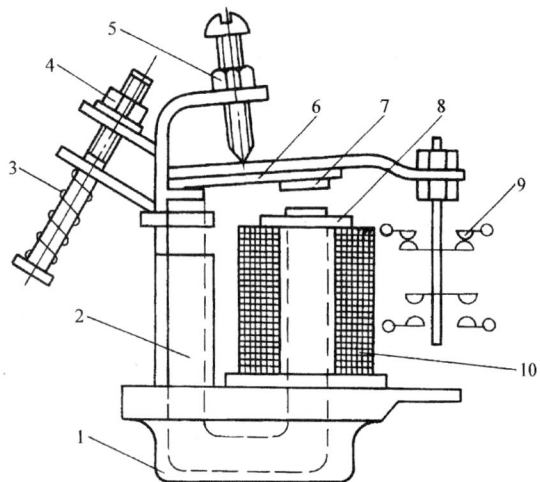

图 5 − 31　电磁式继电器的典型结构

1—底座；2—铁芯；3—释放弹簧；4—调节螺母；5—调节螺杆；
6—衔铁；7—非磁性垫片；8—极靴；9—触头系统；10—线圈

2.3.2　电磁式电流继电器

电流继电器用于电力拖动系统的电流保护和控制。这种继电器的线圈串联接入主电路，其线圈导线粗匝数少、线圈阻抗小，用来感测主电路的线路电流。触点接于控制电路，根据线圈电流的大小而动作，为执行元件。电流继电器反映的是电流信号,常用的电流继电器有欠电流继电器和过电流继电器两种。

欠电流继电器用于电路中起欠电流保护作用,吸引电流为线圈额定电流的30% ~ 65%,释放电流为额定电流的10% ~ 20%,因此,在电路正常工作时,衔铁是吸合的,只有当电流降低到某一整定值时,继电器释放,控制电路失电,从而控制接触器及时分断电路。

过电流继电器在电路正常工作时不动作,整定范围通常为额定电流1.1 ~ 4倍,当被保护线路的电流高于额定值,达到过电流继电器的整定值时,衔铁吸合,使触点机构动作。

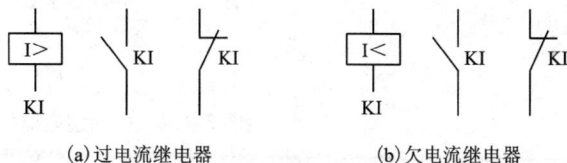

(a)过电流继电器　　　　(b)欠电流继电器

图 5 - 32　电流继电器的符号

电流继电器的文字符号及图形符号如图 5 - 32 所示。

2.3.3　电磁式电压继电器

电压继电器用于电力拖动系统的电压保护和控制。电压继电器线圈匝数多、导线细,工作时并联在回路中,感测主电路的线路电压,根据线圈两端电压的大小接通或断开电路。其触点接于控制电路,为执行元件。按吸合电压的大小,电压继电器可分为过电压继电器、欠电压继电器及零电压继电器。

过电压继电器用于线路的过电压保护,其吸合整定值为被保护线路额定电压的1.05 ~ 1.2倍。当被保护的线路电压正常时,衔铁不动作;当被保护线路的电压高于额定值,达到过电压继电器的整定值时,衔铁吸合,使触点机构动作,控制接触器及时分断被保护电路。

欠电压继电器用于线路的欠电压保护,其释放整定值为线路额定电压的0.1 ~ 0.6倍。当被保护线路电压正常时,衔铁可靠吸合;当被保护线路电压降至欠电压继电器的释放整定值时,衔铁释放,触点机构复位,控制接触器及时分断被保护电路。

零电压继电器是当电路电压降低到5% ~ 25%时释放,对电路实现零电压保护,用于线路的失压保护。

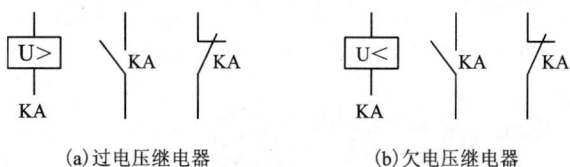

(a)过电压继电器　　　　(b)欠电压继电器

图 5 - 33　电压继电器的符号

电压继电器的文字符号及图形符号如图 5 - 33 所示。

2.3.4　中间继电器

中间继电器实质上是一种电压继电器。它的特点是触点数目较多,电流容量可增大,起到中间放大(触点数目和电流容量)的作用。

目前常用的中间继电器是 JZ7 - 44 型。常用于交流 50/60 Hz、额定工作电压至 380 V 或直流额定电压至 220 V 的控制电路中,用来控制各种电磁线圈。它的结构与交流接触器类似,但有四对常闭触头,四对常开触头。

JZ7 系列中间继电器的线圈吸合电压为(85% ~ 110%)U_N,释放电压为(20% ~ 75%)U_N,触头的额定电流为 5 A。

中间继电器的文字符号及图形符号如图 5 – 34 所示。

常用的中间继电器如图 5 – 35 所示，其中 JQX 型为电子线路中常用。

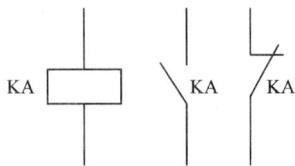

图 5 – 34　中间继电器的符号

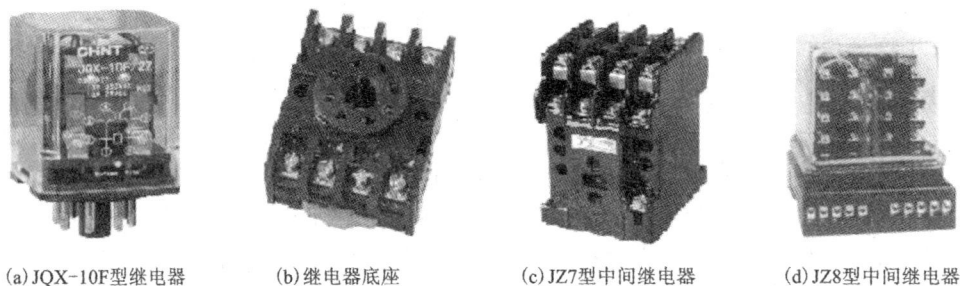

(a)JQX-10F型继电器　　　(b)继电器底座　　　(c)JZ7型中间继电器　　　(d)JZ8型中间继电器

图 5 – 35　常用的中间继电器

2.3.5　时间继电器

时间继电器用来按照所需时间间隔，接通或断开被控制的电路，以协调和控制生产机械的各种动作，因此是按整定时间长短进行动作的控制电器。通常用在自动或半自动控制系统中，在预定的时间使被控制元件动作。

时间继电器种类很多，按构成原理有：电磁式、电动式、空气阻尼式、晶体管式和数字式等。按延时方式分为通电延时型、断电延时型。

时间继电器的文字符号及图形符号如图 5 – 36 所示。

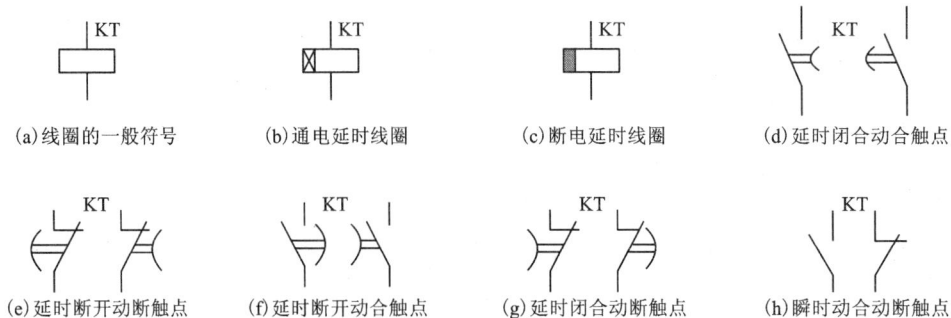

(a)线圈的一般符号　　　(b)通电延时线圈　　　(c)断电延时线圈　　　(d)延时闭合动合触点

(e)延时断开动断触点　　　(f)延时断开动合触点　　　(g)延时闭合动断触点　　　(h)瞬时动合动断触点

图 5 – 36　时间继电器的符号

(1)空气阻尼式时间继电器

空气阻尼式时间继电器，是利用空气阻尼原理获得延时的。它由电磁系统、延时机构和触点三部分组成,触点系统是借用 LX5 型微动开关,延时机构采用气囊式阻尼器。常用的是 JS7 系列时间继电器。

JS7 系列时间继电器主要由电磁系统、工作触头和气室三部分组成(见图 5 - 37)。当电磁铁接受信号后吸合或断开,此时与气室相紧贴的封垫随着进入气室的空气量逐渐增加而开始移动,从而通过杠杆使继电器的工作触头按一定的延时进行动作,调节气阀进气孔的大小即可得到所需的不同延时时间。改变电磁系统在继电器上的安装方向,即可获得通电延时或断电延时。当继电器置于工作位置且电磁系统中的衔铁位于铁芯之下时,此时线圈通电,则衔铁由下向上吸合,从而得到通电延时,反之,则为断电延时。

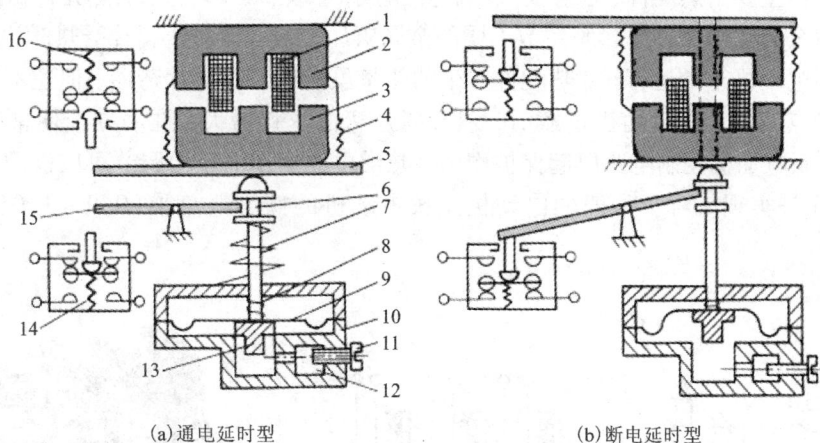

(a)通电延时型 (b)断电延时型

图 5 - 37 JS7 - A 系列空气阻尼式时间继电器结构原理图

1—线圈;2—铁芯;3—衔铁;4—反力弹簧;5—推板;6—活塞杆;7—塔形弹簧;8—弱弹簧;
9—橡皮膜;10—空气室壁;11—调节螺钉;12—进气孔;13—活塞;14、16—微动开关;15—杠杆

JS7 系列时间继电器外形如图 5 - 38 所示。

(a)JS7-1A通电延时型 (b)JS7-4A断电延时型 (c)JS20型晶体管时间继电器

图 5 - 38 时间继电器

(2)电子式时间继电器

电子式时间继电器已成为主流产品,它是采用晶体管或集成电路等构成,目前已有采

用单片机控制的时间继电器。电子式时间继电器具有延时范围广、精度高、体积小、耐冲击和耐振动、调节方便及寿命长等优点，所以发展很快，应用广泛。半导体时间继电器的输出形式有两种：有触点式和无触点式，前者是用晶体管驱动小型磁式继电器，后者是采用晶体管或晶闸管输出。

2.4　热继电器

热继电器主要用于电力拖动系统中电动机负载的过载保护。电动机在实际运行中，常会遇到过载情况，如果过载情况严重、时间长，则会加速电动机绝缘的老化，缩短电动机的使用年限，甚至烧毁电动机，因此必须对电动机进行过载保护。

热继电器主要由热元件、双金属片和触点组成，如图 5 - 39 所示，热元件由发热电阻丝做成。双金属片由两种热膨胀系数不同的金属辗压而成，当双金属片受热时，会出现弯曲变形。当电动机正常运行时，热元件产生的热量虽能使双金属片弯曲，但还不足以使热继电器的触点动作。当电动机过载时，双金属片弯曲位移增大，推动导板使常闭触点断开，从而切断电动机控制电路以起保护作用。热继电器动作电流的调节可以借助旋转凸轮于不同位置来实现。对于一般的电动机是按电动机的额定电流乘(0.9 ~ 1.05)倍进行整定。

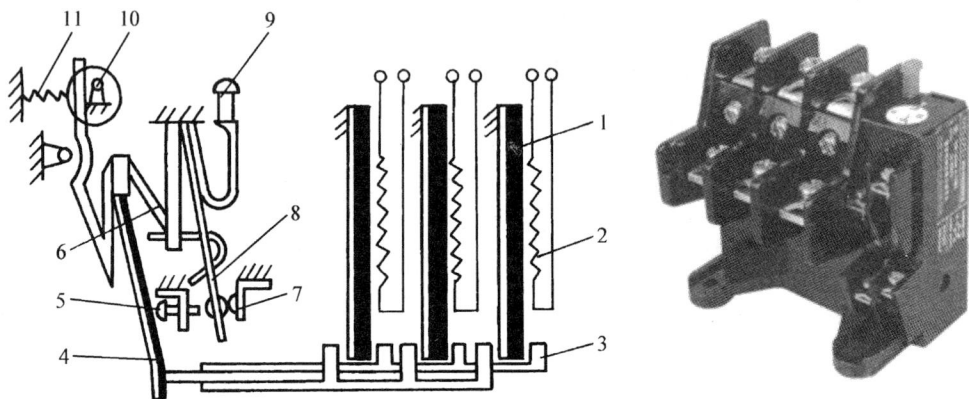

图 5 - 39　双金属片式热继电器结构原理与外形图

1—主双金属片；2—电阻丝；3—导板；4—补偿双金属片；5—螺钉；6—推杆；

7—静触头；8—动触头；9—复位按钮；10—调节凸轮；11—弹簧

使用时，将热元件串接于电动机的主电路中，而常闭触点串接于电动机的控制电路中。

热继电器的文字符号与图形符号如图 5 - 40 所示。常用的热继电器有 JR36 系列等。

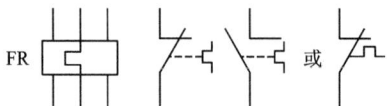

图 5 - 40　热继电器的文字符号与图形符号

2.5　速度继电器

速度继电器又称反接制动继电器，主要用于三相笼型异步电动机反接制动的控制电路中。它的主要结构是由转子、定子及触点三部分组成，是靠电磁感应原理实现触点动作的。外形图、结构原理图分别如图 5-41(a)、(b)所示。速度继电器的转子是一个圆柱形永久磁铁，与电动机或机械轴通过联轴器相连，当电动机转动时，速度继电器的转子随之转动。定子与鼠笼转子相似，内有短路条，它也能围绕着转轴转动。当转子随电动机转动时，它的磁场与定子短路条相切割，产生感应电势及感应电流，此电流与转子磁场作用产生转矩，使定子随转子方向开始转动。

速度继电器有两对常开、常闭触点，分别对应于被控电动机的正、反转运行。由于继电器工作时是与电动机同轴的，不论电动机正转或反转，继电器的两个常开触点，就有一个闭合，准备实行电动机的制动。一旦开始制动时，由控制系统的联锁触点和速度继电器的备用的闭合触点，形成一个电动机相序反接电路，使电动机在反接制动下停车。而当电动机的转速接近零时，速度继电器的制动常开触点分断，从而切断电源，使电动机制动状态结束。

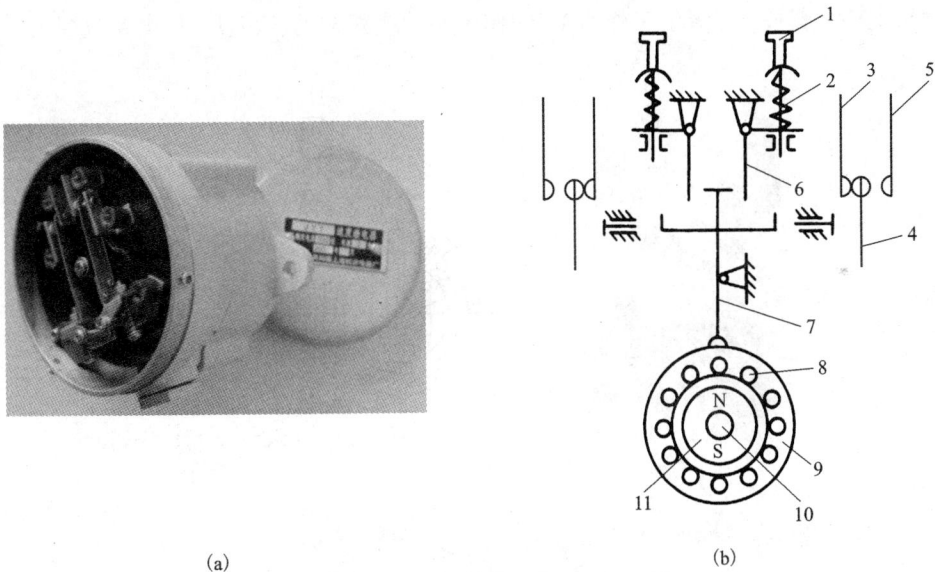

(a)　　　　　　　　　　　　　　　　　(b)

图 5-41　JY1 速度继电器外形及结构原理图

1—调节螺钉；2—反力弹簧；3—常闭触头；4—动触头；5—常开触头；6—返回杠杆；
7—杠杆；8—定子导条；9—定子；10—转轴；11—转子

速度继电器的图形符号及文字符号如图 5-42 所示。

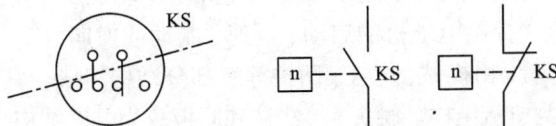

图 5-42　速度继电器的图形符号及文字符号

2.6　主令控制器和凸轮控制器

2.6.1　主令控制器

主令控制器是用来频繁地切换复杂的多回路控制线路,达到发布命令或与其他控制线路联锁、转换目的的主令电器,为自动化传动装置中的控制元件。LK1系列主令控制(如图5-43所示,以下简称控制器)适用于交流50 Hz,电压至380 V及直流至220 V的电路中,作频繁转换控制线路之用,主要用作起重机磁力控制屏等各类型电子驱动装置的遥远控制。

主令控制器可直接或经过减速器与操作机械连接。而主令控制器触头根据操作机构的行程或转角按一定顺序闭合或断开(也可借辅助电动机来驱动)。控制器壳盖上贴有与该型号的控制器相应的触头工作图。

主令控制器的动作原理如图5-43(b)所示。拉动手柄,使轴1上的凸轮盘3顺时针方向旋转,闭合凸轮2移到滚子9处,压于其上,而扭转触头支持8触桥6跨接于静触头4和5上,将电路接通。固定锁扣12由弹簧13的作用顶在触头支持8的缺口,使3固定于闭合位置。凸轮盘3继续旋转,断开凸轮7触及滚子11压于其上使固定锁扣12转动,因此将触头支持8释放,后者由于弹簧10的作用而围绕其轴迅速转动,使电路分断。

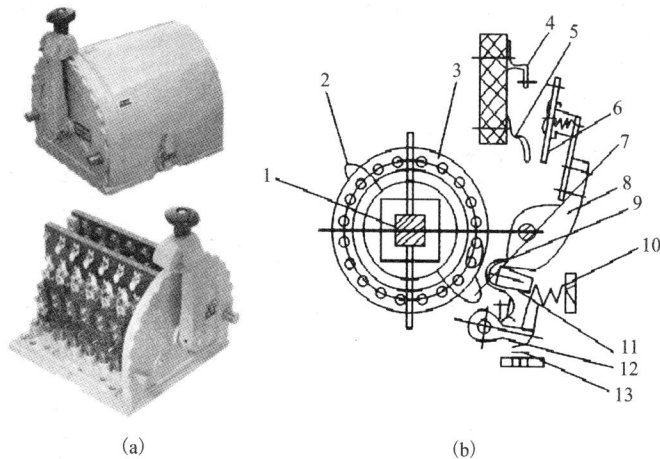

(a)　　　　　　　　　　(b)

图5-43　LK1型主令控制器的结构及动作原理图

1—轴;2—闭合凸轮;3—凸轮盘;4—静触头;5—静触头;6—触桥;7—断开凸轮;
8—触头支持;9—滚子;10—弹簧;11—滚子;12—固定锁扣;13—弹簧

2.6.2　凸轮控制器

凸轮控制器是一种大电流的多挡位、多触头手动操作的开关电器。适用于交流50 Hz,电压至380 V及以下的电力线路中,用于改变三相异步电动机定子电路的接法或绕线式转子电路的电阻值,来直接控制电动机的启动、调速、制动或换向。

凸轮控制器从外部看,由机械、电气、防护等三部分结构组成。其中手柄、转轴、凸轮、杠杆、弹簧、定位棘轮为机械结构。触头、接线柱和联板等为电气结构。而上下盖板、外罩及灭弧罩等为防护结构。其中触头机构由插式触头、手柄、转轴、凸轮、灭弧罩、定位机构等组成。KT10-25J外形图、结构示意图、触头示意图分别如图5-44(a)、(b)、(c)所示。

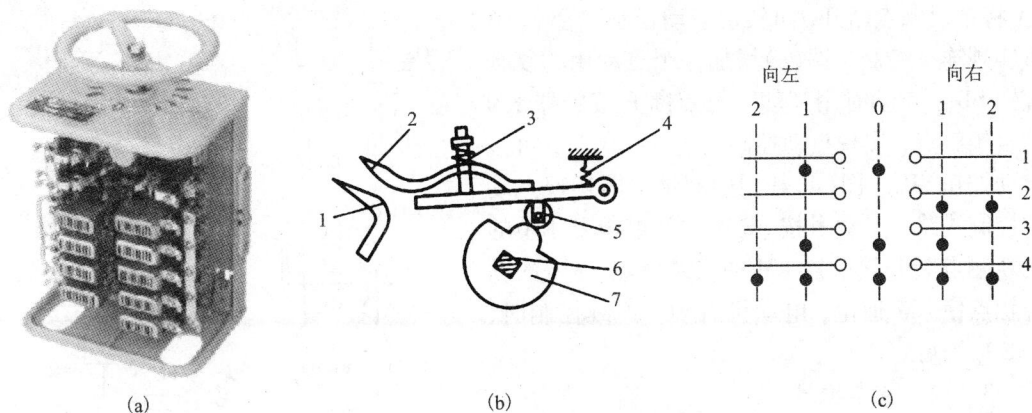

图 5 - 44　凸轮控制器结构原理图及触头示意图

1—静触头；2—动触头；3—触头弹簧；4—复位弹簧；5—滚子；6—绝缘方轴；7—凸轮

凸轮控制器操作手柄可处在左边或右边对应各挡控制位置。如图(c)所示，当操作手柄处于"0"挡时，第 1 对、第 3 对、第 4 对触点接通。当操作手柄处于"左1"挡时，第 1 对、第 3 对、第 4 对触点接通。其他各挡可照图分析。

3　基本电气控制线路

3.1　点动与长车控制

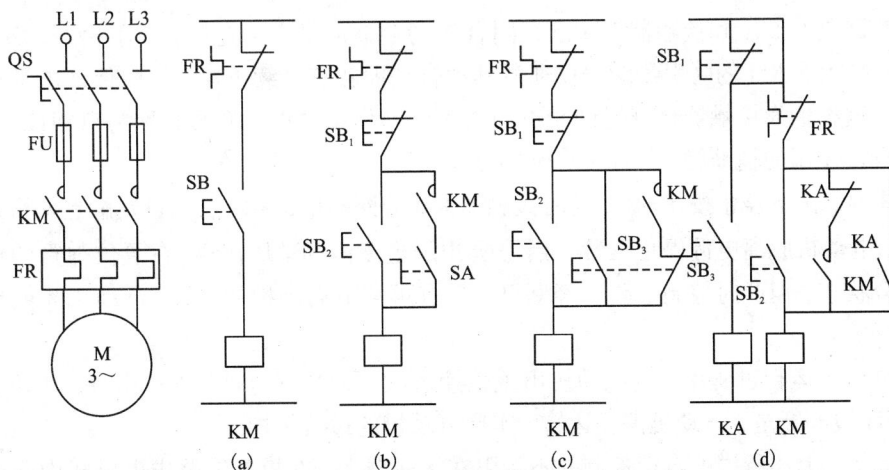

图 5 - 45　实现点动的几种控制线路

3.1.1　点动控制

所谓点动，即按下按钮时电动机转动工作，手松开按钮时电动机停止工作。点动控制多用于机床刀架、横梁、立柱等快速移动和机床对刀等场合。

图 5 - 45 列出了实现点动控制的几种常见控制线路。图(a)是基本的点动控制线路。

图(b)是带手动开关 SA 的点动控制线路,打开 SA 将自锁触点断开,可实现点动控制。合上 SA 可实现连续控制。图(c)增加一个点动用的复合按钮 SB_3,点动时用其动断触点断开接触器 KM 的自锁触点,实现点动控制。连续控制时,可按启动按钮 SB_2。图(d)是用中间继电器实现点动的控制线路,点动时按 SB_3,中间继电器 KA 的动断触点断开接触器 KM 的自锁触点,KA 的动合触点使 KM 通电,电动机点动。连续控制时,按 SB_2 即可。

3.1.2　长车控制

图 5-46 是三相笼型异步电动机直接启动、自由停车的电器控制线路。主电路刀开关 QS 起隔离作用,熔断器 FU_1 对主电路进行短路保护,接触器 KM 的主触点控制电动机启动、运行和停车,热继电器 FR 用作过载保护。

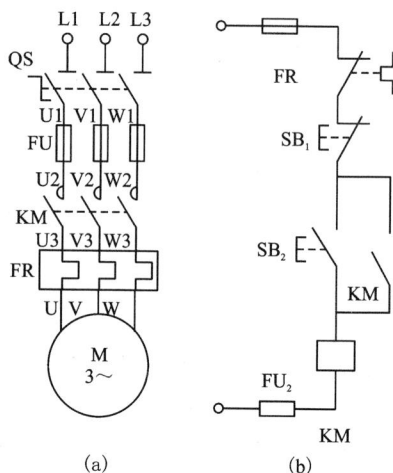

图 5-46　三相笼型异步
电动机启、停控制线路

控制电路中的 FU_2 作短路保护,SB_2 为启动按钮,SB_1 为停止按钮。

图 5-46 三相笼型异步电动机启、停控制线路的工作情况如下:

启动时,合上刀开关 QS 引入三相电源。按下启动按钮 SB_2,KM 的吸引线圈通电动作,KM 的衔铁吸合,其中 KM 的主触点闭合使电动机接通电源启动运转;与 SB_2 并联的 KM 动合辅助触点闭合,使接触器的吸引线圈经两条线路供电。一条线路是经 SB_1 和 SB_2,另一条线路是经 SB_1 和接触器 KM 已经闭合的动合辅助触点。这样,当手松开,SB_2 自动复位时,接触器 KM 的吸引线圈仍可通过其动合辅助触点继续供电,从而保证电动机的连续运行。这种依靠接触器自身辅助触点而使其线圈保持通电的现象,称为自锁或自保持。这个起自锁作用的辅助触点,称为自锁触点。

停车时,按下停止按钮 SB_1,这时接触器 KM 线圈断电,主触点和自锁触点均恢复到断开状态,电动机脱离电源停止运转。当手松开停止按钮 SB_1 后,SB_1 在复位弹簧的作用下恢复闭合状态,但此时控制电路已经断开,只有再按下启动按钮 SB_2,电动机才能重新启动运转。

在电动机运行过程中,当电动机出现长期过载而使热继电器 FR 动作时,其动断触点断开,KM 线圈断电,电动机停止运转,实现电动机的过载保护。

实际上,上述所说的自锁控制并不局限在接触器上,在控制线路中电磁式中间继电器也常用自锁控制。自锁控制的另一个作用是实现欠压和失压保护。在图 5-46 中,当电网电压消失(如停电)后又重新恢复供电时,电动机及其拖动的机构不能自行启动,因为不重新按启动按钮,电动机就不能启动,这就构成了失压保护。它可防止在电源电压恢复时,电动机突然启动而造成设备和人身事故。另外,当电网电压较低时,达到释放电压,接触器的衔铁释放,主触点和辅助触点均断开,电动机停止运行,它可以防止电动机在低压运行,实现欠压保护。

3.2 正反转控制

各种生产机械常常要求具有上、下、左、右、前、后等相反方向的运动,这就要求电动机能够正、反向运转。对于三相交流电动机可借助正、反向接触器改变定子绕组相序来实现。图5-47为三相笼型异步电动机实现正、反转的控制线路。图中 KM$_1$、KM$_2$ 分别为正、反转接触器,它们的主触点接线的相序不同,KM$_1$ 按 U-V-W 相序接线,KM$_2$ 按 V-U-W 相序接线,即将 U、V 两相对调,所以两个接触器分别工作时,电动机的旋转方向不一样,实现电动机的可逆运转。

图5-47所示控制线路虽然可以完成正反转的控制任务,但这个线路是有缺点的,在按下正转按钮 SB$_2$ 时,KM$_1$ 线圈通电并且自锁,接通正序电源,电动机正转。若发生错误操作,在按下 SB$_2$ 的同时又按下反转按钮 SB$_3$,KM$_2$ 线圈通电并自锁,此时在主电路中将发生 U、V 两相电源短路事故。

为了避免上述事故的发生,就要求保证两个接触器不能同时工作。这种在同一时间里两个接触器只允许一个工作的控制作用称为互锁或联锁。图5-48为带接触器联锁保护的正、

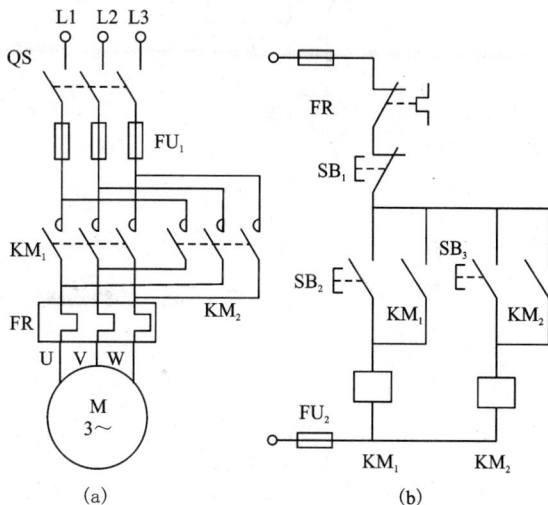

图5-47 接触器正反转控制线路

反转控制线路。在正、反两个接触器中互串一个对方的动断触点,这对动断触点称为互锁触点或联锁触点。这样当按下正转启动按钮 SB$_2$ 时,正转接触器 KM$_1$ 线圈通电,主触点闭合,电动机正转;与此同时,由于 KM$_1$ 的动断辅助触点断开而切断了反转接触器 KM$_2$ 的线圈电路。因此,即使再按反转启动按钮 SB$_3$,也不会使反转接触器的线圈通电工作。同理,在反转接触器 KM$_2$ 动作后,也保证了正转接触器 KM$_1$ 的线圈电路不能再工作。

由以上的分析可以得出如下的规律:

(1)当要求甲接触器工作时,乙接触器就不能工作,此时应在乙接触器的线圈电路中串入甲接触器的动断触点;

(2)当要求甲接触器工作时乙接触器不能工作,而乙接触器工作时甲接触器不能工作,此时要在两个接触器线圈电路中互串对方的动断触点。

但是,图5-48所示的接触器联锁正反转控制线路也有个缺点,即在正转过程中要求反转时必须先按下停止按钮 SB$_1$,让 KM$_1$ 线圈断电,联锁触点 KM$_1$ 闭合,这样才能按反转按钮使电动机反转,这给操作带来了不方便。为了解决这个问题,在生产上常采用复式按钮和触点联锁的控制线路,如图5-49所示。

图5-49中,保留了由接触器动断触点组成的互锁电气联锁,并添加了由按钮 SB$_2$ 和 SB$_3$ 的动断触点组成的机械联锁。这样,当电动机由正转变为反转时,只需按下反转按钮 SB$_3$,便会通过 SB$_3$ 的动断触点断开 KM$_1$ 电路,KM$_1$ 起互锁作用的触点闭合,接通 KM$_2$ 线圈控制电路,实现电动机反转。

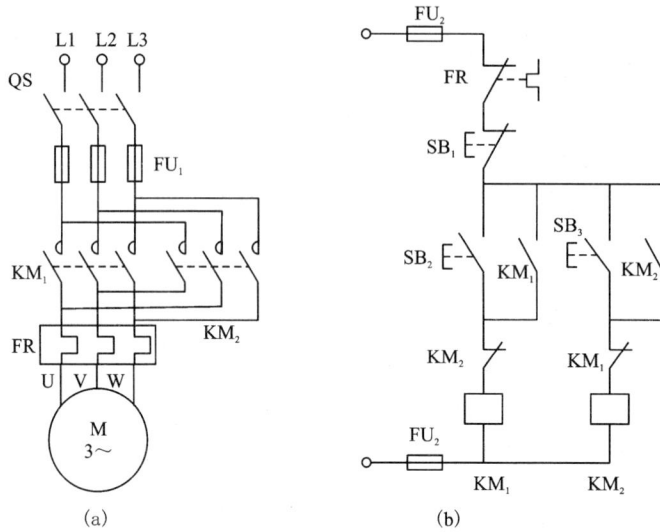

图 5-48 接触器联锁正反转控制线路

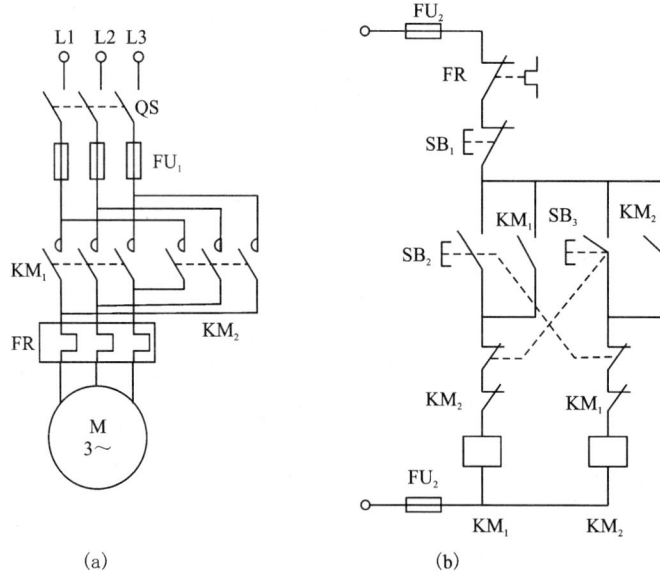

图 5-49 复合联锁的正反转控制线路

这里需注意一点,复式按钮不能代替互锁触点的作用。例如,当主电路中正转接触器 KM_1 的触点发生熔焊(即静触点和动触点烧蚀在一起)现象时,由于相同的机械连接, KM_1 的动断触点在线圈断电时不复位, KM_1 的动断触点处于断开状态,可防止反转接触器 KM_2 通电使主触点闭合而造成电源短路故障,这种保护作用仅采用复式按钮是做不到的。

这种线路既能实现电动机直接正反转的要求,又保证了电路可靠地工作,常用在电力拖动控制系统中。

3.3　顺序控制

在装有多台电动机的生产机械上，各电动机所起的作用不同，有时需要按一定的顺序启动才能保证操作过程的合理和工作的安全可靠。例如，在铣床上就要求先启动主轴电动机，然后才能启动进给电动机。又如，带有液压系统的机床，一般都要先启动液压泵电动机，以后才能启动其他电动机。这些顺序关系反映在控制线路上，称为顺序控制。

图 5 - 50 所示是两台电动机 M_1 和 M_2 的顺序控制线路。该线路的特点是，电动机 M_2 的控制电路是接在接触器 KM_1 的常开辅助触点之后。这就保证了只有当 KM_1 接通，M_1 启动后，M_2 才能启动。而且，如果由于某种原因(如过载或失压等)使 KM_1 失电，M_1 停转，那么，M_2 也立即停止，即 M_1 和 M_2 同时停止。线路的工作原理如下：

先合上电源开关 QS。

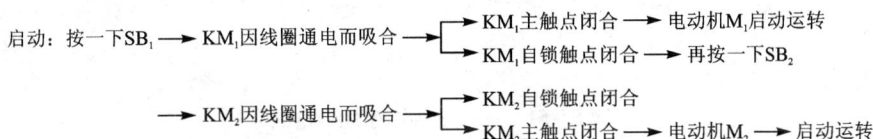

启动：按一下 SB_1 ⟶ KM_1 因线圈通电而吸合 ⟶ KM_1 主触点闭合 ⟶ 电动机 M_1 启动运转
⟶ KM_1 自锁触点闭合 ⟶ 再按一下 SB_2

⟶ KM_2 因线圈通电而吸合 ⟶ KM_2 自锁触点闭合
⟶ KM_2 主触点闭合 ⟶ 电动机 M_2 ⟶ 启动运转

停止：按下 SB_3 ⟶ KM_1、KM_2 因线圈断电而释放 ⟶ KM_1、KM_2 主触点断开 ⟶ 电动机 M_1、M_2 同时断电停转。

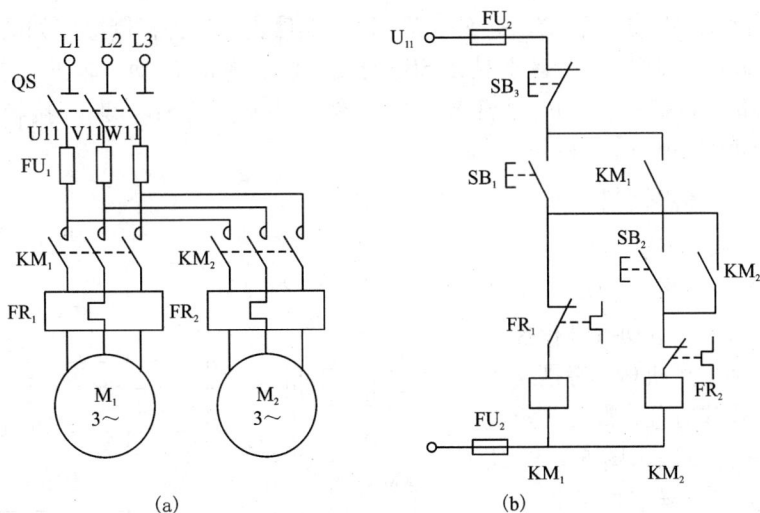

图 5 - 50　顺序控制线路

下面再介绍顺序控制的几个例子：

(1)M_1 启动后 M_2 才能启动，M_1 和 M_2 同时停止，图 5 - 51(a)就是具有这种功能的控制电路。它是将接触器 KM_1 的动合辅助触点串入接触器 KM_2 的线圈电路中来实现控制的。分析该电路可知，KM_1 因线圈通电吸合后(M_1 启动)，KM_2 线圈电路才有可能被接通(M_2 才有可能启动)；按一下 SB_1、M_1 和 M_2 同时断电停转。

(2)M_1 启动后 M_2 才能启动，M_1 和 M_2 可以单独停止，这种控制电路如图 5 - 51(b)所

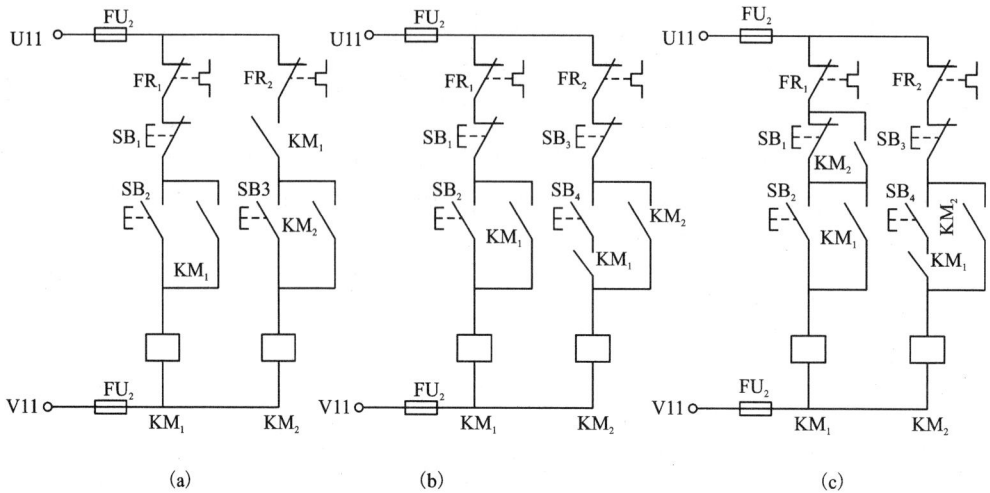

图 5 - 51　另外三种顺序控制电路

示，与图 5 - 51(a)相比，主要区别在于 KM_2 的自锁触点包括 KM_1 联锁触点，当 KM_2 因线圈通电吸合，自锁触点闭合自锁后，KM_1 对 KM_2 失去了作用，SB_1 和 SB_3 可以单独使 KM_1 或 KM_2 线圈断电。

(3)M_1 启动后 M_2 才能启动，M_2 停止后 M_1 才能停止。这种控制电路如图 5 - 51(c)所示。与图 5 - 51(b)相比，主要区别是在 SB_1 两端并联了 KM_2 的动合辅助触点，所以只有先使接触器 KM_2 线圈断电，即电动机 M_2 停止，然后才能按动 SB_1，断开接触器 KM_1 线圈电路，使电动机 M_1 停止。

3.4　两地与多点控制

3.4.1　两地控制

以上各控制线路只能在一个地点，用一套按钮来对电动机进行控制操作，但是有些生产机械，特别是大型机械，为了操作方便，常常要求能在多个地点进行控制。图 5 - 52 所示为一台笼型三相异步电动机单方向旋转的两地控制线路。

为了达到从两地同时控制一台电动机的目的，必须在另一地点再装一组启动和停止按钮。这两组启停按钮接线的方法必须是：启动按钮要相互并联，停止按钮要相互串联。

此图为两地控制的控制线路，它

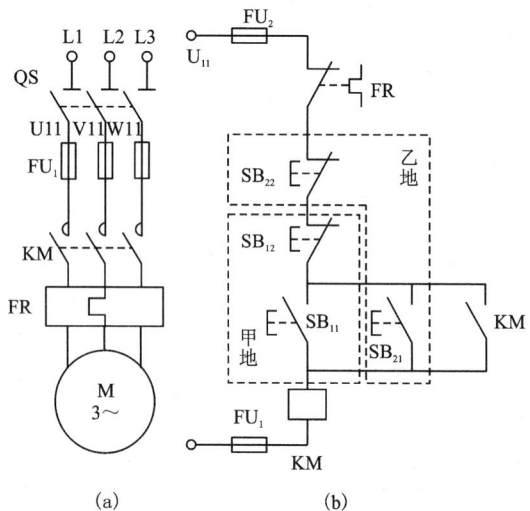

图 5 - 52　两地控制线路

可以分别在甲、乙两地控制接触器 KM 的通断，其中甲地的起停按钮为 SB_{11} 和 SB_{12}，乙地为

SB_{21}和SB_{22}，因而实现了两地控制同一台电动机的目的。

3.4.2　多点控制

对三地或多地控制，只要把各地的启动按钮并联、停止按钮串联就可以实现。

推广之，多地控制的原则是凡动合触点应并联，动断触点要串联。

3.5　自动往复循环控制

在生产过程中，一些生产机械运动部件的行程或位置要受到限制，或者需要其运动部件在一定范围内自动往返循环等。如在摇臂钻床、镗床、桥式起重机及各种自动或半自动控制机床设备中就经常遇到这种控制要求。而实现这种控制要求所依靠的主要电器是位置开关。

3.5.1　位置控制线路(又称行程控制或限位控制线路)

位置开关是一种将机械信号转换为电气信号，以控制运动部件位置或行程的自动控制电器。而位置控制就是利用生产机械运动部件上的挡铁与位置开关碰撞，使其触头动作，来接通或断开电路，以实现对生产机械运动部件的位置或行程的自动控制。

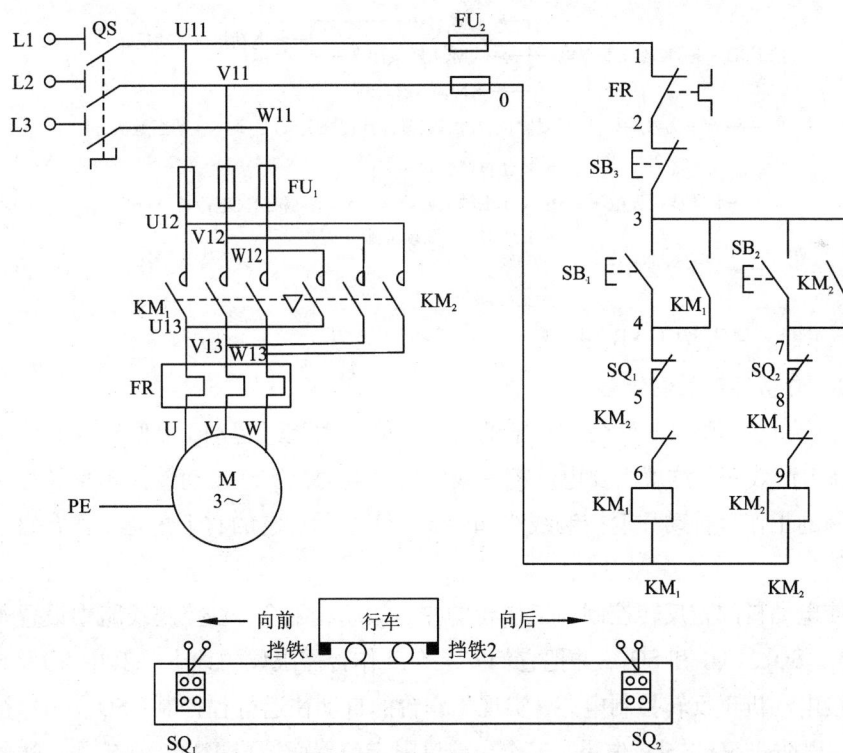

图 5-53　位置控制电路图

位置控制电路如图5-53所示。工厂车间里的行车常采用这种线路，右下角是行车运动示意图，行车的两头终点处各安装一个位置开关SQ_1和SQ_2，将这两个位置开关的动断触头分别串接在正转控制电路和反转控制电路中。行车前后各装有挡铁1和挡铁2，行车的行程和位置可通过移动位置开关的安装位置来调节。

线路的工作原理叙述如下：先合上电源开关 QS。

（1）行车向前运动

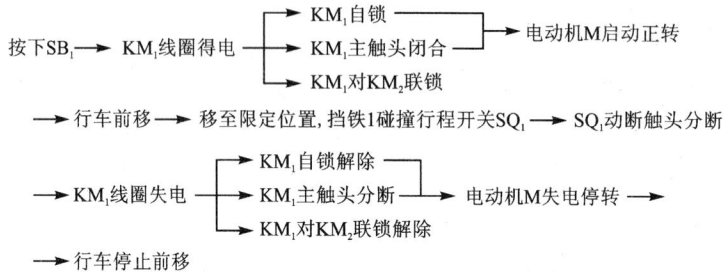

按下SB₁ → KM₁线圈得电 → KM₁自锁 / KM₁主触头闭合 / KM₁对KM₂联锁 → 电动机M启动正转

→ 行车前移 → 移至限定位置，挡铁1碰撞行程开关SQ₁ → SQ₁动断触头分断

→ KM₁线圈失电 → KM₁自锁解除 / KM₁主触头分断 / KM₁对KM₂联锁解除 → 电动机M失电停转 →

→ 行车停止前移

此时，即使再按下 SB₁，由于 SQ₁ 常闭触头已分断，接触器 KM₁ 线圈也不会得电，保证了行车不会超过 SQ₁ 所在的位置。

（2）行车向后运动

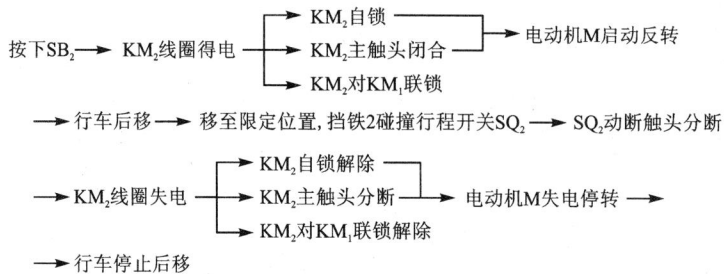

按下SB₂ → KM₂线圈得电 → KM₂自锁 / KM₂主触头闭合 / KM₂对KM₁联锁 → 电动机M启动反转

→ 行车后移 → 移至限定位置，挡铁2碰撞行程开关SQ₂ → SQ₂动断触头分断

→ KM₂线圈失电 → KM₂自锁解除 / KM₂主触头分断 / KM₂对KM₁联锁解除 → 电动机M失电停转 →

→ 行车停止后移

（3）停车时，只需按下 SB₃ 即可。

3.5.2　自动循环控制线路

有些生产机械，要求工作台在一定的行程内能自动往返运动，以便实现对工件的连续加工，提高生产效率。这就需要电气控制线路能对电动机实现自动转换正反转控制。由位置开关控制的工作台自动往返控制线路如图 5-54 所示。它的右下角是工作台自动往返运动的示意图。

为了使电动机的正反转控制与工作台的左右运动相配合，在控制线路中设置了四个位置开关 SQ₁、SQ₂、SQ₃ 和 SQ₄，并把它们安装在工作台需限位的地方。其中 SQ₁、SQ₂ 被用来自动换接电动机正反转控制电路，实现工作台的自动往返行程控制；SQ₃、SQ₄ 被用来作终端保护，以防止 SQ₁、SQ₂ 失灵，工作台越过限定位置而造成事故。在工作台边的 T 形槽中装有两块挡铁，挡铁 1 只能和 SQ₁、SQ₃ 相碰撞，挡铁 2 只能和 SQ₂、SQ₄ 相碰撞。当工作台运动到所限位置时，挡铁碰撞位置开关，使其触头动作，自动换接电动机正反转控制电路，通过机械传动机构使工作台自动往返运动。工作台行程可通过移动挡铁位置来调节，拉开两块挡铁间的距离，行程就长，反之则短。

线路的工作原理如下：先合上 QS。

按下SB₁ ──→ KM₁线圈得电 ──→ KM₁自锁触头闭合自锁 ──→ 电动机M正转 ──→
　　　　　　　　　　　　 ──→ KM₁主触头闭合
　　　　　　　　　　　　 ──→ KM₁联锁触头分断对KM₂联锁

──→ 工作台左移 ──→ 至限定位置挡铁1碰SQ₁

　　　　　　　　　　　　　　　　　　 ──→ KM₁自锁触头分断解除自锁 ──→ 电动机停止正转，
　　　　　　　　　　　　　　　　　　 　　　　　　　　　　　　　　　　　工作台停止左移
──→ SQ1-1先分断 ──→ KM₁线圈失电 ──→ KM₁主触头分断
　　　　　　　　　　　　　　　　　　 ──→ KM₁联锁触头恢复闭合 ──→
──→ SQ1-2后闭合

　　　　　　　　　　　　　　 ──→ KM₂自锁触头闭合自锁 ──→ 电动机M反转 ──→
──→ KM₂线圈得电 ──→ KM₂主触头闭合
　　　　　　　　　　　　　　 ──→ KM₂联锁触头分断对KM₁联锁

──→ 工作台右移(SQ₁触头复位) ──→ 至限定位置挡铁2碰SQ₂ ──→ SQ2-1先分断
　　　　　　　　　　　　　　　　　　　　　　　　　　　　　　　　　 ──→ SQ2-2后闭合

　　　　　　　　　　 ──→ KM₂自锁触头分断 ──→ 电动机停止反转、工作台停止右移
──→ KM₂线圈失电 ──→ KM₂主触头分断
　　　　　　　　　　 ──→ KM₂联锁触头恢复闭合 ──→ KM₁线圈得电 ──→

──→ KM₁自锁触头闭合自锁 ──→ 电动机M又正转 ──→
──→ KM₁主触头闭合
──→ KM₁联锁触头分断对KM₂联锁

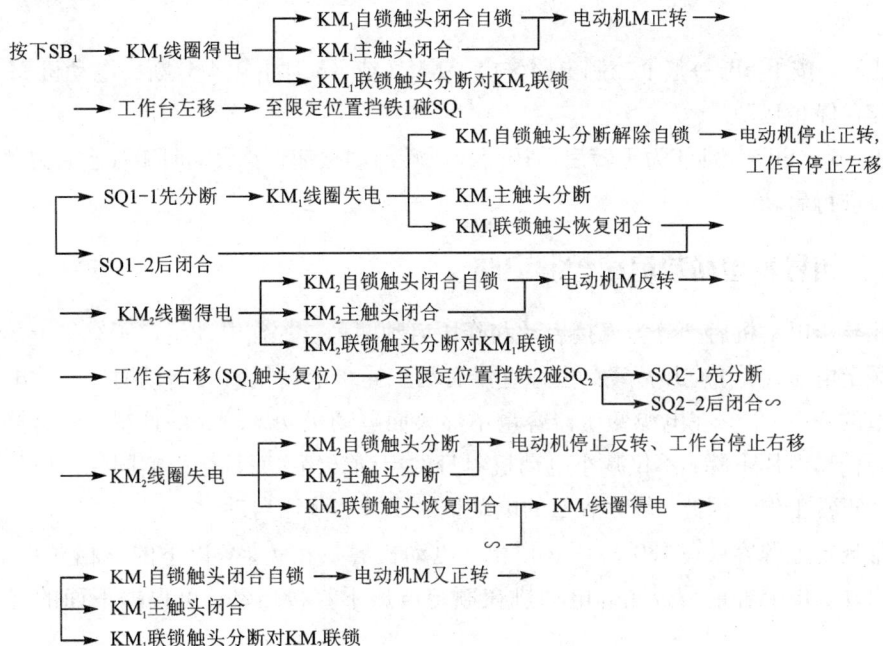

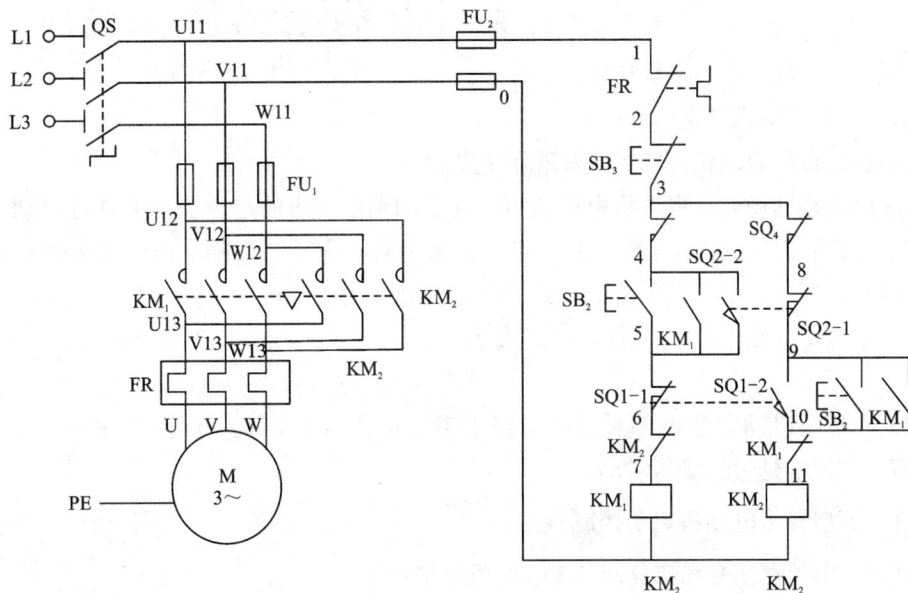

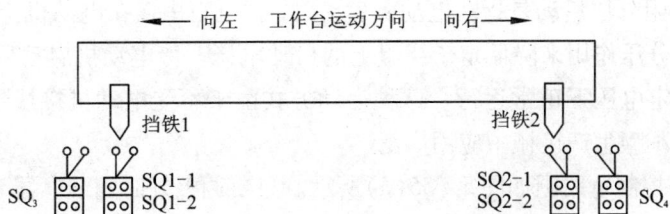

图5-54　工作台自动往返行程控制线路

工作台又左移(SQ_2 触头复位)→… 以后重复上述过程,工作台就在限定的行程内自动往返运动。

停止时,按下 SB_3→整个控制电路失电→KM_1(或 KM_2)主触头分断→电动机 M 失电停转→工作台停止运动。

这里 SB_1、SB_2 分别作为正转启动按钮和反转启动按钮,若启动时工作台在左端,则应按下 SB_2 进行启动。

4　三相异步电动机启动控制电路

三相异步电动机启动分为直接启动和降压启动两种。加在电动机定子绕组上的电压为电动机额定电压,属于全压启动,也称直接启动。异步电动机直接启动时,启动电流一般为额定值的 4~7 倍。在电源变压器容量不够大而电动机功率较大的情况下,直接启动将导致电源输出电压下降,不仅减小电动机本身的启动转矩,而且会影响同一供电线路中其他电器的正常工作。因此,较大容量的电动机需要采用降压启动。

通常规定电源容量在 180 kV·A 以上、电动机容量在 7 kW 以下的三相异步电动机,可直接启动。电源容量是否允许电动机在额定电压下直接启动,可根据下面的经验公式判断:

$$\frac{I_{sT}}{I_N} \leqslant \frac{3}{4} + \frac{电源容量}{4 \times 电动机额定功率(kW)}$$

式中:I_{sT}——电动机全压启动电流(A);

　　　I_N——I_N电动机额定电流(A)

凡不满足直接启动条件的,均采用降压启动。

降压启动是利用启动设备将电压适当降低后加到电动机的定子绕组上进行启动,待电动机启动运转后,再使其电压恢复到额定值正常运转。由于电流随电压的降低而减小,所以降压启动达到了减小启动电流的目的。但是,由于电动机转矩与电压的平方成正比,所以降压启动也将导致电动机的启动转矩大为降低。因此,降压启动需要在空载或轻载下启动。

常见的降压启动方法有四种:定子绕组串接电阻降压启动,自耦变压器降压启动,Y–△降压启动,延边△降压启动。

4.1　笼型异步电动机启动控制线路

4.1.1　定子电路串电阻降压启动:时间原则

定子绕组串接电阻降压启动是指在电动机启动时,把电阻串接在电动机定子绕组与电源之间,通过电阻的分压作用来降低定子绕组上的启动电压。待电动机启动后,再将电阻短接,使电动机在额定电压下正常运行。这种启动方式由于不受电动机接线形式的限制,设备简单,因而在中小型生产机械中应用广泛。

时间继电器自动控制电路图如图 5 – 55(a)所示。只要调整好时间继电器 KT 触点的动作时间,电动机由启动过程切换成运行过程就能准确可靠地完成。

电路的工作原理如下:合上电源开关 QS。

按下SB₁ ┬─→ KM₁线圈得电 ─→ KM₁自锁触点闭合自锁 ─→ 电动机M串电阻R降压启动
　　　　│　　　　　　　　　　→ KM₁主触点闭合
　　　　└─→ KT线圈得电 ─→ 至转速上升一定值时，KT延时结束 ─→ KT动合触点闭合 ─→

─→ KM₂线圈得电 ─→ KM₂主触点闭合 ─→ R被短接 ─→ 电动机M全压运转

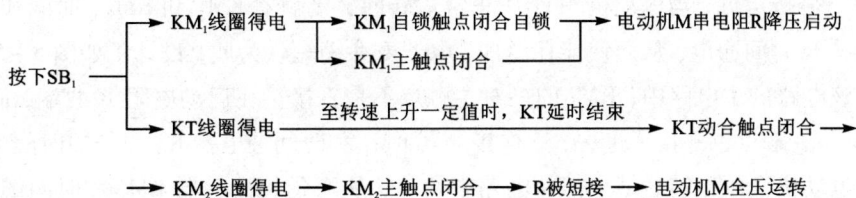

停止时，按下 SB₂ 即可实现。

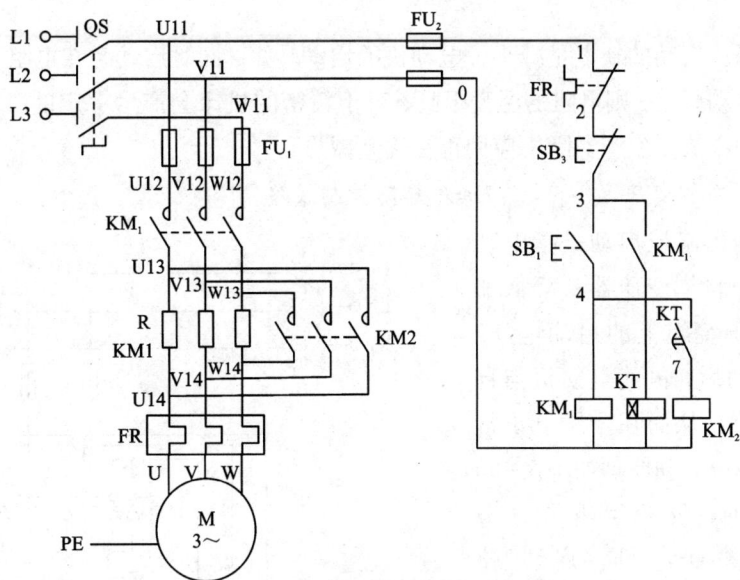

(a)串联电阻降压启动控制电路图

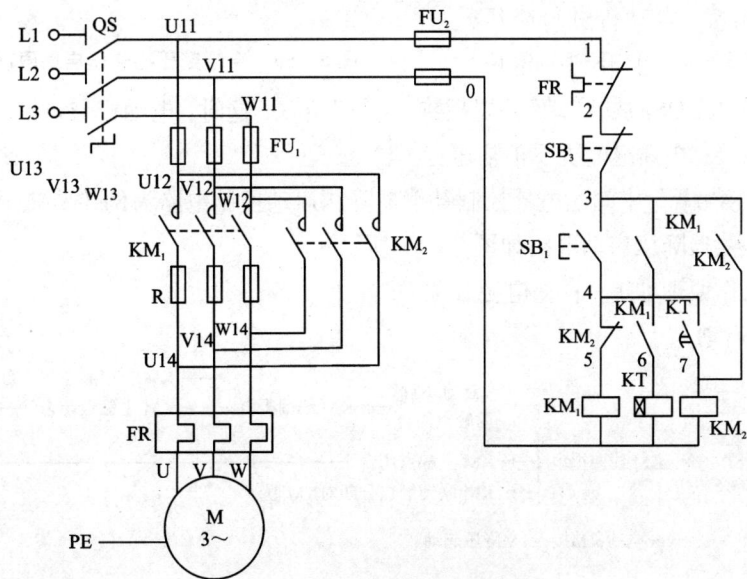

(b)时间继电器自动控制

图 5 – 55　降压启动控制电路

由以上分析可见,当电动机 M 全压正常运转时,接触器 KM_1 和 KM_2、时间继电器 KT 的线圈均需长时间通电,从而使能耗增加,电器寿命缩短。为此,设计了如图 5 – 55(b) 所示电路,该电路的主电路中,KM_2 的三对主触点不是直接接在启动电阻 R 两端,而是把接触器 KM_1 的主触点也并接了进去,这样接触器 KM_1 和时间继电器 KT 只作短时间的降压启动用,待电动机全压运转后就全部从电路中切除,从而延长接触器 KM_1 和时间继电器 KT 的使用寿命,节省了电能,提高了电路的可靠性。

启动电阻 R 一般采用 ZX_1、ZX_2 等系列铸铁电阻。铸铁电阻能够通过较大电流,功率大。

串电阻降压启动的缺点是减小了电动机的启动转矩,同时启动时在电阻上功率消耗也较大。如果启动频繁,则电阻的温度很高,对于精密的机床会产生一定的影响,故目前这种降压启动的方法在生产实际中应用正在逐渐减少。

4.1.2* 自耦变压器(补偿器)降压启动控制线路

自耦变压器降压启动是指电动机启动时利用自耦变压器来降低加在电动机定子绕组上的启动电压。待电动机启动后,再使电动机与自耦变压器脱离,从而在全压下正常运行。这种降压启动原理如图 5 – 56所示。启动时,先合上电源开关 QS_1,再将开关 QS_2 扳向"启动"位置,此时电动机的定子绕组与变压器的二次侧相接,电动机进行降压启动。待电动机转速上升到一定位

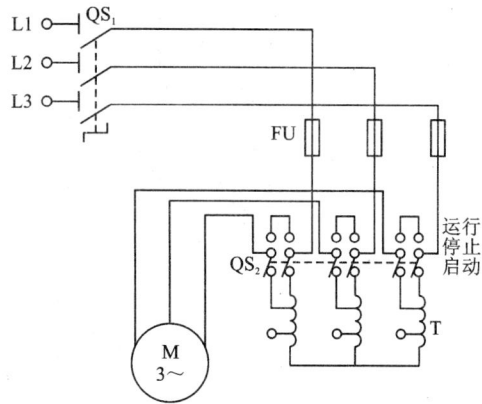

图 5 – 56 自耦变压器降压启动原理图

置时,迅速将开关 QS_2 从"启动"位置扳到"运行"位置,这时,电动机与自耦变压器脱离而直接与电源相接,在额定电压下正常运行。

以按钮、接触器、中间继电器控制补偿器降压启动控制电路为例,按钮、接触器、中间继电器控制补偿器降压启动电路如图 5 – 57 所示。

电路的工作原理如下:合上电源开关 QS。

(1)降压启动

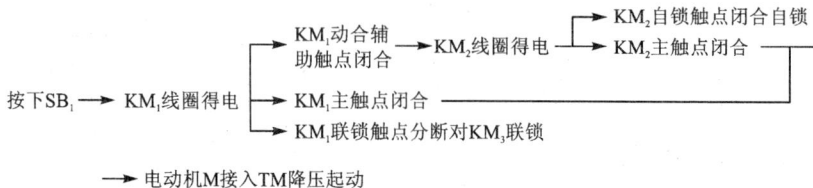

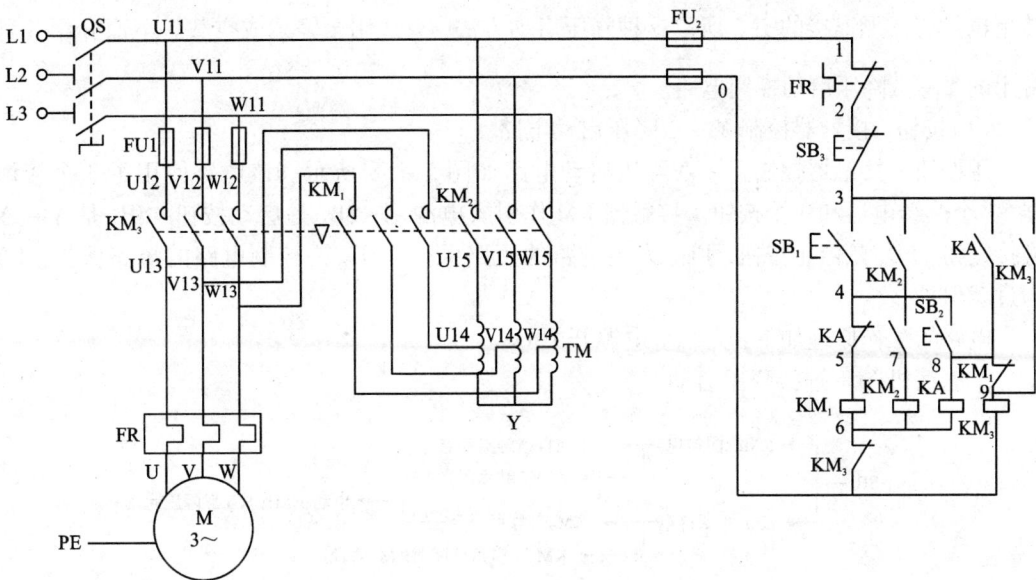

图 5 – 57　按钮、接触器、中间继电器控制补偿器降压启动电路

（2）全压运转

当电动机转速上升到接近额定转速时，按下 SB$_2$ ⟶ KA 线圈得电

⟶ KA 动断触点先分断 ⟶ KM$_1$ 线圈失电 ⟶

⟶ KA 动合触点后闭合 ⟶ ∽

∽

⟶ KM$_1$ 动合触点分断 ⟶ KM$_2$ 线圈失电

⟶ KM$_2$ 自锁触点分断

⟶ KM$_2$ 主触点分断，TM 脱离电源

⟶ KM$_1$ 主触点分断切除速 TM

⟶ KM$_1$ 联锁触点闭合 ⟶ KM$_3$ 线圈得电

⟶ KM$_3$ 自锁触头闭合

⟶ KM$_3$ 主触点闭合

⟶ KM$_3$ 动断触点分断

⟶ 对 KM$_1$ 联锁

⟶ KA 线圈失电 ⟶ KA 触头复位

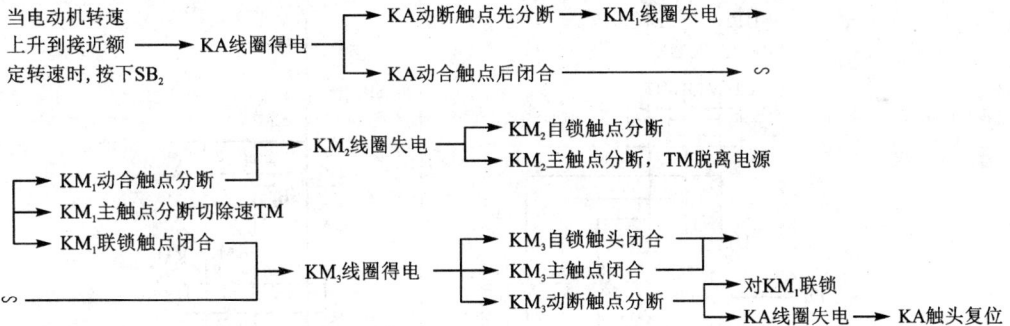

（3）停止时，按下 SB$_3$ 即可。

该控制电路有如下优点：启动时若操作者直接误按 SB$_2$，接触器 KM$_3$ 线圈也不会得电，避免电动机全压启动；由于接触器 KM$_1$ 的动合触头与 KM$_2$ 线圈串联，所以当降压启动完毕后，接触器 KM$_1$、KM$_2$ 均失电，即使接触器 KM$_3$ 出现故障使触点无法闭合时，也不会使电动机在低压下运行。该电路的缺点是从降压启动到全压运转，需两次按动按钮，操作不便，且间隔时间也不能准确掌握。

4.1.3　Y – △降压启动控制线

Y – △降压启动是指电动机启动时，把定子绕组接成 Y 形，以降低启动电压，限制启动电流。待电动机启动后，再把定子绕组改接成△形，使电动机全压运行。凡是正常运行时定子绕组作△形连接的异步电动机，均可采用这种降压启动方法。电动机启动时接成 Y 形，加在每相定子绕组上的启动电压只有△形连接的 $\dfrac{1}{\sqrt{3}}$，启动电流为△形连接的 $\dfrac{1}{3}$，启动转矩也只有△形连接的$\frac{1}{3}$。所以这种降压启动方法，只适用于轻载或空载。下面介绍几种常用的 Y－△降压启动控制电路。

（1）按钮、接触器控制 Y－△降压启动电路

用按钮和接触器控制 Y－△降压启动电路如图5－58所示。该电路使用了3个接触器、1个热继电器和3个按钮。接触器 KM 作引入电源用，SB_1 是启动按钮，SB_2 是 Y－△换接按钮，SB_3 是停止按钮，FU_1 为主电路的短路保护，FU_2 是控制电路的短路保护，FR 为过载保护。

电路的工作原理如下：先合上电源开关 QS。

①电动机 Y 形连接降压启动

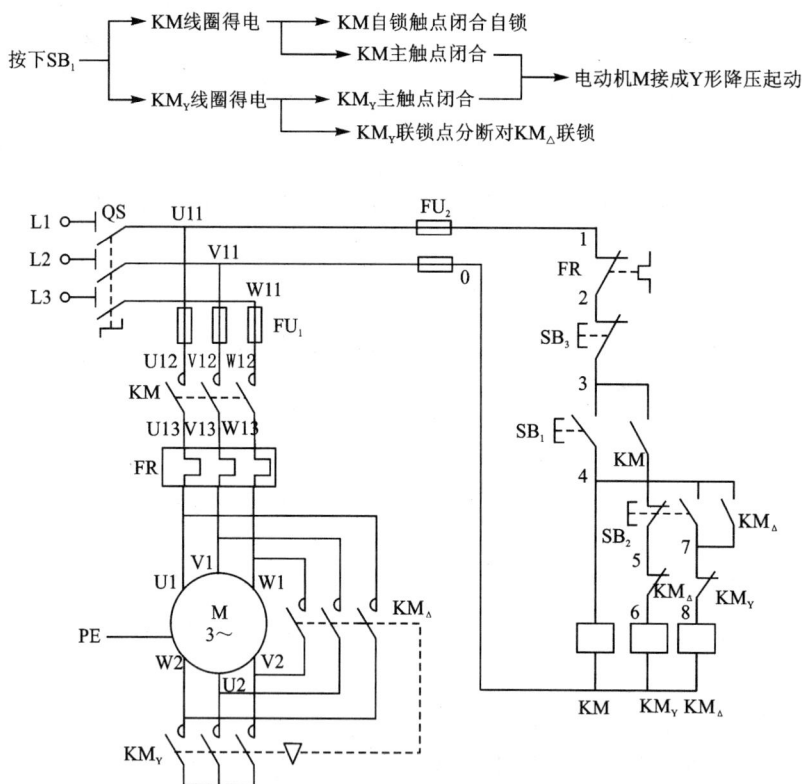

图5－58　按钮、接触器控制 Y－△降压电路的工作

②电动机△形连接全压运行

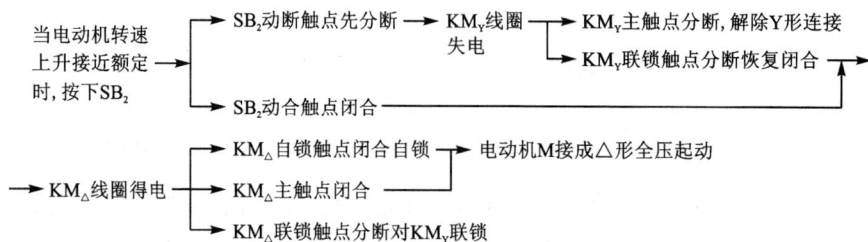

③停止时按下 SB_3 即可实现。

（2）时间继电器自动控制 Y－△ 降压启动

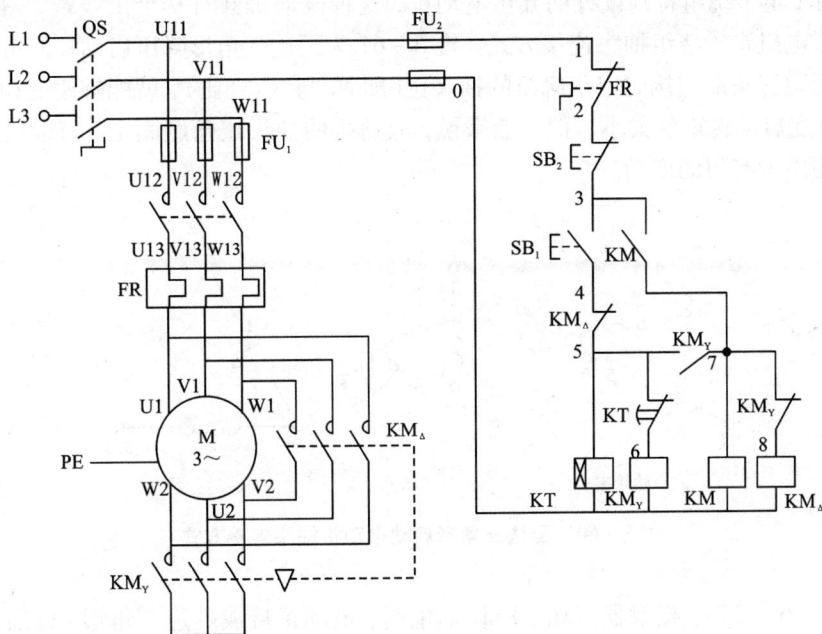

图 5-59　时间继电器自动控制 Y－△ 降压启动电路图

时间继电器自动控制 Y－△ 降压启动电路如图 5-59 所示。该线路由 3 个接触器、1 个热继电器、1 个时间继电器和 2 个按钮组成。时间继电器 KT 用来控制 Y 降压启动时间和完成 Y－△ 自动切换。

电路的工作原理如下：先合上电源开关 QS。

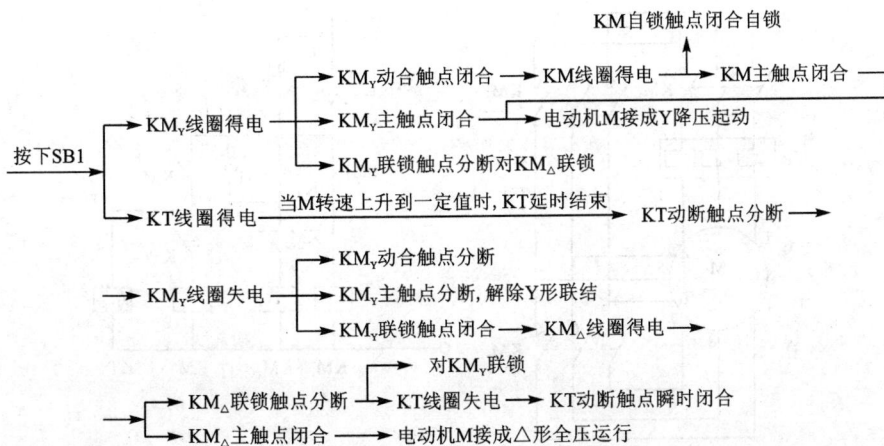

停止时，按下 SB_2 即可。

该电路中接触器 KM_Y 得电以后，通过 KM_Y 的动合辅助触点使接触器 KM 得电，这样 KM_Y 的主触点是在无负载的条件下进行闭合的，故可延长接触器 KM_Y 主触点的使用寿命。

4.1.4* 延边三角形降压启动控制电路

延边三角形降压启动是一种既不用增加启动设备,又有得到较高启动转矩的启动方法,它适用于定子绕组特别设计的异步电动机,这种电动机共有 9 个出线端,图 5-60 为延边三角形电机定子绕组抽头连接方式。图 5-61 为延边三角形降压启动控制电路。

改变延边三角形连接时定子绕组的抽头比(即 N_1 与 N_2 之比),就能够改变相电压的大小,从而改变启动转矩的大小。但一般来说,电动机的抽头比已经固定,所以仅在这些抽头比的范围内做有限的变动。

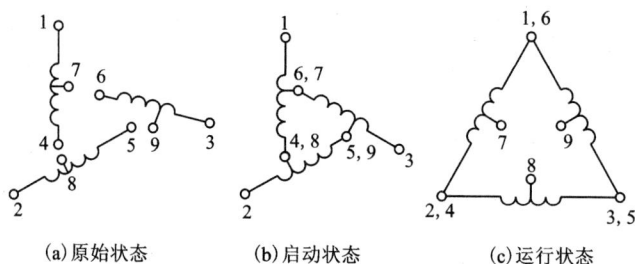

(a)原始状态　　　　(b)启动状态　　　　(c)运行状态

图 5-60　延边三角形启动电动机抽头连接方式

由图 5-61 可知,接触器 KM_1、KM_3 通电时,电动机接成延边三角形,待启动电流到达一定的数值时,KM_3 释放,KM_2 通电,电动机接成三角形正常运转。接触器的换接是由时间继电器 KT 来自动控制的,电动机绕组接成各种抽头比时的启动特性如表 5-1 所示。

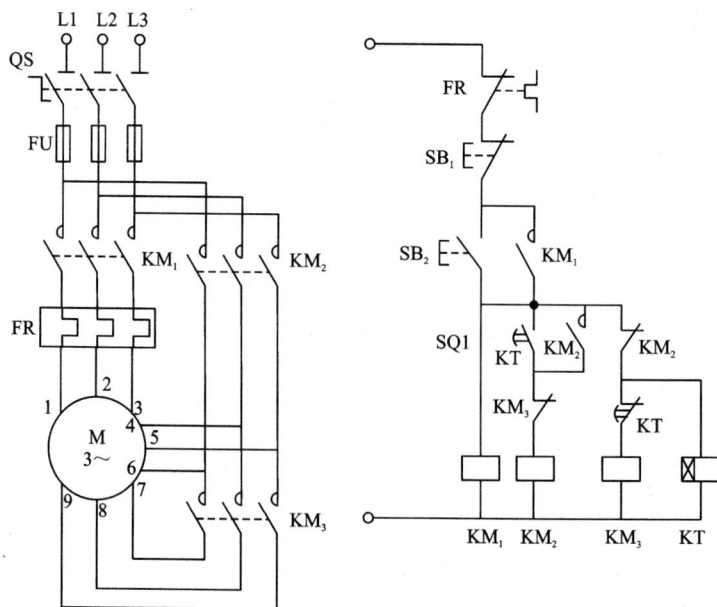

图 5-61　延边三角形降压启动控制电路

表 5 - 1 不同抽头比时延边三角形启动特性

电动机定子绕组抽头比	相当于自耦变压器的抽头比	启动电流/额定电流	电动机定子绕组抽头比	相当于自耦变压器的抽头比	启动电流/额定电流
$\dfrac{N_1}{N_2} = \dfrac{1}{2}$	71%	3 ~ 3.5	$\dfrac{N_1}{N_2} = \dfrac{2}{1}$	78%	2.6 ~ 3.1
$\dfrac{N_1}{N_2} = \dfrac{1}{2}$	78%	3.6 ~ 4.2	Y—△	58%	2 ~ 2.3

由以上分析可知,笼型电动机采用延边三角形降压启动时,其启动转矩比 Y - △ 降压启动时大,并且可以在一定范围内进行选择。但是它的启动装置与电动机之间有 9 条连接导线,所以在生产现场为了节省导线,往往将其启动装置和电动机安装在同一工作室内,这在一定程度上限制了启动装置的使用范围。另外,延边三角形降压启动转矩比 Y - △ 降压启动的启动转矩大,但与自耦变压器启动的最高转矩相比仍有一定差距,而且延边三角形接线的电动机的制造工艺复杂,故这种启动方法目前尚未得到广泛的应用。

4.2* 三相绕线型异步电动机启动控制线路

在实际生产中对要求启动转矩较大、且能平滑调速场合,常常采用三相绕线转子异步电动机。绕线转子异步电动机的优点是可以通过滑环在转子绕组中串接电阻来改善电动机的机械特性,从而达到减小启动电流、增大启动转矩以及平滑调速之目的。

启动时,在转子回路中接入作 Y 形连接、分级切换的三相启动电阻器,并把可变电阻放到最大位置,以减小启动电流,获得较大的启动转矩。随着电动机转速的升高,可变电阻逐渐减小。启动完毕后,可变电阻减小到零,转子绕组被直接短接,电动机便在额定状态下运行。

电动机转子绕组中串接的外加电阻在每段切除前和切除后,三相电阻始终是对称的,称为三相对称

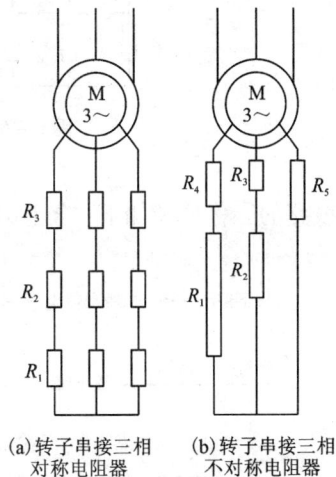

(a)转子串接三相对称电阻器　(b)转子串接三相不对称电阻器

图 5 - 62 转子串接三相电阻

电阻器,如图 5 - 62(a)所示。启动过程依次切除 R_1、R_2、R_3,最后全部电阻被切除。与上述相反,启动时串入的全部三相电阻是不对称的,而每段切除后三相仍不对称,称为三相不对称电阻器,如图 5 - 62(b)所示。启动过程依次切除 R_1、R_2、R_3、R_4,最后全部电阻被切除。

如果电动机要调速,则将可变电阻调到相应的位置即可,这时可变电阻便成为调速电阻。

4.2.1 转子绕组串接电阻启动控制线路

(1)按钮操作控制线路

按钮操作转子绕组串接电阻启动的电路如图 5 - 63 所示。

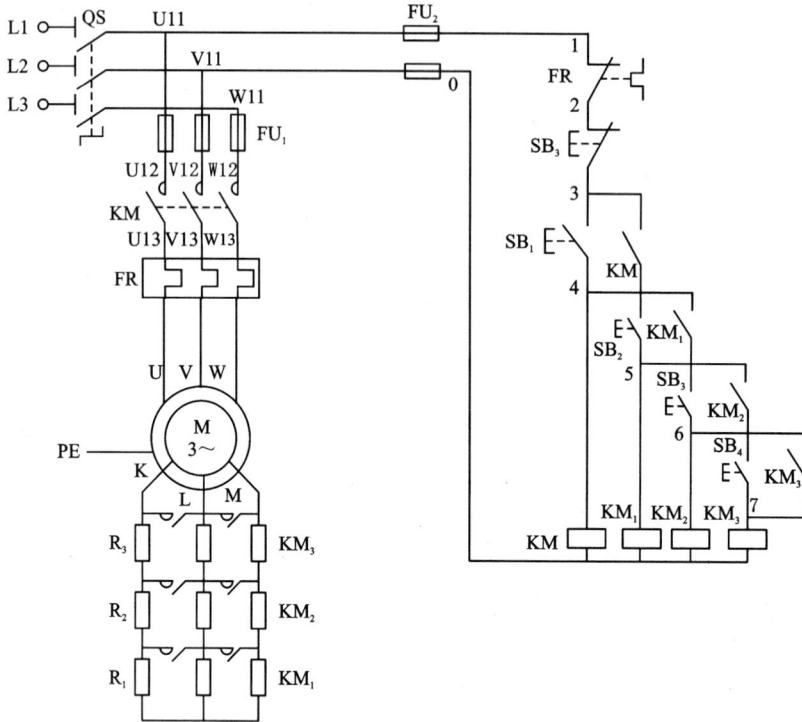

图 5－63　按钮操作串电阻启动的电路图

线路的工作原理如下：合上电源开关 QS。

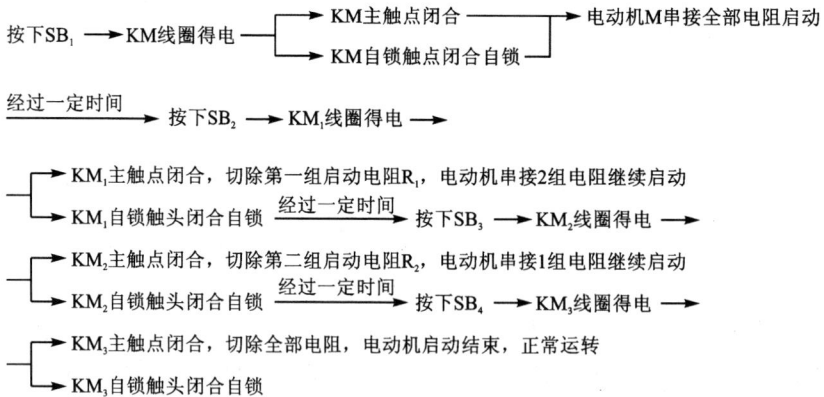

停止时，按下停止按钮 SB5，控制电路失电，电动机 M 停转。

（2）时间继电器自动控制线路

按钮操作控制线路的缺点是操作不便，工作也不安全可靠，所以在实际生产中常采用时间继电器自动控制短接启动电阻的控制线路，如图 5－64 所示。该线路是用三个时间继电器 KT_1、KT_2、KT_3 和三个接触器 KM_1、KM_2、KM_3 的相互配合来依次自动切除转子绕组中的三级电阻的。

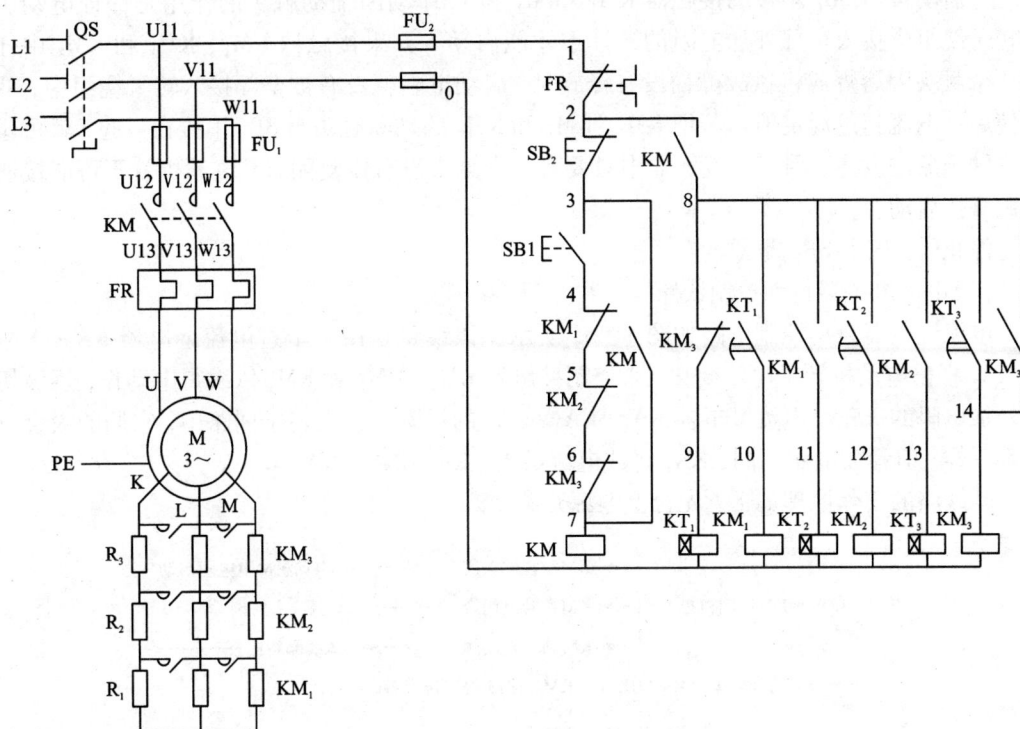

图 5－64　时间继电器自动控制电路图

其线路工作原理如下：合上电源开关 QS。

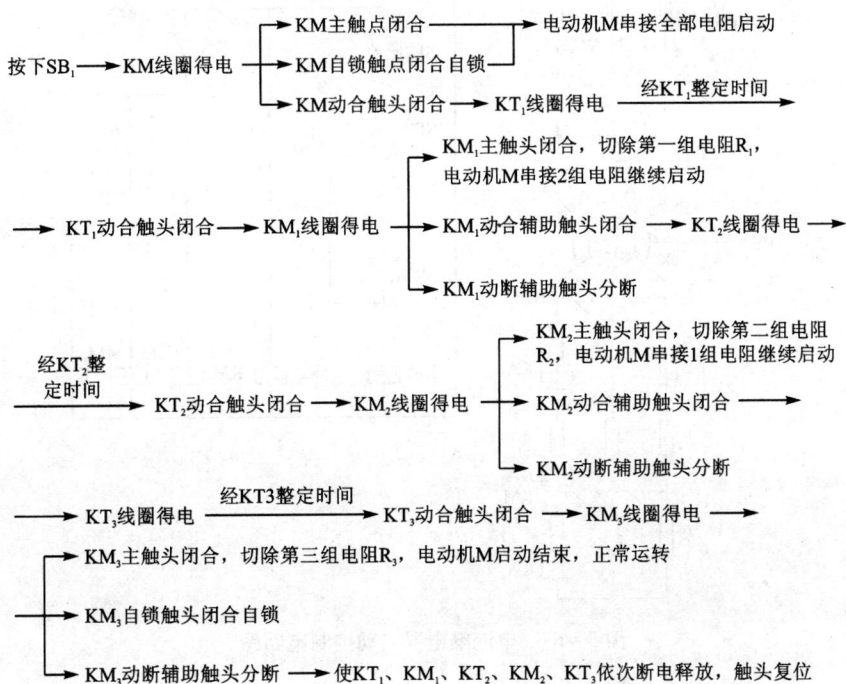

　　与启动按钮 SB_1 串接的接触器 KM_1、KM_2 和 KM_3 动断辅助触头的作用是保证电动机在转子绕组中接入全部外加电阻的条件下才能启动。如果接触器 KM_1、KM_2 和 KM_3 中任何一个触头因熔焊或机械故障而没有释放时，启动电阻就没有被全部接入转子绕组中，从而使启动电流超过规定值。若把 KM_1、KM_2 和 KM_3 的动断触头与 SB_1 串接在一起，就可避免这种现象的发生，因三个接触器中只要有一个触头没有恢复闭合，电动机就不可能接通电源直接启动。

　　停止时，按下 SB_2 即可。

　　(3)电流继电器自动控制线路

　　电流继电器自动控制电路如图 5-65 所示。该线路是用三个过电流继电器 KA_1、KA_2 和 KA_3 根据电动机转子电流变化，来控制接触器 KM_1、KM_2 和 KM_3 依次得电动作，逐级切除外加电阻的。三个电流继电器 KA_1、KA_2、KA_3 的线圈串接在转子回路中，它们的吸合电流都一样；但释放电流不同，KA_1 释放电流最大，KA_2 次之，KA_3 最小。

　　其线路的工作原理如下：先合上电源开关 QS。

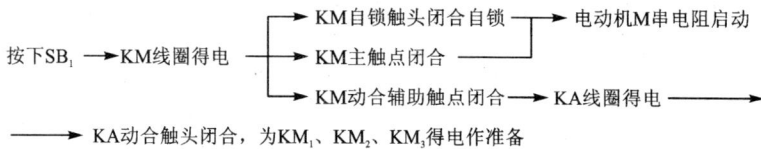

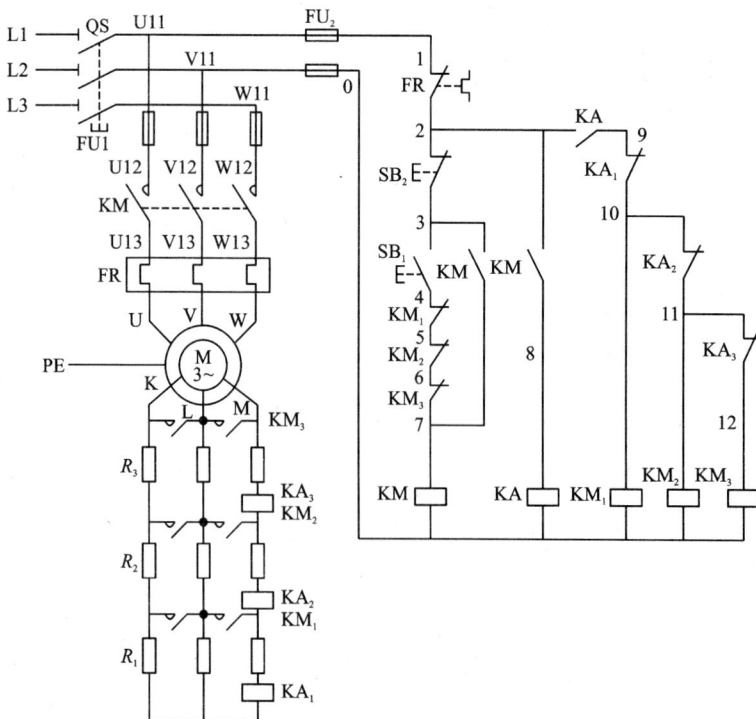

图 5-65　电流继电器自动控制电路图

　　由于电动机 M 刚启动时转子电流很大，三个电流继电器 KA_1、KA_2、KA_3 都吸合，它们接在控制电路中的动断触头都断开，使接触器 KM_1、KM_2、KM_3 的线圈都不能得电，接在转子电路中的动合触头都处于分断状态，全部电阻均被串接在转子绕组中。随着电动机转速的升高，转子电流逐渐减小，当减小至 KA_1 的释放电流时，KA_1 首先释放，使控制电路中 KA_1 的动断触头恢复闭合，接触器 KM_1 线圈得电，其主触头闭合，短接切除第一组电阻 R_1。当 R_1 被切除后，转子电流重新增大，但随着电动机转速的继续升高，转子电流又会减小，当减小至 KA_2 的释放电流时，KA_2 释放，它的动断触头 KA_2 恢复闭合，接触器 KM_2 线圈得电，主触头闭合，把第二组电阻 R_2 短接切除，如此继续下去，直到全部电阻被切除，电动机启动完毕，进入正常运转状态。

4.2.2　转子绕组串接频敏变阻器启动控制线路

　　绕线转子异步电动机采用转子绕组串接电阻的启动方法，要想获得良好的启动特性，一般需要较多的启动级数，所用电器较多，控制线路复杂，设备投资大，维修不便，同时由于逐级切除电阻，会产生一定的机械冲击力。因此，在工矿企业中对于不频繁启动设备，广泛采用频敏变阻器代替启动电阻，来控制绕线转子异步电动机的启动。

　　频敏变阻器是一种阻抗值随频率明显变化（敏感于频率）、静止的无触点电磁元件。它实质上是一个铁芯损耗非常大的三相电抗器。在电动机启动时，将频敏变阻器 RF 串接在转子绕组中，由于频敏变阻器的等值阻抗随转子电流频率的减小而减小，从而达到自动变阻的目的。因此，只需用一组频敏变阻器就可以平稳地把电动机启动起来。启动完毕短接切除频敏变阻器。

　　转子绕组串接频敏变阻器启动的电路如图 5 - 66 所示。启动过程可以利用转换开关 SA 实现自动控制和手动控制。

　　采用自动控制时，将转换开关 SA 扳到自动位置（即 A 位置），时间继电器 KT 将起作用。线路工作原理如下：先合上电源开关 QS。

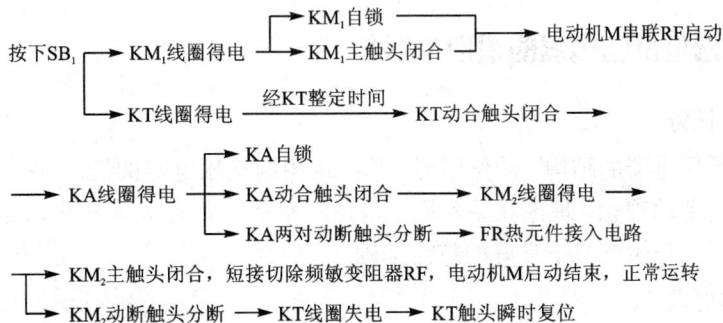

停止时，按下 SB_3 即可。

　　启动过程中，中间继电器 KA 未得电，KA 的两对动断触头将热继电器 FR 的热元件短接，以免因启动过程较长，而使热继电器过热产生误动作。启动结束后，中间继电器 KA 才得电动作，其两对动断触头分断，FR 的热元件便接入主电路工作。图中 TA 为电流互感器，其作用是将主电路中的大电流变成小电流，串入热继电器的热元件反映过载程度。

　　采用手动控制时，将转换开关 SA 扳到手动位置（即 B 位置），这样时间继电器 KT 不起作用，用按钮 SB_2 手动控制中间继电器 KA 和接触器 KM_2 的得电动作，以完成短接频敏

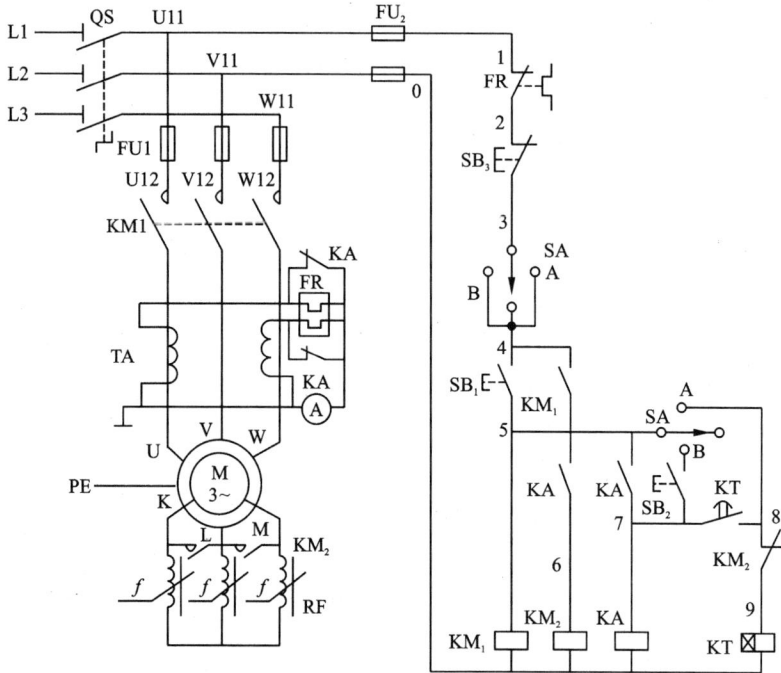

图 5 – 66　转子绕组串接频敏变阻器启动电路图

变阻器 RF 的工作，其工作原理读者可自行分析。

三、任务实施

任务 1　常用低压电器的识别与拆装

1.1　工作任务

掌握常用低压电器的结构、动作原理，掌握常用的低压电器的检测和拆装方法。通过实训树立正确的劳动观念，理论联系实际、精益求精的工作作风和实事求是的工作态度，为今后从事实际工作生产打下良好的技能基础。

1.2　内容要求

熟悉常用低压电器的结构和工作原理，能正确检测和拆装常用低压电器。

1.3　器材准备

（1）常用电工工具一套

（2）万用表一只

（3）各种常用低压电器

1.4　实施步骤

（1）识别各种常用的低压电器：开关、断路器、熔断器、交流接触器、中间继电器、热继电器、速度继电器等等。

(2)检验器材质量。

在不通电的情况下，用万用表或肉眼检查各元器件各触点的分合情况是否良好，器件外部是否完整无缺；检查螺丝是否完好；检查接触器的线圈电压与电源电压是否相符。

(3)拆装电器元件。

刀开关、断路器、熔断器、交流接触器、中间继电器、热继电器、速度继电器等等。

(4)自检。

①检查万用表的电阻挡是否完好、表内电池能量是否充足；

②手动检查各活动部件是否灵活，固定部分是否松动，线圈阻值是否正确；

③检查各触点或各动作机构是否符合动作要求。

(5)通电试验。

通电前必须自检无误并征得指导教师的同意，通电时必须有指导教师在场方能进行。在操作过程中应严格遵守操作规程以免发生意外。

1.5　考核评价

(1)学生要能正确识别各器件及其使用范围和应用领域。

(2)器材的接线和测量必须程序正确步骤规范，无超范围使用现象，无造成器材损坏的错误操作，所拆装器材步骤正确。

(3)实训完毕后，符合 6S 规范，整理、整顿、清扫、清洁、素养、安全。实训期间必须穿工作服、胶底鞋，注意安全、严格遵守实训纪律；实训过程中爱护实训器材，节约用料。

(4)参考下篇表 6 - 1，从职业素养与操作规范、作品两方面进行考核评价。

任务2　复合连锁正反转控制线路装调

2.1　工作任务

三相鼠笼式异步电动机的双重联锁正反转控制线路如图 5 - 67 所示，按照电气线路布局、布线的基本原则，在给定的电气线路板上固定好线路图中虚线框内的电器元件，并进行布线，调试三相鼠笼式异步电动机的按钮和接触器双重联锁正反转控制线路。

2.2　内容要求

(1)根据提供的线路图，按照安全规范完成线路的安装；

(2)安装过程要求能正确利用工具和仪表，元件在配电板上布置要合理，安装要准确，紧固按钮盒不固定在板上；

(3)按图纸的要求，完成布线；电源和电动机配线、按钮接线要接到端子排上，进出线槽的导线要有端子标号，引出端要用别径压端子；

(4)通电调试。检查无误后，经指导老师同意方可通电调试；调试时，注意观察电动机，各电器元件及线路各部分工作是否正常；若发现异常情况，必须立即切断电源；调试过程如遇故障自行排除。

2.3　器材准备

(1)工具。测电笔、螺钉旋具、尖嘴钳、斜口钳、剥线钳、电工刀、校验灯等。

(2)仪表。ZC25 型兆欧表、T305 - A 型钳形电流表、MF30 型万用表。

（3）器材。控制板一块（500 mm × 400 mm × 20 mm）；导线规格：动力电路采用 BVR1.5 mm² 和 BVR1.5 mm²（黑色）塑铜线，控制电路采用 BVR1 mm² 塑铜线（红色），接地线采用 BVR（黄绿双色）塑铜线（截面至少1.5 mm²）；紧固体及编码套管等，其数量按需要而定。电器元件见表5 - 2。

表5 - 2　元件明细表

代号	名称	型号	规　格	数量
M	三相异步电动机	Y112 - 4	4 kW、380 V、△接法、8.8A、1440 r/min	1
QS	组合开关	HZ10 - 25/3	三极、25 A	1
FU₁	熔断器	RL5 - 60/25	500 V、60 A、配熔体25 A	3
FU₂	熔断器	RL5 - 15/2	500 V、15 A、配熔体2 A	2
KM₁、KM₂	交流接触器	CJ10 - 20	20 A、线圈电压380 V	2
FR	热继电器	JR16 - 20/3	三极、20 A、整定电流8.8 A	1
SB₁ ~ SB₃	按钮	LA10 - 3H	保护式、380 V、5 A、按钮数3	1
XT	端子板	JX2 - 1015	380 V、10 A、15 节	1

2.4　实施步骤

（1）按表5 - 2配齐所用电器元件，并进行质量检验。电器元件应完好无损，各项技术指标符合规定要求，否则应予以更换。

（2）在控制板上按图5 - 67安装所有的电器元件，并贴上醒目的文字符号。安装时，组合开关、熔断器的受电端子应安装在控制板的外侧；元件排列要整齐、匀称、间距合理，且便于元件的更换；紧固电器元件时用力要均匀，紧固程度适当，做到既要使元件安装牢固，又不使其损坏。

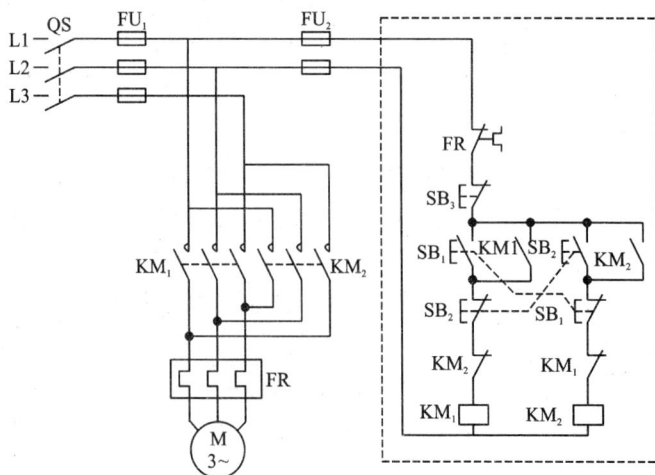

图5 - 67　三相鼠笼式异步电动机的双重联锁正反转控制线

（3）按图5 - 67画出其接线图，再按接线图进行板前明线布线和套编码套管。做到布线横平竖直、整齐、分布均匀、紧贴安装面、走线合理；套编码套管要正确；严禁损伤线芯和导线绝缘；接点牢靠，不得松动，不得压绝缘层，不反圈及不露铜过长等。

（4）根据图 5-67 所示电路图检查控制板布线的正确性。

（5）可靠连接电动机和按钮金属外壳的保护接地线；连接电源、电动机等控制板外部的导线。导线要敷设在导线通道内，或采用绝缘良好的橡皮线进行通电校验。

（6）自检。安装完毕的控制线路板，必须按要求进行认真检查，确保无误后才允许通电试车。

（7）检验合格后，通电试车。通电时，必须经指导老师同意后，由指导老师接通电源，并在现场进行监护。出现故障后，学生应独立进行检修。若需带电检查时，也必须有指导老师在现场监护。

2.5 考核评价

考核评价参照表 5-3 进行。

表 5-3 普通机床控制线路装调项目评分表

评价内容	序号	主要内容	考核要求	评 分 细 则	配分	扣分	得分
职业素养与操作规范（50分）	1	元件检测	正确选择电气元件；对电气元件质量进行检验。	①元器件选择不正确，错一个扣1分。②未对电气元件质量进行检验每个扣0.5分。	5		
	2	元件安装	按图纸的要求，正确利用工具，熟练地安装电气元器件；元件安装要准确、紧固；按钮盒不固定在板上。	①元件安装不牢固、安装元件时漏装螺钉，每只扣2分。②损坏元件每只扣5分。	10		
	3	布线	连线紧固、无毛刺；电源和电动机配线、按钮接线要接到端子排上，进出线槽的导线要有端子标号，引出端要用别径压端子。	①电动机运行正常，但未按线路图接线，扣5分。②接点松动、接头露铜过长、反圈、压绝缘层，标记线号不清楚、遗漏或误标，引出端无别径压端子，每处扣1分。③损伤导线绝缘或线芯，每根扣1分。	20		
	4	6S规范	整理、整顿、清扫、清洁、安全、素养。	①没有穿戴防护用品，扣5分。②检修前，未清点工具、仪表、耗材扣2分。③未经试电笔测试前，用手触摸电器线路，扣5分。④乱摆放工具，乱丢杂物，完成任务后不清理工位扣5分。⑤发生严重违规操作，取消成绩。	15		

续表 5 – 3

评价内容	序号	主要内容	考核要求	评 分 细 则	配分	扣分	得分
作品（50分）	5	功能	线路一次通电正常工作，且各项功能完好。	①热继电器整定值错误扣5分。②主、控线路配错熔体，每个扣5分。③1次试车不成功扣5分；2次试车不成功扣10分；3次不成功本项得分为0。④开机烧电源或其他线路，本项记0分。	30		
	6	外观	元件在配电板上布置要合理；布线要进线槽，美观。	①元件布置不整齐、不匀称、不合理，每只扣2分。②布线不进行线槽，不美观，每根扣1分。	20		
评分人： 核分人：					总分		

任务3　Y – △降压启动控制线路安装

3.1　工作任务

三相鼠笼式异步电动机的 Y – △降压启动控制线路如图 5 – 68 所示。按照电气线路布局、布线的基本原则，在给定的电气线路板上固定好线路图中虚线框内的电器元件，并进行布线，调试三相鼠笼式异步电动机的星三角降压启动控制线路。

3.2　内容要求

（1）要求根据提供的线路图，按照安全规范完成线路图中线路的安装；

（2）安装过程要求能正确利用工具和仪表，元件在配电板上布置要合理，安装要准确，紧固按钮盒不固定在板上；

（3）按图纸的要求，完成布线；电源和电动机配线、按钮接线要接到端子排上，进出线槽的导线要有端子标号，引出端要用别径压端子；

（4）通电调试。检查无误后，经指导老师同意方可通电调试；调试时，注意观察电动机，各电器元件及线路各部分工作是否正常；若发现异常情况，必须立即切断电源；调试过程如遇故障自行排除。

3.3　器材准备

（1）工具。测电笔、螺钉旋具、尖嘴钳、斜口钳、剥线钳、电工刀等。

（2）仪表。ZC25 型兆欧表、T305 – A 型钳形电流表、MF30 型万用表。

（3）器材。各种规格的导线、紧固体、针形及叉形轧头、金属软管、编码套管等，电器元件见表 5 – 4。

表 5 - 4　元件明细表

代号	名称	型号	规格	数量
M	三相异步电动机		7.5 kW\380v\15.4 A\△接法、1440 r/min	1
QS	组合开关	Y132M - 4	三极、25 A	1
FU$_1$	熔断器	HZ10 - 25/3	500 V、60 A、配熔体 35 A	3
FU$_2$	熔断器	RL5 - 60/35	500 V、15 A、配熔体 2 A	2
KM$_1$ ~ KM$_3$	交流接触器	RL5 - 15/2	20 A、线圈电压 380 V	3
FR	热继电器	CJ10 - 20	三极、20 A、整定电流 15.4 A	1
KT	时间继电器	JR16 - 20/3	线圈电压 380 V	1
SB$_1$、SB$_2$	按钮	JS7 - 2A	保护式、380 V、5 A、按钮数 3	1
XT	端子板	LA10 - 3H	380 V、10 A、20 节	1
	走线槽	JD0 - 1020	18 mm×25 mm	若干
	控制板		500 mm×400 mm×20 mm	1

3.4　实施步骤

（1）安装步骤及工艺要求

安装工艺要求是：

①所有导线的截面积在等于或大于 0.5 mm^2 时，必须采用软线。考虑机械强度的原因，所用导线的最小截面积，在控制箱外为 1 mm^2，在控制箱内为 0.75 mm^2。但对控制箱内很小电流的电路连线，如电子逻辑电路，可用 0.2 mm^2，并且可以采用硬线，但只能用于不移动又无振动的场合。

②布线时，严禁损伤线芯和导线绝缘。

③各电器元件接线端子引出导线的走向，以元件的水平中心线为界线，在水平中心线以上接线端子引出的导线，必须进入元件上面的走线槽；在水平中心线以下接线端子引出的导线，必须进入元件下面的走线槽。任何导线都不允许从水平方向进入走线槽内。

④各电器元件接线端子上引出或引入的导线，除间距很小和元件机械强度很差允许直接架空敷设外，其他导线必须经过走线槽进行连接。

⑤进入走线槽内的导线要完全置于线槽内，并应尽可能避免交叉，装线不要超过其容量的 70%，以便于能盖上线槽盖和以后的装配及维修。

⑥各电器元件与走线槽之间的外露导线，应走线合理，并尽可能做到横平竖直，变换走向要垂直。同一元件上位置一致的端子和同型号电器元件中位置一致的端子上引出或引入的导线，要敷设在同一平面上，并应做到高低一致或前后一致，不得交叉。

⑦所有接线端子、导线线头上都应有与电路图上相应接点线号一致的编码套管，并按线号进行连接，连接必须牢靠，不得松动。

⑧在任何情况下，接线端子必须与导线截面积和材料性质相适应。当接线端子不适合连接软线或较小截面积的软线时，可以在导线端头穿上针形或叉形轧头并压紧。

⑨一般一个接线端子只能连接一根导线，如果采用专门设计的端子，可以连接两根或多根导线，但导线的连接方式，必须是公认的、在工艺上成熟的各种方式，如夹紧、压接、焊接、绕接等，并应严格按照连接工艺的工序要求进行。安装步骤可参考"任务2"。

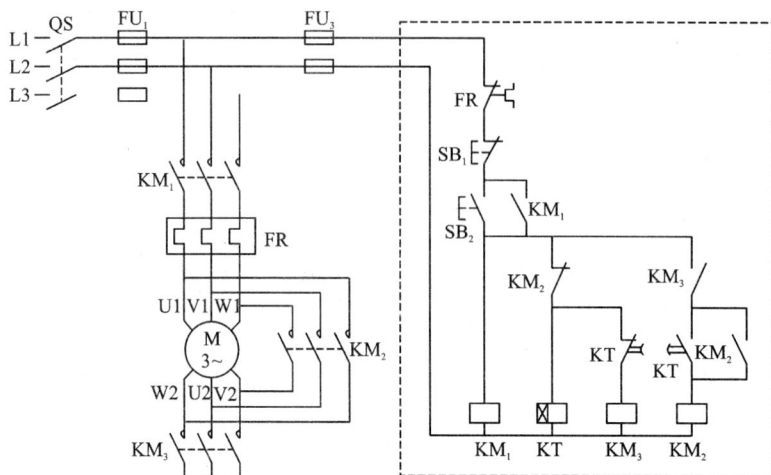

图 5 - 68　三相鼠笼式异步电动机的星三角降压启动控制线路

（2）注意事项

①控制板外部配线，必须按要求一律装在导线通道内，使导线有适当的机械保护，以防止液体、铁屑和灰尘的侵入。在训练时可适当降低要求，但必须以能确保安全为条件，如采用多芯橡皮线或塑料护套软线。

②通电校验前要再检查一下熔体规格及时间继电器、热继电器的各整定值是否符合要求。

③通电检验必须有指导教师在现场监护，学生应根据电路图的控制要求独立进行校验，若出现故障也应自行排除。

3.5　考核评价

考核评价参照表 5 - 3 进行。

四、模块习题

5 - 1　什么是低压电器？如何分类？常用低压电器有哪些？

5 - 2　断路器的作用是什么？

5 - 3　什么是接触器？接触器由哪几部分组成？各自的作用是什么？

5 - 4　为什么热继电器只能作电动机的过载保护而不能作短路保护？

5 - 5　时间继电器有什么作用？

5 - 6　什么叫常开触头？什么叫常闭触头？

5 - 7　三相异步电动机采用熔断器保护时，如何选择熔体？

5 - 8　直流电动机的励磁方式有哪些？

5 - 9　三相异步电动机的三角形连接与星形连接有何区别？

5 - 10　如何使三相异步电动机反转？为什么？

5 - 11　电气原理图中 QS、FU、KM、KA、KT、FR、SB、SQ 分别是什么电器元件的文字符号?

5 - 12　画出异步电动机星形—三角形启动的控制线路,并说明其优缺点及适用场合。

5 - 13　什么叫"自锁"、"互锁(联锁)"? 试举例说明各自的作用。

5 - 14　机床继电器接触器控制线路中一般应设哪些保护? 各有什么作用? 短路保护和过载保护有什么区别? 零电压保护的目的是什么?

5 - 15　某机床主轴和润滑油泵各由一台电动机带动。今要求主轴必须在油泵开动后才能开动,主轴能正反转,并能单独停车,有短路、零压及过载保护等。试绘出电气控制原理图。

下篇
电子技术部分

模块六 半导体器件基本知识

一、模块描述

半导体元器件是组成各种电子电路的核心元件，学习电子技术必须首先了解半导体元器件的基本结构和工作原理，掌握它们的特性和参数以及常用半导体器件的测试方法。

二、知识准备

1 半导体器件基本知识

1.1 半导体二极管

1.1.1 半导体和 PN 结

自然界的物质就其导电性能可分为导体、绝缘体、半导体。

导体：导电性能良好的物质，如金、银、铜等。

绝缘体：几乎不导电的物质，如陶瓷、橡胶、玻璃等。

半导体：导电性能介于导体和绝缘体之间的物质，如硅、锗。

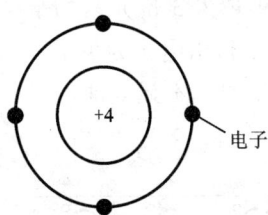

(a)硅的原子结构示意图   (b)硅原子在晶体中的共价键排列

图 6 - 1 硅和锗的原子结构示意图及共价键排列

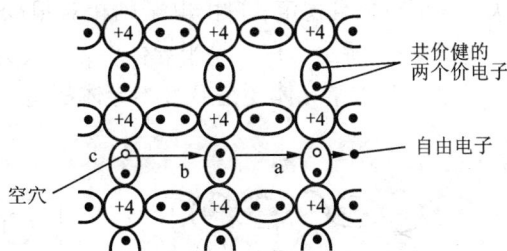

半导体一般分为本征半导体和杂质半导体两种类型。

(1)本征半导体

常用的半导体材料有硅(Si)和锗(Ge)。完全不含杂质且无晶格缺陷的纯净半导体称为本征半导体。图 6 - 1(a)所示分别为硅(锗)的原子结构示意图及硅(锗)原子在晶体中的共价键排列。

如果共价键中的价电子受热激发获得足够能量，则可摆脱共价键的束缚而成为自由电子。这个电子原来所在的共价键的位置上就留下一个缺少负电荷的空位，这个空位称为空穴。空穴带正电。如图6-1(b)所示。

(2)杂质半导体

本征半导体实际使用价值不大，但如果在本征半导体中掺入微量的某种杂质元素，就形成N型或P型半导体。

①N型半导体。在本征半导体(以硅为例)中掺入少量的5价元素，如磷(P)、砷(As)等。磷原子的最外层有5个价电子，其中4个价电子与相邻硅原子的最外层价电子组成共价键形成稳定结构，多余的电子很容易受激发成为自由电子。这种掺入5价元素的半导体称为N型半导体，如图6-2所示。在N型半导体中，自由电子的数量远大于空穴的数量，称自由电子为多数载流子(简称多子)，空穴为少数载流子(简称少子)。N型半导体主要靠自由电子导电。

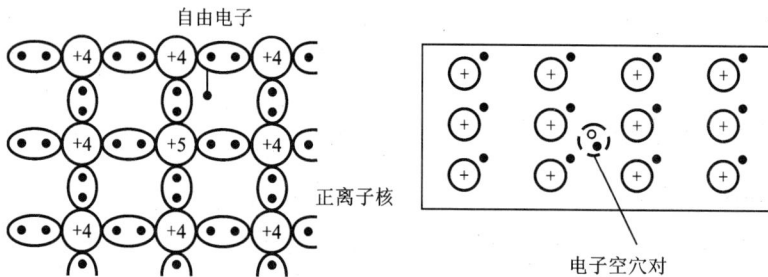

图6-2　N型半导体原理图

②P型半导体。在本征半导体(以硅为例)中掺入三价元素如硼(B)，硼原子最外层的3个价电子和相邻的3个硅原子形成共价键后，就留下一个空穴，空穴数量与掺入的硼元素浓度有关，其值较大且稳定，自由电子则相对很少，这种掺入3价元素的半导体称为P型半导体，如图6-3所示。在P型半导体中，空穴为多子，自由电子为少子。

注意：不论是N型半导体还是P型半导体都是电中性，对外不显电性。

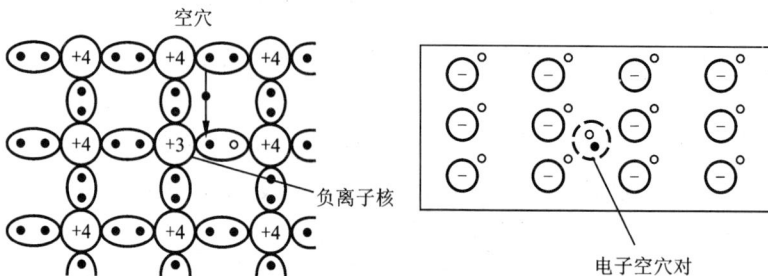

图6-3　P型半导体原理图

(3)PN结的形成

在同一片半导体基片上，分别制造P型半导体和N型半导体，由于交界面两侧半导体类型不同，存在电子和空穴的浓度差。这样，P区的空穴向N区扩散，N区的电子向P区扩散,扩散过程中被复合掉(复合是指自由电子和空穴在运动中相遇重新结合,并且成对消失的现象)。这样,在 P 区和 N 区的接触面就产生正、负离子层。这些离子不能移动、不参与导电,称为空间电荷。因此,在边界处形成一层空间电荷区。在空间电荷区内,正离子区和负离子区相互作用,形成了一个内电场。这个内电场阻碍扩散的进行,却帮助少子进行漂移运动(在内电场力的作用下,少子的运动称为漂移运动)。漂移运动与扩散运动的作用正好相反,当两种运动达到动态平衡时,空间电荷区基本稳定,这个空间电荷区就称为 PN 结。如图 6 - 4 所示。

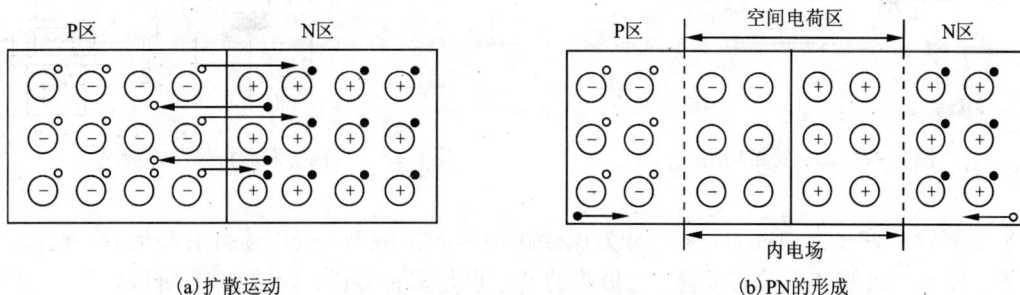

| (a)扩散运动 | (b)PN 的形成 |

图 6 - 4   PN 结形成示意图

(4)PN 结的特性

①PN 结的正向导通特性。给 PN 结加正向电压,即 P 区接高电位,N 区接低电位,此时称 PN 结为正向偏置,如图 6 - 5 所示。

这时 PN 结外电场与内电场方向相反,外加电场抵消内电场使空间电荷区变薄,有利于多子运动,形成正向电流,外加电场越强,正向电流越大,这意味着 PN 结正向电阻很小。

②PN 结的反向截止特性。给 PN 结加反向电压,即 N 区接高电位,P 区接低电位,称 PN 结反向偏置,如图 6 - 6 所示。这时外加电场与内电场方向相同,使内电场的作用增强,PN 结变厚,有助于少数载流子运动,所以电流很小,接近于零,即 PN 结反向电阻很大。

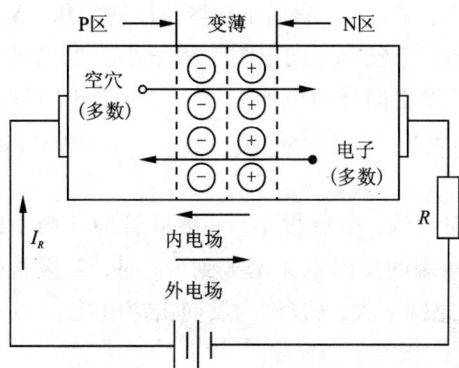

图 6 - 5   PN 结正向偏置示意图   **图 6 - 6   PN 结反向偏置示意图**

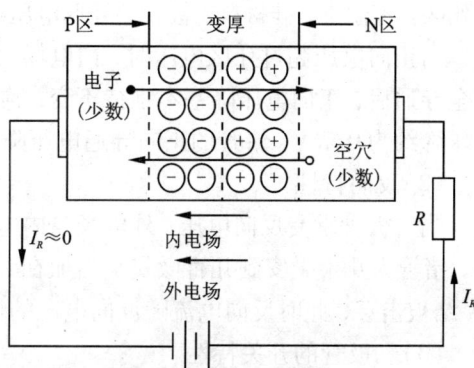

综上所述:PN 结具有单向导电性,正向偏置时,PN 结导通,呈小电阻,大电流;反向偏置时,PN 结截止,电阻很大,电流近似为零。

1.1.2　半导体二极管的结构、类型与符号

二极管一般由三部分组成：PN 结、引线、外壳。二极管按所用材料不同分为锗管和硅管。接在二极管 P 区的引出线为阳极，接在 N 区的引出线为阴极，如图 6 - 7 所示。

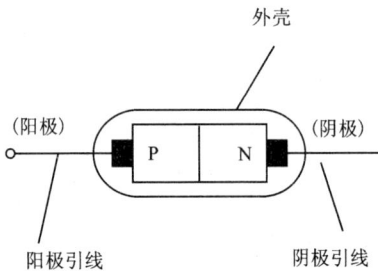

图 6 - 7　二极管结构图

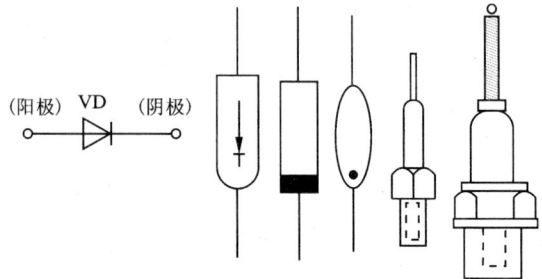

图 6 - 8　二极管图形符号及外观图

二极管有许多类型：从工艺上分为点接触型和面接触型；按用途分有整流管、检波二极管、稳压二极管和开关二极管，二极管的外形也是多种多样，如图 6 - 8 所示。

1.1.3　二极管的主要特性及其应用

二极管的主要特性是单向导电性。

二极管两端的电压 U 和流过的电流 I 之间的关系曲线，称为二极管的伏安特性曲线。典型的硅二极管的伏安特性曲线如图 6 - 9 所示。

图 6 - 9　二极管伏安特性曲线

由图可知，曲线分为两部分，即加正向电压的正向特性(第一象限)和加反向电压的反向特性(第三象限)。

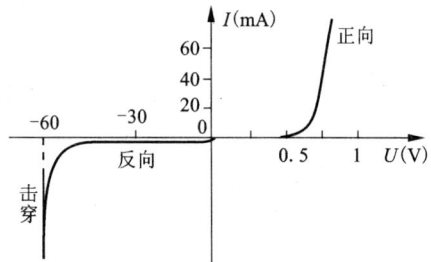

(1)正向特性

当二极管承受正向电压很低时，还不足以克服 PN 结内电场，正向电流很小。该区段称为死区。室温下，硅材料二极管的死区电压约 0.5 V，锗材料二极管的死区电压约为 0.1 V。

当正向电压超过死区电压时，内电场大为削弱，二极管正向电阻变得很小。当二极管完全导通后，正向电压降基本维持不变，称为二极管正向导通电压降，一般硅管正向导通电压降约为 0.7 V，锗管的正向导通电压降约为 0.3 V。

(2)反向特性

当二极管承受反向电压，外电场与内电场方向一致，电流很小，一般硅管为几微安以下，锗管为几十微安到几百微安。当加在二极管两端的反向电压增大到 U_{BR} 时，二极管的 PN 结被击穿，此时反向电流随反向电压的增大而急剧增大，U_{BR} 称为反向击穿电压。

(3)二极管的开关特性

为了简化分析，若忽略二极管的正向压降和反向电流，二极管可理想化为一个开关。这种理想化的二极管通常称为理想二极管。

①二极管正向导通可等效为开关的闭合。

②二极管反向截止可等效为开关的断开。

二极管是电子电路中最常用的半导体器件之一。利用其单向导电性及导通时正向压降很小的特点,可应用于整流、检波、钳位、限幅、开关及元件保护等各种电路。

1.2 半导体三极管

半导体三极管又称晶体三极管,简称三极管或晶体管,是放大电路的最基本元件。

1.2.1 三极管的结构及类型

(1)三极管的结构、电路符号及类型

三极管由硅材料或锗材料制成,按结构都可分为 PNP 和 NPN 两类。其结构和符号如图 6 - 10、图 6 - 11 所示,每一类分为三个区域:发射区(e 区)、基区(b 区)、集电区(c 区);每个区分别引出一个电极:发射极 e、基极 b 和集电极 c。NPN 和 PNP 型三极管都有 2 个 PN 结,在发射区和基区之间的 PN 结称为发射结,在基区和集电区之间的 PN 结称为集电结。

NPN 型和 PNP 型三极管的工作原理相同,只是使用中电源的极性不同。

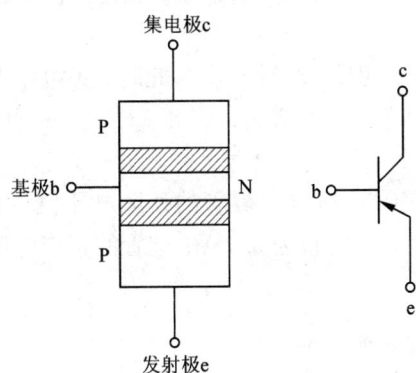

图 6 - 10 PNP 型三极管及电路符号

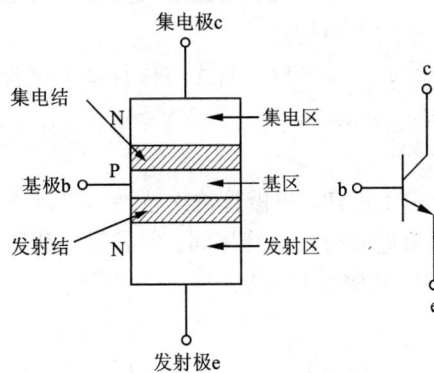

图 6 - 11 NPN 型三极管及电路符号

1.2.2 三极管的外部偏置与电流放大作用

三极管组成的放大电路如图 6 - 12 所示。调整图中的电位器 R_b,使三极管发射结加上正向电压,集电结加上反向电压,这是三极管能够实现放大的外部条件。

图中,两个回路以发射极为公共端,所以该放大电路称为共发射极放大电路,简称共射放大电路。

以下分析三极管放大电路对电流的放大特性。

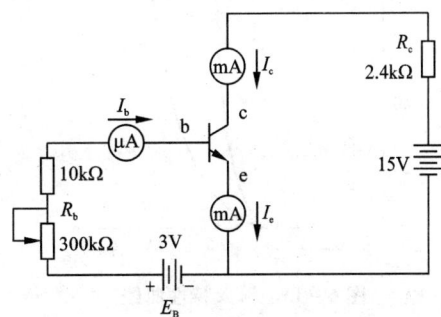

图 6 - 12 三极管基本放大电路

电流放大作用及电流分配关系

(1)电流分配关系

$$I_B + I_C = I_E \qquad (6-1)$$

(2)电流放大作用

直流

$$\overline{\beta} = \frac{I_C}{I_B} \qquad (6-2)$$

交流

$$\beta = \frac{\Delta i_c}{\Delta i_b} \qquad (6-3)$$

$\bar{\beta}$ 称为共射直流电流放大系数。β 称为共射交流电流放大系数，它表明基极电流有一微小变化，引起集电极电流相应的较大变化量。这就是晶体管的电流放大作用。

1.2.3　三极管的特性曲线与主要参数

三极管的特性曲线表示三极管各极间电压和各极间电流之间的关系，它们是分析三极管电路的依据。特性曲线分为输入和输出两组。测试电路如图 6-12 所示。

(1)输入特性曲线

输入特性是指 u_{CE} 为常数时，i_B 和 u_{BE} 之间的关系曲线，输入特性曲线如图 6-13 所示。分两种情况：

①$u_{CE}=0$ V 时，相当于发射极和集电极短接，发射结和集电结并联，曲线是两个二极管并联的正向特性。

②$u_{CE}\geqslant1$ V 时，曲线右移且基本重合。与 $u_{CE}=0$ 相比，i_B 减小了。此时，集电结电压 $u_{CB}=u_{CE}-u_{BE}\approx u_{CE}-0.7$ V$\geqslant0.3$ V，已经反偏，即使 u_{CE} 再增大，i_C 和 i_B 的值不再明显变化。

由上可知，三极管输入特性与二极管正向特性相似，所以三极管的死区电压值、工作电压值近似与二极管相同，即硅管的死区电压为 0.5 V，锗管为 0.1 V；硅管的工作电压为 0.7 V，锗管为 0.3 V。

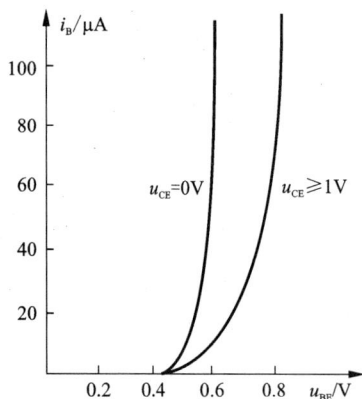

图 6-13　输入特性曲线　　　　　图 6-14　输出特性曲线

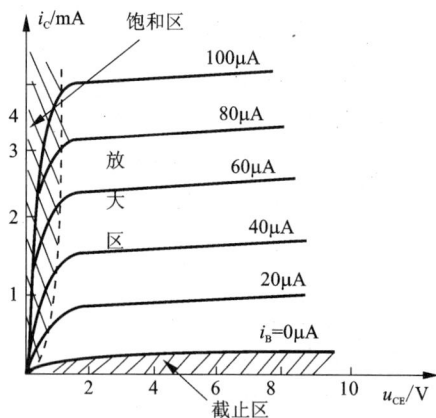

(2)输出特性曲线

当 i_B 为常数时，i_C 和 u_{CE} 之间的关系曲线为输出特性曲线，如图 6-14 所示。

三极管的工作状态可分为三个区域：

①截止区：$i_B\leqslant0$ 的区域称为截止区。此时发射结和集电结都反向偏置，$i_C\approx0$。实际上发射结电压小于死区电压时，管子已截止，但为了可靠截止，常将发射结也反偏。截止时，三极管的 C 和 E 两极之间相当于一个断开的开关。

②放大区：发射结正偏，集电结反偏的区域称为放大区，即图中曲线的平坦部分。在

放大区，i_C 基本不随 u_{CE} 的变化而变化；i_C 仅与 i_B 有关，即 $i_C = \bar{\beta} i_B$。

③饱和区：i_C 曲线上 $u_{CE} = u_{BE}$（即 $u_{CB} = 0$）时对应各点的连线称为临界饱和线。临界饱和线以左的区域 $u_{CE} < u_{BE}$（即 $u_{CB} < 0$）称为饱和区。此时发射结和集电结均正偏，i_C 不随 i_B 的增大而按比例增大，即 $i_C \neq \bar{\beta} i_B$，i_C 处于饱和状态，三极管失去电流放大作用。小功率硅管 C、E 之间的饱和压降 u_{CES} 约为 0.3 V。饱和时三极管的 C 和 E 两极之间相当于一个闭合的开关。

综上所述，三极管作为放大元件使用时，必须工作在放大区；三极管作为开关元件使用时必须工作在饱和区或截止区；只要控制集电结和发射结的偏置电压就可以使管子工作在放大状态或开关状态。

（3）三极管的主要参数

三极管的参数用来表征三极管各种性能指标，是衡量三极管的优劣和设计三极管应用电路的依据。

①电流放大系数

如前所述，电流放大系数有 $\bar{\beta}$ 和 β 两种。电流放大系数（共发射极）$\bar{\beta} = \dfrac{I_C}{I_B}$（直流）、$\beta = \dfrac{\Delta i_c}{\Delta i_b}$（交流），虽然含义不同，但数值差别不大，工程计算时常认为 $\bar{\beta} \approx \beta$，放大电路中，$\beta$ 的值通常在 20~200 之间。β 值与温度有关，温度每升高 1℃，β 值增大 0.5%~1%。

②极间反向电流

a. I_{CBO} 表示发射极开路时，集电极 – 基极反向电流。也就是 PN 结的反向漏电流。室温下，小功率锗管是微安级，硅管是纳安级。I_{CBO} 受温度的影响大，造成管子的稳定性差，故使用中最好选用硅管。

b. I_{CEO} 表示基极开路时，集电极与发射极之间加上规定电压，从集电极到发射极之间的电流，又称为穿透电流。

$$I_{CEO} = (1 + \bar{\beta}) I_{CBO} \tag{6-4}$$

③极限参数

a. 集电极最大允许电流 I_{CM}

集电极电流 I_C 超过一定值时，β 会随 I_C 的增大而下降。I_{CM} 是指 β 下降到其正常值 2/3 时对应的集电极电流。当 $I_C > I_{CM}$ 时，三极管性能下降，甚至有可能烧坏。

b. 集电极最大允许耗散功率 P_{CM}

$P_C = U_{CE} \cdot I_C$ 为三极管的集电极耗散功率，这个功率将导致集电结发热，结温升高。当结温超过最高允许结温（硅管约 150℃，锗管约 75℃）时管子的性能变坏甚至烧坏。因此，必须对集电结的耗散功率有个限制，这个限定值就称为集电结最大耗散功率 P_{CM}。

P_{CM} 与三极管工作时的散热条件（例如环境温度、散热片面积）有关。散热条件越好则 P_{CM} 越大。

$P_{CM} \geq 5$ W 的三极管称为大功率三极管，小于 1 W 的称为小功率管。

c. 反向击穿电压

基极开路时，集电极与发射极之间的反向击穿电压为 $U_{(BR)CEO}$；发射极开路时，集电极与基极之间的反向击穿电压为 $U_{(BR)CBO}$；集电极开路时，发射极与基极之间的反向击穿电

压为 $U_{(BR)EBO}$。$U_{(BR)CEO}$ 通常为几十伏至数百伏，而小功率管的 $U_{(BR)EBO}$ 只有几伏。

1.3* 特殊半导体器件

1.3.1 稳压二极管

稳压二极管通常是用硅材料制作的平面型特殊二极管。其电路符号如图 6-15 所示。

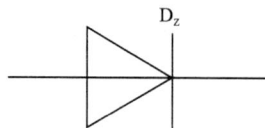

图 6-15　稳压二极管的图形符号

其伏安特性和普通二极管没什么本质的区别，只是工作区域不同。稳压管通常工作在击穿区，且击穿电压比普通二极管低，通常为 2 V 到几百伏。由二极管的伏安特性可知：当反向击穿时，反向电流变化很大，而管子两端的击穿电压变化却很小，因此具有稳压作用。

（1）稳定电压 U_Z

U_Z 是稳压管在规定的测试电流下，两端的反向击穿电压值。由于制造工艺的原因，即使是同一型号的管子，U_Z 也会不同。产品手册中常给出 U_Z 的范围。例如：2CW15 在测试电流为 5 mA 时，U_Z 在 7~8.2 V 之间。

（2）稳定电流 I_Z

稳压管正常工作时的参考电流，常把 I_Z 记为 I_{Zmin}，当工作电流小于稳定电流时，稳压管没有稳压作用。

（3）最大稳定电流 I_{Zmax}

稳压管正常工作时允许通过的最大电流。电流超过此值，管子会因过热而损坏。

1.3.2 发光二极管

半导体发光二极管是一种把电能变成光能的特种器件，当给半导体发光二极管加上正向电压。它通过一定电流时就会发光。半导体发光二极管简称 LED。其电路符号如图 6-16 所示。

半导体发光二极管的伏安特性与普通半导体二极管相同。

1.3.3 光电二极管

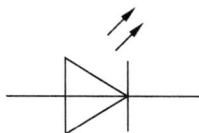

图 6-16　发光二极管的电路符号

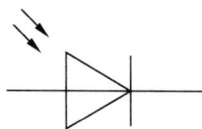

图 6-17　光电二极管的电路符号

光电二极管是将光信号转变成电信号的器件，工作于反向电压状态，当受到光照时，光能被 PN 结所吸收，并将能量转交给电子，激发电子和空穴对。在反向电压作用下，这些光生载流子参加导电，因为光生载流子比原来 PN 结的少数载流子多得多，所以 PN 结在光的照射下，反向电流显著增加。这个电流称为光电流，它的大小与光照的强度及波长有关。其电路符号如图 6-17 所示。

1.3.4 场效应管

场效应晶体管是一种利用电场效应来控制其电流大小的晶体管。它具有输入电阻高

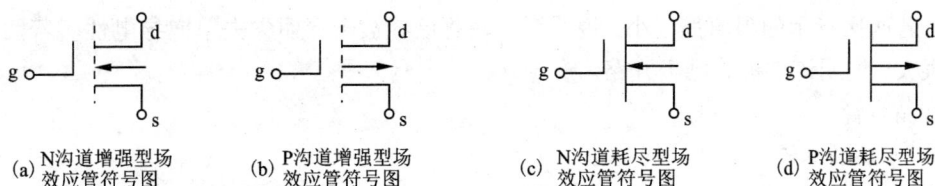

(a) N沟道增强型场
效应管符号图
(b) P沟道增强型场
效应管符号图
(c) N沟道耗尽型场
效应管符号图
(d) P沟道耗尽型场
效应管符号图

图6-18　场效应管符号图

（最高可达 10^{15} Ω ）、噪声低、热稳定性好、抗辐射能力强、耗电省等优点，因此得到广泛应用。因绝缘栅型场效应晶体管制作工艺简单，便于集成，因此得到了广泛的应用。绝缘栅型场效应管简称 MOS 管。

绝缘栅型场效应管可分为增强型场效应管和耗尽型场效应管如图6-18(a)(b)(c)(d)所示。

场效应管同三极管一样，分别有三个极，栅极 g、源极 s 和漏极 d。

在 u_{DS} 为常数的条件下，漏极电流 i_D 与栅、源电压 u_{GS} 之间的关系曲线称为场效应晶体管的转移特性。图6-19(a)所示为 N 沟道增强型场效应管转移特性曲线。图6-19(b)所示为 N 沟道增强型场效应管漏极特性曲线。

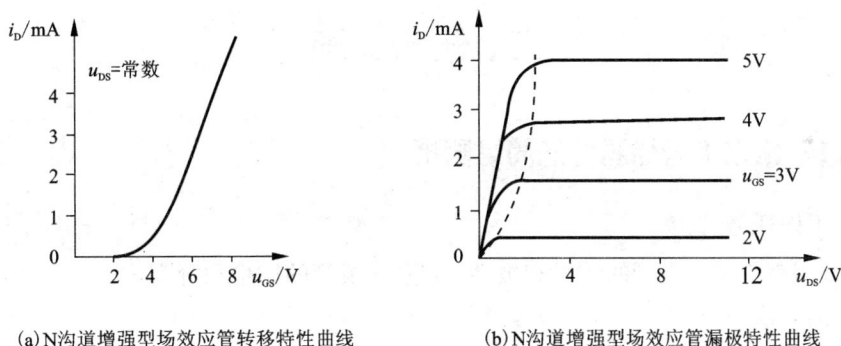

(a) N沟道增强型场效应管转移特性曲线

(b) N沟道增强型场效应管漏极特性曲线

图6-19　场效应管的转移特性

1.4　常用半导体器件的简易测试方法

(1)测试目的

①学会用万用表判别二极管极性和晶体管的管脚。

②熟悉用万用表判别二极管和晶体管的质量。

(2)基本步骤和内容

①普通二极管

借助指针式万用表的欧姆挡作简单判别。万用表正端(+)红表笔接表内电池的负极，而负端(-)黑表笔接表内电池的正极。根据二极管的单向导电性原理来简单确定二极管好坏和极性。具体做法是：万用表欧姆挡置"$R \times 100$"或"$R \times 1$ k"挡，进行0Ω 校正，将红、黑表笔分别接二极管的两端，万用表的指针分别有读数，若两次指示的阻值相差很大，说明该二极管的单向导电性能好，读数阻值大时（几百千欧以上），红表笔所接的为二极管的阳极。若两次指示的阻值都很小，说明该二极管已经被击穿而失去单向导电性。若两次阻值都很大，说明该二极管已经开路。

②晶体管

A．先判断基极和晶体管的类型

将万用表欧姆挡置"$R \times 100$"或"$R \times 1$ k"处，先假设晶体管某极为基极，并将黑表笔接在假设的基极上，再将红表笔分别接到其余两个电极上，如果两次得到的电阻值都很大（或者都很小），约为几千欧至十几千欧（或约几百欧至几千欧）而对换红、黑表笔后测得的电阻值都很小（或很大），则可确定假设基极是正确的。如果两次得到的电阻值是一大一小，则可肯定原假设的基极是错误的，需要重新假设基极。

当基极确定后，将黑表笔接基极，红表笔分别接其他两极，此时若测得的电阻值都很小，则该晶体管为 NPN 型晶体管，反之，则为 PNP 型晶体管。

B．再判断集电极和发射极

以 NPN 型管为例。把黑表笔接到假设的集电极上，红表笔接到假设的发射极上，并且用手捏住基极和假设的集电极（注意不要让基极和集电极接触），相当于在基极和假设的集电极之间接入了偏置电阻。读出万用表读数。然后将另一极假设为集电极，相同的操作方法，读出万用表读数。两次测量中，读数小的一次假设正确。

三、任务实施

任务1　常用半导体器件的简易测试

1.1　工作任务

使用万用表判别二极管的质量和极性、判别三极管的质量和管脚。

1.2　内容要求

（1）掌握万用表的结构

（2）掌握使用万用表判别二极管极性和三极管管脚的方法

（3）掌握使用万用表判断二极管和三极管质量的方法

1.3　器材准备

数字式万用表或指针式万用表一只，二极管、三极管样品各 10～15 只。

1.4　实施步骤

（1）观看二极管、三极管样品各 10～15 只，熟悉各种二极管、三极管的外形（封装形式）、结构和标识。

（2）用万用表判别所给二极管的电极及质量好坏，记录所用万用表的型号、挡位及测得的二极管正、反向电阻读数值。

（3）用万用表判别所给晶体三极管的管脚、类型，用万用表的 h_{FE} 挡测量比较不同晶体管的电流放大系数，并记录测试结果。

1.5 考核评价

表6-1 个人自评和组内互评表

任务：常用半导体器件的简易测试

参评人员	任务完成过程中知识与技能考核						任务完成过程中态度考核		
	专业知识理解 10%	专业技能掌握 10%	任务完成情况及质量 30%	工作效率 5%	团队协作精神 10%	开拓创新能力 10%	学习态度 10%	工作态度 10%	职业素质（责任、安全意识等）5%
1组甲									
1组乙									
1组丙									
……									

评分人签名：　　　　　　　　　　　　　　　　　考评日期：

四、模块习题

6-1 处于截止状态的三极管，其工作状态为（　　）。

A. 发射结正偏，集电结反偏；　　　　　　B. 发射结反偏，集电结反偏；

C. 发射结正偏，集电结正偏；　　　　　　D. 发射结反偏，集电结正偏。

6-2 P型半导体是在本征半导体中加入微量的（　　）元素构成的。

A. 三价；　　　　　　　　　　　　　　B. 四价；

C. 五价；　　　　　　　　　　　　　　D. 六价。

6-3 稳压二极管的正常工作状态是（　　）。

A. 导通状态；　　　　　　　　　　　　B. 截止状态；

C. 反向击穿状态；　　　　　　　　　　D. 任意状态。

6-4 用万用表直流电压挡测得晶体管三个管脚的对地电压分别是 $V_1 = 2$ V，$V_2 = 6$ V，$V_3 = 2.7$ V，由此可判断该晶体管的管型和三个管脚依次为（　　）。

A. PNP 管，CBE；　　　　　　　　　　B. NPN 管，ECB；

C. NPN 管，CBE；　　　　　　　　　　D. PNP 管，EBC。

6-5 用万用表 $R \times 1$ k 的电阻挡检测某一个二极管时，发现其正、反电阻均约等于 1 kΩ，这说明该二极管是属于（　　）。

A. 短路状态；　　　　　　　　　　　　B. 完好状态；

C. 极性搞错；　　　　　　　　　　　　D. 断路状态。

6-6 测得某电路板上晶体三极管 3 个电极对地的直流电位分别为 $V_E = 3$ V，$V_B = 3.7$ V，$V_C = 3.3$ V，则该管工作在（　　）。

A. 放大区；　　　　　　　　　　　　　B. 饱和区；

C. 截止区；   D. 击穿区。

6-7　PN 结加正向电压时，其正向电流是(　　　)。

A. 多子扩散而成；   B. 少子扩散而成；

C. 少子漂移而成；   D. 多子漂移而成。

6-8　三极管组成的放大电路在工作时，测得三极管上各电极对地直流电位分别为 V_E $=2.1$ V，$V_B=2.8$ V，$V_C=4.4$ V，则此三极管已处于(　　　)。

A. 放大区；   B. 饱和区；

C. 截止区；   D. 击穿区。

6-9　如何用万用表测试晶体管的好坏？如何分辨晶体管的类型及其三个管脚的极性？

6-10　为什么说三极管放大作用的本质是电流控制作用？如何用三极管的电流分配关系来说明它的控制作用？

6-11　试在输出特性曲线上指出三极管的三个工作区：放大区、截止区、饱和区。

6-12　P 型半导体和 N 型半导体是怎样形成的，在室温下它们各带什么电荷。

6-13　什么是二极管的死区电压，为什么会出现死区电压，硅管和锗管的死区电压值各约为多少。

模块七　模拟电路

一、模块描述

本模块以半导体器件为核心，围绕这些关键器件对其应用电路作分析并展开讨论，主要内容包括在许多电子设备，如扩音机、收音机、电视机、手机和音响等都需要用到的基本放大电路、集成运算放大电路及为各种电子设备供电的直流稳压电源等。

二、知识准备

1　基本放大电路

1.1　基本放大电路的构成与工作原理

在电子学中，把变化的电压、电流和功率统称为电信号，简称信号。放大电路的功能是把微弱的电信号放大到便于测量和利用的程度。从表面上看，放大电路放大了能量，其实这是不可能的。放大电路只是在输入信号的作用下，通过三极管等控制元件把直流电源的能量转换成输出信号的能量。所以放大的实质是能量的转换。放大电路既可由三极管等分立器件构成，也可由集成电路构成。但对放大电路最基本的要求是：对信号有足够大的放大能力和尽可能小的失真。

1.1.1　外部偏置与静态工作点

图 7-1(a)是基本的单管共发射极放大电路。信号 u_i 为需要放大的输入信号，u_o 为放大后输出的信号。各个元件的作用如下：三极管 V 是放大电路的核心，起电流放大作用。V_{BB} 通过电阻 R_b 使三极管的发射结正偏。V_{CC} 使三极管的集电结反偏，并提供信号放大所需的能量。V_{CC} 通常为几伏到几十伏。R_C 是集电极负载电阻，其作用是将三极管集电极电流的变化转换成电压的变化，配合三极管实现电压放大。R_C 通常为几千欧至几十千欧。C_1、C_2 把信号源、放大电路及负载电阻三者连接起来，称为耦合电容，C_1、C_2 的容值较大，通常为几微法至几十微法，交流信号通过衰减得很少，但它隔断了信号源和放大器与负载之间的直流通路。所以 C_1、C_2 的作用是"隔直(流)通交(流)"。

由于该图电路使用两组电源，很不经济。若使 $V_{BB}=V_{CC}$，将 R_b 连到 V_{CC} 上，就可省掉电源 V_{BB}。另外，为了作图简洁常不画出电源回路，只标出 V_{CC} 正极对地的电位值，如图 7-1(b)图所示。

三极管是放大电路的核心，但要使三极管正常地发挥作用，还必须具备一定的外部条件，即选择合适的静态工作点。

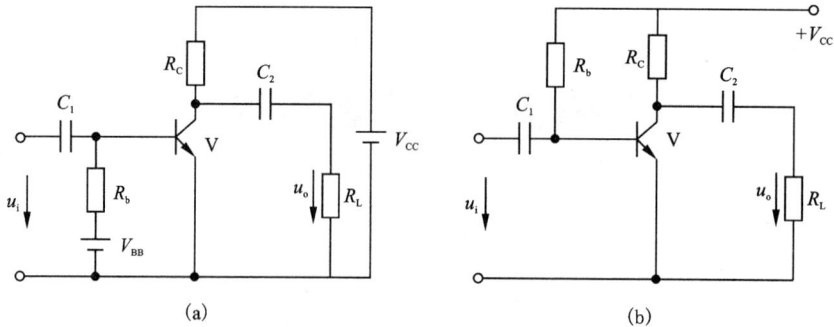

图 7-1　基本单管共射放大电路

（1）静态工作点的意义

放大电路不加输入信号（$u_i = 0$）时的状态称为静态。由此产生的所有电流、电压都为直流量，所以静态又称为直流状态。静态时，各极电流和极间电压分别是基极电流 I_{BQ}、集电极电流 I_{CQ} 和集射极电压 U_{CEQ}，它们在三极管输入、输出特性曲线上确定一个点，这个点称为静态工作点，习惯上用 Q 表示，故又称为 Q 点。

静态时直流电流通过的路径称为直流通路。由于 C_1、C_2 的隔直作用，放大电路的直流通路如图 7-2 直流通路所示。由直流通路可估算静态工作点。

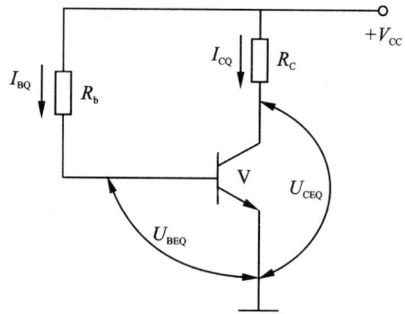

图 7-2　直流通路

（2）固定偏置共射放大电路静态工作点的计算

① 计算 I_{BQ}、U_{BEQ}

由输入回路得
$$-V_{CC} + I_{BQ}R_b + U_{BEQ} = 0$$

则

$$I_{BQ} = \frac{V_{CC} - U_{BEQ}}{R_b} \quad\quad (7-1)$$

② 计算 I_{CQ}、U_{CEQ}

根据三极管的电流分配关系得

$$I_{CQ} = \beta I_{BQ} \quad\quad (7-2)$$

再根据输出回路得
$$-V_{CC} + I_{CQ}R_C + U_{CEQ} = 0$$

则
$$U_{CEQ} = V_{CC} - I_{CQ}R_C \quad\quad (7-3)$$

例 7-1　在图 7-1（b）所示电路中，已知：三极管 $\beta = 50$，$V_{CC} = 12$ V，$R_b = 470$ kΩ，$R_C = 4$ kΩ，$R_L = 4$ kΩ。求：该电路工作点的电流和电压。

解：由该电路的直流通路如图 7-2 所示，可知

$$I_{BQ} = \frac{V_{CC} - U_{BEQ}}{R_b} = \frac{12 - 0.7}{470 \times 10^3} = 24 \ \mu A$$

$$I_{CQ} = \beta I_B = 50 \times 24 = 1.2 \ mA$$

$$U_{CEQ} = V_{CC} - I_{CQ}R_C = 12 - 1.2 \times 4 = 7.2 \ V$$

1.1.2 信号放大原理

在静态直流电源作用的同时，在放大电路的输入端加上交流信号 u_i，这时电路中除了有直流电压和直流电流外还将产生交流电压和交流电流，放大电路的这种工作状态称为动态。动态时，电路中的电流和电压由两部分组成：一部分是直流分量，另一部分是交流分量，为了便于分析，将放大电路中电流、电压的符号作了规定，如表 7-1 所示：

表 7-1　放大电路中的电压与电流的符号

名　称	直流量	交　流　量		总电流或总电压
		瞬时值	有效值	瞬时值
基极电流	I_B	i_b	I_b	i_B
集电极电流	I_C	i_c	I_c	i_C
发射极电流	I_E	i_e	I_e	i_E
集射极电压	U_{CE}	u_{ce}	U_{ce}	u_{CE}
基射极电压	U_{BE}	u_{be}	U_{be}	u_{BE}

动态放大电路中的总电流、电压与交流量和直流量之间的关系为

$$u_{BE} = U_{BE} + u_{be}$$
$$i_B = I_B + i_b$$
$$i_C = I_C + i_c$$
$$u_{CE} = U_{CE} + u_{ce}$$

设输入的信号电压 u_i 为正弦量，则放大电路中的交流分量均为正弦量，总电流和总电压是直流分量和正弦量的叠加。

（1）动态时，瞬时量 u_{BE}、i_B、i_C、u_{CE} 都包含直流和交流分量。其大小随输入信号的变化而变化，而方向和极性却保持不变，始终为正值。这里直流分量是正常放大的基础，交流分量是放大的对象，交流量搭载在直流上进行传输和放大。

（2）当 u_i 随时间增大时，i_B、i_C 都相应增大，而 u_{CE} 却减少。这是因为 $u_{CE} = V_{CC} - i_C R_C$ 当 V_{CC} 和 R_C 一定时，i_C 的增大必然会使 u_{CE} 减小。所以 u_{be}、i_b、i_c 与 u_i 同相，u_{ce} 与 u_i 反相。

（3）由于电容 C_2 的隔直作用，仅 u_{CE} 的交流分量可以通过它传送到输出端。所以 $u_o = u_{ce}$，且 u_o 与 u_i 反相。这是共发射极电路的一个重要特点。

（4）放大是指输出交流分量与输入信号的关系，不包括直流成分。

由图可知：交流信号是搭载在直流上进行传输和放大的。如果没有直流分量电路就不能正常工作。在图 7-3 所示电路中，由于不接 R_B，则 $I_B = 0$，u_i 直接加到三极管的发射结上。由于三极管发射结存在死区电压，所以输入信号 u_i 的一个周期内，仅当 u_i 大于死区电压时，才有 i_b；而在 u_i 小于死区电压的部分和负半周，三极管截止，电路将没有输出，这时电路的输出波形相对于输入波形发生了畸变，称为失真。因为它是三极管工作在非线性区（截止区和饱和区）引起的，所以又称为非线性失真。合理设置静态工作点是保证放大电路正常放大的基础。

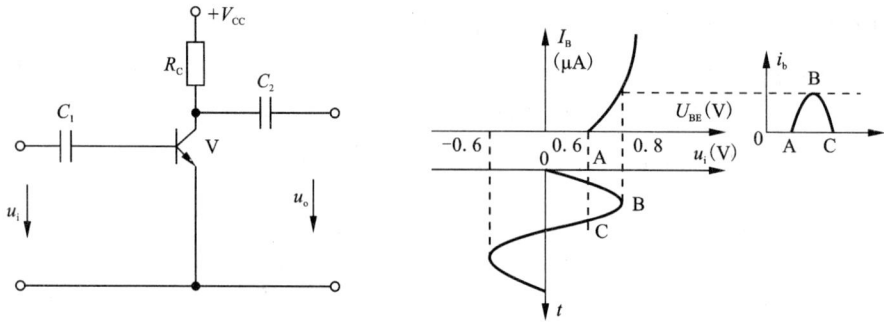

图 7-3　无直流偏置的放大电路及波形图

设置了合适的静态工作点,放大电路处于正常的放大状态,放大电路各处的电流、电压波形如图 7-4 所示。

对三极管放大电路进行动态分析通常就是求该放大电路的输入电阻 R_i、输出电阻 R_o 与电压放大倍数 $\dot{A}_u$,最常见的方法是微变等效电路法。

放大电路的主要性能指标如 r_i、r_o、$\dot{A}_u$ 都是针对信号来讨论的。因此要进行动态分析就要从交流信号分量入手。只考虑交流信号源单独作用所得到的电路称交流通路。由于耦合电容的隔直通交,交流通路中电容 C_1、C_2 视为短路;直流电源不作用,可令 $V_{cc}=0$,即电源接地,将交流通路中的三极管用微变等效电路代替,即可得到放大电路的微变等效电路,图 7-5 所示为共射电路微变等效电路。

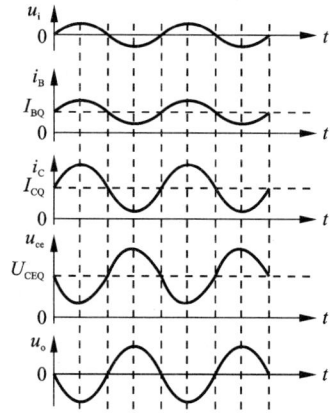

图 7-4　电流、电压波形

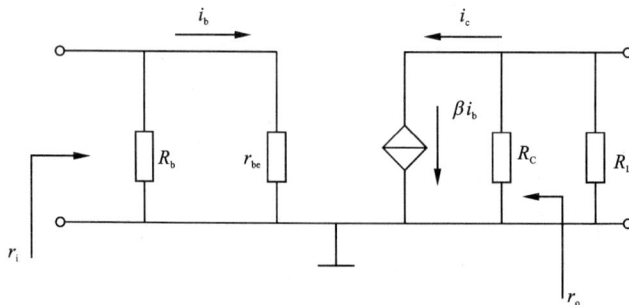

图 7-5　共射微变等效电路

1.1.3　交流参数

(1)输入电阻 r_i

当放大器输入端加上信号源时,放大电路就相当于信号源的负载电阻。这个负载电阻就是从放大电路输入端看进去的等效电阻。

$$r_i = \frac{u_i}{i_i} = R_b // r_{be} \tag{7-4}$$

$$r_{be} = 300 + (1+\beta)\frac{26\ (\text{mV})}{I_{EQ}(\text{mA})} \tag{7-5}$$

在放大电路中，r_i 越大，放大电路从信号源吸取的电流越小，放大电路的输入电压越接近信号电压。所以 r_i 反映了放大电路对信号源电压的衰减程度。

（2）输出电阻 r_o。

放大电路向负载输出信号电压和电流，因此它是负载的信号源，该信号源等效为一个电压源和电阻 r_o 的串联。r_o 称为放大器的输出电阻。

$$r_o = \frac{u_o}{i_o} = R_C \tag{7-6}$$

（3）电压放大倍数 $\dot{A}_U$

放大器的电压放大倍数定义为输出电压与输入电压的比值，在正弦输入信号下，电压放大倍数

$$\dot{A}_U = \frac{\dot{U}_0}{\dot{U}_i} = \frac{-i_c(R_C // R_L)}{i_b r_{be}} = -\beta\frac{R_C // R_L}{r_{be}} \tag{7-7}$$

由上式可知，电压放大倍数不仅与三极管电流放大倍数 β、集电极电阻 R_C 有关，还与负载电阻的大小有关。

1.2 分压式偏置放大器

由上节分析中可以看出，合理设置静态工作点是保证放大电路正常工作的先决条件，Q 点位置过高过低都可能使信号产生失真。放大电路内部因素对静态工作点有影响，外部条件发生变化时，也会使设置好的静态工作点 Q 移动，使原来合适的静态工作点变得不合适而产生失真。因此，设法稳定静态工作点是一个重要问题。

（1）静态工作点不稳定的原因

静态工作点不稳定的原因较多，如温度变化、电源波动、元件老化而使参数发生变化等，其中最主要的原因是温度变化的影响。

①环境温度升高对 I_{CEO} 的影响。一般情况，温度每升高 12℃，锗管 I_{CEO} 数值增大一倍；温度每升高 8℃ 时，硅管的 I_{CEO} 数值增大一倍。在基极电流 i_B 保持不变的情况下，温度升高，静态工作点上升，集电极电流 I_{CQ} 增加。

②温度变化对发射结电压 u_{BE} 影响。在电源电压不变的情况下，温度升高后，使 u_{BE} 减少，u_{BE} 减少，将使 i_B 和 i_C 增大，工作点上移。

③温度变化对 β 的影响。温度升高将使晶体管的 β 值增大，温度每升高 1℃，β 值约增加 0.5% ~ 1%，最大可增加 2%。反之，温度下降时 β 将减少。

综上所述，当温度增加时，晶体管的 I_{CEO}、u_{BE}、β 等参数都将改变，最终结果将使 i_C 增加，Q 值上移。如果在原放大电路基础上改变一下，在 i_C 上升的同时使 i_B 下降，以达到自动稳定工作点的目的。这就是分压式偏置电路。

（2）分压式偏置放大电路

分压式偏置电路如图 7-6 所示。

①电路的特点。利用 R_{b1}、R_{b2} 分压，固定基极电位 $U_B = \dfrac{R_{b2}}{R_{b1}+R_{b2}}V_{CC}$，$U_B$ 与晶体管参数无关。

利用发射极电阻 R_e 产生反映 i_C 变化的电位 u_E，u_E 能自动调节 i_B，使 i_C 保持不变。保持稳定的过程是：

$$温度 \uparrow \rightarrow i_C \uparrow \rightarrow i_E \uparrow \rightarrow u_E \uparrow \rightarrow u_{BE} \downarrow \rightarrow i_B \downarrow \rightarrow i_C \downarrow$$
$$温度 \downarrow \rightarrow i_C \downarrow \rightarrow i_E \downarrow \rightarrow u_E \downarrow \rightarrow u_{BE} \uparrow \rightarrow i_B \uparrow \rightarrow i_C \uparrow$$

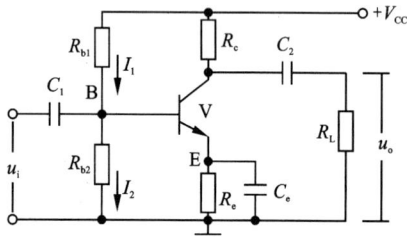

图 7 – 6　分压式偏置放大电路　　　　　图 7 – 7　直流通路

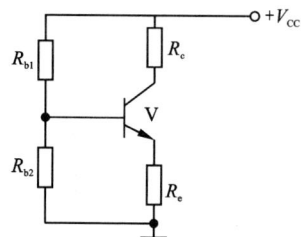

从以上可以看出，R_e 越大，稳定性越好，但不能太大，一般 R_e 为几百欧到几千欧，与 R_e 并联的电容 C_e 称为旁路电容，可为交流信号提供低阻通路，使电压放大倍数不至于降低，C_e 一般为几十微法到几百微法。

②静态工作点的计算。计算分压式偏置放大电路的静态工作点时，先画出直流通路，如图 7 – 7 所示，再用下列估算法求出。

例 7 – 2　如图 7 – 6 所示的放大电路中，已知 $V_{CC} = 12$ V、$R_C = 2$ kΩ、$R_e = 2$ kΩ、$R_{b1} = 20$ kΩ、$R_{b2} = 10$ kΩ，晶体管 3DG6 的 $\beta = 37.5$，试求静态工作点。

解：静态工作点

$$U_{BQ} = \frac{R_{b2}}{R_{b1}+R_{b2}}V_{CC} = \frac{10}{20+10} \times 12 \text{ V} = 4 \text{ V}$$

$$I_{CQ} \approx I_{EQ} = \frac{U_{BQ}-U_{BEQ}}{R_e} = \frac{(4-0.7)}{2 \text{ k}\Omega} = 1.65 \text{ mA}$$

$$U_{CEQ} = V_{CC} - I_{CQ}(R_c+R_e) = 12 \text{ V} - 1.65 \times (2+2) \text{ V} = 5.4 \text{ V}$$

$$I_{BQ} = I_{CQ}/\beta = 1.65 \text{ mA}/37.5 = 0.044 \text{ mA} = 44 \text{ }\mu\text{A}$$

1.3　射极输出器

（1）电路结构

射极输出器的信号是从发射极输出的，电路的特点是晶体管的集电极作为输入输出的公共端，输入电压从基极对地（集电极）之间输入，输出电压从发射极对地（集电极）之间取出，集电极是输入与输出的公共端，故这种电路也称为共集电极放大电路，如图 7 – 8 所示。

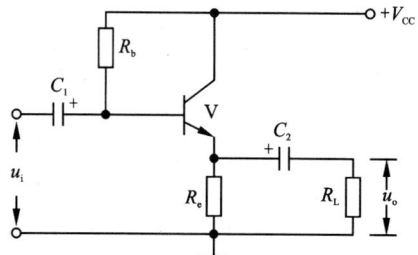

图 7 – 8　射极输出器

（2）静态分析

图 7-9 直流通路为射极输出器的直流等效电路。

由基极回路得

$$V_{CC} = I_{BQ}R_b + U_{BEQ} + I_{EQ}R_e$$

则

$$I_{BQ} = \frac{V_{CC} - U_{BEQ}}{R_b + (1+\beta)R_e}$$

$$I_{CQ} = \beta I_{BQ}$$

$$U_{CEQ} = V_{CC} - I_{EQ}R_e \approx V_{CC} - I_{CQ}R_e$$

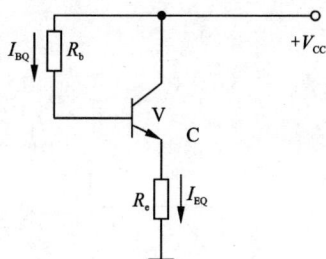

图 7-9　直流通路

（3）射极输出器的特点

射极输出器输出电阻很低，一般在几十欧到几百欧，电压放大倍数小于 1 但近似等于 1，输出电压与输入电压同相位、输入电阻高、输出电阻低等特点，因而射极输出器得到了广泛应用。

（4）应用举例

图 7-10 是扩音机的输入电路，射极输出器输入电阻高，可以和内阻较高的话筒相匹配，使话筒输入信号能得到有效地放大，电位器的阻值为 22 kΩ，可用来调节输入信号强度，以控制音量大小。

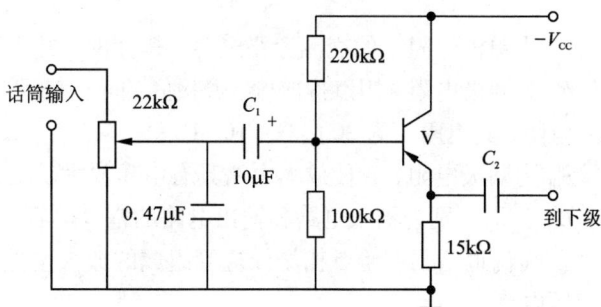

在多级电子电路中，射极输出

图 7-10　扩音机的输入电路

器也常作中间级以隔离前后级之间的相互影响，这里称为缓冲级。射极输出器的输出电阻低，带负载能力强，有一定的功率放大作用，可以作为基本的功率输出电路。

1.4　场效应管放大电路

由于场效应晶体管具有高输入电阻特点，它适用于作为多级放大器的输入级，尤其对于高内阻信号源，采用场效应晶体管才能有效放大。

场效应管的源极、漏极、栅极相当于三极管的发射极、集电极、基极。两者的放大电路类似，场效应管有共源极放大电路和源极输出器等。场效应管同三极管一样，必须设置合适的静态工作点，否则也会造成信号失真。

场效应管的共源极放大电路与三极管的共发射极放大电路在电路结构上类似，如图 7-11 所示。

首先对放大电路进行静态分析，场效应管是电压控制元件，当 V_{DD} 和 R_d 选定后，静态工作点是由栅 - 源极电压 u_{GS}（偏压）确定的。常见的偏置电路有下面两种。

（1）自给偏压偏置电路

图 7-11（a）所示是 N 沟道耗尽型绝缘栅场效应晶体管的自给偏压偏置电路。源极电流 I_D（等于 I_D）流经源极电阻 R_S，在 R_S 上产生压降 I_SR_S，显然 $U_{GS} = -I_SR_S = -I_DR_S$，它就是自给偏压。

电路中各元件的作用如下：

R_S 为源极电阻，静态工作点受它控制，阻值约为几千欧姆；

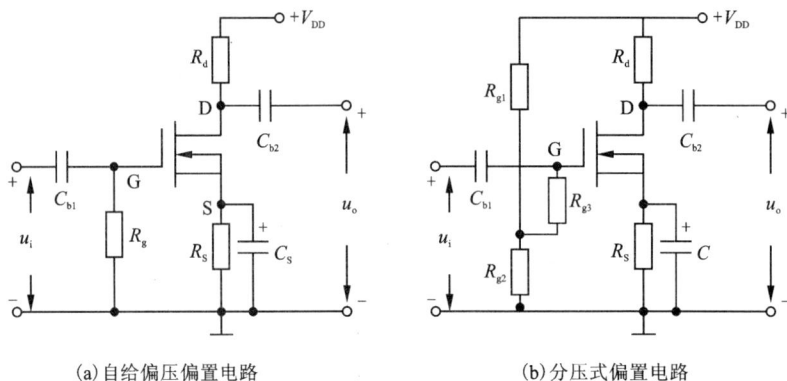

(a)自给偏压偏置电路　　　　　　　　(b)分压式偏置电路

图 7 - 11　场效应管放大电路

C_S 为源极电阻上的交流旁路电容，其容量为几十微法；

R_g 为栅极电阻，用以构成栅、源极间的直流通路，R_g 不能太小，否则影响放大电路的输入电阻，其电阻值为 200 kΩ ~ 10 MΩ；

R_d 为漏极电阻，它使放大电路具有电压放大功能，其阻值约为几十千欧；

C_{b1}、C_{b2} 分别为输入电路和输出电路的耦合电容，其容量约为 0.01 ~ 4.7 μF。

因 N 沟道增强型绝缘栅场效应管组成的放大电路，工作时 U_{GS} 为正，所以不能采用自给偏压电路。

（2）分压式偏置电路

在自给偏压电路中，R_S 具有电流负反馈，起到稳定静态工作点的作用。为了使工作点更稳定，就要增大 R_S 阻值。但 R_S 不应过大，否则会产生非线性失真。为了解决这一矛盾，就采用如图所示的分压式偏置电路。R_{g1} 和 R_{g2} 为分压电阻，电阻 R_{g3} 是为了提高放大电路的输入电阻而接的，R_{g3} 中并无电流流过。G 点产生一个正电位 U_G，其值为

$$U_G = \frac{R_{g2}}{R_{g1} + R_{g2}} V_{DD} \tag{7-8}$$

这样，栅 - 源电压为

$$U_{GS} = U_G - I_D R_S \tag{7-9}$$

对 N 沟道耗尽型管，U_{GS} 为负值，所以 $I_D R_S > U_G$；对 N 沟道增强型管，U_{GS} 为正值，所以有 $I_D R_S < U_G$。

1.5　多级放大电路

一般放大器是由几级放大电路组成，能对输入信号进行接力式的连续放大，以获得足够的功率去推动负载工作，这就是多级放大器。

多级放大电路中，相邻两级放大电路之间的信号传递叫耦合，实现级间耦合的电路叫耦合电路。多级放大电路的构成如图 7 - 12 所示。

1.5.1　多级放大电路的组成

根据级间耦合方式，可将多级放大电路分为阻容耦合方式、变压器耦合方式与直接耦合方式。

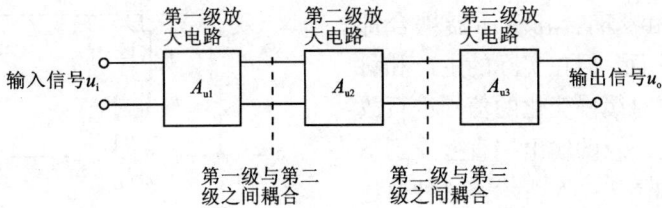

图7-12　多级放大电路的构成

（1）阻容耦合

阻容耦合如图7-13所示，信号通过电容 C_1、C_2、C_3 分别与第一级放大电路、第二级放大电路、负载电阻 R_L 相连，这种通过电容与下一级相连的耦合方式称为阻容耦合。

阻容耦合的放大电路具有各级放大器的静态工作点彼此独立；选用容量较大的电容进行耦合可以达到较高的传输效率等优点，但不能放大直流和频率很低的信号。另外，在集成电路中难以制造大容量的电容，因此阻容耦合方式的多级放大电路在集成电路中几乎无法应用。

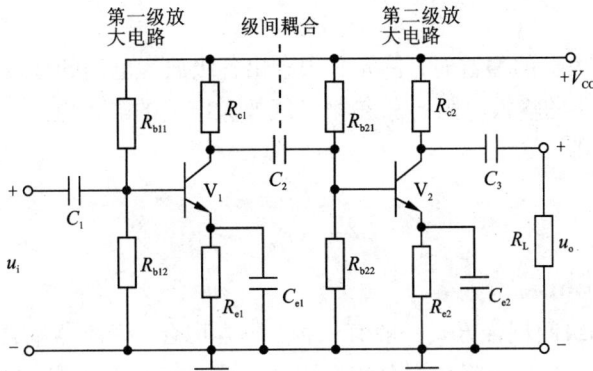

图7-13　阻容耦合

（2）变压器耦合

如图7-14所示，它的输入电路是阻容耦合，而第一级的输出是通过变压器与第二级的输入相连的。这种耦合方式称为变压器耦合放大器。

变压器耦合的放大器与阻容耦合的放大器一样，静态工作点彼此独立，同时还具有阻抗变换作用，能使放大器达到最大的功率输出。不足之处是体积大，成本高，另外低频信号几乎不能通过。

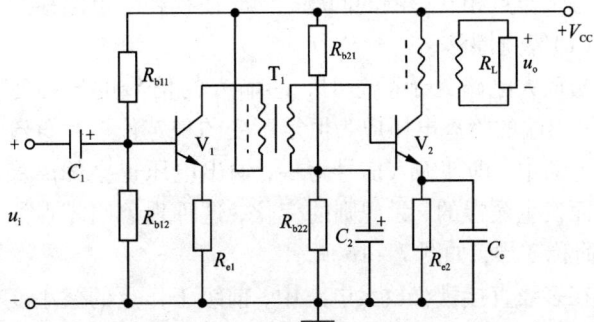

图7-14　变压器耦合

（3）直接耦合

前面讨论的阻容耦合和变压器耦合都有隔直流的重要一面，但在实际的生产和科研活动中，常常要对缓慢变化的信号进行放大，因此需要把前一级的输出端直接连到下一级的输入端，如图 7-15 所示。这种通过导线、二极管或电阻分别与第一级放大电路、第二级放大电路、负载电阻相连的耦合方式称为直接耦合。

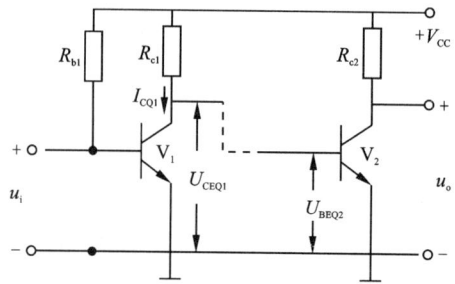

图 7-15 直接耦合

直接耦合的多级放大电路虽然可以放大各种不同频率的信号，并且易于集成化，但是却存在各级放大电路之间静态工作点相互影响的缺点，必须采取特别的处理措施才能使各级放大电路正常工作。

1.5.2 多级放大电路的性能指标

（1）多级放大电路电压放大倍数的计算

因为多级放大电路是多级串联逐级连续放大的，所以总的电压放大倍数是各级放大倍数的乘积，即

$$A_{U总} = A_{U1}A_{U2}\cdots A_{Un} \tag{7-10}$$

因此，求多级放大器的增益时，首先必须求出各级放大电路的增益。

（2）多级放大电路的输入电阻 r_i 就是第一级放大电路的输入电阻，输出电阻 r_o 就是最后一级的输出电阻，即

$$r_i = r_{i1} \tag{7-11}$$

$$r_o = r_{on} \tag{7-12}$$

1.6 差动放大电路

多级放大电路的级间耦合方式一般有三种：阻容耦合、变压器耦合和直接耦合。对于频率较高的交流信号，常采用阻容耦合或变压器耦合。但在工业测量、自动控制及其他某些应用领域，需要放大的信号往往是变化缓慢的，甚至是直流信号。对于这些信号，不能采用阻容耦合、变压器耦合，而只能采用直接耦合。直接耦合多级放大电路不仅存在前后级静态工作点相互影响的问题，同时还存在零点漂移的问题。

（1）零点漂移

当放大电路处于静态时，即输入的信号电压为零时，输出端的静态电压应为恒定不变的稳定值。在直流放大电路中，即使输入信号为零，输出电压也会偏离稳定值而发生缓慢的、无规则的变化，这种现象叫零点漂移，简称零漂，如图 7-16 所示。

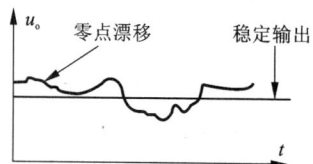

图 7-16 零点漂移

在多级直接耦合放大电路中，前级工作点的微小变化象信号一样被后面逐级放大，在输出端产生一个缓慢变化的漂移信号电压。放大倍数越高，零点漂移就越大。当输入信号较小时，会造成输出端漂移电压和有用信号难以区分的情况。零点漂移后果示意图如图 7-17 所示。因此，减少零点漂移，尤其是第一级的零点

漂移尤为重要。采用差动放大器是目前应用最广泛的能有效抑制零点漂移的方法。

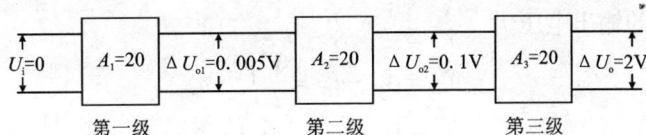

图7-17 零点漂移后果示意图

1.6.1 差动放大电路的结构特点

差动放大电路的基本形式如图7-18所示,这种接法称为双端输入双端输出。它是由两个结构完全对称的单管放大器组成。两个晶体管V_1、V_2的特性相同,外接电阻也一一对称相等,两管静态工作点也必然相同。输入信号从两管基极输入,输出信号从两管集电极之间输出。静态时,输入信号为零,即$u_{i1} = u_{i2} = 0$,由于电路对称,所以$u_{o1} = u_{o2}$,输出电压$u_o = u_{o1} - u_{o2} = 0$

因此,静态时,无论温度或电源电压怎么变化,两个管子的集电极电压总是同时升高或降低,而且值也相同,因而输出电压总为零,零点漂移被相互抵消。显然,电路的对称性越好,对零漂的抑制能力越强。在集成运算放大器等集成电路中,其输入级都采用差分放大电路。

1.6.2 差动放大电路的工作原理

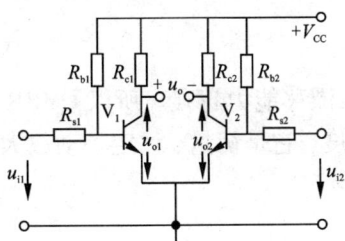

图7-18 基本差动放大电路原理图

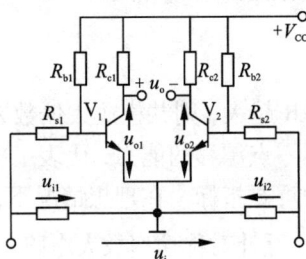

图7-19 差模输入放大电路

图7-18是由两个左右完全对称的单管共射放大电路组成。

(1)电路静态时为零输出。

(2)加共模输入信号。加在两个输入端的输入信号电压大小相等,极性相同,即$u_{i1} = u_{i2}$,称为共模输入信号,电路对共模信号电压的放大倍数称为共模放大倍数,记作A_C。对于完全对称的差动放大电路,在共模信号的作用下,两管各级电流、电压的变化量也必然相同,因此$u_o = u_{o1} - u_{o2} = 0$。而$u_o = A_C u_i$,故$A_C = 0$。即在完全对称的理想情况下,电路对共模信号没有放大能力。

(3)加差模输入信号。加在两个输入端的输入信号电压大小相等,而极性相反,即$u_{i1} = -u_{i2}$,称为差模输入信号,如图7-19所示,电路对差模信号的电压放大倍数称为差模放大倍数,记作A_d。

由于V_1、V_2的输入电压u_{i1}、u_{i2}分别为

$$u_{i1} = \frac{1}{2}u_i$$

$$u_{i2} = -\frac{1}{2}u_i$$

那么 V_1、V_2 的输出电压为

$$u_{O1} = A_1 \cdot u_{i1} = \frac{1}{2}A_1 \cdot u_i$$

$$u_{O2} = A_2 \cdot u_{i2} = -\frac{1}{2}A_2 \cdot u_i$$

则有　　　　　$$u_O = u_{O1} - u_{O2} = \frac{1}{2}A_1 \cdot u_i - (-\frac{1}{2}A_2 \cdot u_i)$$

又　　　　　　　　　　　　$$A_1 = A_2$$

所以　　　　　　　　$$u_O = A_1 \cdot u_i = A_2 \cdot u_i$$

差动放大电路的电压放大倍数为

$$A_d = \frac{u_O}{u_i} = A_1 = A_2 = -\frac{\beta R_c}{R_{b1} + r_{be}} \qquad (7-13)$$

从上式中可以看出差动放大电路的电压放大倍数与单管放大电路的放大倍数相同。可以认为差动放大电路的特点是多用一半电路来换取对零点漂移的抑制。

（4）共模抑制比

在理想情况下，差动放大电路的共模放大倍数 $A_c = 0$，实际上电路不可能完全对称。为了衡量电路对共模信号的抑制能力，对差模信号的放大能力，引入了共模抑制比的概念，用 CMRR 表示。

$$\text{CMRR} = \left|\frac{A_d}{A_C}\right| \qquad (7-14)$$

CMRR 越大，则共模放大倍数 A_c 越小，抑制零点漂移能力越强。所以 CMRR 代表了电路抑制零点漂移的能力，代表了电路工作的稳定程度，它是衡量、评定差动放大电路质量优劣的重要指标。在理想情况下，$A_c = 0$，CMRR→∞。

1.7　互补对称功率放大电路

1.7.1　功率放大电路的特点及类型

功率放大电路与电压放大电路有所不同，电压放大电路中的信号幅度较小，主要解决电压放大倍数和频率特性的问题；功率放大电路不仅要提供足够的信号电压，还要提供足够的信号电流，这样才能输出足够的功率，使负载正常工作。功率放大电路中，三极管工作在极限状态。

功率放大电路具有以下四个特点：

（1）功率放大电路的输出功率要大

为了获得足够大的功率输出，要求功放管的电压和电流都有足够大的输出幅度。最大的输出功率是指电路输出不失真或失真在允许范围内的情况下输出信号的最大功率。

（2）功率放大电路的效率要高

由于输出功率大，直流电源消耗的功率也大，这使效率成为一个主要问题。

我们把负载获得的功率 P_O 与直流电源提供的功率 P_E 之比定义为转换效率，用字母 η 表示，即 $\eta = \frac{P_O}{P_E}$。

（3）电路散热要好

在功率放大器中，有相当大的功率消耗在功放管的集电结上，使结温和管壳的温度升高。为了使功放管能有效地散热，要给功放管安装散热片，散掉集电结产生的热量。

（4）非线性失真要小

功率放大电路要放大大信号，输入和输出信号的动态范围很大，工作状态接近晶体管的饱和截止状态，超越了晶体管特性曲线的线性范围，非线性失真不可忽视，所以必须想办法解决非线性失真问题。

按照功放管工作位置不同，功率放大器的工作状态可分为甲类、乙类和甲乙类放大等形式。

（1）甲类功率放大电路

功放的静态工作点设置在三极管输出特性曲线的线性区、交流负载线的中点，工作范围限定在放大区内。图7－20（a）所示这种工作状态下，直流电源始终不断地输送功率，在没有信号输入时，绝大部分消耗在功放管的集电结上，转化为热能散发出去。

甲类功率放大器放大的信号不失真，但功放管功率消耗大，效率太低。目前很少采用。

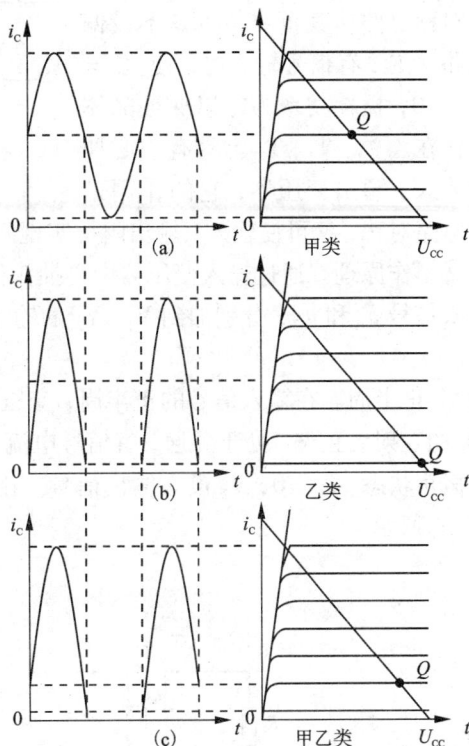

图7－20　功放电路工作状态
（a）甲类功放电路；（b）乙类功放电路；（c）甲乙类功放电路

（2）乙类功率放大电路

从甲类功放的分析可知，静态电流是造成管耗的主要因素，也是效率不高的主要原因。所以，可以把功放的静态工作点下移到截止区与放大区的交界处，即 $I_b = 0$。在无信号输入时，功放管处于截止状态，$I_c = 0$，$U_{ce} = E_C$，这时功放管不消耗功率。如图7－20（b）所示，乙类功率放大器管耗低，效率高，可达到75%以上但是失真太严重。现一般采用两只晶体管轮流工作，分别放大正弦信号的正、负半周的办法来克服失真。

（3）甲乙类功率放大电路

将功放的静态工作点放置于靠近截止区但仍在放大区，图7－20（c）所示在无信号输入时有较小的电流 I_c 通过功放管，即有较小的管耗。甲乙类功率放大器放大效率高，但部分信号失真大。目前采用互补对称电路加以克服。

1.7.2　典型功率放大电路分析

（1）乙类推挽功率放大电路

①电路结构。乙类推挽功率放大电路如图7－21所示，该电路选用两只特性相同的晶体管使它们工作在乙类放大状态，一只负担正半周信号的放大，另一只负担负半周信号的放大，在负载上将这两个输出波形合在一起得到一个完整的放大的波形，这就是乙类推挽

放大电路。电路采用无输出电容器的直接耦合方式，因此被称作 OCL 电路。

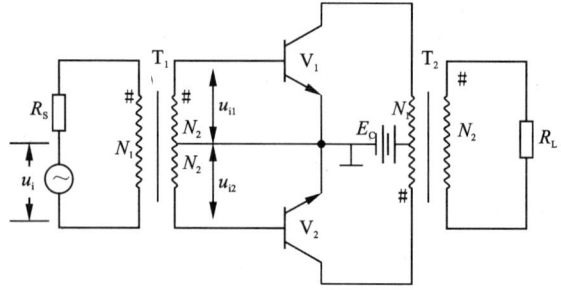

图 7-21　乙类推挽功率放大电路

该电路由两只特性相同的晶体管组成对称电路。其重要特点是不设偏置电路，在没有信号输入时，使 $I_{BQ}=0$，$I_{CQ}\approx0$，损耗功率为零以保证晶体管工作在乙类。T_1、T_2 为具有中心抽头的输入、输出变压器，它的作用是既使电路对称，又可使输入、输出阻抗实现匹配。

②工作原理。通过输入变压器中心抽头得到两个幅值相等、相位相反（相对于三极管）的输入信号 u_{i1} 和 u_{i2}，分别加到 V_1、V_2 的输入回路，使它们分别工作在输入信号的正、负半周。

A. 正半周。在输入信号的正半周，变压器 T_1 次级线圈感应电压极性为上正下负，显然 V_1 的发射结正偏，处于导通，有信号电流 i_{c1} 由 V_1 的集电极输出；而 V_2 的发射结反偏，处于截止状态，$i_{c2}=0$，V_2 没有输出信号。由此可见，在输入信号正半周 V_1 工作，如图 7-22(a)所示。

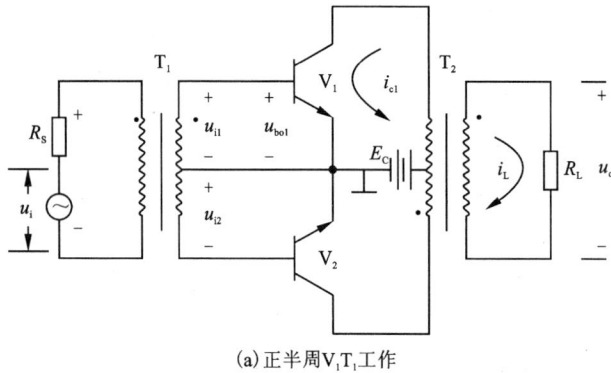

(a)正半周 V_1T_1 工作

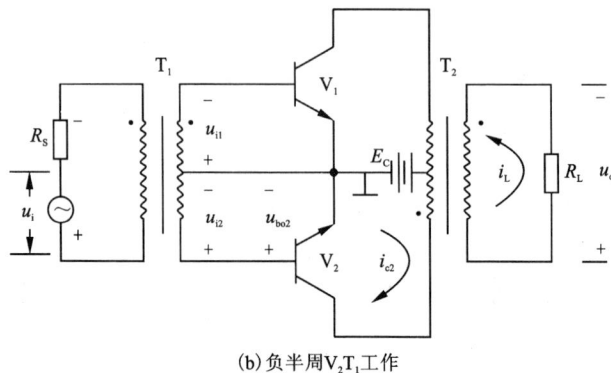

(b)负半周 V_2T_1 工作

图 7-22　乙类推挽功率放大电路工作原理

B. 负半周。在输入信号的负半周，变压器 T_1 次级线圈感应电压极性为上负下正，显然 V_2 的发射结正偏，处于导通，有信号电流 i_{c2} 由 V_2 的集电极输出；而 T_1 的发射结反偏，处于截止状态，$i_{c1} = 0$，V_1 没有输出信号。由此可见，在输入信号负半周 V_2 工作，如图7－22(b)所示。

C. 输出波形的合成。由 V_1 和 V_2 分别放大的两个半波电流 i_{c1} 和 i_{c2}，经输出变压器 T_2 在负载 R_L 上合并起来。

D. 交越失真。乙类推挽功率放大电路由于没有直流偏置，所以当输入电压 u_i 很低时，三极管工作在输入特性曲线的根部，使 i_{b1} 和 i_{b2} 的底部出现了失真。信号经三极管放大后，i_{c1} 和 i_{c2} 也出现了同样的失真。由于两管轮流工作，所以在输出信号正、负半周的交界处产生了失真，这种失真即交越失真，如图7－23所示。

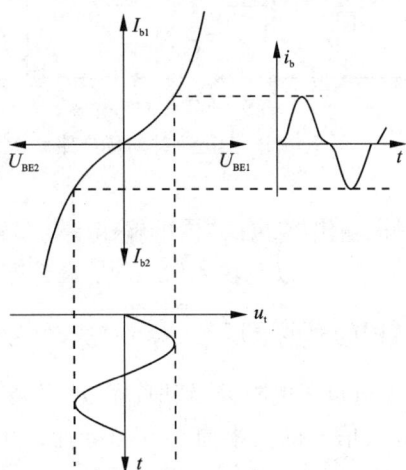

图 7 - 23　交越失真

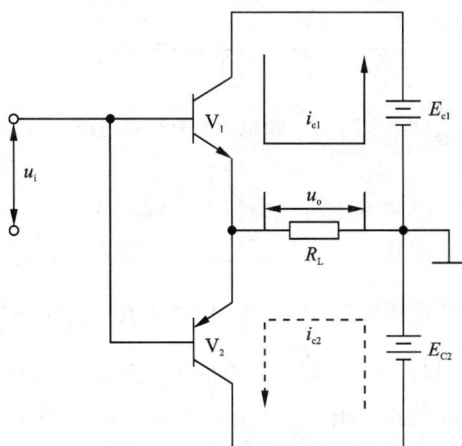

图 7 - 24　双电源互补对称电路

(2)双电源互补对称电路

①电路结构。双电源互补对称电路要求两只晶体管 V_1、V_2 的特性是其中 V_1 是 NPN 型三极管，V_2 是 PNP 型三极管。在静态时无基极偏流，两管全都处于截止状态，如图7－24所示。

②工作原理。设 u_i 正半周输入端上正、下负，则 NPN 型管处于正偏导通状态，集电极电流 i_{c1} 自左至右通过负载 R_L(图中实线箭头所示)，此时 PNP 型管处于截止状态，$i_{c2} = 0$。

u_i 负半周输入端上负、下正，则 PNP 型管处于正偏导通状态，集电极电流 i_{c2} 自右至左通过负载 R_L(图中虚线箭头所示)，此时 NPN 型管处于截止状态，$i_{c1} = 0$。

由此可见，这种电路的工作原理与乙类推挽电路类似，也是两只管子轮流工作。推挽电路两只管子是同类型的管子，而互补对称功率放大器是两只类型相反的管子。在输入信号 u_i 的一个周期内，负载 R_L 上的输出信号方向有正有负为一个交流信号。

(3)单电源互补对称电路

双电源互补对称电路简单，效率高，可接近80%，但是它需要两个电源来供电，既不经济，又不方便。为此将电路略加改进，省去一个电源，成为单电源互补对称电路，这种电路的输出通过电容器与负载耦合，而不用变压器，所以又称 OTL 电路，如图7－25所示。

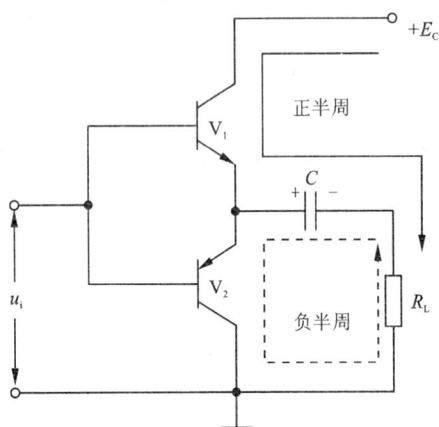

图 7 - 25　单电源互补对称电路

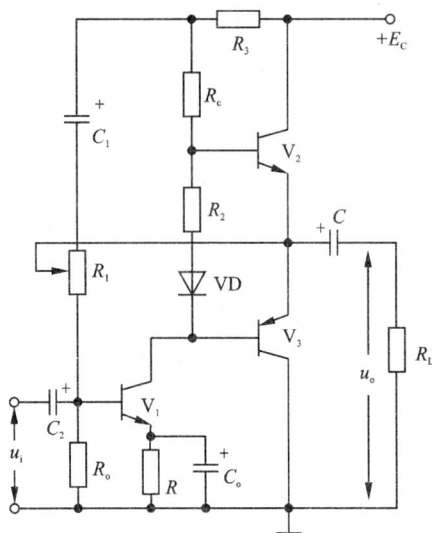

图 7 - 26　典型互补对称电路

电路可以看成由特性相同的 V_1、V_2 组成两个射极输出器,在共同的输出端与负载 R_L 之间串联一个容量足够大的电容器 C,V_2 的集电极接地。在没有输入信号时,调整电路的参数使得电容 C 两端为电源电压 E_C 的一半,即电容器的充电电压为 $\frac{E_C}{2}$,在输入信号的正半周时,V_1 导通,电流自 E_C 经 V_1 为电容 C 充电,经过负载电阻 R_L 到地,在 R_L 上产生正半周的输出电压(电流方向如图中实线所指)。在输入信号的负半周时,V_2 导通,电容 C 通过 V_2 和 R_L 放电,在 R_L 上产生负半周的输出电压(电流方向如图中虚线所示)。

应当指出,电容 C 的容量需要足够大,它可等效为一个恒压源,无论信号怎样变化,电容 C 上的电压几乎保持不变。在 OTL 电路中,电容 C 等效为一个 $\frac{E_C}{2}$ 的电源。

(4)典型互补对称电路分析

如图 7 - 26 所示,V_1 是推动级,它为 V_2 和 V_3 组成的互补推挽对称电路提供激励信号。R_1 是 V_1 的偏流电阻,它与输出端连接,起交、直流负反馈作用,既稳定了电路的工作点,又可稳定电路的放大倍数。调节 R_1 可使 V_2 和 V_3 的 c、e 之间电压均为电源电压 E_C 的一半左右,这样电容器的充电电压为 $\frac{E_C}{2}$。电阻 R_2 与二极管 VD 串联起来,为 V_2 和 V_3 提供一个合适的正向偏压,达到克服交越失真的目的。应当指出,R_2 不能太大,绝对不能开路,否则 V_2 和 V_3 的静态电流过大会将晶体管烧坏。R_3、C_1 组成自举电路,其作用一是利用电容作为一个电源起到改善失真作用;另一个是提升 V_2 的基极电流使 V_2 接近饱和导通,得到充分利用。自举电路实质是一个电压并联正反馈电路,它把 R_c 上端的电位自举了一个变量;R_3 将 E_C 和 C_1 隔开,使 V_2 获得自举电压。

2　集成运算放大器及其应用

2.1　集成运算放大器简介

集成运算放大器(简称集成运放)就是一种高电压增益、高输入电阻和低输出电阻的直接耦合多级放大电路。人们采用特殊的半导体制造工艺,把二极管、三极管、电阻、电容以及连接导线集中制造在一小块半导体基片上,构成一个完整的具有一定功能的电路,就是集成电路。与分立元件电路相比,它具有通用性强、可靠性高、体积小、重量轻和性能优越等特点。因而被广泛应用于计算技术、信息处理、自动测试、自动控制以及通信工程等各个领域。按功能划分,集成电路有模拟集成电路和数字集成电路两大类。模拟集成电路种类较多,有集成运放、集成功放、集成稳压器、集成模数和数模转换器等多种。其中集成运算放大器(简称集成运放)是应用最广泛的一种。由于这种电路最初用于模拟计算机中实现数字运算,所以得到了集成运算放大器的名称。

2.1.1　集成运算放大器的组成

通用型集成运放由输入级、中间级、输出级和偏置电路四个部分组成。其内部电路结构见电路框图 7 - 27 所示。

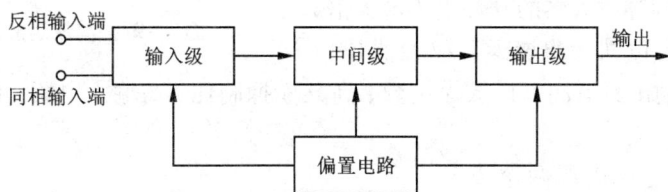

图 7 - 27　集成运放的内部电路框图

输入级是决定集成运算放大器质量的关键。为了减少零点漂移和抑制共模干扰信号,要求输入级温漂小、共模抑制比高、有极高的输入阻抗,一般采用高性能的恒流源差分放大电路。

中间级是整个电路的主放大器,其作用是提供较高的电压增益,一般采用共射放大电路。一般放大倍数可达几万倍至几十万倍。

输出级的作用是提供较高的输出电压和较大的输出功率,它的输出电阻小,有较强的带负载能力。大多数集成运放的输出级采用互补(或准互补)对称输出电路。

偏置电路一般由恒流源组成,它的作用是向各个放大级提供合适的偏置电流,使之具有合适的静态工作点。

2.1.2　集成运放的外形及符号

(1)集成运放的外形

常见的有三种:①圆壳式见图 7 - 28(a)。②双列直插式见图 7 - 28(b)。③扁平式见图 7 - 28(c)

目前国产的集成运放主要采用圆壳式和双列直插式两种。

(2)集成运放的电路符号

集成运放的电路符号见图 7 - 29。它有两个输入端:一个是反相输入端,另一个是同

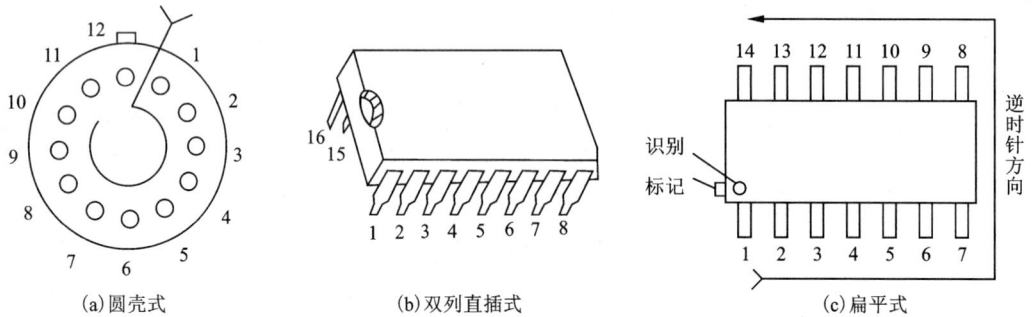

（a）圆壳式　　　　（b）双列直插式　　　　（c）扁平式

图 7－28　常见的集成运放

相输入端，分别用"－"和"＋"表示；有一个输出
端，输出端电压与反相输入端相位相反，与同相
输入端相位相同。"▷"表示信号的传输方向，
"∞"表示理想条件。其输入输出关系为

$$u_o = A_{od}(u_+ - u_-) \qquad (7-15)$$

式中，A_{od} 为集成运算放大器的开环电压放大倍数。

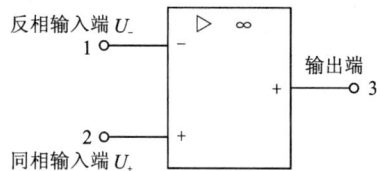

图 7－29　集成运放的电路符号

从外部看，可以认为集成运算放大器是一个
双端输入、单端输出具有高差模放大倍数、高共模抑制比、高输入电阻、低输出电阻的差
分放大电路。

大多数集成运放需要两个直流
电源供电，如图 7－30 所示，图中 4、
5 两个端子由运放内部引出，分别接
到正电源 $+U_{CC}$ 和负电源 $-U_{EE}$。

需要说明的是，集成运放除了输
入、输出和电源端子外，有些还有调
零端、相位补偿端以及其他一些特殊
引出端子。只有在特殊应用场合，才
可能涉及到电源端等少数端子。因

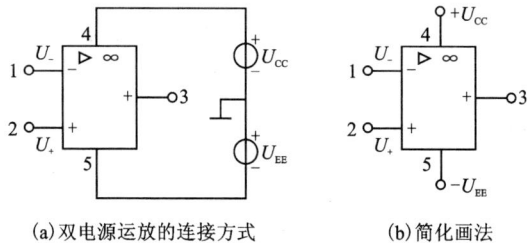

（a）双电源运放的连接方式　　（b）简化画法

图 7－30　集成运放供电

此，只有在特殊需要时，才把有关引出端加以标注。

2.2　集成运放的理想模型与主要参数

2.2.1　集成运放的理想模型

在分析运算放大器时一般可将它看成理想运算放大器。运算放大器的理想模型是：

（1）开环差模电压放大倍数 $A_{od} \to \infty$ ；

（2）开环差模输入电阻 $R_{id} \to \infty$ ；

（3）开环差模输出电阻 $R_{od} = 0$ ；

（4）共模抑制比 $K_{CMR} \to \infty$ ；

（5）频带宽度 $BW \to \infty$

对于理想运放，由于 $A_{od} \to \infty$ ，而输出电压 u_o 为有限值，由式（7－15）可得差模输入电

压 $u_{id} = u_+ - u_- = \dfrac{u_o}{A_{od}} = 0$，即 $u_+ - u_- = 0$，称为"虚短"。

由于 $R_{id} \to \infty$，则流经运放两输入端的电流 $i_- \approx i_+ \approx$ 0，称为"虚断"。

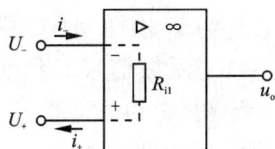

图 7 - 31 集成运放的 电压、电流示意图

2.2.2 集成运放的主要参数

(1)开环差模电压增益 A_{od}：集成运放的开环差模电压增益是指集成运放工作在线性区，接入规定负载而无负反馈情况下直流差模电压增益。通常 A_{od} 较大，一般可达 100 dB，最高可达 140 dB 以上。A_{od} 越大，电路性能越稳定，运算精度越高。

(2)输入失调电压 U_{IO}：通常指在室温 25℃、标准电源电压下，为了使输入电压为零时输出电压为零，在输入端加的补偿电压。U_{IO} 的大小反映了运放输入级电路的不对称程度。U_{IO} 越小越好，一般为 $\pm(1 \sim 10)$ mV。

(3)输入失调电流 I_{IO}：输入失调电流 I_{IO} 指常温下，输入信号为零时，放大器的两个输入端的基极静态电流之差称为输入失调电流 I_{IO}，它反映了输入级两管输入电流的不对称情况。I_{IO} 越小越好，一般为 1 nA ~ 0.1 μA。

(4)输入偏置电流 I_{IB}：输入偏置电流是指集成运放输出电压为零时，两个输入端静态电流的平均值，即 $I_{IB} = (I_{B1} + I_{B2})/2$ 的大小，输入偏置电流主要取决于运放差分输入级 BJT 的性能，当 β 值太小时，将引起偏置电流增加。从使用角度看，I_{IB} 越小越好，一般为 10 nA ~ 1 μA。

(5)最大差模和共模输入电压 U_{idmax}、U_{icmax}：最大差模输入电压 U_{idmax}：是指集成运放输入差模电压的极限参数，差模输入电压超过 U_{idmax}，将会导致输入级差放管加反向电压的 PN 结击穿，使输入级损坏。最大共模输入电压 U_{icmax} 是指运放正常放大差模信号的条件下集成运放两输入端所允许加的最大共模电压，超过此值，集成运放的共模抑制比将明显下降，甚至不能工作。

(6)最大输出电压 U_{om}：在给定负载上，最大不失真输出电压的峰 - 峰值称为最大输出电压。

其他重要参数还有开环带宽 BW、单位增益带宽 BW_G、开环差模输入电阻 R_{id}、转换速率 S_R、开环差模输出电阻 R_{od}、共模抑制比 K_{CMR} 等。

2.3 放大电路中的反馈

2.3.1 反馈的基本概念

所谓反馈，就是将放大电路输出端电量(电压或电流)的一部分或全部，通过一定网络回送到输入端，若回送的反馈信号使输入信号加强了，则为正反馈；若反馈信号使输入信号减弱了，则为负反馈。正反馈一般用于振荡电路中，负反馈广泛应用于一般放大电路中。

反馈放大电路的组成如图 7 - 32 所示。它主要包括两部分：标有 A 的方框为基本放大电路；标有 F 的方框为反馈网络，它是联系放大电路的输出回路和输入回路的环节。$\dot{X}_i$、$\dot{X}_0$、$\dot{X}_f$ 分别表示放大电路的输入信号、输出信号和反馈信号，它们可以是电压也可以是电流；$\dot{X}_{id}$ 为基本放大电路的净输入信号，即 $\dot{X}_i$ 与 $\dot{X}_f$ 叠加后的信号；符号 $\otimes$ 表示比较环节，箭头表示信号的传递方向。

由图 7 − 32 可知，$\dot{X}_{id} = \dot{X}_i + \dot{X}_f$。

若 $\dot{X}_f$ 与 $\dot{X}_i$ 极性相反，则 $X_{id} = X_i - X_f$，即 $X_{id} < X_i$，反馈信号起到削弱输入信号的作用，则该反馈为负反馈。

若 $\dot{X}_f$ 与 $\dot{X}_i$ 极性相同，则 $X_{id} = X_i + X_f$，即 $X_{id} > X_i$，反馈信号起到增强输入信号的作用，则该反馈为正反馈。

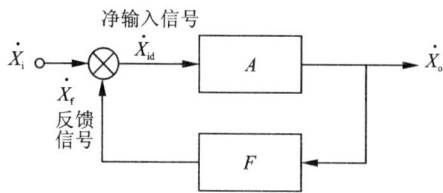

图 7 − 32　反馈放大电路的方框图

如图 7 − 33 中，射极电阻 R_E 起负反馈作用，自动稳定静态工作点。例如当温度升高使电流 I_C 增加时，增加的电流通过 R_E 反馈到输入回路，利用 R_E 上电压降的增大迫使 U_{BE} 和 I_C 减少，维持工作点稳定，这个调整过程称为反馈过程。若 R_E 两端并有电容 C_E，则 R_E 两端的电压只反映电流中直流分量的变化，称为直流反馈；若 R_E 两端不并电容 C_E，则 R_E 两端的电压不仅只反映直流分量的变化，同时也反映交

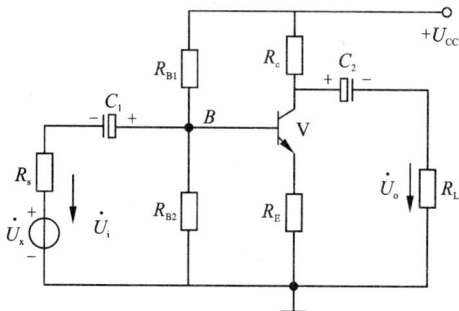

图 7 − 33　稳定静态工作点的放大电路

流分量的变化，对交流信号也有反馈作用，称为交流反馈。本节主要讨论交流反馈。

2.3.2　反馈放大电路的基本类型及其判别

（1）正反馈和负反馈

常用的判断正、负反馈的方法叫瞬时极性法。首先假定输入端交流信号处于某一瞬时极性，然后根据放大电路的先放大后反馈的正向传输顺序，逐级地推出各点的瞬时极性，并在图中用"＋""－"号表示出来，然后判断反馈到输入端的信号的瞬时极性，是否对净输入信号起削弱作用，若是削弱的，则为负反馈；反之为正反馈。

例 7 − 3　试判断图 7 − 34 所示电路中的反馈为正反馈还是负反馈。

解： 电路中 R_f 为反馈元件。输入信号加在集成运放反相输入端，运用瞬时极性法，假设反向输入端瞬时极性为 $\oplus$，则输出端瞬时极性为 $\ominus$，经 R_f 反馈到反相输入端为 $\ominus$，净输入信号减少，$i_{id} = i_i - i_f$，为负反馈。

（2）电压反馈和电流反馈

根据反馈取样方式的不同，可以分为电压反馈和电流反馈。若反馈信号取自输出电压信

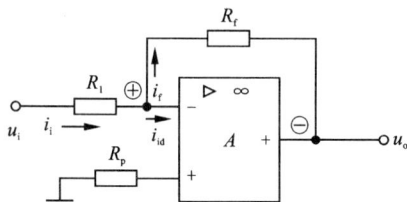

图 7 − 34　例 7 − 5 图

号或与输出电压信号成正比，称为电压反馈；若反馈信号取自输出电流或与输出电流成正比，则称为电流反馈。

放大电路中引入电压负反馈，能稳定输出电压，其效果是使电路的输出电阻减小；而电流反馈，能稳定输出电流，因而使电路的输出电阻增大。

判断电路中引入的反馈是电压反馈还是电流反馈，一般可以将输出端交流短路，看此时电路中是否有反馈，若反馈信号不存在，则为电压反馈；否则，就是电流反馈。

例 7 - 4　电路如图 7 - 34 所示，判断电路中引入的反馈是电压反馈还是电流反馈。

解：假设输出端短路，反馈信号则为零，所以引入的是电压反馈。

（3）串联反馈和并联反馈

根据反馈信号与输入信号在放大电路输入端连接方式的不同，可以分为串联反馈和并联反馈。若反馈信号与输入信号在输入回路中以电压形式相加减 $u_{id} = u_i - u_f$（即反馈信号与输入信号串联），称之为串联反馈；若反馈信号与输入信号在输入回路中以电流形式相加减 $i_{id} = i_i - i_f$（即反馈信号与输入信号并联），称之为并联反馈。

放大电路的输入端采用并联负反馈，将使其输入电阻减小；放大电路的输入端采用串联负反馈，将使输入电阻增大。

判断是串联反馈还是并联反馈一般根据定义来判断。改变净输入电压的（$u_{id} = u_i - u_f$），为串联反馈；改变净输入电流的（$i_{id} = i_i - i_f$），为并联反馈。

例 7 - 5　电路如图 7 - 34 所示，判断是串联反馈还是并联反馈。

解：对于输入端，由于反馈信号与输入信号在同一节点输入，且改变的是净输入电流，$i_{id} = i_i - i_f$，所以是并联反馈。

（4）反馈的基本组态

在一个实际的电路中，由于负反馈取样方式、回送方式的不同，可组合成下列 4 种类型的负反馈，见图 7 - 35 框图。它们分别是：电压串联负反馈，电流串联负反馈，电压并联负反馈，电流并联负反馈。

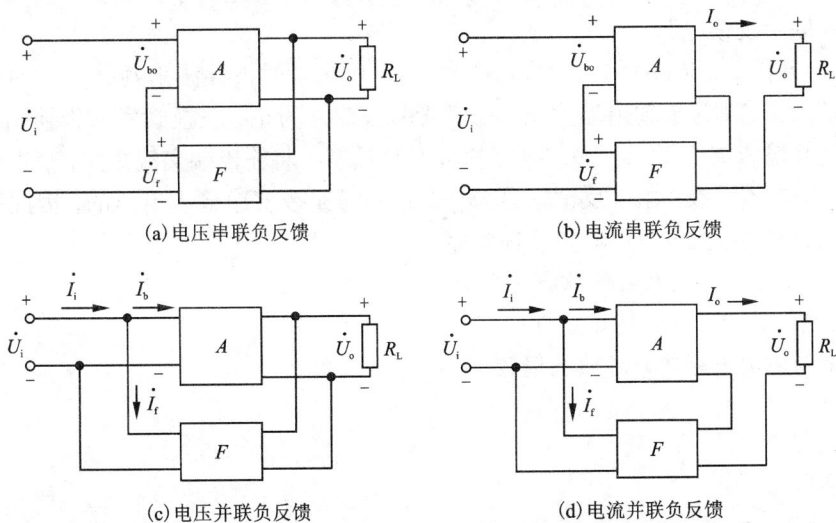

图 7 - 35　负反馈放大电路的四种组态

在判断反馈类型时，一般按以下方法进行：①找出反馈网络，并用瞬时极性法确定是正反馈还是负反馈。②从输出回路看取样方式，取的是电压还是电流，确定是电压反馈还是电流反馈。③从输入回路看回送方式，分析反馈信号与输入信号的连接方式，确定是串联反馈还是并联反馈。

不同反馈类型具有不同的特点。电压串联负反馈稳定输出电压、闭环电压放大倍数和提高输入电阻。电压并联负反馈稳定输出电压、闭环互阻放大倍数和降低输入电阻。电流串联负反馈稳定输出电流、闭环互导放大倍数和提高输入电阻。电流并联负反馈稳定输出电流、闭环电流放大倍数和降低输入电阻。

例 7 - 6　判断图 7 - 36 所示电路的反馈类型。

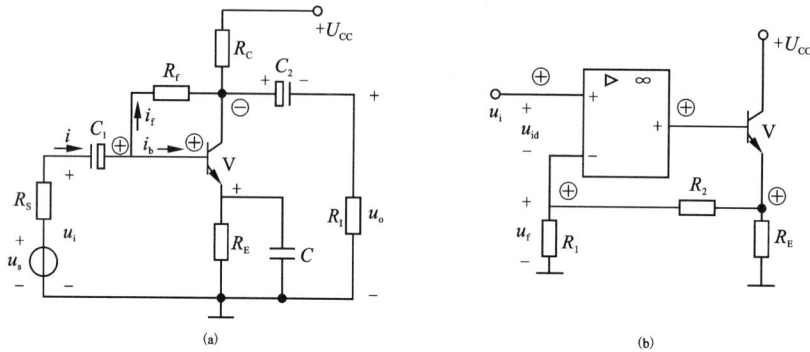

图 7 - 36　例 7 - 6 图

解：（1）在图 7 - 36(a)中，反馈元件为 R_f，可以用瞬时极性法来判断反馈的极性。当输入端基极的瞬时极性为正时，经三极管倒相后，集电极电位极性为负，经 R_f 反馈回输入端的反馈信号极性为负，因此是负反馈；将输出端交流短路，反馈信号消失，所以属于电压反馈；由于反馈信号（$i_b = i_i - i_f$）是改变净输入电流的，因此属于并联反馈。所以，此电路是电压并联负反馈电路。

解：（2）在图 7 - 36(b)中，反馈元件为 R_2 可以用瞬时极性法来判断反馈的极性。设同相输入端为正，则运放输出端为正，三极管基极输入为正，三极管发射极输出为正，反馈到运放反相输入端为正，$u_{id} = u_i - u_f$，因此是负反馈。将输出端交流短路，反馈信号仍存在，所以属于电流反馈；由于反馈信号（$u_{id} = u_i - u_f$）是改变净输入电压的，因此属于串联反馈。所以，此电路是电流串联负反馈电路。

2.3.3　负反馈对放大电路性能的影响

（1）提高电路放大倍数的稳定性

无反馈时放大电路的开环放大倍数

$$A = \frac{x_o}{x_{id}} \tag{7 - 16}$$

反馈系数

$$F = \frac{x_f}{x_o} \tag{7 - 17}$$

引入负反馈后，放大倍数降低为原来的 $\dfrac{1}{1 + AF}$，但放大倍数的稳定性提高了（$1 + AF$）倍。

当反馈深度（$1 + AF$）$\gg 1$ 时称为深度负反馈，此时 $A_f = \dfrac{A}{1 + AF} \approx \dfrac{A}{AF} = \dfrac{1}{F}$，说明在深度负反馈条件下，放大倍数由反馈网络决定，基本不受外界因素变化的影响，放大倍数较稳定。

（2）减小非线性失真

由于晶体管是非线性元件，在输入信号较大或静态工作点选择不当时，输出波形会产生非线性失真。在引入负反馈后，这种失真将会得到一定程度的改善。如图7-37(a)所示为无负反馈时的放大电路，由图可见，若正弦波输入信号 $\dot{U}_i$ 放大后的失真波形为前半周大，后半周小；引入负反馈后，如图7-37(b)，反馈信号 $\dot{U}_f$ 也是前半周大，后半周小；但它和输入信号 $\dot{U}_i$ 相减后的净输入信号 $\dot{U}_{id} = \dot{U}_i - \dot{U}_f$ 则变成前半周小，后半周大的波形，从而使输出波形趋于对称，这样就改善了输出波形。

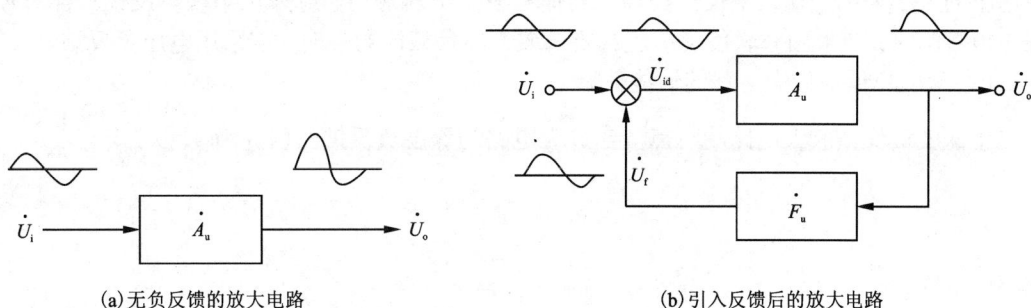

(a)无负反馈的放大电路   (b)引入反馈后的放大电路

图7-37 负反馈减少非线性失真示意图

(3)改变输入、输出电阻

放大电路引入了负反馈，对输入、输出电阻都会产生影响。

①对输入电阻的影响：放大电路的输入电阻，是从输入端看进去的交流等效电阻。输入电阻的变化，取决于输入端的负反馈方式(串联或并联)，与输出端采用的反馈方式(电流或电压)无关。串联负反馈使输入电阻增大，并联负反馈使输入电阻减少。

②对输出电阻的影响：放大电路的输出电阻，就是从放大电路的输出端看进去的交流等效电阻。输出电阻的变化，取决于输出端采用的反馈方式(电流或电压)，与输入端采用的反馈方式(串联或并联)无关。电流负反馈使输出电阻增大。电压负反馈使输出电阻减小。

表7-2 负反馈对输入、输出电阻的影响

负反馈放大电路	输入电阻 R_i	输出电阻 R_0
电压串联负反馈	增大	减小
电压并联负反馈	减小	减小
电流串联负反馈	增大	增大
电流并联负反馈	减小	增大

(4)展宽通频带

负反馈电路能扩展通频带。引入负反馈后，增益下降了，但通频带宽度扩展了，减少了频率失真。对于单 RC 电路系统通频带扩展 $(1+AF)$ 倍。

2.3.4 负反馈放大电路应用中的几个问题

(1)放大电路引入负反馈的一般原则

由于不同形式的反馈对放大电路的影响不同，在引入负反馈改善放大电路的性能时要从以下几点考虑：

①要想稳定某个量就引入某个量的反馈。要想稳定直流量就引入直流反馈；要想稳定

交流量就引入交流反馈。要想定电压就引入电压反馈；要想稳定电流就引入电流反馈。

②根据对输入、输出电阻的要求来选择反馈类型。要求减少输入电阻引入并联负反馈；要求提高输入电阻则引入串联负反馈；若要求高电阻输出引入电流负反馈；若要求低电阻输出引入电压负反馈。

③根据信号源和负载来确定反馈类型。当放大电路输入信号源已确定，就要根据信号源内阻的大小来确定输入端反馈类型。若信号源为恒压源时，应采用串联负反馈；若信号源为恒流源时，应采用并联负反馈。若要求放大器负载能力强时，应采用电压负反馈。

（2）深度负反馈放大电路的性能估算

①深度负反馈放大电路的特点。当放大电路为深度负反馈时 $(1+AF) \gg 1$ ，$A_{\mathrm{f}} = \dfrac{1}{F}$

由于

$$A_{\mathrm{f}} = \frac{x_{\mathrm{o}}}{x_{\mathrm{i}}} , \quad F = \frac{x_{\mathrm{f}}}{x_{\mathrm{o}}}$$

所以深度负反馈放大电路中

$$x_{\mathrm{f}} \approx x_{\mathrm{i}} \qquad\qquad (7-18)$$

即

$$x_{\mathrm{id}} \approx 0 \qquad\qquad (7-19)$$

上式说明在深度负反馈条件下，反馈信号 x_{f} 近似等于输入信号 x_{i} ，净输入信号近似为零。这是深度负反馈放大电路的重要特点。

由于负反馈对输入、输出电阻的影响，串联负反馈输入电阻很大，并联负反馈输入电阻很小；电流负反馈输出电阻很大，电压负反馈输出电阻很小。在工程近似估算时，常理想化地近似认为：在深度负反馈条件下，串联负反馈输入电阻 $R_{\mathrm{if}} \to \infty$ ，并联负反馈输入电阻 $R_{\mathrm{if}} \to 0$ ；电流负反馈输出电阻 $R_{\mathrm{of}} \to \infty$ ，电压负反馈输出电阻 $R_{\mathrm{of}} \to 0$ 。

根据上述特点，对深度负反馈放大电路可以得出两个重要结论：

A. 对串联负反馈 $u_{\mathrm{f}} \approx u_{\mathrm{i}}$ ，$u_{\mathrm{id}} \approx 0$ ；对并联负反馈 $R_{\mathrm{if}} \to 0$ ，$u_{\mathrm{id}} \approx 0$ 。即基本放大电路两输入端"虚短"。

B. 串联负反馈 $R_{\mathrm{if}} \to \infty$ ，$i_{\mathrm{id}} \approx 0$ ；并联负反馈 $i_{\mathrm{id}} \approx 0$ 。即放大电路两输入端也即基本放大电路两输入端"虚断"。

②深度负反馈放大电路的性能估算。利用"虚短"和"虚断"的概念，可以很方便地估算深度负反馈放大电路的性能。

例 7-7　估算如图 7-38 所示负反馈放大电路的电压放大倍数。

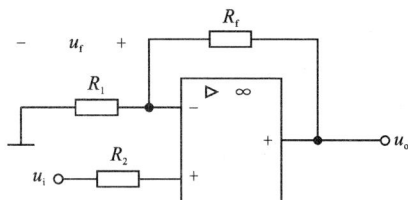

图 7-38　例 7-7 图

解：由图可知电路为电压串联负反馈放大电路，由于集成运放开环放大倍数很大，故为深度负反馈，有 $u_{\mathrm{f}} \approx u_{\mathrm{i}}$ 。

而根据分压关系

$$u_{\mathrm{f}} = \frac{R_{1}}{R_{1}+R_{\mathrm{f}}} u_{\mathrm{o}}$$

则该电路的闭环电压放大倍数：$A_{\mathrm{uf}} = \dfrac{u_{\mathrm{o}}}{u_{\mathrm{i}}} \approx \dfrac{u_{\mathrm{o}}}{u_{\mathrm{f}}} = \dfrac{u_{\mathrm{o}}}{\dfrac{R_{1}}{R_{1}+R_{\mathrm{f}}} u_{\mathrm{o}}} = 1 + \dfrac{R_{\mathrm{f}}}{R_{1}}$

例 7-8　估算如图 7-39 所示负反馈放大电路的电压放大倍数。

解：由图可知电路为电流并联负反馈放大电路，由于集成运放开环放大倍数很大，故为深度负反馈。

由虚断 $i_{id} \approx 0$ 可得：$i_- \approx i_+ \approx 0$，由虚短 $u_{id} \approx 0$ 可得：$u_- \approx u_+$。

且由于图中 $u_+ = 0$ 则有 $u_- \approx u_+ = 0$

$$i_1 = \frac{u_i - u_-}{R_1} \approx \frac{u_i}{R_1} \qquad (1)$$

$$i_f \approx \frac{R_3}{R_f + R_3} i_o = \frac{R_3}{R_f + R_3} \cdot \frac{-u_o}{R_L} \qquad (2)$$

又由于 $i_1 \approx i_f$，把(1)、(2)代入得

$$\frac{u_i}{R_1} = \frac{R_3}{R_f + R_3} \cdot \frac{-u_o}{R_L}$$

故　　$A_{uf} = \frac{u_o}{u_i} \approx -\frac{R_L}{R_1} \cdot \frac{R_f + R_3}{R_3}$

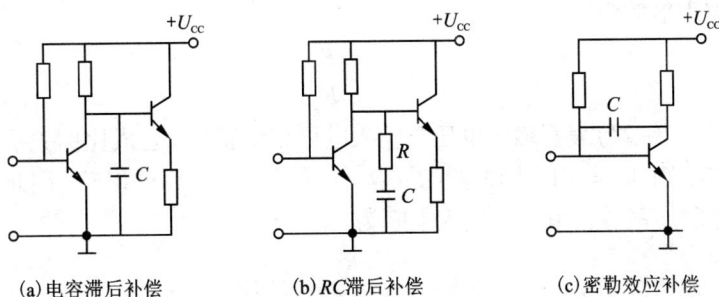

图7-39　例7-8图

(3)负反馈电路的自激振荡及其消除

负反馈改善了放大电路的性能，$(1 + AF)$ 越大，负反馈越深，改善程度越显著。但是，反馈深度太大时，可能产生自激振荡，使放大电路工作不稳定。

自激振荡是指放大电路的输入端无外加信号时，也能在输出端产生一定幅度和频率的交流信号的现象。形成的原因是：在负反馈放大电路中，基本放大电路在高频段要产生附加相移，若在某些频率上附加相移达到180°，那么在这些频率上的反馈信号将会由负反馈变成正反馈，形成自激振荡。另外，电路中的分布参数也会形成正反馈而自激。而在深度负反馈放大电路中，开环放大倍数很大，因此，在高频段很容易因附加相移变成正反馈而产生自激。

消除自激一般采取在基本放大电路中插入相位补偿网络(亦称消振电路)，以改变基本放大电路高频段的频率特性，破坏自激振荡条件，从而消除自激。图7-40为高频补偿网络的几种接法。

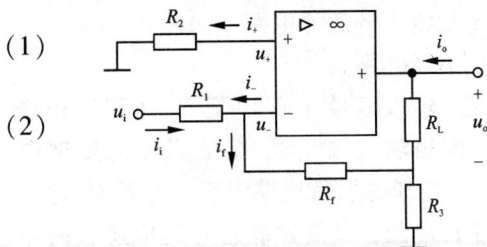

(a)电容滞后补偿　　　　(b)RC滞后补偿　　　　(c)密勒效应补偿

图7-40　高频补偿网络

2.4　集成运放电路的应用

集成运放的基本运用电路，从功能上看，有信号的运算、处理和产生电路等。由于这种电路最初用于模拟计算机中实现数字运算，所以得到了集成运算放大器的名称。

2.4.1　基本运放电路

集成运放接入适当的反馈网络就可构成各种运算电路。主要有比例运算、加法运算、

减法运算、微分、积分运算等。

（1）比例运算电路

比例运算电路是运算电路中最简单的电路，它的输出电压与输入电压成比例。

①反相比例运算电路。如图 7-41 为反相比例运算电路。

图中输入信号 u_i 经电阻 R_1 送到反相输入端，同相输入端经 R_P 接地。R_f 为反馈电阻，构成电压并联负反馈组态。电阻 R_P 称为直流平衡电阻，以消除静态时集成运放内输入级基极电流对输出电压的影响，进行直流平衡。其阻值等于反相输入端所接得等效电阻即 $R_P = R_1 // R_f$

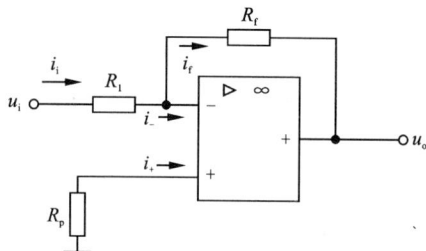

图 7-41 反相比例运算电路

由于运放工作在线性区，由虚断、虚短有

$$i_+ = i_- = 0, \ u_+ = u_-$$

而 R_P 上电压为 0，故有

$$u_+ = u_- = 0 \qquad (7-20)$$

上式表明，集成运放反相输入端的电位为零，但实际上它并没有真正直接接地，故为"虚地"。输入电流 i_i 等于电阻 R_f 上的电流，即

$$i_i = i_f \qquad (7-21)$$

则有

$$\frac{u_i - u_-}{R_1} = \frac{u_- - u_o}{R_f}$$

将 $u_- = 0$ 代入整理得

$$u_o = -\frac{R_f}{R_1} u_i \qquad (7-22)$$

闭环电压放大倍数为

$$A_{uf} = -\frac{R_f}{R_1} \qquad (7-23)$$

式（7-22）、（7-23）表明输出电压与输入电压相位相反，且成比例关系。

若当 $R_1 = R_f$，则 $A_{uf} = -1$，即电路的 u_o 与 u_i 大小相等，相位相反，则此时电路成为反相器。由于"虚地"，故放大电路的输入电阻为

$$r_i = R_1 \qquad (7-24)$$

放大电路的输出电阻为

$$r_o = 0 \qquad (7-25)$$

$r_o = 0$ 说明电路有很强的带负载能力。

②同相比例运算电路。若将反相比例运算电路的输入端和"地"互换，则可得到同相比例运算电路。如图 7-42 所示，集成运放的反相输入端通过 R_1 接地，同相输入端经 R_2 输入信号，$R_2 = R_1 // R_f$；R_f 与 R_1 使运放构成电压串联负反馈电路。

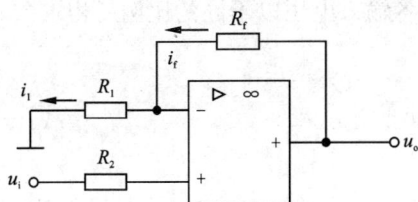

图 7 – 42　同相比例运算电路

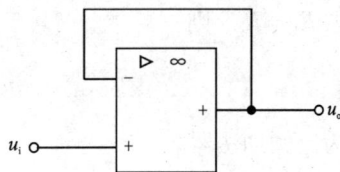

图 7 – 43　电压跟随器

由于集成运放工作在线性区，由虚断、虚短知

$$i_+ = i_- = 0, \ u_+ = u_-$$

故 R_2 上电压为零 $u_+ = u_- = u_i$

根据 $i_1 = i_f$，可得

$$\frac{u_- - 0}{R_1} = \frac{u_o - u_-}{R_f}$$

整理得

$$u_o = (1 + \frac{R_f}{R_1}) u_i \qquad (7 - 26)$$

$$A_{uf} = \frac{u_o}{u_i} = 1 + \frac{R_f}{R_1} \qquad (7 - 27)$$

由同相比例运算电路的输入电流为零，可知：

放大电路的输入电阻 $r_i \to \infty$

放大电路的输出电阻 $r_o = 0$

式(7 – 26)、(7 – 27)表明电路的输出电压与输入电压相位相同，且成比例关系，比例系数为 A_{uf}。

注意：由于 $u_+ = u_- = u_i$，因此必须选用共模抑制比高的集成运放。

式(7 – 27)中，当取 $r_i \to \infty$，$R_f = 0$ 时，$u_o = u_i$ 即 $A_{uf} = 1$，此电路为电压跟随器，电路如图 7 – 43 所示。

电压跟随器与射极跟随器类似，但其跟随性能更好，输入电阻更高，输出电阻趋于零，常用作变换器或缓冲器。

（2）加法运算电路

能实现加法运算的电路称为加法器或求和电路。根据输入信号是连接到运放的反相输入端还是同相输入端，加法器有反相输入式和同相输入式之分。

①反相加法运算电路。图 7 – 44 是反相加法运算电路。其中 R_f 引入了深度电压并联负反馈，R_p 为平衡电阻（$R_p = R_1 /\!/ R_2 /\!/ R_f$）。

由"虚地" $u_- = u_+ = 0$，故有

$$i_1 = \frac{u_{i1}}{R_1}, \ i_2 = \frac{u_{i2}}{R_2}, \ i_f = -\frac{u_o}{R_f}。$$

由虚断 $i_+ = i_- = 0$，可得　　　　$i_f = i_1 + i_2$

由以上各式可得

$$u_o = -R_f \left(\frac{u_{i1}}{R_1} + \frac{u_{i2}}{R_2} \right) \qquad (7 - 28)$$

上式表明，反相加法运算电路的输出电压等于各输入电压以不同的比例反相求和。

若取 $R_1 = R_2$，则

$$u_o = -\frac{R_f}{R}(u_{i1} + u_{i2}) \qquad (7-29)$$

则电路为比例加法器。

若取 $R_f = R_1 = R_2$ 则有

$$u_o = -(u_{i1} + u_{i2}) \qquad (7-30)$$

反相加法运算电路的特点是：当改变某一输入回路的电阻值时，只改变该路输入信号的放大倍数（比例系数），而不影响其他输入信号的放大倍数，因此，调节灵活方便。

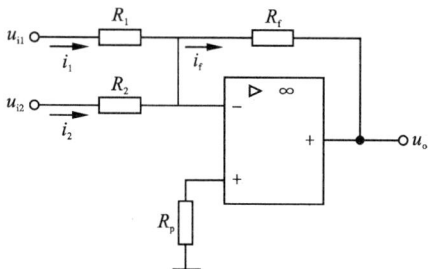

图 7-44　反相加法运算电路

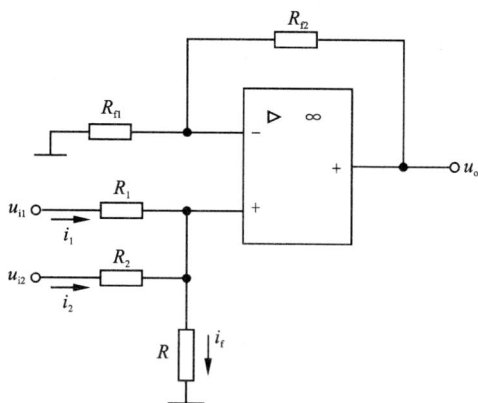

图 7-45　同相加法运算电路

②同相加法运算电路。图 7-45 所示电路为同相加法运算电路。

根据理想运放工作在线性区的"虚短"、"虚断"，对同相输入端列节点电流方程

$$\frac{u_{i1} - u_+}{R_1} + \frac{u_{i2} - u_+}{R_2} = \frac{u_+}{R}$$

令同相输入端总电阻 $R' = R_1 /\!/ R_2 /\!/ R$

解得

$$u_+ = R'\left(\frac{u_{i1}}{R_1} + \frac{u_{i2}}{R_2}\right)$$

将上式代入（7-26）可得

$$u_o = \left(1 + \frac{R_{f2}}{R_{f1}}\right)R'\left(\frac{u_{i1}}{R_1} + \frac{u_{i2}}{R_2}\right) \qquad (7-31)$$

反相输入端总电阻　　　　　$R'' = R_{f1} /\!/ R_{f2}$

通常　　　　　　　　　　　$R' = R''$

则

$$u_o = \frac{R_{f1} + R_{f2}}{R_{f1} R_{f2}} \cdot R_{f2} \cdot R'\left(\frac{u_{i1}}{R_1} + \frac{u_{i2}}{R_2}\right)$$

$$= \frac{R_{f2}}{R''}R'\left(\frac{u_{i1}}{R_1} + \frac{u_{i2}}{R_2}\right) \qquad (7-32)$$

$$= R_{f2}\left(\frac{u_{i1}}{R_1} + \frac{u_{i2}}{R_2}\right) \qquad (7-33)$$

(7-33)式说明同相加法运算电路的输出电压等于各输入电压以不同的比例同相求和。

(3)减法运算电路

电路图7-46是用差分电路来实现减法运算的。外加输入信号u_{i1}和u_{i2}分别通过电阻加在运放的反相输入端和同相输入端，故称为差动输入方式。其电路参数对称，即$R_1 /\!\!/ R_f = R_2 /\!\!/ R_3$，以保证运放输入端保持平衡工作状态。

由电路可以判断出：对于输入信号u_{i1}，引入了电压并联负反馈；对于输入信号u_{i2}，引入了电压串联负反馈。所以运放工作在线性区。利用迭加原理，可以对其分析。

设u_{i1}单独作用时输出电压为u_{o1}，此时应令$u_{i2}=0$，电路为反相比例放大电路，

$$u_{o1} = -\frac{R_f}{R_1}u_{i1}$$

设u_{i2}单独作用时输出电压为u_{o2}，此时应令$u_{i1}=0$，电路为同相比例放大电路，

$$u_+ = \frac{R_3}{R_2+R_3}u_{i2}$$

$$u_{o2} = \left(1+\frac{R_f}{R_1}\right)u_+ = \left(1+\frac{R_f}{R_1}\right)\times\left(\frac{R_3}{R_2+R_3}\right)u_{i2}$$

所以，当u_{i1}、u_{i2}同时作用于电路时

$$u_o = u_{o1}+u_{o2} = \left(1+\frac{R_f}{R_1}\right)\times\left(\frac{R_3}{R_2+R_3}\right)u_{i2} - \frac{R_f}{R_1}u_{i1}$$

当$R_1=R_2$，$R_f=R_3$时

$$u_o = \frac{R_f}{R_1}(u_{i2}-u_{i1}) \tag{7-34}$$

由(7-34)式可以看出，输出电压与输入电压的差值成比例。

当$R_1=R_f$时，$u_o=u_{i2}-u_{i1}$，实现了两个信号的减法运算。

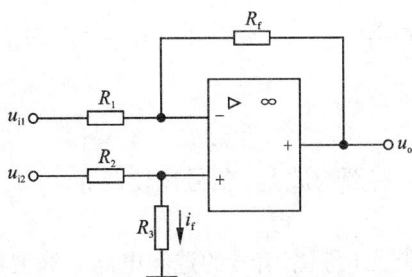

图7-46 减法运算电路

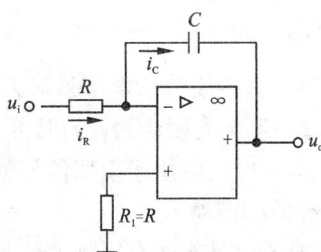

图7-47 积分运算电路

(4)积分、微分运算电路

在自动控制系统中，常用积分运算电路和微分运算电路作为调节环节。此外，积分运算电路还用于延时、定时和非正弦波发生电路之中。

①积分运算电路。积分运算电路如图7-47所示，输入信号u_i通过电阻R接至反相输入端，电容C为反馈元件。

根据虚断、虚短 $i_+ = i_- = 0$，$u_+ = u_-$

可知运放的反相端"虚地"，$u_+ = u_- = 0$

电容 C 上流过的电流等于电阻 R 中的电流：

$$i_C = i_R = \frac{u_i}{R}$$

输出电压与电容电压的关系为　　$u_c = u_- - u_o$

则有　　　　　　　　　　　　　$u_o = -u_c$

且电容电压等于 i_c 的积分　$u_C = \frac{1}{C}\int i_C \mathrm{d}t = \frac{1}{RC}\int u_i \mathrm{d}t$

故

$$u_o = -u_c = -\frac{1}{RC}\int u_i \cdot \mathrm{d}t \tag{7-35}$$

由(7-35)可知 u_o 为 u_i 对时间的积分，负号表示它们在相位上是相反的。其比例常数取决于电路的积分时间常数 $\tau = RC$。

②微分运算电路。微分运算电路如图7-48所示，由于微分与积分互为逆运算，所以只要将积分器的电阻与电容位置互换即可。图中 R_1 为平衡电阻，取 $R_1 = R$。

根据虚断、虚短原则，且 $u_- = u_+ = 0$ 虚地，可得

$$u_c = u_i$$

$$i_C = i_R，且 i_C = C\frac{\mathrm{d}u_C}{\mathrm{d}t} = C\frac{\mathrm{d}u_i}{\mathrm{d}t}$$

$$i_R = i_C = C\frac{\mathrm{d}u_i}{\mathrm{d}t}$$

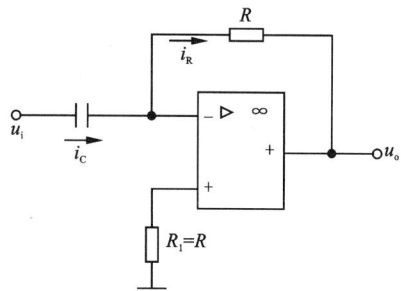

图7-48　微分运算电路

则输出电压　　　　　　　$u_o = -i_R R = -RC\frac{\mathrm{d}u_i}{\mathrm{d}t} \tag{7-36}$

式(7-36)说明输出电压是输入电压对时间的微分。

2.4.2　用集成运放构成的信号处理电路

集成运放广泛应用于模拟信号处理，常见的有：有源滤波器、信号比较器等。

（1）有源滤波器

有源滤波器是能使有用频率信号通过，同时抑制无用频率信号的选频电路。滤波器通常可分为低通、高通、带通、带阻滤波器等。

①RC 低通滤波器。图7-49(a)为简单 RC 低通滤波电路。

其电压传输系数为

$$\overset{*}{A}_u = \frac{\overset{*}{U}_o}{\overset{*}{U}_i} = \frac{\frac{1}{\mathrm{j}\omega C}}{\frac{1}{\mathrm{j}\omega C} + R} = \frac{1}{1 + \mathrm{j}\omega CR}$$

令　　　　　　　　　　　$\omega_H = \frac{1}{RC}；f_H = \frac{1}{2\pi RC}$

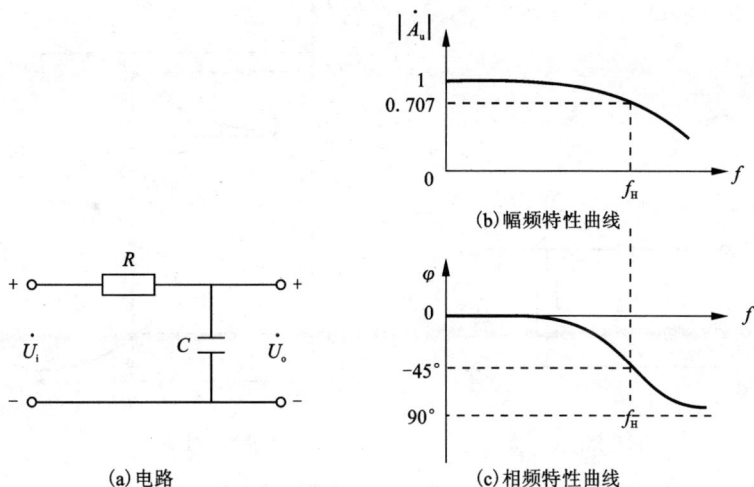

图 7 – 49 简单 RC 低通滤波电路

$$\overset{*}{A}_u = \frac{1}{1 + j\dfrac{\omega}{\omega_H}} = \frac{1}{1 + j\dfrac{f}{f_H}}$$

其幅频特性和相频特性分别为

$$|\overset{*}{A}_u| = \frac{1}{\sqrt{1 + (\dfrac{\omega}{\omega_H})^2}} = \frac{1}{\sqrt{1 + (\dfrac{f}{f_H})^2}} \qquad (7-37)$$

$$\varphi = -\arctan\frac{\omega}{\omega_H} = -\arctan\frac{f}{f_H} \qquad (7-38)$$

由式(7 – 37)可画出幅频特性曲线如图 7 – 49(b)所示。从幅频特性曲线可看出,对相同的输入电压来说,频率越高输出电压就越小。低频信号比高频信号更容易通过。

在 $f = f_H$ 时,$|\overset{*}{A}_u| = \dfrac{1}{\sqrt{2}} = 0.707$。

f_H 称为低通滤波电路的上限截止频率,说明 RC 低通滤波器的通带范围为 $0 \sim f_H$。

由式(7 – 38)可画出相频特性曲线如图 7 – 49(c)所示。从相频特性曲线可看出,随着频率增大,φ 趋近于 $-90°$,在 $f = f_H$ 时,$\varphi = -45°$。

②RC 高通滤波器。如图 7 – 50(a)为简单 RC 高通滤波电路。

其电压传输系数为

$$\overset{*}{A}_u = \frac{\overset{*}{U}_o}{\overset{*}{U}_i} = \frac{R}{R + \dfrac{1}{j\omega C}} = \frac{1}{1 + \dfrac{1}{j\omega CR}}$$

令

$$\omega_L = \frac{1}{RC} ; f_L = \frac{1}{2\pi RC}$$

$$\overset{*}{A}_u = \frac{1}{1 - j\dfrac{\omega_L}{\omega}} = \frac{1}{1 - j\dfrac{f_L}{f}}$$

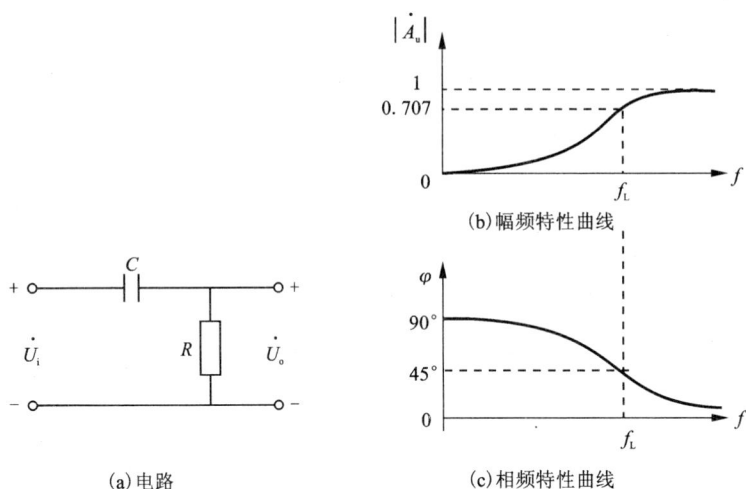

(b)幅频特性曲线

(a)电路

(c)相频特性曲线

图7-50　简单 RC 高通滤波电路

其幅频特性和相频特性分别为

$$|\overset{*}{A}_u| = \frac{1}{\sqrt{1+(\frac{\omega_L}{\omega})^2}} = \frac{1}{\sqrt{1+(\frac{f_L}{f})^2}} \qquad (7-39)$$

$$\varphi = \arctan\frac{\omega_L}{\omega} = \arctan\frac{f_L}{f} \qquad (7-40)$$

　　由式(7-39)可画出幅频特性曲线,如图7-50(b)所示。由图可知,f_L 为高通滤波电路的下限截止频率,说明 RC 高通滤波器的通带范围为 $f_L \sim \infty$。

　　由式(7-40)可画出相频特性曲线如图7-50(c)所示。从相频特性曲线可看出,随着频率增大,φ 趋近于0°,在 $f=f_L$ 时,$\varphi = 45°$。

　　③用集成运放构成的有源滤波器。如图7-51所示,是一阶有源滤波器,它是由同相比例运算电路和 RC 无源滤波器两部分组成。

　　因集成运放是有源器件,故将集成运放构成的滤波器称为有源滤波器。假设无源滤波器的输出为 $\dot{U}_+$,则有

$$\dot{U}_o = (1+\frac{R_f}{R_1})\dot{U}_+ \qquad (7-41)$$

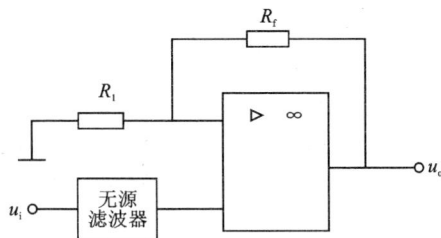

图7-51　用集成运放构成的有源滤波器

　　由上式可知,集成运放构成的有源滤波器具有与其内部包含的无源滤波器基本相同的频率特性及和集成运放基本相同的负载特性,具有较好的稳定性。

　　(2)电压比较器

　　电压比较器是把输入电压信号(被测信号)与基准电压信号进行比较,根据比较结果输出高电平或低电平的电路。

　　通常在电压比较器中,电路不是处在开环工作状态,就是引入正反馈,集成运放工作

在非线性区。输出电压与输入电压不是线性关系。输出电压只有两种情况,当 $u_+ > u_-$ 时, $u_o = +U_{OM}$;当 $u_+ < u_-$ 时, $u_o = -U_{OM}$ 。也就是说,比较器的输入信号是连续变化的模拟量,而输出信号则只有高、低电平两种情况,可看作是数字量"1"或"0"。因此,电压比较器可以作为模拟电路与数字电路一种最简单的接口电路。

图 7-52 中分别是反相输入式和同相输入式单限电压比较器。它可用于检测输入信号电压是否大于或小于某一个给定的参考电压 U_{REF} ,其值可以为正,也可以为负。该电路只有一个门限电压 U_T ,故称为单限电压比较器。

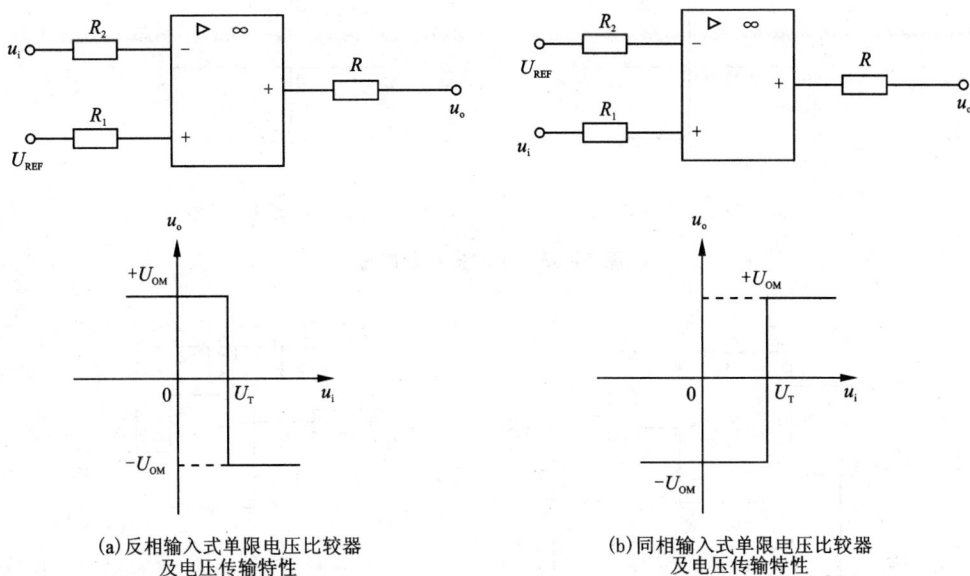

图 7-52 单限比较器

由图 7-52(a)可以看出,对于反相输入式单限比较器,当输入信号电压 $u_i > U_T$ 时,输出电压 u_o 为 $-U_{OM}$;当输入信号电压 $u_i < U_T$ 时,输出电压 u_o 为 $+U_{OM}$ 。

对于同相输入式单限比较器,当输入信号电压 $u_i > U_T$ 时,输出电压 u_o 为 $+U_{OM}$;当输入信号电压 $u_i < U_T$ 时,输出电压 u_o 为 $-U_{OM}$,见图 7-52(b)。

在输入信号 u_i 增大或减小的过程中,只要经过某一电压值,输出电压 u_o 就发生跳变,传输特性上输出电压发生转换时的输入电压称为门限电压 U_T (或阈值电压)。

当阈值电压 U_T 为零时,比较器称为过零电压比较器,简称过零比较器。过零比较器实际上是单限比较器的一种特例。其电路和电压传输特性见图 7-53。

为了使比较器的输出电压等于某个特定值,可以采取限幅的措施。7-54(a)中,电阻 R 和双向稳压管 U_Z 构成限幅电路,稳压管的稳压值 $U_Z < U_{OM}$, U_Z 的正向导通电压为 U_D 。所以输出电压 $u_o = \pm(U_Z + U_D)$ 。在实用电路中常将稳压管接到集成运放的反相输入端,如图 7-54(b)所示。

2.4.3 正弦波振荡电路

正弦波振荡电路是一种信号发生电路,在通信、测量等领域得到广泛应用。正弦波振荡电路是指不加任何输入信号,自身就能产生具有一定频率、一定幅度的正弦波信号的电

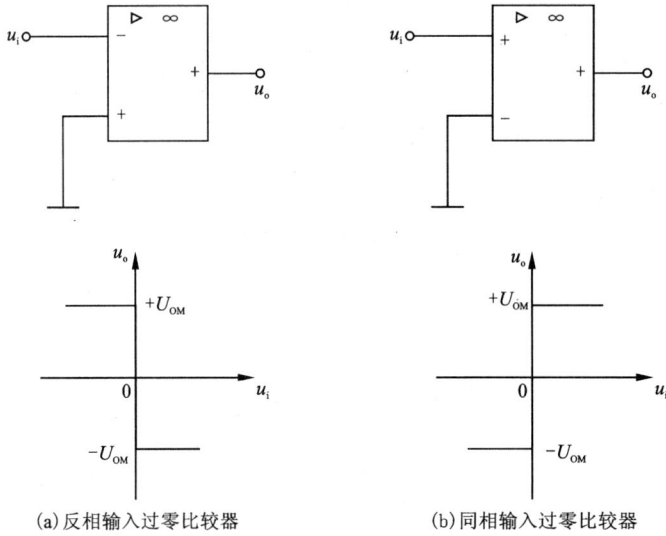

(a)反相输入过零比较器　　　　　　　(b)同相输入过零比较器

图 7 – 53　过零电压比较器

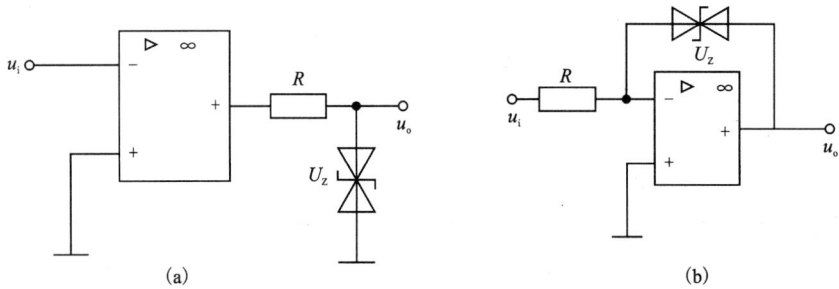

(a)　　　　　　　　　　　　　(b)

图 7 – 54　带稳压管的过零电压比较器

路。它一般包括四个基本环节：放大电路、反馈网络、选频网络和稳幅环节。

（1）正弦波振荡电路的振荡条件

正弦波振荡电路的方框图如图 7 – 55 所示。其中 $\dot{A}$ 是放大器，$\dot{F}$ 是反馈网络。设放大器维持输出电压 $\dot{U}_0$ 所需的输入信号电压为 $\dot{U}_{id}$，$\dot{U}_f$ 为反馈电压，当 $\dot{U}_f = \dot{U}_{id}$ 时电路就能维持稳定的输出电压。由于振荡电路不需外加信号就有稳定的输出信号，故又称为自激振荡电路。

放大器 $\dot{A}$ 没有非线性失真，则其输出信号为 $\dot{U}_0 = \dot{A}\dot{U}_{id}$

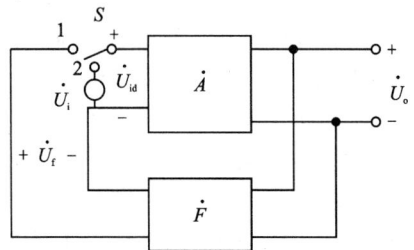

图 7 – 55　正弦波振荡电路框图

经 F 反馈回来的信号则为　　　$\dot{U}_f = \dot{F}\dot{U}_0 = \dot{F}\dot{A}\dot{U}_{id}$

如果要满足 $\dot{U}_f = \dot{U}_{id}$，则必须有

$$\dot{A}\dot{F} = 1 \tag{7-42}$$

式(7-42)为振荡电路产生自激振荡的平衡条件。写成幅值与相角的形式，可得振荡

电路产生自激振荡的平衡条件：

①振幅平衡条件

$$|\dot A \dot F| = 1 \tag{7-43}$$

②相位平衡条件

$$\varphi_a + \varphi_f = 2n\pi, \ n = 0, 1, 2, \cdots \tag{7-44}$$

（2）振荡电路的起振与稳幅

为使电路在通电时能自动起振，电路必须满足起振条件：

$$|\dot A \dot F| > 1 \tag{7-45}$$

$$\varphi_a + \varphi_f = 2n\pi, \ n = 0, 1, 2, \cdots \tag{7-46}$$

当振荡电路在刚通电（合上开关）时，电路中就会产生微小的电扰动，这就是起始信号。它含有丰富的、各种频率的谐波成分，其中必定有一种频率信号能满足相位平衡条件，如果电路的幅度条件也能满足 $|\dot A \dot F| > 1$，那么微小的电信号通过正反馈不断地放大，输出信号很快就由小变大，使振荡电路起振。起振后，由于振荡幅度迅速增大，放大器进入非线性区工作，导致放大倍数下降，一直到 $|\dot A \dot F| > 1$，振荡电路进入稳幅振荡状态。

（3）RC 正弦波振荡电路

常见的正弦波振荡电路有：RC 正弦波振荡电路、LC 振荡电路和石英晶体振荡电路。在这里，我们只重点介绍 RC 正弦波振荡电路。

①RC 串、并联选频网络的选频特性。RC 串、并联网络如图 7-56（a）所示。在频率很低时，$\dfrac{1}{\omega C_1} \gg R_1$，$\dfrac{1}{\omega C_2} \gg R_2$，使得串联中 R_1 的电压、并联中 C_2 的分流可以忽略不计，此时，选频网络可近似地用图 7-56（b）所示的 RC 高通电路表示。随着信号频率的减小，输出电压 $|\dot U_2|$ 也减小，但 $\dot U_2$ 与 $\dot U_1$ 的相移 φ_f 却愈大，当 ω 趋近于零时，$|\dot U_2|$ 趋近于零，相移 φ_f 趋近于 90°；当信号频率很高时，$\dfrac{1}{\omega C_1} \ll R_1$，$\dfrac{1}{\omega C_2} \ll R_2$，使得串联中电容 C_1 的电压、并联中 R_2 的分流可以忽略不计，则选频网络可近似的用图 7-56（c）所示的 RC 低通电路来表示。随着信号频率增高，输出电压 $|\dot U_2|$ 仍将减小，$\dot U_2$ 滞后于 $\dot U_1$ 的相移 φ_f 愈大。同样，当信号频率趋于无穷大时，$|\dot U_2|$ 趋近于零，相移 φ_f 趋近于 -90°。

因此，可以确定，在信号频率为零和无穷大之间，必然存在某一频率 f_0 相移 $\varphi_f = 0$，且其输出电压幅度可能有一最大值。说明网络具有选频特性。

通常 $R_1 = R_2$，$C_1 = C_2$，此时反馈系数

$$\dot F_u = \frac{\dot U_2}{\dot U_1} = \frac{j\omega RC}{(1 - \omega^2 R^2 C^2) + 3j\omega RC} = \frac{1}{3 + j(\omega RC - \frac{1}{\omega RC})} \tag{7-47}$$

当上式分母中虚部系数为零时，相角 φ_f 为零，满足这个条件的频率可由式（7-47）得出

$$\omega_0 = \frac{1}{RC}$$

$$f_0 = \frac{1}{2\pi RC} \tag{7-48}$$

将式（7-48）代入式（7-47）得

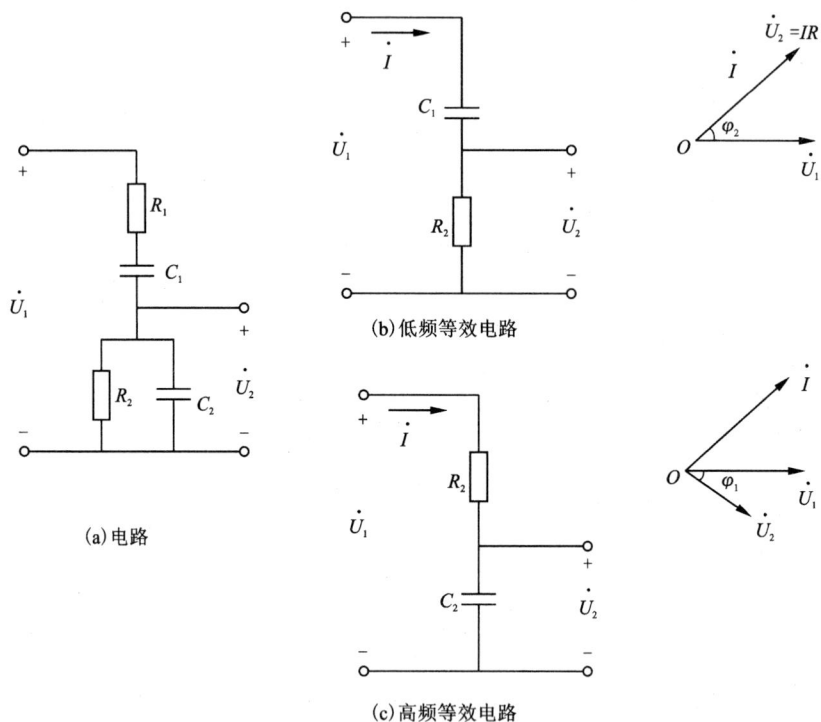

(a)电路

(b)低频等效电路

(c)高频等效电路

图 7 - 56　RC 串、并联选频网络

$$\dot{F}_\text{u} = \cfrac{1}{3 + \text{j}\left(\cfrac{\omega}{\omega_0} - \cfrac{\omega_0}{\omega}\right)} \tag{7-49}$$

因此有

$$|\dot{F}_\text{u}| = \cfrac{1}{\sqrt{3^2 + \left(\cfrac{\omega}{\omega_0} - \cfrac{\omega_0}{\omega}\right)^2}} \tag{7-50}$$

$$\varphi_\text{f} = -\arctan\cfrac{\left(\cfrac{\omega}{\omega_0} - \cfrac{\omega_0}{\omega}\right)}{3} \tag{7-51}$$

由上式可知，当 $\omega = \omega_0$ 时，$|\dot{F}_{\text{umax}}| = \dfrac{1}{3}$，且 $\varphi_\text{f} = 0$。

由式(7-50)和式(7-51)可画出串、并联选频网络的幅频特性和相频特性曲线，如图 7-57(a)、(b)所示。

RC 桥式正弦波振荡电路如图 7-58 所示，它是采用 RC 串并联网络和同相比例运算电路组成。

图中 RC 串并联网络包含选频和反馈网络，该电路为 RC 带通滤波电路。

A. 当 $\omega = \omega_0 = \dfrac{1}{RC}$时，输入与输出同相，$\varphi_\text{a} + \varphi_\text{f} = 0$，相位条件满足。

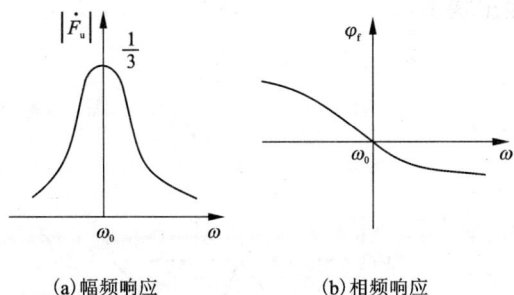

(a) 幅频响应　　(b) 相频响应

图 7-57 RC 串、并联网络的频率响应

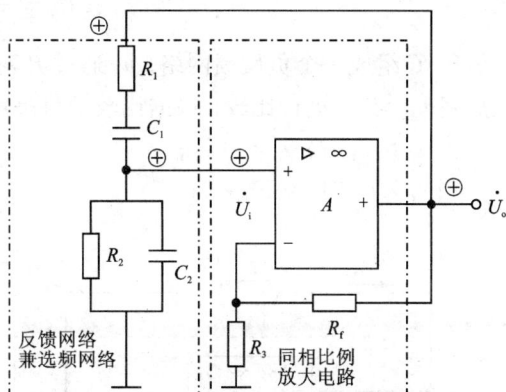

图 7-58 RC 桥式正弦波振荡电路

B. 当 $\omega = \omega_0 = \dfrac{1}{RC}$，反馈系数 $F = \dfrac{1}{3}$，同相比例运算电路的放大倍数 $|\dot{A}_{uf}| = 1 + \dfrac{R_f}{R_1}$。

要满足 $|\dot{A}\dot{F}| > 1$，须 $|\dot{A}_{uf}| = 1 + \dfrac{R_f}{R_1} > 3$，即 $R_f > 2R_1$ 时，电路很容易满足起振条件，能顺利起振。

起振后，由于反馈元件或晶体管的非线性，放大倍数下降，最后到 $|\dot{A}\dot{F}| = 1$，振荡电路进入稳幅振荡状态，电路振荡平衡条件得到满足。

在实际中，为了更好地稳定输出电压的幅值，可采用负温度系数的热敏电阻来代替 R_f。起振时，由于输出电压幅值较小，流过 R_f 的电流也较小，发热小，阻值较大，因而放大电路的电压放大倍数 A_u 较大，有利于起振；然后，输出电压幅值逐渐增大，流过 R_f 的电流也增大，电阻因温度升高而导致阻值下降，放大电路的电压放大倍数 A_u 也随之下降，从而实现了增益的自动调节，使电路输出幅值稳定。

RC 桥式正弦波振荡电路的振荡频率就是 RC 串并联电路的谐振频率 f_o，所以有

$$f_o = \frac{1}{2\pi RC} \tag{7-52}$$

由上式可知，调节 R、C 的值可改变振荡频率。

RC 振荡电路的振荡频率较低，一般在 1 MHz 以下。对于 1 MHz 以上的信号，应考虑采用 LC 振荡电路。

2.4.4 非正弦波信号发生器

常见的非正弦波信号发生电路有方波、矩形波、三角波、锯齿波发生电路等。方波发生器是非正弦发生器中应用最广的电路，矩形波发生电路常作为数字电路的信号源或模拟电子开关的控制信号，是其他非正弦波发生电路的基础。

（1）方波发生器

方波发生器电路如图 7-59(a) 所示，它由反相输入的滞回比较器和 RC 电路组成。RC 回路既作为延迟环节，又作为反馈网络，通过 RC 充放电实现输出状态的自动转换。

图中虚线框内为滞回比较器，它的输出电压 $u_o = \pm U_Z$。

阈值电压为

$$\pm U_{\mathrm{T}} = \pm \frac{R_1}{R_1 + R_2} U_Z \qquad (7-53)$$

R、C 组成一个负反馈网络，u_o 通过 R 对电容 C 充电使 C 上获得一个三角波电压 u_C。运放将 u_C 与 u_+ 进行比较，根据比较结果决定输出状态：

当 $u_C > u_+$ 时，$u_o = -U_Z$；

当 $u_C < u_+$ 时，$u_o = +U_Z$。

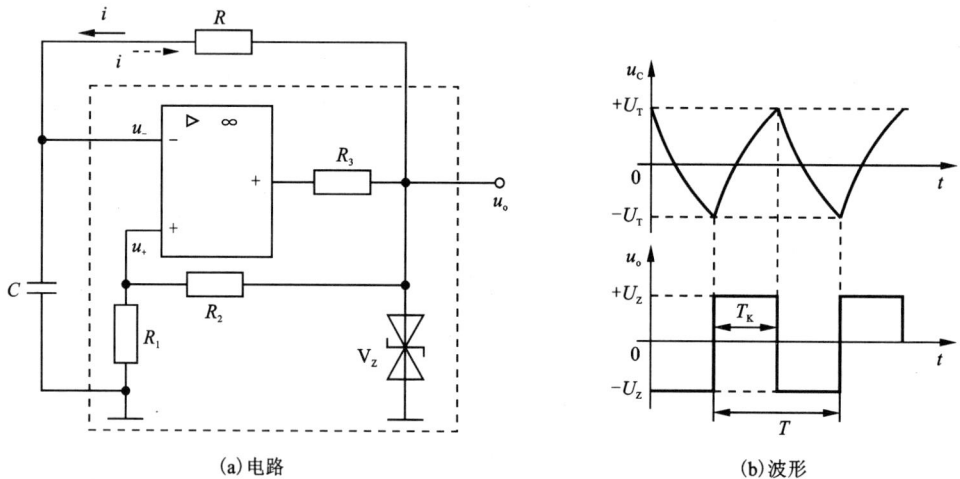

(a) 电路　　　　　　　　　　　(b) 波形

图 7-59　方波发生器电路及波形图

设某一时刻输出电压 $u_o = +U_Z$，则 $u_+ = +U_{\mathrm{T}}$。u_o 通过电阻 R 对电容 C 充电（如图中实线箭头所示），反相输入端 u_- 随时间 t 逐渐升高，当 t 趋近于无穷时，u_- 应趋于 $+U_Z$；但是，当 u_- 过 U_{T} 时，u_o 就从 $+U_Z$ 跳变为 $-U_Z$，同时 u_+ 从 $+U_{\mathrm{T}}$ 变为 $-U_{\mathrm{T}}$。然后电容 C 开始放电（也可说是反向充电如图中虚线箭头所示），反相输入端 u_- 随时间 t 而逐渐降低，当时间 t 趋于无穷时，u_- 应趋于 $-U_Z$；但是，当 u_- 过 $-U_{\mathrm{T}}$ 时，u_o 就从 $-U_Z$ 跳变为 $+U_Z$，与此同时 u_+ 从 $-U_{\mathrm{T}}$ 变为 $+U_{\mathrm{T}}$，电容又开始正向充电。就这样周而复始，电路产生自激振荡。由于电容充电与放电时间常数相同，所以在一个周期内 u_o 为 $+U_Z$ 的时间与 u_o 为 $-U_Z$ 的时间相等，则输出电压 u_o 为方波，如图 7-59(b) 所示。

占空比是指矩形波中高电平的宽度 T_{K} 与其周期 T 的比值，方波的占空比为 50%。

利用一阶 RC 电路的三要素法可求出电路的振荡周期和频率为

$$T = 2RC \cdot \ln\left(1 + \frac{2R_1}{R_2}\right) \qquad (7-54)$$

$$f = \frac{1}{T} = \frac{1}{2RC\ln\left(1 + \dfrac{2R_1}{R_2}\right)} \qquad (7-55)$$

若适当选取 R_1、R_2 的值，使 $\ln\left(1 + \dfrac{2R_1}{R_2}\right) = 1$ 则有

$$T = 2RC \qquad (7-56)$$

$$f = \frac{1}{2RC} \tag{7-57}$$

由以上分析可知，调整电压比较器的电路参数 R_1、R_2 和 U_Z 可以改变方波发生器的振荡幅值，调整电阻 R_1、R_2、R 和电容 C 的值可以改变电路的振荡频率。

（2）矩形波发生器

在方波发生器电路中，若能采取措施改变输出波形的占空比，则电路就变成矩形波发生电路。利用前面所学知识可知，利用二极管的单向导电性使电容正向充电和反向充电的通路不同，从而使它们时间常数不同，即可改变输出电压的占空比，电路如图 7 - 60(a) 所示。

图 7 - 60(a) 中，电位器 R_p 的滑动端将 R_p 分成 R_{p1} 和 R_{p2} 两部分，若忽略二极管 VD_1 和 VD_2 的导通电阻，则电容 C 充电回路的电阻为 $(R + R_{p1})$，而放电回路的电阻则为 $(R + R_{p2})$。如果调整 R_p，使 $R_{p1} < R_{p2}$，则充电快而放电慢，即电容 C 充电时间 T_1 小于放电时间 T_2，如果调整 R_p，使 $R_{p1} > R_{p2}$，则情况刚好相反。波形图如图 7 - 60(b) 所示。

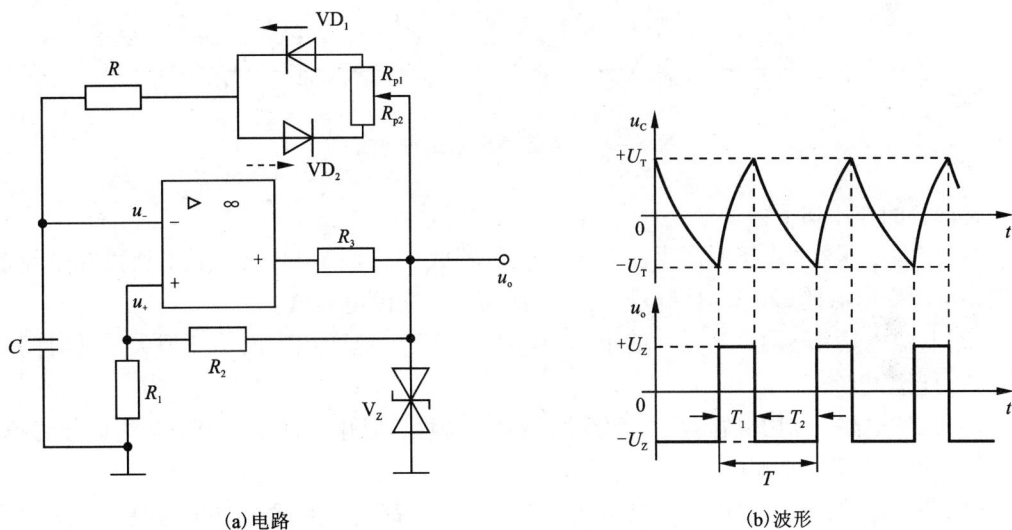

(a)电路　　　　　　　　(b)波形

图 7 - 60　矩形波发生器电路及波形图

根据一阶 RC 电路的三要素法可导出

$$T_1 = (R + R_{p1})C \cdot \ln\left(1 + \frac{2R_1}{R_2}\right) \tag{7-58}$$

$$T_2 = (R + R_{p2})C \cdot \ln\left(1 + \frac{2R_1}{R_2}\right) \tag{7-59}$$

振荡周期

$$T = T_1 + T_2 = (2R + R_p)C \cdot \ln\left(1 + \frac{2R_1}{R_2}\right) \tag{7-60}$$

矩形波的占空比

$$\delta = \frac{T_1}{T} = \frac{R + R_{p1}}{2R + R_p} \tag{7-61}$$

由式(7-60)、式(7-61)可知，改变电位器 R_p 滑动端位置可以调节矩形波的占空比，但振荡周期保持不变。

3　直流稳压电源

电子设备中都需要稳定的直流电源，功率较小的直流电源大多数都是将 50 Hz 的交流电经过整流、滤波和稳压后获得的。

3.1　直流稳压电源的组成与作用

小功率直流稳压电源由电源变压器、整流电路、滤波电路、稳压电路组成，如图 7-61 所示：

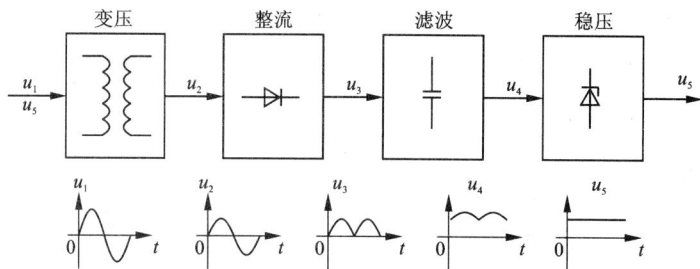

图 7-61　直流稳压电源的组成

各部分的作用如下：

(1)电源变压器：由于所需直流电压的数值较低，而电网电压比较高，所以在整流前首先用电源变压器把 220 V 电网电压变换成所需要的交流电压值。

(2)整流电路：利用整流元件的单向导电性，把交流电变成方向不变但大小随时间变化的脉动直流电。

(3)滤波电路：利用电容器、电感线圈的储能特性，把脉动直流电中的交流成分滤掉，从而得到较为平滑的直流电。

(4)稳压电路：电网电压的波动或负载发生改变，都会引起输出电压的改变。采用稳压电路可以减轻因电网电压波动和负载变化造成的直流电压变化。

3.2　直流稳压电路

直流稳压电路的分类方法有多种，根据直流稳压电路组成的元件类型可以分为分立元件型直流稳压电路和集成稳压电路；根据直流稳压电路中的核心元件(调整管)与负载之间的连接关系可以分为并联型直流稳压电路和串联型直流稳压电路；根据直流稳压电路核心元件(调整管)的工作状态可以分为线性稳压电路和开关稳压电路；根据直流稳压电路的适用范围可以分为通用型直流稳压电路和专用型直流稳压电路。下面介绍几种常用的直流稳压电路。

3.2.1　并联型稳压电路

(1)硅稳压管稳压电路(并联型稳压电路)的电路组成。如图 7-62 所示，稳压电路主要由硅稳压管和限流电阻组成。

(2)工作原理

输入电压 U_i 波动时会引起输出电压 U_o 波动。如 U_i 升高将引起 U_o 随之升高，导致稳

压管的电流 I_Z 急剧增加，使得电阻 R 上的电流 I_R 和电压 U_R 迅速增大，

从而使 U_o 基本上保持不变。反之，当 U_i 减小时，U_R 相应减小，仍可保持 U_o 基本不变。

当负载不变而电网电压变化时的稳压过程示意图如下：

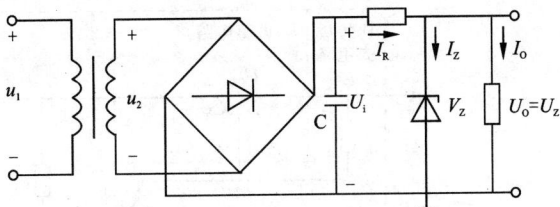

图 7 - 62　硅稳压管稳压电路

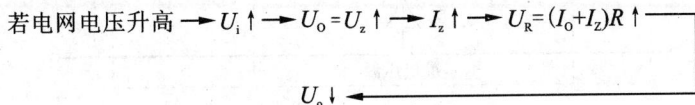

$$若电网电压升高 \longrightarrow U_i\uparrow \longrightarrow U_o=U_z\uparrow \longrightarrow I_z\uparrow \longrightarrow U_R=(I_o+I_z)R\uparrow$$

$$U_o\downarrow \longleftarrow$$

当负载电流 I_o 发生变化引起输出电压 U_o 发生变化时，同样会引起 I_z 的相应变化，使得 U_o 保持基本稳定。如当 I_o 增大时，I_R 和 U_R 均会随之增大使得 U_o 下降，这将导致 I_z 急剧减小，使 I_R 仍维持原有数值保持 U_R 不变，使得 U_o 得到稳定。

当电网电压不变而负载变化时的稳压过程示意图如下：

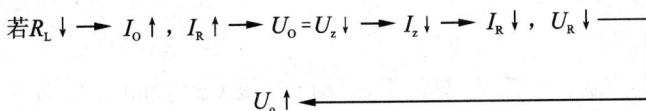

$$若R_L\downarrow \longrightarrow I_o\uparrow，I_R\uparrow \longrightarrow U_o=U_z\downarrow \longrightarrow I_z\downarrow \longrightarrow I_R\downarrow，U_R\downarrow$$

$$U_o\uparrow \longleftarrow$$

（3）电路参数计算

①稳压管的选型 　　　　　　　　$U_Z = U_0$

$$I_{ZM} = (1.5 \sim 3)I_{0(max)}$$

②输入电压的确定 　　　　　　　$U_i = (2 \sim 3)U_0$

③限流电阻 R 的计算 　　　　$\dfrac{U_{i(min)} - U_0}{I_Z + I_{0(max)}} \geqslant R \geqslant \dfrac{U_{i(max)} - U_0}{I_{ZM} + I_{0(min)}}$

（4）硅稳压管稳压电路的特点

硅稳压管稳压电路具有结构简单，负载短路时稳压管不会损坏等优点，但输出电压不能调节、负载电流变化范围小，只适合负载电流较小、稳压要求较低的场合。

3.2.2　串联型稳压电路

（1）电路组成及各部分作用

串联型稳压电路一般由取样环节、基准电压、比较放大环节、调整环节四个部分组成，如图 7 - 63 所示。

可以看出，这是一个由分立元件组成的串联型稳压电路，各组成部分的作用如下：

①取样环节。由 R_1、R_P、R_2 组成的分压电路构成，它将输出电压 U_o 分出一部分作为取样电压 U_F，送到比较放大环节。

②基准电压。由稳压二极管 D_Z 和电阻 R_3 构成的稳压电路组成，它为电路提供一个稳定的基准电压 U_Z，作为调整、比较的标准。

③比较放大环节。由 V_2 和 R_4 构成的直流放大器组成，其作用是将取样电压 U_F 与基

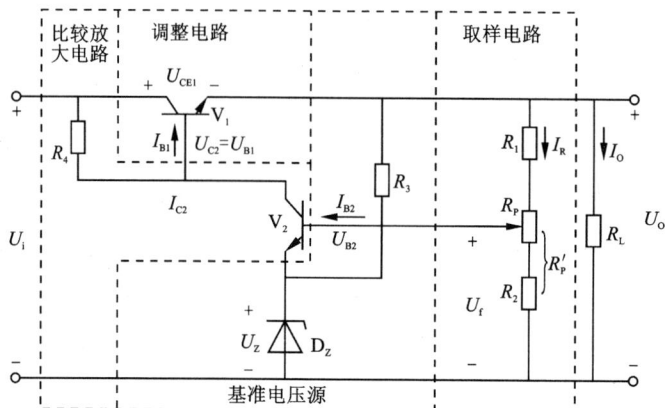

图7-63 串联型稳压电路组成

准电压 U_Z 之差放大后去控制调整管 V_1。

④调整环节。由工作在线性放大区的功率管 V_1 组成，V_1 的基极电流 I_{B1} 受比较放大电路输出的控制，它的改变又可使集电极电流 I_{C1} 和集、射电压 U_{CE1} 改变，从而达到自动调整稳定输出电压的目的。

（2）稳压工作原理

当输入电压 U_i 或输出电流 I_o 变化引起输出电压 U_o 增加时，取样电压 U_F 相应增大，使 V_2 管的基极电流 I_{B2} 和集电极电流 I_{C2} 随之增加，V_2 管的集电极电位 U_{C2} 下降，因此 V_1 管的基极电流 I_{B1} 下降，使得 I_{C1} 下降，U_{CE1} 增加，U_o 下降，使 U_o 保持基本稳定。

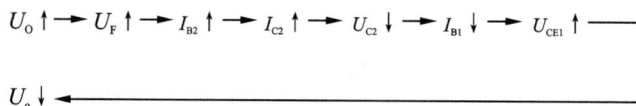

$$U_o\uparrow \rightarrow U_F\uparrow \rightarrow I_{B2}\uparrow \rightarrow I_{C2}\uparrow \rightarrow U_{C2}\downarrow \rightarrow I_{B1}\downarrow \rightarrow U_{CE1}\uparrow$$

$$U_o\downarrow \leftarrow$$

同理，当 U_i 或 I_o 变化使 U_o 降低时，调整过程相反，U_{CE1} 将减小使 U_o 保持基本不变。从上述调整过程可以看出，该电路是依靠电压负反馈来稳定输出电压的。

（3）电路的输出电压

设 V_2 发射结电压 U_{BE2} 可忽略，则：

$$U_F = U_Z = \frac{R_P'}{R_1 + R_P + R_2}U_o$$

或

$$U_o = \frac{R_1 + R_P + R_2}{R_P'}U_Z$$

用电位器 R_P 可以调节输出电压 U_o 的大小，但 U_o 必定大于或等于 U_Z，如 $U_Z = 6$ V，$R_1 = R_2 = R_P = 100$ Ω，则 $R_1 + R_2 + R_P = 300$ Ω，R_P' 最大为 200 Ω，最小为 100 Ω。由此可知输出电压 U_o 在 9~18 V 范围内连续可调。

（4）采用集成运算放大器的串联型稳压电路

如果用集成运算放大器替代分立元件的比较放大电路，则得到采用集成运算放大器的串联型稳压电路，如图 7 - 64 所示。

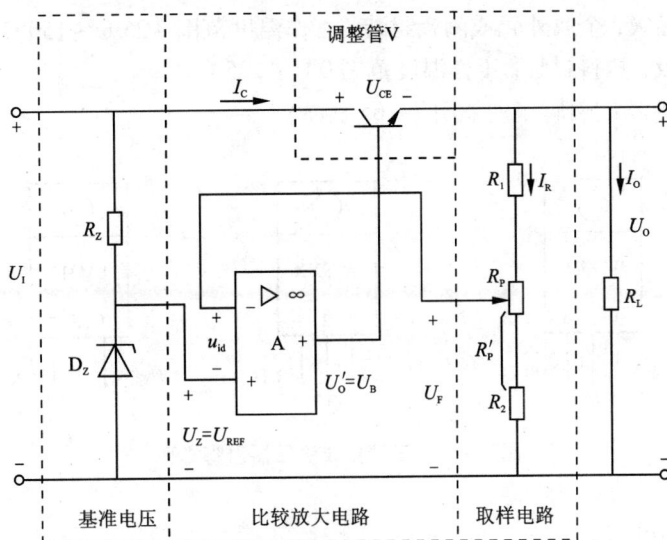

图 7 - 64　采用集成运算放大器的串联型稳压电路

可以看出，其电路组成部分、工作原理及输出电压的计算与前述电路完全相同，唯一不同之处是放大环节采用集成运算放大器而不是晶体管。因此，该电路的稳压性能将会更好。

3.2.3　集成稳压器

(1)集成稳压器的分类

集成稳压电路是将稳压电路的主要元件甚至全部元件制作在一块硅基片上的集成电路，因而具有体积小、使用方便、工作可靠等特点。

集成稳压器的类型很多，作为小功率的直流稳压电源，应用最为普遍的是三端式串联型集成稳压器。三端式集成稳压器是指集成稳压电路仅有输入、输出、接地（或公用）三个接线端子的集成稳压电路。

根据稳压电路的输出电压类型可以分为三端固定式集成稳压器和三端可调式集成稳压器两种；如果根据稳压电路的输出电压极性分可以分为正电压输出型(W7800)和负电压输出型(W7900)。

三端集成稳压器的主要类型和型号如下：

①三端固定正输出集成稳压器，国标型号为 CW78—/CW78M—/CW78L—

②三端固定负输出集成稳压器，国标型号为 CW79—/CW79M—/CW79L—

③三端可调正输出集成稳压器，国标型号为 CW117—/CW117M—/CW117L—

CW217—/CW217M—/CW217L—

CW317—/CW317M—/CW317L—

④三端可调负输出集成稳压器，国标型号为 CW137—/CW137M—/CW137L—

CW237—/CW237M—CW237L—

CW337—/CW337M—/CW337L—

其中三端可调集成稳压器的首位数字的含义是：

- 1 为军品级，金属外壳或陶瓷封装，工作温度范围 $-55℃ \sim 150℃$；
- 2 为工业品级，金属外壳或陶瓷封装，工作温度范围 $-25℃ \sim 150℃$；
- 3 为民品级，塑料封装，工作温度范围 $0℃ \sim 125℃$。

三端集成稳压器的引脚排列如图 7 - 65 所示：

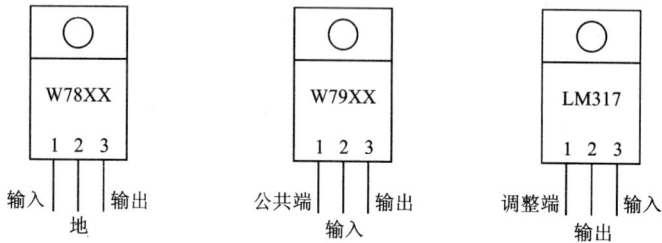

图 7 - 65　三端集成稳压器引脚排列

（2）典型应用电路

①基本电路，如图 7 - 66 所示。

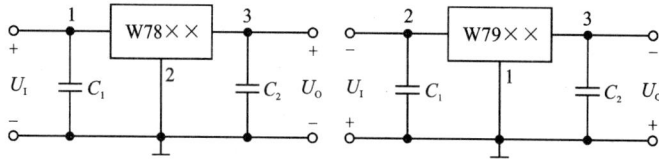

图 7 - 66　基本电路

在基本电路中，输出电压 $U_O = U_Z$。

②提高输出电压的电路，如图 7 - 67 所示。

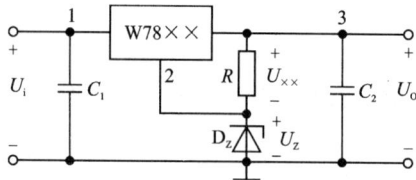

图 7 - 67　提高输出电压的电路

在上述电路中，输出电压 $U_O = U_{XX} + U_Z$。

③能同时输出正、负电压的电路，如图 7 - 68 所示。

④三端可调集成稳压电路，如图 7 - 69 所示。

该电路的主要性能：输出电压可调范围为 1.2 ~ 37 V，最大输出电流为 1.5 A，输出与输入电压差允许范围：3 ~ 40 V

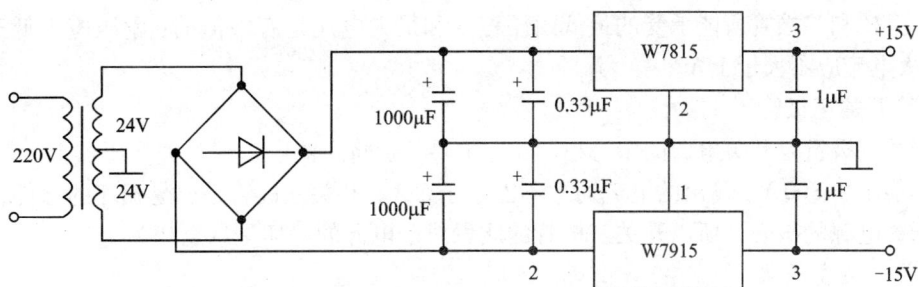

图 7-68 能同时输出正、负电压的电路

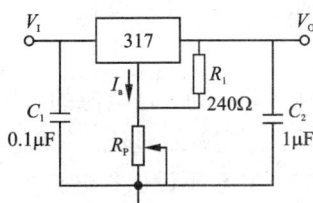

图 7-69 三端可调集成稳压电路

3.3 计算机电源介绍

计算机主机电源一般采用独立设计、单独安装，并且能输出多路直流电源电压，以满足不同电路的需要，电源内部提供多组接口，其中主要是二十芯的主板插头、四芯的驱动器插头和四芯小驱动器专用插头。二十芯的主板插头只有一个且具有方向性，可以有效的防止误插，插头上还带有固定装置可以钩住主板上的插座，不至于接头松动导致主板在工作状态下突然断电，四芯的驱动器电源插头用处最广泛，所有的 CD-ROM、DVD-DOM、CD-RW、硬盘甚至部分风扇都要用到它。四芯插头提供了 +12 V 和 +5 V 两组电压，一般黄色电线代表 +12 V 电源，红色电线代表 +5 V 电源，黑色电线代表 0 V 地线。这种四芯插头电源提供的数量是最多的，如果用户还不够用可以使用一转二的转接线。四芯小驱专用插头原理和普通四芯插头是一样的，只是接口形式不同，是专为传统的小驱供电设计的。

打开电源的外壳即可看到内部结构，它主要由以下几个部分组成：

（1）电磁滤波器

电磁滤波器的主要作用是滤除外界的突发脉冲和高频干扰，并且减少开关电源本身对外界的电磁干扰。电磁滤波器虽然原理简单，但却是电源中的重要设备。普通电源的电磁滤波器与优质电磁滤波器相比缺少屏蔽装置，这也是区别电源质量好坏的重要标志。

（2）压敏电阻

压敏电阻是在电源发生短路时给其他设备提供保护的元器件。压敏电阻有一个敏感电压，当两端的电压等于或超出其敏感电压时，电阻就会从无穷大，迅速减小，类似于短路，烧断电路前级保险丝，达到保护后级电路的目的。

（3）全桥

输入端的全桥整流将输入的交流电转变为脉冲直流电，其封装的形式有两种：一种是用四个分立的二极管组成,另一种是将四个二极管封装在一起。而后一种的方式就被称为全桥。全桥和二极管所能承受的最低耐压程度和最大电流是有限值的:耐压应不低于700 V,最大电流应不大于1 A。

(4)开关三极管

开关三极管是开关电源的中心枢纽,它主要负责将直流电送到开关变压器上。其耐压程度不能小于800 V,输出的电流通常不能小于5 A。开关三极管是容易损坏的部件,而它又是开关电源的核心。所以开关三极管的质量对于电源的好坏是息息相关的。

(5)开关变压器

电源中,在两个散热片之间的金属线包就是开关变压器。它的主要作用是将高压转变为低压,其转换比例主要由线圈的匝数来决定。一个体积较大的开关变压器可以传递更多的能量,所以它是优质电源的首选。

(6)控制/保护电路

控制/保护电路支配着电源的一举一动,是电源的大脑,它负责启动电源并进行电压监测和调整,同时在出现短路、断路、过压、过流、欠压、欠流等情况的时候进行自动保护。劣质产品则常常简化控制电路,甚至不设保护电路。

(7)电源风扇

电源风扇负责将电源内的热空气抽出(也有部分是向内吹风的)。电源内部有两块较大的散热片,散热片上的大功率管的性能和极限参数直接影响到电源的安全承载功率和产品成本,电源功率余量的大小与具体功率管的型号有着重要的关系,一部电源是否货真价实,打开铁盒内部就能一目了然,高档电源的220 V交流输入插座采用带有滤波器一体化插座虽然为此将增加近二十元的成本,但对于净化电源、吸收浪涌电流都有好处。

三、任务实施

任务1　示波器等仪器仪表的使用

1.1　工作任务

熟练使用示波器对信号进行正确测量。熟练使用信号发生器输出所需信号。

1.2　内容要求

(1)了解示波器显示波形的原理,了解示波器各主要组成部分及它们之间的联系和配合。

(2)熟悉使用示波器的基本方法,学会用示波器测量波形的电压幅度和频率。

(3)熟悉使用FD22C多用信号发生器的基本方法。

1.3　器材准备

SR－071B型双踪示波器,FD22C多用信号发生器

1.4　实施步骤

(1)基本调节

这个步骤是为了使示波器出现良好的扫描基准线。开启电源,经过约15秒的预热后,

调节"辉度"和"聚焦"旋钮，使扫描基线亮度适中，聚焦良好。再调节"X 位移"和"Y 位移"使基线位于屏幕的中间位置。

（2）显示校准

这个步骤是为了使扫描线的长度代表准确的时间值，使扫描线的高度代表准确的电压值。利用示波器内的标准信号源可以完成校准工作。将欲输入信号的通道探头（如 Y1）接到"校准"的输出端，"电压幅度"旋钮旋到"0.5 V/格"，"扫描时间"旋钮旋到"0.5 ms/格"，幅度"微调"至"校准"位置，屏幕上应出现高 1 格、水平为 2 格（周期为 1 ms 的方波信号）。若方波所占的格数不符，应调节垂直和水平增益旋钮，完成校准工作。

（3）信号测量

①电压的测量

a. 测量直流电压

在被测量信号中有直流电压时，可用仪器的地电位作基准电位进行测量。步骤如下：置"扫描方式"开关于"自动"，选择"扫描时间"旋钮位置使扫描线不发生闪烁；置"DC/⊥/AC"开关于"⊥"，调"垂直位移"使扫描基线准确地落在某水平刻度线上，作为 0 V 基准线。

再置"DC/⊥/AC"开关于"DC"，并将被测信号电压加至输入端，扫描线所示波形的中线与 0 V 基准线的垂直位移即为信号的直流电压幅度。如果扫描线上移，则被测直流电压为正，如果扫描线下移，则被测直流电压为负。根据"电压幅度"旋钮位置的电压值乘以垂直的格数，即可得到直流电压的数值。

b. 测量交流电压

$$有效值电压 = 峰 - 峰值电压/2\sqrt{2}$$

操作步骤如下：

置"DC/⊥/AC"开关于"AC"，调"垂直位移"使扫描基线准确地落在屏幕中间的水平刻度线上，作为基准线。调节"电压幅度"旋钮使交流电压波形在垂直方向上占 4~5 个格数为好；再调节"扫描时间"开关，使信号波形稳定。根据"电压幅度"旋钮位置的标称值乘以信号波形波峰与波谷间的垂直方向的格数，即可得到交流电压的峰 - 峰值。

当探头上的衰减开关置于"×10"位置时，要将得到的数据乘以 10 才是真正的电压值。

②时间的测量。选择合适的"扫描时间"开关位置，使波形在 X 轴上出现 1 个完整的波形。根据屏幕坐标的刻度，读出被测量信号两个特定点之间的格数，乘以"扫描时间"旋钮所在位置的标称值，即得到这两点间波形的时间。若这两个特定点正好是一个信号的完整波形，则所得时间就是信号的周期，其倒数即为该信号的频率。

利用双踪示波器可以很方便地测量两个信号的相位差。将双踪示波器置于"交替"显示方式，将两信号分别输入 Y_1 和 Y_2 通道，从屏幕上读出两信号相同部位的水平距离（格数），再乘以"扫描时间"旋钮所在位置的标称值，即可算出两个信号的时间差。

③相位的测量。将双踪示波器置于"交替"显示方式，将两信号分别输入 Y_1 和 Y_2 通道，先从屏幕上读出第一个信号的一个完整波形所占的格数，用 360°除以这个格数，得到每格对应的相位角。再读出两信号相同部位的水平距离（格数），乘以每格相位角，即可算出两信号的相位差。

④脉冲宽度的测量。先使屏幕中心显示出 Y 轴幅度为 3~4 格的脉冲波形，再调节"扫

描时间"开关使波形在 X 轴方向上显示出 5~6 格的宽度,此时脉冲上升沿和下降沿中点距离 D 为脉冲宽度。只要读出的格数乘以"扫描时间"旋钮所在位置的标称值,即得脉冲宽度的数值。

(4)信号发生器

使用步骤如下:

①预热:开机前把各个输出旋钮旋至最小,开机预热 30 分钟后再使用。

②选择输出波形:根据要输出的波形,将相应的开关键按下。

③频率调节:根据所需要的频率先选择合适的频率波段开关,将其按下,再将"粗调"和"细调"旋钮仔细调节到所需的频率上。

④幅度调节:正弦波的幅度调节是选择"输出衰减"来实现的。

1.5　考核评价

参考下篇表 6-1 实施。

任务 2　自制交流调光台灯的调试

2.1　工作任务

根据所给器材设计制作一个调光台灯电路,并进行测试。

2.2　内容要求

(1)会使用常用的工具:万用电表测试元器件、双踪示波器测试各点波形等。

(2)会分析基本单元电路的工作原理及调试方法;

2.3　器材准备

220 V 交流电源、万用电表、双踪示波器、25 W/220 V 灯泡一个、灯座一套、导线若干、双向二极管 2CTS 一个、双向晶闸管 3CT101 一个、0.22 μF/160 V 电容器 2 个;

电阻:1.5 kΩ 1 个、68 kΩ 1 个、47 kΩ 1 个、电位器 470 kΩ 1 个。

2.4　实施步骤

(1)电路组成

图 7-70 是调光台灯的应用电路。

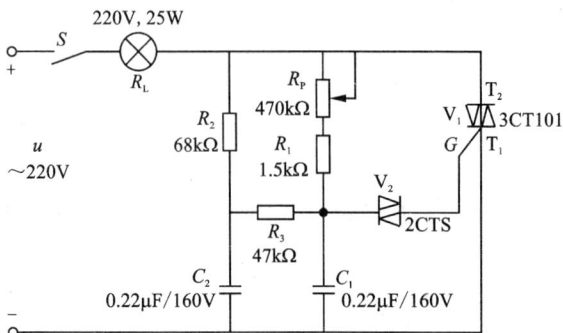

图 7-70　交流调光灯电路

（2）电路工作原理

①双向晶闸管结构、工作原理。双向晶闸管是由 N－P－N－P－N 五层半导体材料制成的，对外引出三个电极，分别是 T_1、T_2、G。双向晶闸管具有触发控制特性，即无论在 T_1 和 T_2 间接入何种极性的电压，只要在控制极 G 加一个触发脉冲（正向触发脉冲或负向触发脉冲均可），都可以使双向晶闸管导通。双向晶闸管的内部结构和电路符号如图 7－71 所示。

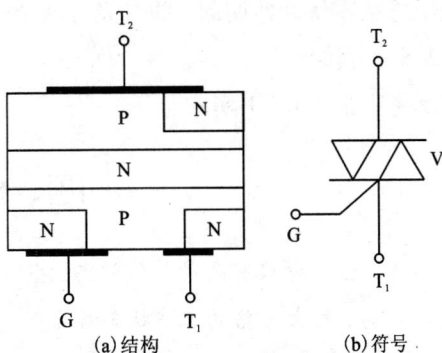

图 7－71 晶闸管的内部结构和电路符号

②双向晶闸管的电极判断

A. 判断 T_2 极。将万用表置 $R \times 1$ 挡，测量双向晶闸管任意两脚之间的阻值，如果某脚和其他两脚之间的电阻为无穷大，则该脚为 T_2 极。

B. 区分 G 极与 T_1 极。假定剩下两脚中某一脚为 T_1 极，另一脚为 G 极。把黑表笔接 T_1 极，红表笔接 T_2 极，电阻为无穷大。接着用红表笔尖把 T_2 极与 G 极短路并给 G 极加上负触发信号，电阻值应为 $10\ \Omega$ 左右，证明管子已经导通，导通方向为 $T_1 \rightarrow T_2$。再将红表笔尖与 G 极脱开（但仍接 T_2 极），如果临时性阻值保持不变，这表明管子在触发之后能维持导通状态。

把红表笔接 T_1 极，黑表笔接 T_2 极，然后使 T_2 极与 G 极短路，给 G 极加上正触发信号，电阻值仍为 $10\ \Omega$ 左右，与 G 极脱开后若阻值不变，则说明管子经触发后，在 $T_2 \rightarrow T_1$ 方向上也能维持导通状态，因此具有双向触发性质。由此证明上述假定正确。否则需重新作出假定，重复以上测量。

③交流调光灯电路原理。触发电路由两节 RC 移相网络及双向二极管 V_2 组成。当电源电压 u 为上正下负时，电源电压通过 R_P 和 R_1 向 C_1 充电，当电容 C_1 上的电压达到双向二极管 V_2 的正向转折电压时，V_2 突然转折导通，给双向晶闸管的控制极一个正向触发脉冲 u_G。V_1 由 T_2 极向 T_1 极方向导通，负载 R_L 上得到相应的正半波交流电压。在电源电压过零瞬间，晶闸管电流小于维持电流而自动关断。当电源

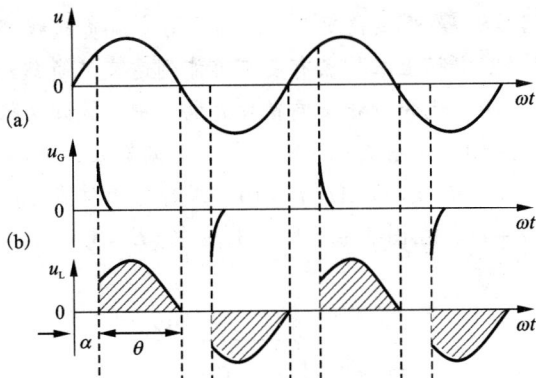

图 7－72 双向晶闸管交流调压波形图

（a）触发脉冲波形；（b）负载上的电压

电压 u 为上负下正时，电源对 C_1 反向充电，C_1 上的电压为下正上负，当 C_1 上的电压达到双向二极管 V_2 的反向转折电压时，V_2 导通，给双向晶闸管的控制极一个反向触发脉冲 u_G，晶闸管由 T_1 极向 T_2 极方向导通，负载 R_L 上得到相应的负半波交流电压。

通过改变可变电阻 R_P 的阻值，达到改变电容 C_1 充电时间常数的目的，也就改变了触发脉冲出现的时刻，使双向晶闸管的导通角 θ 受到控制，达到交流调压的目的。

$R_2 C_2$ 移相网络与 R_P、R_1、C_1 一起构成两节移相网络，这样移相范围可接近180°，使负

载电压可从零伏开始调起，即灯光可从全暗逐渐调亮。

2.5 考核评价

参考下篇表6-1实施。

四、模块习题

7-1 放大电路有两种工作状态，当 $u_i = 0$ 时电路的状态称为_____态，有交流信号 u_i 输入时，放大电路的工作状态称为_____态。在_____态情况下，晶体管各极电压、电流均包含_____态分量和_____态分量。放大器的输入电阻越_____，就越能从前级信号源获得较大的电信号；输出电阻越_____，放大器带负载能力就越强。

7-2 放大器输出波形的正半周削顶了，则放大器产生的失真是_____失真，为消除这种失真，应将静态工作点_____。

7-3 射极输出器具有_____恒小于1、接近于1，_____和_____同相，并具有_____高和_____低的特点。

7-4 放大电路应遵循的基本原则是：_____结正偏；_____结反偏。

7-5 测得某放大电路中晶体管的三个电极 A、B、C 的对地电位分别为 $V_A = -9\ V$，$V_B = -6\ V$，$V_C = -6.2\ V$，试分析 A、B、C 中哪个是基极 b、发射极 e、集电极 c，并说明此晶体管是 NPN 管还是 PNP 管。

7-6 基本放大电路由哪些必不可少的部分组成？各元件有什么作用？

7-7 试画出 PNP 型三极管的基本放大电路，并注明电源的实际极性，以及各电极实际电流方向。

7-8 在哪些情况下，工作点沿直流负载线移动？在哪些情况下，工作点沿交流负载线移动？实际上工作点有没有可能到达交流负载线的上顶端和下顶端？为什么？

7-9 试分析分压偏置放大电路中，射极电阻 R_e 和它的并联电容 C_e 的工作原理。

7-10 如图7-73所示分压式偏置放大电路中，已知 $R_C = 3.3\ k\Omega$，$R_{B1} = 40\ k\Omega$，$R_{B2} = 10\ k\Omega$，$R_E = 1.5\ k\Omega$，$\beta = 70$。求静态工作点 I_{BQ}、I_{CQ} 和 U_{CEQ}。

7-11 在图7-74所示电路中，$E = 5\ V$，$u_i = 10\sin\omega t\ V$，二极管为理想元件，试画出 u_0 的波形。

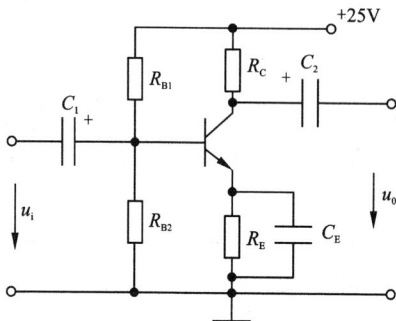

图 7-73

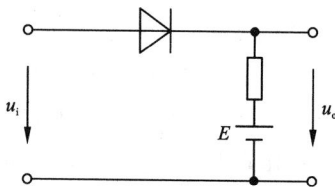

图 7-74

7-12 通用型集成运放由哪几部分电路组成？每一部分有什么作用？

7-13 集成运放的理想化条件是什么？

7-14 什么是"虚短"、"虚断"？

7-15 试在图7-75所示电路中找出反馈元件，并判断反馈类型。

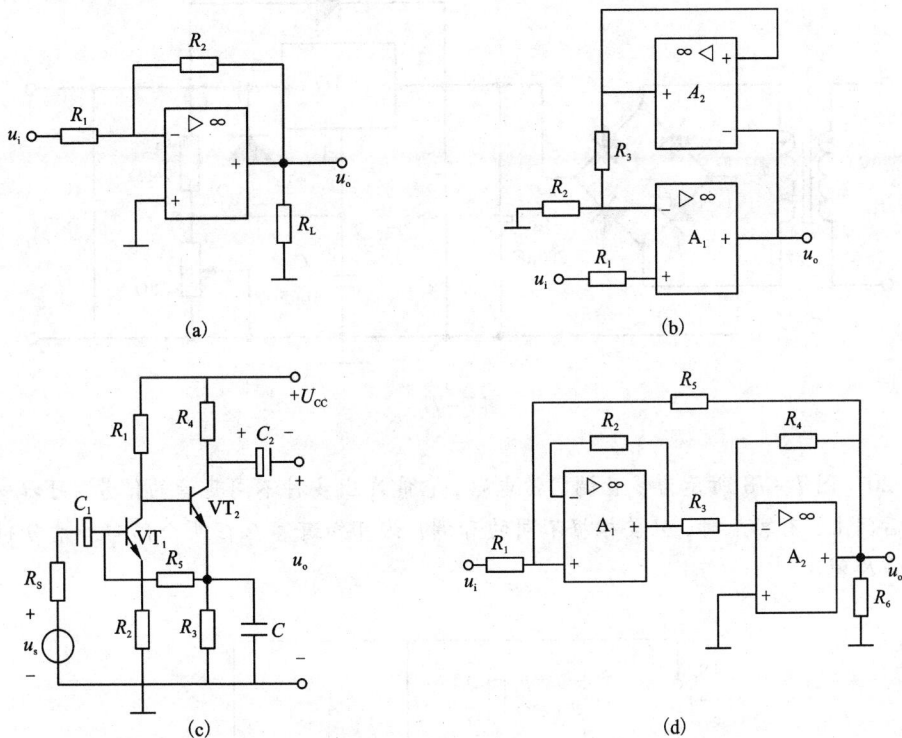

(a)

(b)

(c)

(d)

图7-75

7-16 已知一反馈放大电路的开环电压放大倍数 $A_u = 1000$，电压反馈系数 $F_u = 0.02$，输出电压为5V，试求输入电压、反馈电压和净输入电压各为多少？

7-17 在图7-76所示电路中，已知输入电压 $u_i = -1$ V，运放的开环电压放大倍数 $A_u = 100000$，试求输出电压 u_o。

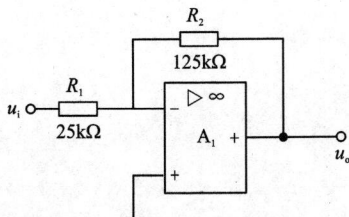

图7-76

7-18 请说明振荡建立的过程。

7-19 用三端可调式集成稳压器W117构成的稳压电路如图7-77所示。W117的3、

1 端间电压 $U_{REF} = 1.25$ V。

(1)求输出电压的调节范围。

(2)二极管 D_1、D_2 在电路中起什么作用？

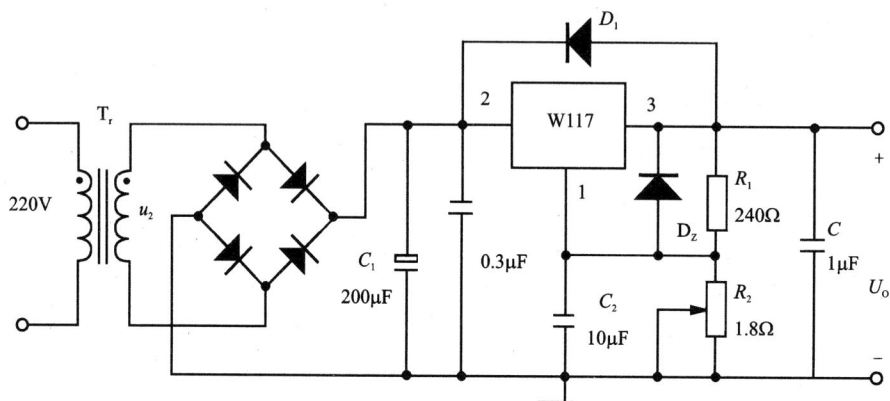

图 7 - 77

7-20 图7-78所示为多音调门铃电路，它能发出多种不同声音的信号，可以安装在家中前后门上，有客来时，只要根据不同的音调，就可知道客人在哪个门口。请分析该电路的工作原理。

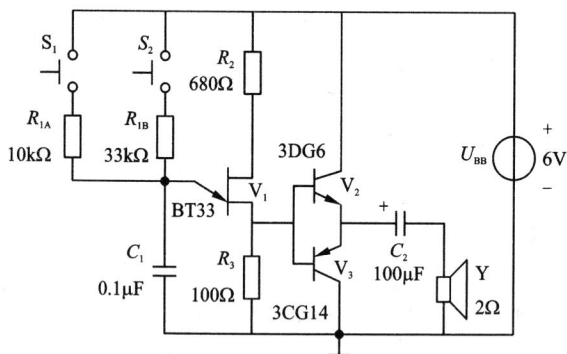

图 7 - 78

模块八　数字电路

一、模块描述

数字电路模块是继模拟电路模块后，电气类、自控类和电子类等专业学生在数字电子技术方面入门性质的技术基础课，是电子技术基础的一个部分，其目的是使学生掌握脉冲电路和数字电路的工作原理、分析方法和设计方法，使学生具有一定的实践技能和应用能力。通过数字电子技术的学习，使学生获得数字电路的基本理论、基本知识和基本技能，培养学生分析问题和解决问题的能力，为数字电子技术在专业中的应用打好基础。通过本模块学习，达到以下目标：

(1)掌握数字逻辑的基础理论
(2)了解实现数字电路的工艺器件原理
(3)掌握数字电路的分析方法
(4)重点掌握数字电路设计方法和实现方法
(5)培养对硬件设计的兴趣
(6)了解目前数字系统设计的概况

二、知识准备

1　数字电路概述

1.1　数字信号与数字电路

1.1.1　模拟信号与数字信号

(1)模拟信号：在时间上和数值上连续的信号，如图 8 − 1。

(2)数字信号：在时间上和数值上不连续的(即离散的)信号，如图 8 − 2。

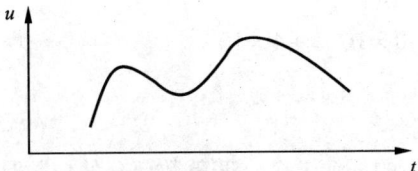

图 8 − 1　模拟信号波形　　　　　　　　图 8 − 2　数字信号波形

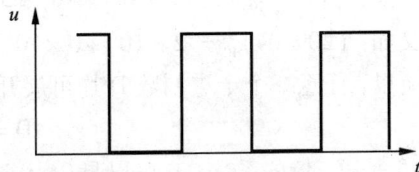

(3)模拟电路：对模拟信号进行传输、处理的电子线路称为模拟电路。

（4）数字电路：对数字信号进行传输、处理的电子线路称为数字电路。

1.1.2 数字电路的特点

（1）工作信号是二进制的数字信号，在时间上和数值上是离散的（不连续），反映在电路上就是低电平和高电平两种状态（即 0 和 1 两个逻辑值）。

在数字电路中的信号通常用最简单的数字"1"与"0"表示，这两个数字可以用脉冲的"有"与"无"、高电平"H"与低电平"L"来代表，从而把脉冲和数字联系在一起；现定：以"1"表示高电平"H"（一般为 3 V 以上），以"0"表示低电平"L"（一般为 0.3 V 以下），称为正逻辑；若以"0"表示高电平"H"，以"1"表示低电平"L"，称为负逻辑，本书均采用正逻辑。

（2）在数字电路中，研究的主要问题是电路的逻辑功能，即输入信号的状态和输出信号的状态之间的逻辑关系。

（3）对组成数字电路的元器件的精度要求不高，只要在工作时能够可靠地区分 0 和 1 两种状态即可。

1.1.3 数字电路的分析方法

数字电路主要研究电路的输出信号与输入信号之间的状态，即所谓的逻辑关系。通常，数字电路用逻辑代数、真值表、逻辑图等进行分析。

数字电路和模拟电路是电子电路的两个分支，在实际中，两者常配合使用。例如，用传感器得到的信号，大多是模拟信号，实际使用的信号也往往是模拟信号，因此，常需要将数字信号与模拟信号进行转换[D/A（数/模）转换或 A/D（模/数）转换]。

1.2 数制与码制

1.2.1 常见的数制

（1）十进制数

十进制数的特点：

①采用十个基本数码：0、1、2、3、4、5、6、7、8、9。

②按"逢十进一、借一当十"的原则计数，即 9 + 1 = 10。

在十进制数里，数码所处的位置不同，所表示的数值的大小也是不同的。例如十进制数 598.38，5 在百位，表示 5×10^2；9 在十位，表示 9×10^1；8 在个位，表示 8×10^0；小数点后的 3 表示 3×10^{-1}；8 表示 8×10^{-2}，所以这个数可以表示为：

$$598.38 = 5 \times 10^2 + 9 \times 10^1 + 8 \times 10^0 + 3 \times 10^{-1} + 8 \times 10^{-2}$$

任意一个十进制数都可以表示为各个数位上的数码与其对应的权的乘积之和，称权展开式。如：$(5555)_{10} = 5 \times 10^3 + 5 \times 10^2 + 5 \times 10^1 + 5 \times 10^0$

又如：$(209.04)_{10} = 2 \times 10^2 + 0 \times 10^1 + 9 \times 10^0 + 0 \times 10^{-1} + 4 \times 10^{-2}$

所以，任意一个十进制数 D 均可展开为：

$$D = \sum K_i * 10^i \tag{8-1}$$

其中 K_i 是第 i 位的系数，它可以是 0~9 这 10 个数中的任何 1 个。若整数部分的位数是 n，小数部分的位数是 m，则 i 的取值范围包含从 $(n-1)$ 到 0 的所有正整数和从 -1 到 $-m$ 的所有负整数。若以 N 取代式(8-1)中的 10，即可以得到任意进制（N 进制）数展开的普遍形式

$$D = \sum K_i * N^i \qquad (8-2)$$

式中 i 的取值与式 $(8-1)$ 的规定相同，N 称为计数的基数，K_i 为第 i 位的系数，N^i 称为第 i 位的权。

在数字电路中，电路的状态以数来表示。显然，若在数字电路中采用十进制，需要有十种电路状态，这很难实现。在电路中最容易实现的状态有两种，例如电位的高和低、脉冲的有和无等。因此在数字电路中，广泛采用的是二进制数。

（2）二进制数

二进制数的特点：

①只采用两个数码：0、1；基数是 2。

②运算规律和法则：逢二进一、借一当二，即：

加法规则：$0+0=0$，$0+1=1$，$1+0=1$，$1+1=10$

乘法规则：$0*0=0$，$0*1=0$，$1*0=0$，$1*1=1$

二进制数的权展开式：

$$D = \sum K_i * 2^i \qquad (8-3)$$

如：$(101.01)_2 = 1 \times 2^2 + 0 \times 2^1 + 1 \times 2^0 + 0 \times 2^{-1} + 1 \times 2^{-2} = (5.25)_{10}$

上面讨论了两种进制，使用时为了便于区别，通常采用附加下标的方法，即在数的最低位的右下角标注该数的数制，例如 $(19)_{10}$ 表示十进制数，而 $(1101)_2$ 表示二进制数。

（3）八进制数

八进制数的特点：

①数码为：$0 \sim 7$；基数是 8。

②运算规律：逢八进一，即：$7+1=10$。

八进制数的权展开式：

$$D = \sum K_i * 8^i \qquad (8-4)$$

如：$(207.04)_8 = 2 \times 8^2 + 0 \times 8^1 + 7 \times 8^0 + 0 \times 8^{-1} + 4 \times 8^{-2} = (135.0625)_{10}$。

（4）十六进制数

十六进制数的特点：

①数码为：$0 \sim 9$、A(10)、B(11)、C(12)、D(13)、E(14)、F(15) 表示；基数是 16。

②运算规律：逢十六进一，即：$F(15)+1=10$。

十六进制数的权展开式：

$$D = \sum K_i * 16^i \qquad (8-5)$$

如：$(D8.A)_{16} = 13 \times 16^1 + 8 \times 16^0 + 10 \times 16^{-1} = (216.625)_{10}$。

1.2.2 数制转换

十进制是人们熟悉的计数方式，而数字逻辑电路中使用的是二进制（或八进制和十六进制），所以有时需要将二进制转换成十进制或将十进制转换成二进制。

（1）二进制转换成十进制

把二进制数转换为等值的十进制数称为二 – 十转换。要将一个二进制数转换成为它的等效十进制数，只要将它按权展开，然后相加就可以了。例如：$(101101)_2 = 1 \times 2^5 + 0 \times 2^4 + 1 \times 2^3 + 1 \times 2^2 + 0 \times 2^1 + 1 \times 2^0 = (45)_{10}$

（2）十进制转换成二进制

将十进制数转换成等值的二进制数，可采用"除 2 求余法"。具体转换步骤如下：

第一步，用二进制数的基数 2 除给定的十进制数，余数（0 或 1）即为二进制数的最低位。

第二步，再用 2 除前一步所得的商，余数即为二进制数的次低位。

以此类推，以后各步都用 2 相继除前一步所得的商，记下每次余数，直到商数为零为止，末次所得的余数为所求二进制的最高位。然后把全部余数按顺序排列起来，就是其等值的二进制数。

例如把十进制数 $(14)_{10}$ 转换成二进制数，可用竖式除法表示这个转换过程：

$$
\begin{array}{llll}
2\lfloor 14 & \cdots\cdots & 余0 & \cdots\cdots\ K_0 \\
2\lfloor 7 & \cdots\cdots & 余1 & \cdots\cdots\ K_1 \\
2\lfloor 3 & \cdots\cdots & 余1 & \cdots\cdots\ K_2 \\
2\lfloor 1 & \cdots\cdots & 余1 & \cdots\cdots\ K_3
\end{array}
\quad
\begin{array}{l}
读 \\ 取 \\ 顺 \\ 序
\end{array}
$$

所以 $(14)_{10} = (K_3 K_2 K_1 K_0)_2 = (1110)_2$

1.2.3　码制

人们习惯十进制，但是计算机和其他数字系统中采用的是二进制，因而在输入、输出数据时，必须进行十进制与二进制之间的相互转换。如按前所述的方法将十进制数转换为二进制数，有时相当不方便。因此，常用四位二进制数表示一位十进制数，这是二 – 十进制编码，简称 BCD 码（Binary Coded Decimal）。

十进制数共有十个数码，四位二进制变量所有取值的不同组合共有 $2^4 = 16$ 种，而表示一位十进制数，只需要十个，还有六个剩余，所以用四位数表示十进制的编码方案有许多种。表 8 – 1 列出了常用的 BCD 编码方案，供使用时参考。

表 8 – 1　常用的 BCD 编码方案

十进制数	BCD 码			
	8421 码	2421	5421 码	余 3 码
0	0000	0000	0000	0011
1	0001	0001	0001	0100
2	0010	0010	0010	0101
3	0011	0011	0011	0110
4	0100	0100	0100	0111
5	0101	1011	1000	1000
6	0110	1100	1001	1001
7	0111	1101	1010	1010
8	1000	1110	1011	1011
9	1001	1111	1100	1100
权	8421	2421	5421	

（1）8421BCD 码

8421BCD 码中，从 0 到 9 十个数字，所对应的四位二进制码是与该十进制数等值的二进制数，因此每个代码与二进制数一样，从左到右各位的权分别为 8、4、2、1，所以把这种代码称为 8421BCD 码。

十进制数转换成 8421BCD 码的原则是：每个十进制数码，分别用一个等值的 8421BCD 码来表示。例如十进制数 $(756)_{10}$ 用 8421BCD 编码表示为：

$$十进制数　　　7　　5　　6$$

$$\downarrow　　\downarrow　　\downarrow$$

$$8421BCD数　0111　0101　0110$$

所以 $(756)_{10} = (0111\ 0101\ 0110)_{8421BCD}$

同样要将 8421BCD 码所表示的数还原成十进制数，即译码，只要将每个四位的二进制码所表示的十进制数写出来即可。例如：

$$8421BCD数　1001　0001　0011　0100$$

$$\downarrow　　\downarrow　　\downarrow　　\downarrow$$

$$十进制数　　9　　1　　3　　4$$

所以 $(1001\ 0001\ 0011\ 0100)_{8421BCD} = (9134)_{10}$

8421BCD 码的优点是它与二进制数的规律相同。在数字设备中，用 8421BCD 码进行十进制的运算比较方便。

（2）余 3BCD 码

余 3BCD 码的特点是每个代码的二进制数值，比其所代表的十进制数多 3；而且 0 与 9 的代码正好逐位 0、1 相反，1 与 8 的代码正好逐位 0、1 相反，这有利于进行补码和反码的运算。

1.3　基本逻辑关系及其门电路

逻辑门电路：用以实现基本和常用逻辑运算的电子电路，简称门电路。

基本的常用门电路有与门、或门、非门（反相器）、与非门、或非门、与或非门和异或门等。

逻辑 1 和 0：电子电路中用高、低电平来表示。

高、低电平的基本判断方法：利用半导体开关元件的导通、截止（即开、关）两种工作状态。

1.3.1　基本逻辑关系及其门电路

（1）与逻辑和与门电路

当决定某事件的全部条件同时具备时，结果才会发生，这种因果关系叫做与逻辑。实现与逻辑关系的电路称为与门。

如下图 8 - 3（a）为与门的逻辑电路图，表 8 - 2 为与门状态表，表 8 - 3 为与门的真值表，图 8 - 3（b）为与门的运算符号。

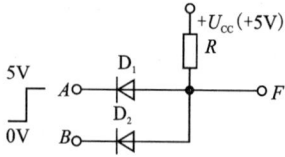

图 8 - 3(a)

$F=AB$

图 8 - 3(b)

表 8 - 2

u_A	u_B	u_F	D_1	D_2
0 V	0 V	0 V	导通	导通
0 V	5 V	0 V	导通	截止
5 V	0 V	0 V	截止	导通
5 V	5 V	5 V	截止	截止

表 8 - 3

A	B	F
0	0	0
0	1	0
1	0	0
1	1	1

与门的逻辑功能可概括为：输入有 0，输出为 0；输入全 1，输出为 1。

逻辑关系式：$F = AB$

逻辑与(逻辑乘)的运算规则为：

$0 \cdot 0 = 0$　　$0 \cdot 1 = 0$　　$1 \cdot 0 = 0$　　$1 \cdot 1 = 1$

与门的输入端可以有多个。图 8 - 3(c)为一个三输入与门电路的输入信号 A、B、C 和输出信号 F 的波形图。

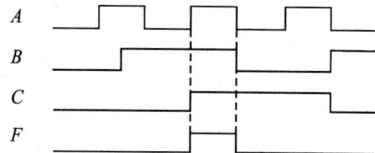

图 8 - 3(c)

目前常用集成电路来组成门电路，常用的与门集成电路有 74LS08，其外引脚逻辑如图 8 - 3(d)。

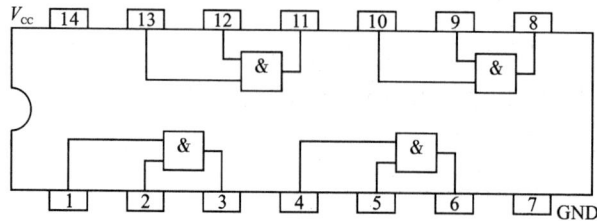

图 8 - 3(d)　　74LS08 外引脚图

(2)或逻辑和或门电路

在决定某事件的条件中，只要任一条件具备，事件就会发生，这种因果关系叫做或逻辑。

实现或逻辑关系的电路称为或门。

如表 8 - 4 为或门的真值表，图 8 - 4(a) 为或门的运算符号。

表 8 - 4

A	B	F
0	0	0
0	1	1
1	0	1
1	1	1

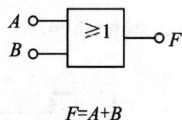

$F = A + B$

图 8 - 4(a)

或门的逻辑功能可概括为：输入有 1，输出为 1；输入全 0，输出为 0。

逻辑关系式：$F = A + B$

逻辑或（逻辑加）的运算规则为：

$0 + 0 = 0$　$0 + 1 = 1$　$1 + 0 = 1$　$1 + 1 = 1$

或门的输入端也可以有多个。图 8 - 4(c) 为一个三输入或门电路的输入信号 A、B、C 和输出信号 F 的波形图。

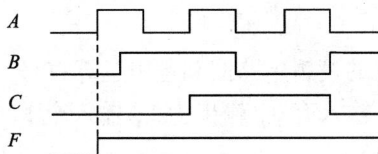

图 8 - 4(b)

常用的或门集成电路有 74LS32，其外引脚如图 8 - 4(c)。

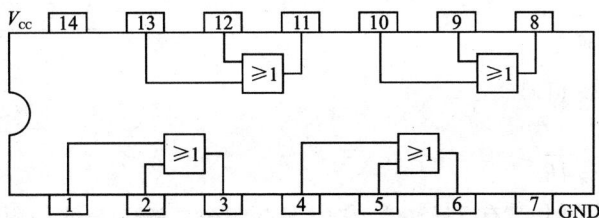

图 8 - 4(c)　74LS32 外引脚图

(3) 非逻辑和非门电路

决定某事件的条件只有一个，当条件出现时事件不发生，而条件不出现时，事件发生，这种因果关系叫做非逻辑。实现非逻辑关系的电路称为非门，也称反相器。

图 8 - 5(a) 为或门的运算符号，表 8 - 5 为非门的真值表。

逻辑关系式：$F = \overline{A}$

逻辑非（逻辑反）的运算规则为：$\overline{0} = 1$　$\overline{1} = 0$

运算规则常用的非门集成电路有 74LS04，其外引脚如图 8 - 5(b)。

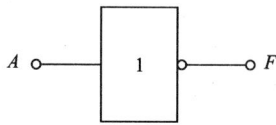

图 8 − 5(a)

表 8 − 5

A	F
0	1
1	0

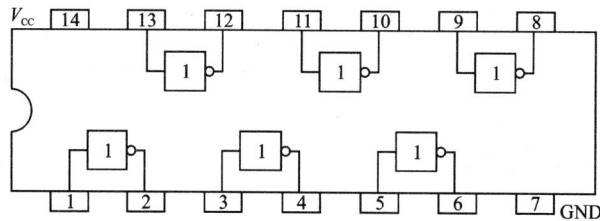

图 8 − 5(b)　74LS04 外引脚图

1.3.2　复合门电路

将与门、或门、非门组合起来，可以构成多种复合门电路。

（1）与非门

由与门和非门构成与非门。

如下图 8 − 6(a)为与非门的逻辑电路图和逻辑运算符号，表 8 − 6 为与非门的真值表，与非门的逻辑功能可概括为：输入有 0，输出为 1；输入全 1，输出为 0。

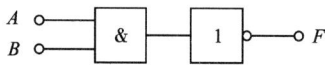

与非门的构成

逻辑符号

图 8 − 6(a)

表 8 − 6

A	B	F
0	0	1
0	1	1
1	0	1
1	1	0

逻辑表达式：$F = \overline{AB}$

常用的集成与非门电路有 74LS00，它内部有四个二输入与非门电路。它的外引脚如图 8 − 6(b)。

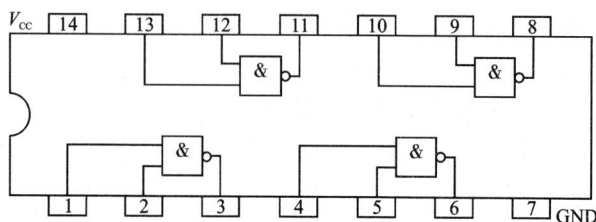

图 8 − 6(b)　74LS00 外引脚图

（2）或非门

由或门和非门构成或非门。

如下图 8 –7(a)为或非门的逻辑电路图和逻辑运算符号，表 8 –7 为或非门的真值表。

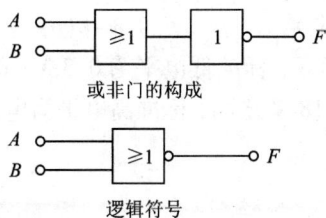

表 8 –7		
A	B	F
0	0	1
0	1	0
1	0	0
1	1	0

图 8 –7(a)

或非门的逻辑功能可概括为：输入有 1，输出为 0；输入全 0，输出为 1。

常用的集成或非门电路有 74LS02，它内部有四个二输入或非门电路。它的外引脚如图 8 –7(b)所示。

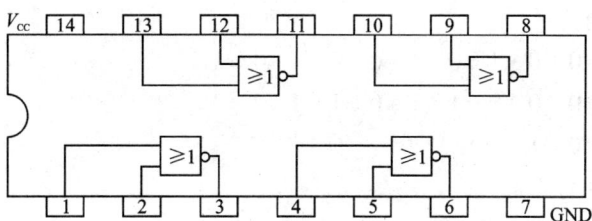

图 8 –7(b)　74LS02 外引脚图

（3）异或门电路、同或门电路

异或门也是一个常用的组合逻辑门，图形符号如图 8 –8(a)所示，其逻辑关系见表 8 –8。

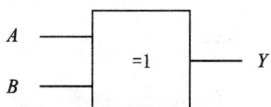

表 8 –8		
A	B	Y
0	0	0
0	1	1
1	0	1
1	1	0

图 8 –8(a)

从逻辑关系表可知：输入相同时，输出为 0；输入相异时，输出为 1。逻辑表达式为

$$Y = \bar{A}B + A\bar{B} = A \oplus B$$

其常用的集成电路芯片是 74LS86，它内部有 4 个 2 输入的异或门。

同或关系在逻辑上和异或是相反的，即

$$A \odot B = AB + \bar{A}\,\bar{B} = \overline{A \oplus B}$$

图形符号如图 8 –8(b)所示，实际集成电路并没有专门的同或芯片，需要时可在异或门后面加上一个非门来实现。

必须指出：在数字电路中，门电路用得非常多。但是，晶体三极管与二极管组成的电路的制造成本相当高，而且不可能制成小型的。因而大多使用集成门电路。

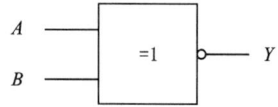

图 8 − 8(b)

在集成门电路中，有以晶体管为中心制成的 TTL 型和以场效应管为中心制成的 CMOS 型。TTL 型数字集成电路是 74 系列，其电源电压标准是 5 V，标准高电平为 3.6 V，标准低电平为 0.3 V；CMOS 型数字集成电路是 C 系列，电源电压使用范围广，在 3～18 V 之间，标准高电平为电源电压，标准低电平为 0 V，功耗小。

1.4 逻辑函数及其化简

将门电路按照一定的规律连接起来，可以组成具有各种逻辑功能的逻辑电路。分析和设计逻辑电路的数学工具是逻辑代数（又叫布尔代数或开关代数）。逻辑代数具有 3 种基本运算：与运算（逻辑乘）、或运算（逻辑加）和非运算（逻辑非）。

1.4.1 逻辑代数的公式和定理

根据逻辑与、或、非三种基本运算规则，可以推出一些基本定律，这些定律有些与普通代数有相似处，有一些则是逻辑代数自身特殊的规律。

(1)常量之间的关系

与运算：$0 \cdot 0 = 0$ $0 \cdot 1 = 0$ $1 \cdot 0 = 0$ $1 \cdot 1 = 1$

或运算：$0 + 0 = 0$ $0 + 1 = 1$ $1 + 0 = 1$ $1 + 1 = 1$

非运算：$\bar{1} = 0$ $\bar{0} = 1$

(2)变量与常量的关系

与运算：$A \cdot 0 = 0$ $A \cdot 1 = A$ $A \cdot A = A$ $A \cdot \bar{A} = 0$

或运算：$A + 0 = A$ $A + 1 = 1$ $A + A = A$ $A + \bar{A} = 1$

非运算：$\bar{\bar{A}} = A$

(3)基本定理

交换律：$\begin{cases} A \cdot B = B \cdot A \\ A + B = B + A \end{cases}$

结合律：$\begin{cases} (A \cdot B) \cdot C = A \cdot (B \cdot C) \\ (A + B) + C = A + (B + C) \end{cases}$

分配律：$\begin{cases} A \cdot (B + C) = A \cdot B + A \cdot C \\ A + B \cdot C = (A + B) \cdot (A + C) \end{cases}$

反演律(摩根定律)：$\overline{A \cdot B} = \bar{A} + \bar{B}$

$\overline{A + B} = \bar{A} \cdot \bar{B}$

重叠律：$A + A = A$

$AA = A$

以上定律和公式的正确性，最直接的方法是通过列真值表来证明（表 8 − 9），若等式两边的函数在变量的各种取值下都相等，则等式成立。如证明 $A \cdot B = B \cdot A$。

表 8 − 9 真值表

A	B	AB	BA
0	0	0	0
0	1	0	0
1	0	0	0
1	1	1	1

(4)常用公式

利用基本公式可以推出一些常用公式,这些公式有助于化简逻辑函数。

$$AB + A\bar{B} = A$$

$$A + AB = A$$

$$A + \bar{A}B = A + B$$

$$AB + \bar{A}C + BC = AB + \bar{A}C$$

1.4.2 逻辑函数的表示方法

常用的逻辑函数表示方法有逻辑真值表(简称真值表)、逻辑函数式(也称逻辑式或函数式)、逻辑图、卡诺图和波形图等。这里只介绍前面三种方法,只要知道其中一种表示形式,就可转换为其他几种表示形式。

(1)真值表

真值表:是由变量的所有可能取值组合及其对应的函数值所构成的表格。

真值表列写方法:每一个变量均有0、1两种取值,n个变量共有2^n种不同的取值,将这2^n种不同的取值按顺序(一般按二进制递增规律)排列起来,同时在相应位置上填入函数的值,便可得到逻辑函数的真值表。

例如表8-10:当A、B取值相同时,函数值为0;否则,函数取值为1。

(2)逻辑表达式

逻辑表达式:是由逻辑变量和与、或、非3种运算符连接起来所构成的式子。

表达式列写方法:将那些使函数值为1的各个状态表示成全部变量(值为1的表示成原变量,值为0的表示成反变量)的与项(例如上表中$A=0$、B $=1$和$A=1$、$B=0$时函数F的值均为1),将所有的与项相加,即得到函数的与或表达式:

表8-10

A	B	F
0	0	0
0	1	1
1	0	1
1	1	0

$$F = \bar{A}B + A\bar{B}$$

(3)逻辑图

逻辑图:由表示逻辑运算的逻辑符号所构成的图形。

如逻辑函数$F = AB + BC$的逻辑图表示如图8-9所示。

以上介绍的几种表示方法均可以相互转换,在实际中,一般根据需要和最简的方法来表示逻辑函数。

1.4.3 逻辑函数的化简

数字电路中,往往要根据实际问题进行逻辑设计,得出的逻辑函数要进行化简,只有最简的逻辑函数才能使得电路最简,逻辑表达式越简单,实现它的电路越简单,电路工作越稳定可靠。

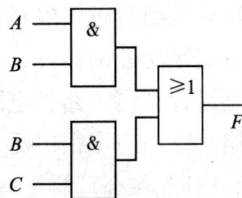

图8-9 逻辑图

下面通过几个例子来说明。

(1)利用公式$A + \bar{A} = 1$,将两项合并为一项,并消去一个变量。

例如:

$$Y_1 = ABC + \bar{A}BC + B\bar{C} = (A + \bar{A})BC + B\bar{C} = BC + B\bar{C} = B(C + \bar{C}) = B \quad (运用分配律)$$

$Y_2 = ABC + A\bar{B} + A\bar{C} = ABC + A(\bar{B} + \bar{C}) = ABC + A\overline{BC} = A(BC + \overline{BC}) = A(运用摩根定律)$

（2）利用公式 $A + AB = A$，消去多余的项。例如：

$Y_1 = \bar{A}B + \bar{A}BCD(E + F) = \bar{A}B$

$Y_2 = A + \bar{B} + \overline{\overline{CD}} + \overline{\overline{AD}\bar{B}} = A + BCD + AD + B = (A + AD) + (B + BCD) = A + B$（运用摩根定律）

（3）利用公式 $A + \bar{A}B = A + B$，消去多余的变量。

例如：

$$\begin{aligned} Y &= AB + \bar{A}C + \bar{B}C \\ &= AB + (\bar{A} + \bar{B})C \\ &= AB + \overline{AB}C \\ &= AB + C \end{aligned} \qquad \begin{aligned} Y &= A\bar{B} + C + \bar{A}CD + B\bar{C}D \\ &= A\bar{B} + C + \bar{C}(\bar{A} + B)D \\ &= A\bar{B} + C + (\bar{A} + B)D \\ &= A\bar{B} + C + \overline{A\bar{B}}D \\ &= A\bar{B} + C + D \end{aligned}$$

（4）利用公式 $A = A(B + \bar{B})$，为某一项配上其所缺的变量，以便用其他方法进行化简。

例如：$Y = A\bar{B} + B\bar{C} + \bar{B}C + \bar{A}B$

$\quad = A\bar{B} + B\bar{C} + (A + \bar{A})\bar{B}C + \bar{A}B(C + \bar{C})$

$\quad = A\bar{B} + B\bar{C} + A\bar{B}C + \bar{A}\bar{B}C + \bar{A}BC + \bar{A}B\bar{C}$

$\quad = A\bar{B}(1 + C) + B\bar{C}(1 + \bar{A}) + \bar{A}C(\bar{B} + B)$

$\quad = A\bar{B} + B\bar{C} + \bar{A}C$

（5）利用公式 $A + A = A$，为某项配上其所能合并的项。

例如：$Y = ABC + AB\bar{C} + A\bar{B}C + \bar{A}BC$

$\quad = (ABC + AB\bar{C}) + (ABC + A\bar{B}C) + (ABC + \bar{A}BC)$

$\quad = AB + AC + BC$

2 组合逻辑电路

2.1 组合逻辑电路的分析与设计

根据逻辑功能的不同特点，可以把数字电路分为两大类，一类叫做组合逻辑电路（简称组合电路），另一类叫做时序逻辑电路（简称时序电路）。

在组合逻辑电路中，任意时刻的输出仅仅取决于该时刻的输入，与电路原来的状态无关。这就是组合逻辑电路在逻辑功能上的共同特点。组合电路是由逻辑门构成的，它不包含具有记忆功能的器件，不存在从输出到输入的反馈电路。不存在记忆元件和存储电路，这就是组合逻辑电路在电路结构上的共同特点。

组合电路应用很广泛，常用的有比较器、加法器、译码器、编码器和数据选择器等。

2.1.1 组合逻辑电路的分析

（1）分析步骤

分析组合逻辑电路的目的是为了明确组合电路的逻辑功能和应用方法。组合逻辑电路分析可分为以下几个步骤：

①根据组合逻辑电路的逻辑图，写出电路输出函数的逻辑表达式；

②对逻辑表达式进行化简，得到最简的逻辑表达式；

③列真值表，将输入输出变量及所有可能的取值列成表格；

④确定功能，根据真值表和逻辑表达式确定电路的逻辑功能。

（2）例题分析

例 8 – 1 分析图 8 – 10 的逻辑功能。

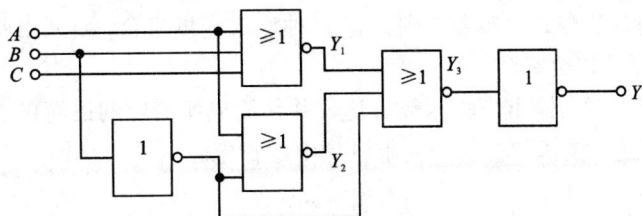

图 8 – 10

解：①根据逻辑图，写出电路输出函数的逻辑表达式

$$\left.\begin{array}{l} Y_1 = \overline{A + B + C} \\ Y_2 = \overline{A + \overline{B}} \\ Y_3 = \overline{Y_1 + Y_2 + \overline{B}} \end{array}\right\} Y = \overline{Y_3} = Y_1 + Y_2 + \overline{B} = \overline{A + B + C} + \overline{A + \overline{B}} + \overline{B}$$

②化简：$Y = \overline{A}\overline{B}\overline{C} + \overline{A}B + \overline{B} = \overline{A}B + \overline{B} = \overline{A} + \overline{B}$

③根据化简式列真值表：如表 8 – 11。

④根据真值表得出电路的逻辑功能：电路的输出 Y 只与输入 A、B 有关，而与输入 C 无关。Y 和 A、B 的逻辑关系为：A、B 中只要一个为 0，$Y = 1$；A、B 全为 1 时，$Y = 0$。所以 Y 和 A、B 的逻辑关系为与非运算的关系。

⑤画出最简的逻辑关系图，用与非门实现如图 8 – 11。

表 8 – 11

A	B	C	Y
0	0	0	1
0	0	1	1
0	1	0	1
0	1	1	1
1	0	0	1
1	0	1	1
1	1	0	0
1	1	1	0

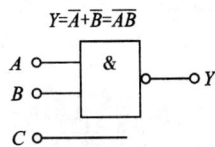

图 8 – 11

一般来说，把电路的逻辑功能列成真值表以后，它的功能就一目了然了。

2.1.2 组合逻辑电路的设计

根据给出的实际逻辑问题，求出实现这一逻辑功能的最简单逻辑电路，这就是设计组合逻辑电路时要完成的工作。这里所说的"最简"，是指电路所用的器件数最少，而且器件之间的连线也最少。组合逻辑电路的设计工作通常可按下列步骤进行：

（1）设计步骤

①分析实际问题。确定哪些是输入变量，哪些是输出变量，并赋值（即以二值逻辑的 0、1 两种状态分别代表输入变量和输出变量的两种不同状态，这里 0 和 1 的具体含义完全由设计者人为设定），分析变量间的逻辑关系，把实际问题归纳为逻辑问题，并确定它们之间的逻辑关系。

②列出真值表。若有 N 个变量，则共有 2^N 种输入变量组合，要列出所有可能情况下输出变量的取值，即采用"穷举法"。

③根据真值表。写出输出逻辑函数表达式并化简成所需要的最简单的表达式。

④根据实际问题、技术和材料的要求设计出逻辑电路。

（2）例题分析：

例 8 - 2　用与非门设计一个交通报警控制电路。

解：①分析实际问题：交通信号灯有红、绿、黄 3 种，3 种灯分别单独工作或黄、绿灯同时工作时属正常情况，其他情况均属故障，出现故障时输出报警信号。

②设红、绿、黄灯分别用 A、B、C 表示，灯亮时其值为 1，灯灭时其值为 0；输出报警信号用 F 表示，灯正常工作时其值为 0，灯出现故障时其值为 1。根据逻辑要求列出真值表如表 8 - 12。

③根据真值表写出逻辑函数式并化简：

$$F = \bar{A}\bar{B}\bar{C} + A\bar{B}C + AB\bar{C} + ABC$$

化简得：

$$F = \bar{A}\bar{B}\bar{C} + ABC + AB\bar{C} + A\bar{B}C$$
$$= \bar{A}\bar{B}\bar{C} + AB(C + \bar{C}) + AC(B + \bar{B})$$
$$= \bar{A}\bar{B}\bar{C} + AB + AC$$

再进行逻辑变换得：

$$F = \overline{\overline{\bar{A}\bar{B}\bar{C}}\ \overline{AB}\ \overline{AC}}$$

④根据最简式画出实现该功能的逻辑电路图，如图 8 - 12。

表 8 - 12

A	B	C	F	A	B	C	F
0	0	0	1	1	0	0	0
0	0	1	0	1	0	1	1
0	1	0	0	1	1	0	1
0	1	1	0	1	1	1	1

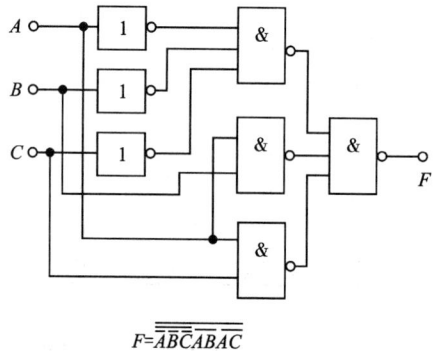

$$F = \overline{\overline{\bar{A}\bar{B}\bar{C}}\,\overline{AB}\,\overline{AC}}$$

图 8 - 12

例 8 - 3　用与非门设计一个女子举重裁判表决电路。设举重比赛有 3 个裁判，一个主裁判和两个副裁判。杠铃完全举上的裁决由每一个裁判按一下自己面前的按钮来确定。只有当两个或两个以上裁判判明成功,并且其中有一个为主裁判时,表明成功的灯才亮。

解: ①设主裁判为变量 A,副裁判分别为 B 和 C;表示成功与否的灯为 Y。

②列出真值表,如表 8 – 13 所示。

③根据真值表,写出逻辑表达式,并化简。

$$Y = A\overline{B}C + AB\overline{C} + ABC$$

化简得

$$
\begin{aligned}
Y &= A\overline{B}C + AB\overline{C} + ABC \\
&= ABC + AB\overline{C} + ABC + A\overline{B}C \\
&= AB(C + \overline{C}) + AC(B + \overline{B}) \\
&= AB + AC
\end{aligned}
$$

逻辑变换得

$$Y = \overline{\overline{AB} \cdot \overline{AC}}$$

④根据逻辑表达式,画出逻辑电路图,如图 8 – 13 所示。

表 8 – 13

A	B	C	Y	A	B	C	Y
0	0	0	0	1	0	0	0
0	0	1	0	1	0	1	1
0	1	0	0	1	1	0	1
0	1	1	0	1	1	1	1

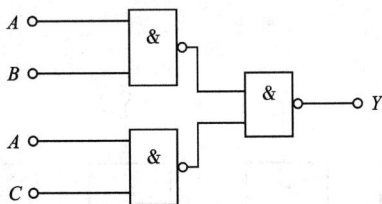

图 8 – 13

2.2　组合逻辑电路部件

组合逻辑部件是指具有某种逻辑功能的中规模集成组合逻辑电路芯片。常用的组合逻辑部件有编码器、译码器、加法器、数值比较器、数据选择器和数据分配器等。

2.2.1　编码器

实现编码操作的电路称为编码器。

(1)3 位二进制编码器

如果输入端有 2^N 个变量,则在输出端用 N 位二进制数表示,当输入端达不到 2^N 个时,输出端也要用 N 位表示,这样就有 8 线 – 3 线编码器、16 线 – 4 线编码器、10 线 – 4 线编码器等。下面介绍 8 线 – 3 线编码器。

①真值表

表 8 – 14   真值表

输入	输出		
	Y_2	Y_1	Y_0
I_0	0	0	0
I_1	0	0	1
I_2	0	1	0
I_3	0	1	1
I_4	1	0	0
I_5	1	0	1
I_6	1	1	0
I_7	1	1	1

从真值表可以看出：输入 8 个互斥的信号输出 3 位二进制代码。

②逻辑表达式：

$$Y_2 = I_4 + I_5 + I_6 + I_7 = \overline{\overline{I_4}\,\overline{I_5}\,\overline{I_6}\,\overline{I_7}}$$
$$Y_1 = I_2 + I_3 + I_6 + I_7 = \overline{\overline{I_2}\,\overline{I_3}\,\overline{I_6}\,\overline{I_7}}$$
$$Y_0 = I_1 + I_3 + I_5 + I_7 = \overline{\overline{I_1}\,\overline{I_3}\,\overline{I_5}\,\overline{I_7}}$$

③逻辑图（图 8 – 14）

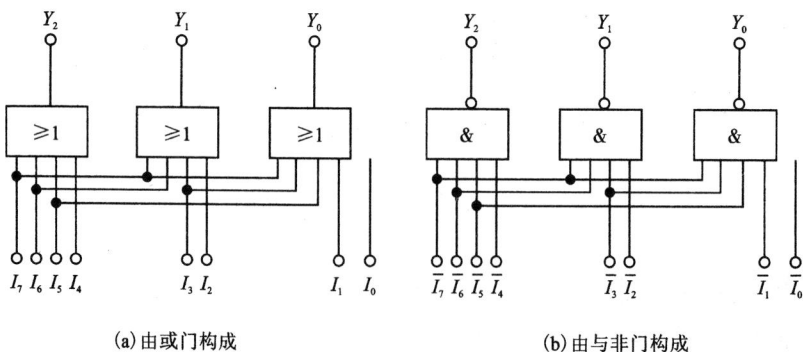

(a)由或门构成   (b)由与非门构成

图 8 – 14   3 位二进制编码器

（2）8421 码编码器

8421 码编码器的输入端输入一个一位十进制数，通过内部编码，输出四位 8421BCD 码二进制代码，每组代码与相应的十进制数对应。

①真值表:

表 8 – 15 真值表

输 入 I	输 出			
	Y_3	Y_2	Y_1	Y_0
$0(I_0)$	0	0	0	0
$1(I_1)$	0	0	0	1
$2(I_2)$	0	0	1	0
$3(I_3)$	0	0	1	1
$4(I_4)$	0	1	0	0
$5(I_5)$	0	1	0	1
$6(I_6)$	0	1	1	0
$7(I_7)$	0	1	1	1
$8(I_8)$	1	0	0	0
$9(I_9)$	1	0	0	1

从真值表可以看出：输入 10 个互斥的数码输出 4 位二进制代码。

②逻辑表达式:

$$Y_3 = I_8 + I_9 = \overline{\overline{I_8}\,\overline{I_9}}$$

$$Y_2 = I_4 + I_5 + I_6 + I_7 = \overline{\overline{I_4}\,\overline{I_5}\,\overline{I_6}\,\overline{I_7}}$$

$$Y_1 = I_2 + I_3 + I_6 + I_7 = \overline{\overline{I_2}\,\overline{I_3}\,\overline{I_6}\,\overline{I_7}}$$

$$Y_0 = I_1 + I_3 + I_5 + I_7 + I_9 = \overline{\overline{I_1}\,\overline{I_3}\,\overline{I_5}\,\overline{I_7}\,\overline{I_9}}$$

③逻辑电路图:

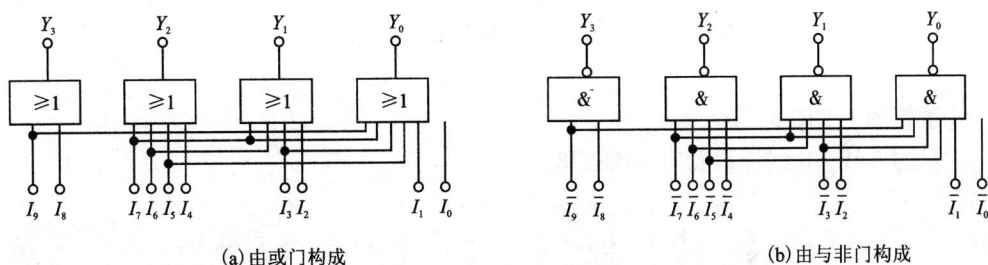

(a)由或门构成　　　　　(b)由与非门构成

图 8 – 15 8421 码编码器

2.2.2 译码器

把代码状态的特定含义翻译出来的过程称为译码，实现译码操作的电路称为译码器。译码是编码的逆过程。译码器就是把一种代码转换为另一种代码的电路。译码器有很多种，常用的有显示译码器、二进制译码器和二 – 十进制译码器等。

(1)3 线 – 8 线译码器

设二进制译码器的输入端为 n 个，则输出端为 2^n 个，且对应于输入代码的每一种状态，2^n 个输出中只有一个为 1(或为 0)，其余全为 0(或为 1)。

二进制译码器可以译出输入变量的全部状态，故又称为变量译码器。

①3 线－8 线译码器真值表

表 8－16　3 线－8 线译码器真值表

A_2	A_1	A_0	Y_0	Y_1	Y_2	Y_3	Y_4	Y_5	Y_6	Y_7
0	0	0	1	0	0	0	0	0	0	0
0	0	1	0	1	0	0	0	0	0	0
0	1	0	0	0	1	0	0	0	0	0
0	1	1	0	0	0	1	0	0	0	0
1	0	0	0	0	0	0	1	0	0	0
1	0	1	0	0	0	0	0	1	0	0
1	1	0	0	0	0	0	0	0	1	0
1	1	1	0	0	0	0	0	0	0	1

从真值表可以看出：输入为 3 位二进制代码；输出为 8 个互斥的信号。

②逻辑表达式：

$$\begin{cases} Y_0 = \bar{A}_2\bar{A}_1\bar{A}_0 \\ Y_1 = \bar{A}_2\bar{A}_1 A_0 \\ Y_2 = \bar{A}_2 A_1\bar{A}_0 \\ Y_3 = \bar{A}_2 A_1 A_0 \\ Y_4 = A_2\bar{A}_1\bar{A}_0 \\ Y_5 = A_2\bar{A}_1 A_0 \\ Y_6 = A_2 A_1\bar{A}_0 \\ Y_7 = A_2 A_1 A_0 \end{cases}$$

③逻辑图：如图 8－16。

常见的 3 线－8 线译码器有 74LS138。

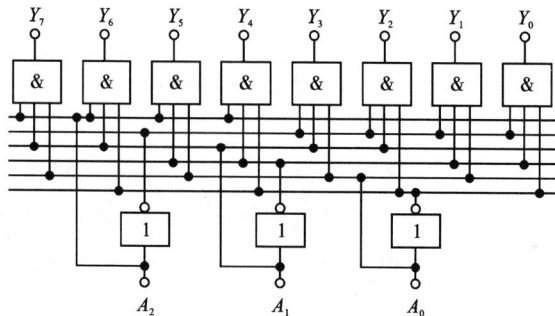

图 8－16　3 线－8 线译码器

（2）二－十进制译码器（8421 码译码器）

把二进制代码翻译成 10 个十进制数字信号的电路，称为二－十进制译码器。这种译码器的输入端子有四个，分别输入四位 8421BCD 码二进制代码的各位，用 A_3、A_2、A_1、A_0 表示；输出的是与 10 个十进制数字相对应的 10 个信号，用 $Y_9 \sim Y_0$ 表示。由于二－十进制译码器有 4 根输入线，10 根输出线，所以又称为 4 线－10 线译码器。

①真值表：如表 8－17。

表 8－17　二－十进制译码器真值表

A_3	A_2	A_1	A_0	Y_9	Y_8	Y_7	Y_6	Y_5	Y_4	Y_3	Y_2	Y_1	Y_0
0	0	0	0	0	0	0	0	0	0	0	0	0	1
0	0	0	1	0	0	0	0	0	0	0	0	1	0
0	0	1	0	0	0	0	0	0	0	0	1	0	0
0	0	1	1	0	0	0	0	0	0	1	0	0	0
0	1	0	0	0	0	0	0	0	1	0	0	0	0
0	1	0	1	0	0	0	0	1	0	0	0	0	0
0	1	1	0	0	0	0	1	0	0	0	0	0	0
0	1	1	1	0	0	1	0	0	0	0	0	0	0
1	0	0	0	0	1	0	0	0	0	0	0	0	0
1	0	0	1	1	0	0	0	0	0	0	0	0	0

②逻辑表达式：

$$Y_0 = \bar{A}_3\bar{A}_2\bar{A}_1\bar{A}_0 \quad Y_1 = \bar{A}_3\bar{A}_2\bar{A}_1 A_0 \quad Y_2 = \bar{A}_3\bar{A}_2 A_1\bar{A}_0 \quad Y_3 = \bar{A}_3\bar{A}_2 A_1 A_0$$

$$Y_4 = \bar{A}_3 A_2\bar{A}_1\bar{A}_0 \quad Y_5 = \bar{A}_3 A_2\bar{A}_1 A_0 \quad Y_6 = \bar{A}_3 A_2 A_1\bar{A}_0 \quad Y_7 = \bar{A}_3 A_2 A_1 A_0$$

$$Y_8 = A_3\bar{A}_2\bar{A}_1\bar{A}_0 \quad Y_9 = A_3\bar{A}_2\bar{A}_1 A_0$$

③逻辑图：如图 8－17。常用的有 74LS42。

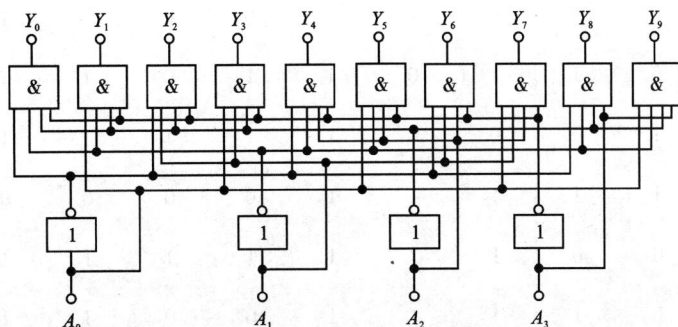

图 8－17　二－十进制译码器

（3）显示译码器

用来驱动各种显示器件，从而将用二进制代码表示的数字、文字、符号翻译成人们习惯的形式直观地显示出来的电路，称为显示译码器。显示译码器有很多种，下面以控制发光二极管显示的译码器为例来讨论。

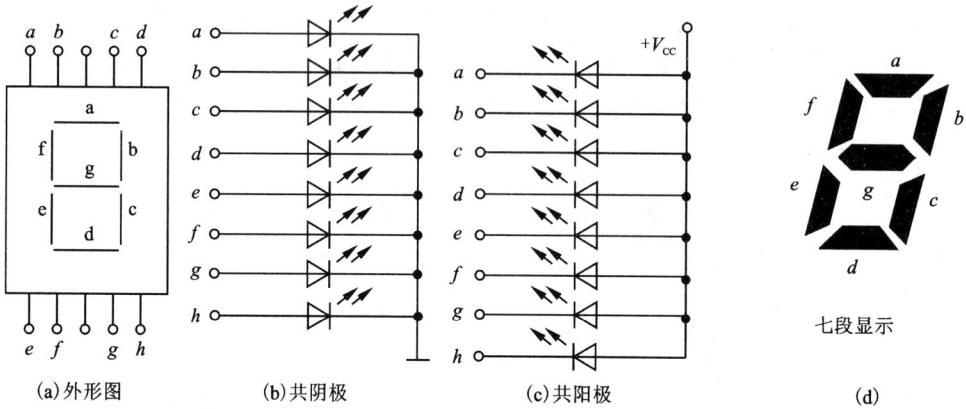

图 8 – 18　七段 LED 数码显示管

①真值表(真值表仅适用于共阴极 LED):

表 8 – 18　七段显示译码器真值表(共阴极)

输入				输出							显示字形
A_3	A_2	A_1	A_0	a	b	c	d	e	f	g	
0	0	0	0	1	1	1	1	1	1	0	
0	0	0	1	0	1	1	0	0	0	0	
0	0	1	0	1	1	0	1	1	0	1	
0	0	1	1	1	1	1	1	0	0	1	
0	1	0	0	0	1	1	0	0	1	1	
0	1	0	1	1	0	1	1	0	1	1	
0	1	1	0	0	0	1	1	1	1	1	
0	1	1	1	1	1	1	0	0	0	0	
1	0	0	0	1	1	1	1	1	1	1	
1	0	0	1	1	1	1	0	0	1	1	

②举例:见图 8 – 19。

2.2.3　加法器

两个二进制数之间的算术运算无论是加、减、乘、除,目前在数字计算机中都是化为若干步加法运算进行的。因此,加法器是构成算术运算器的基本单元。

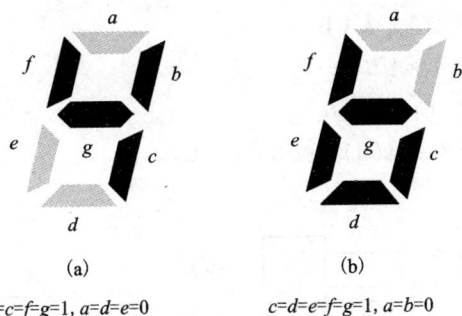

(a)　　　　　　(b)

$b=c=f=g=1, a=d=e=0$　　$c=d=e=f=g=1, a=b=0$

图 8 – 19　共阴极七段显示译码器显示举例

（1）半加器

能对两个 1 位二进制数进行相加而求得和及进位的逻辑电路称为半加器。

① 半加器真值表：

表 8 – 19　半加器真值表

A_i	B_i	S_i	C_i
0	0	0	0
0	1	1	0
1	0	1	0
1	1	0	1

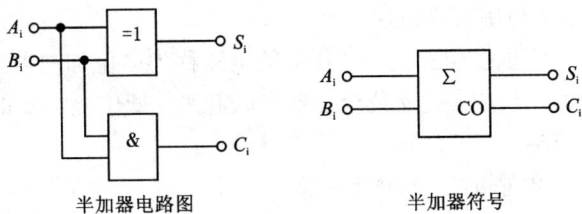

半加器电路图　　　　半加器符号

图 8 – 20　半加器

② 逻辑表达式：

$$S_i = \bar{A}_i B_i + A_i \bar{B}_i = A_i \oplus B_i \quad C_i = A_i B_i$$

③ 电路图及符号：如图 8 – 20。

（2）全加器

能对两个 1 位二进制数进行相加并考虑低位来的进位，即相当于 3 个 1 位二进制数相加，求得和及进位的逻辑电路称为全加器。

① 全加器真值表（表 8 – 20）：

A_i、B_i：加数；C_{i-1}：低位来的进位；S_i：本位的和；C_i：向高位的进位。

② 逻辑表达式：

$$S_i = \bar{A}_i \bar{B}_i C_{i-1} + \bar{A}_i B_i \bar{C}_{i-1} + A_i \bar{B}_i \bar{C}_{i-1} + A_i B_i C_{i-1}$$
$$= \bar{A}_i (\bar{B}_i C_{i-1} + B_i \bar{C}_{i-1}) + A_i (\bar{B}_i \bar{C}_{i-1} + B_i C_{i-1})$$
$$= \bar{A}_i (B_i \oplus C_{i-1}) + A_i (\overline{B_i \oplus C_{i-1}})$$
$$= A_i \oplus B_i \oplus C_{i-1}$$

化简得：$S_i = A_i \oplus B_i \oplus C_{i-1}$

表 8 – 20　全加器真值表

A_i	B_i	C_{i-1}	S_i	C_i
0	0	0	0	0
0	0	1	1	0
0	1	0	1	0
0	1	1	0	1
1	0	0	1	0
1	0	1	0	1
1	1	0	0	1
1	1	1	1	1

$$C_i = \overline{A}_i B_i C_{i-1} + A_i \overline{B}_i C_{i-1} + A_i B_i$$
$$= (\overline{A}_i B_i + A_i \overline{B}_i) C_{i-1} + A_i B$$
$$= (A_i \oplus B_i) C_{i-1} + A_i B_i$$

化简得：$C_i = (A_i \oplus B_i) C_{i-1} + A_i B_i$

③逻辑电路图：如图 8-21(a)、图 8-21(b)。

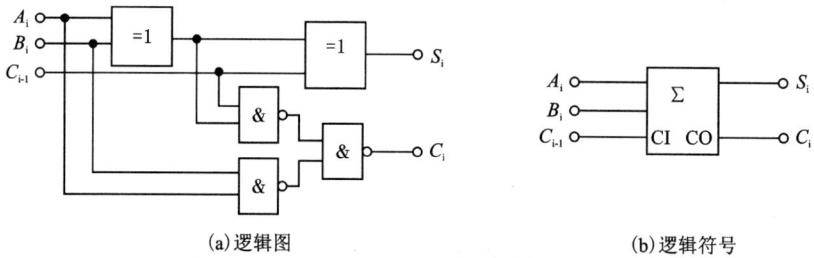

(a)逻辑图   (b)逻辑符号

图 8-21   全加器

(3)串行进位加法器

实现多位二进制数相加的电路称为多位加法器。下面以串行进位加法器为例来分析。

①构成：把 n 位全加器串联起来，低位全加器的进位输出连接到相邻的高位全加器的进位输入。

②逻辑图：如图 8-22。

③特点：进位信号是由低位向高位逐级传递的，速度较慢。

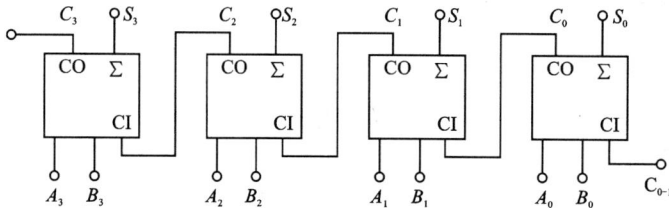

图 8-22   串行进位加法器

另外，为了提高运算速度，在逻辑设计上采用超前进位的方法，即每一位的进位根据各位的输入同时预先形成，而不需要等到低位的进位送来后才形成，这种结构的多位数加法器称为超前进位加法器。

2.2.4   数值比较器

数值比较器就是对两个二进制数进行比较，以判断其大小的逻辑电路。

下面以一位数值比较器为例，说明其工作原理。设两个二进制数的对应位为 A_i、B_i，若 $A_i = B_i$，则输出 1，否则输出 0。根据 A_i、B_i 取值的四种情况，列出真值表，如表 8-21 所示。

(1)真值表：

表 8-21　同比较器真值表

A	B	$L_1(A>B)$	$L_2(A<B)$	$L_3(A=B)$
0	0	0	0	1
0	1	0	1	0
1	0	1	0	0
1	1	0	0	1

（2）逻辑表达式：

$$\begin{cases} L_1 = A\bar{B} \\ L_2 = \bar{A}B \\ L_3 = \overline{A\bar{B} + \bar{A}B} = \overline{\bar{A}B + A\bar{B}} \end{cases}$$

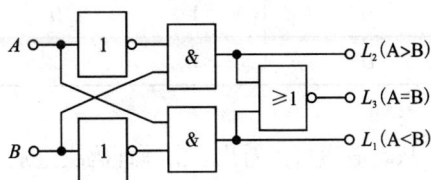

图 8-23　同比较器

2.2.5　数据选择器与数据分配器

（1）数据选择器

在数字信号的传输过程中，有时需要从一组数据中选出某一个来，这就要用到一种叫做数据选择器（或称多路开关）的逻辑电路。下面以 4 选 1 数据选择器来分析。

①真值表（表 8-22）

从真值表可以看出：由地址码决定从 4 路输入中选择哪 1 路输出（A_1、A_0 为地址变量）。

②逻辑表达式

$$Y = D_0\bar{A}_1\bar{A}_0 + D_1\bar{A}_1A_0 + D_2A_1\bar{A}_0 + D_3A_1A_0$$

③逻辑电路图（图 8-24）

表 8-22　4 选 1 数据选择器真值表

输　　入			输　出
D	A_1	A_0	Y
D_0	0	0	D_0
D_1	0	1	D_1
D_2	1	0	D_2
D_3	1	1	D_3

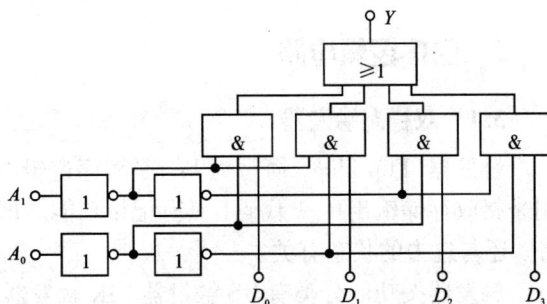

图 8-24　4 选 1 数据选择器

（2）数据分配器

与数据选择器相反，数据分配器是将一个输入数据分时传送到多个输出端输出，但在同一时刻只能把输入的数据送到一个指定的输出端，而这个指定的输出端是由选择输入控制信号的不同组合所控制。下面以 1 路-4 路数据分配器来分析其原理。

①真值表:

表8－23　1路－4路数据分配器真值表

输	入		输	出		
D	A_1	A_0	Y_0	Y_1	Y_2	Y_3
D	0	0	D	0	0	0
D	0	1	0	D	0	0
D	1	0	0	0	D	0
D	1	1	0	0	0	D

从真值表可以看出:由地址码决定从4路输入中选择哪1路输出(A_1、A_0为地址变量)。

②逻辑表达式:

$$Y_0 = D\bar{A}_1\bar{A}_0 \quad Y_1 = D\bar{A}_1 A_0$$
$$Y_2 = DA_1\bar{A}_0 \quad Y_3 = DA_1 A_0$$

③逻辑图:如图8－25。

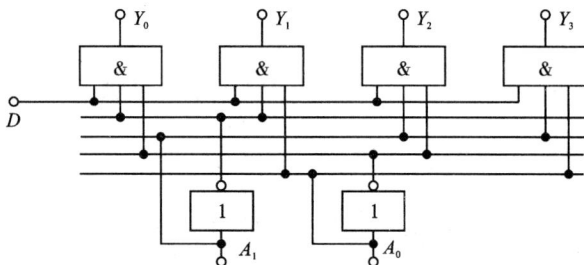

图8－25　1路－4路数据分配器

3　时序逻辑电路

3.1　双稳态触发器

触发器(Flip Flop,简写为FF)是时序逻辑电路的基本单元电路,由门电路构成,专门用来接收存储输出0、1代码,具有记忆功能。即其输出状态除了与当时的输入信号有关之外,还与过去的状态有关。

触发器按功能分类有RS触发器、JK触发器、D触发器、T和T′触发器;按结构分类有基本触发器、同步触发器、主从触发器、维持阻塞和边沿触发器;按触发方式分有上升沿触发器、下降沿触发器,高电平触发器、低电平触发器。按输出稳定状态数分类有双稳态触发器、单稳态触发器和无稳态触发器(多谐振荡器)。

双稳态触发器有两个特点:输出有两个稳定状态,"0"和"1"。在输入信号作用下,两个稳态可相互转换。

触发器的逻辑功能是指电路次态和输入信号及现态之间的逻辑关系。可以用状态表、激励表、特征方程式、状态转换图、波形图等方式描述。

3.1.1　RS 触发器

（1）基本 RS 触发器

①电路构成

基本 RS 触发器如图 8 - 26 所示。由两个与非门的输入和输出交叉连接而成，Q 和 $\bar{Q}$ 为两个互补输出端，当 $Q=1$ 时，$\bar{Q}=0$；当 $Q=0$ 时，$\bar{Q}=1$。通常将 Q 的状态定义为触发器的状态。$\bar{R}$ 和 $\bar{S}$ 为输入端（又称触发信号端，低电平触发有效）。

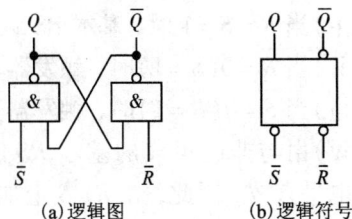

(a)逻辑图　　(b)逻辑符号

图 8 - 26　基本 RS 触发器

②逻辑功能分析

设 Q_n 为触发器的原状态（现态），即触发信号输入前的状态；Q_{n+1} 为触发器的新状态（次态），即触发信号输入后的状态。

根据 $\bar{R}$、$\bar{S}$ 的不同输入组合，可以得出基本 RS 触发器的逻辑功能。

a. $\bar{R}=1$，$\bar{S}=1$，触发器保持原状态不变。

当 $\bar{R}=1$，$\bar{S}=1$ 时，触发器的状态取决于过去的状态，若 $Q_n=0$，则 $Q_{n+1}=0$；若 $Q_n=1$，则 $Q_{n+1}=1$。即触发器维持原来的状态不变，表示为 $Q_{n+1}=Q_n$。

b. $\bar{S}=1$，$\bar{R}=0$，触发器被置为 0 态。

由于 $\bar{R}=0$ 使 $\bar{Q}=1$，同时又因为 $\bar{S}=1$，使 $Q=0$。即 $Q_{n+1}=0$，实现了置 0 功能。

c. $\bar{S}=0$，$\bar{R}=1$，触发器被置为 1 态。

由于 $\bar{S}=0$ 使 $Q=1$，又因为 $\bar{R}=1$，使 $\bar{Q}=0$。即 $Q_{n+1}=1$，实现了置 1 功能。

d. $\bar{S}=0$，$\bar{R}=0$，触发器状态不确定。

当 $\bar{S}=0$，$\bar{R}=0$ 时，$Q=\bar{Q}=1$，对于触发器来说，是一种非正常状态。此时，若 $\bar{R}$ 和 $\bar{S}$ 同时由 0 变 1，则触发器输出状态由两个与非门传输时间的长短等随机因素而定，难以确定是 0 还是 1，即会出现不定状态。触发器正常工作时，不允许出现 $\bar{R}$、$\bar{S}$ 全 0 的情况，规定其为约束条件：$\bar{R}+\bar{S}=1$。

综合上述分析，基本 RS 触发器的逻辑功能可由表 8 - 24 描述。

表 8 - 24　与非门组成的基本 RS 触发器的功能表

输　　入		输　　出		逻辑功能
$\bar{R}$	$\bar{S}$	Q_n	Q_{n-1}	
0	0	0	×	不允许
		1	×	
0	1	0	0	置 0
		1	0	
1	0	0	1	置 1
		1	0	
1	1	0	0	保持不变
		1	1	

由表 8 - 24 可以看出：

ⅰ）当 $\bar{R} = \bar{S} = 1$ 时，基本 RS 触发器具有保持功能；

ⅱ）当 $\bar{R} = 0(\bar{S} = 1)$ 时，触发器具有置 0 功能，将 $\bar{R}$ 端称为复位端，低电平有效；

ⅲ）当 $\bar{S} = 0(\bar{R} = 1)$ 时，触发器具有置 1 功能，将 $\bar{S}$ 端称为置位端，低电平有效；

ⅳ）由与非门组成的基本 RS 触发器输入低电平有效，因此，在 R、S 上加"—"号，即 $\bar{R}$、$\bar{S}$。在图 8 - 26(b) 所示逻辑符号中，对应 S 和 R 端的小圈也表示 S 和 R 是低电平有效。

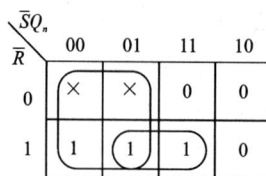

图 8 - 27　基本 RS 触发器逻辑关系卡诺图

也可用特征方程来描述：

将表 8 - 24 中的数据关系填入卡诺图。如图 8 - 27 所示，化简得基本 RS 触发器的特性方程：

$$Q_{n+1} = \bar{\bar{S}} + \bar{R}Q_n$$
$$\bar{R} + \bar{S} = 1 \text{（约束条件）}$$

例 8 - 4　基本 RS 触发器如图 8 - 26 所示。试根据给定的输入信号波形对应画出输出 Q 和 $\bar{Q}$ 的波形。

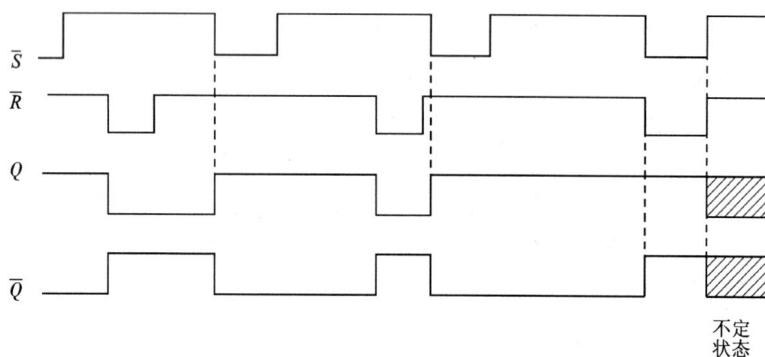

图 8 - 28　基本 RS 触发器输出端的波形图

（2）同步 RS 触发器

在数字系统中，一般含有多个触发器，为了使系统协调工作，引入一个控制信号，这个控制信号通常被称做时钟信号，用 CP 表示。同步 RS 触发器逻辑符号如图 8 - 29 所示。图中，$\bar{R}_D$、$\bar{S}_D$ 是直接置 0、置 1 端，用来设置触发器的初始状态。R、S 为信号输入端，CP 为时钟脉冲。

①同步 RS 触发器逻辑功能表。

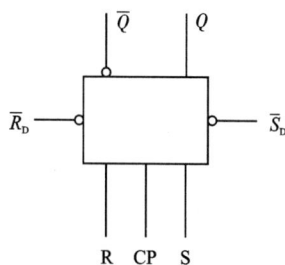

图 8 - 29　同步 RS 触发器逻辑符号

表 8 - 25 同步 RS 触发器逻辑功能表

CP	$\bar{R}_D$	$\bar{S}_D$	R	S	Q_n	Q_{n+1}	功　能
×	0	1	×	×	×	0	直接置 0
×	1	0	×	×	×	1	直接置 1
1	1	1	0	0	0 1	0 1	保持
1	1	1	0	1	0 1	1	置 1
1	1	1	1	0	0 1	0	置 0
1	1	1	1	1	0 1	-	不定

②同步 RS 触发器的特性方程：$Q_{n+1} = S + \bar{R}Q_n$

$$RS = 0 \text{（约束条件）}$$

3.1.2　JK 触发器

JK 触发器是功能最全的触发器，没有约束条件。其逻辑符号如图 8 - 30 所示。图中，$\bar{R}_D$、$\bar{S}_D$ 是直接置 0、置 1 端，用来设置触发器的初始状态。J、K 为信号输入端，CP 为时钟脉冲，下降沿触发。JK 触发器的逻辑功能表如表 8 - 26 所示。所谓计数就是触发器状态翻转的次数与 CP 脉冲输入的个数相等，以翻转的次数记录 CP 的个数。

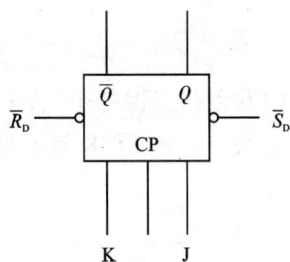

图 8 - 30　JK 触发器的逻辑符号

表 8 - 26　JK 触发器的逻辑功能表

CP	J	K	Q_{n+1}	功能
1	0	0	Q_n	保持
1	0	1	0	置 0
1	1	0	1	置 1
1	1	1	$\bar{Q}_n$	翻转（计数）

根据 JK 触发器的逻辑功能表可得 JK 触发器的特性方程：

$$Q_{n+1} = J\bar{Q}_n + \bar{K}Q_n$$

例 8 - 5　如图 8 - 31 所示，试根据 JK 触发器给定的输入信号波形，对应画出输出 Q 和 $\bar{Q}$ 的波形。

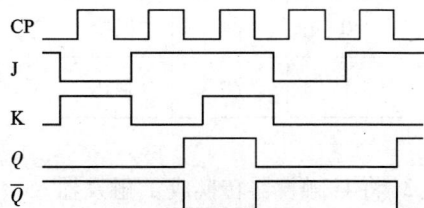

图 8 - 31　JK 触发器波形图

3.1.3　D 触发器

D 触发器又叫 D 锁存器，只有一个信号（数据）输入端 D，逻辑功能最简单，常用来储存一位二进制数。CP 脉冲上升沿时，触发器接收信号 D，即 $Q_{n+1} = D$。图 8 - 32 为 D 触发器的逻辑符号。图 8 - 33 为 D 触发器的状态转换图。

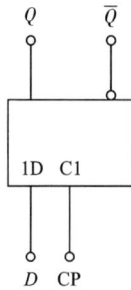

图 8 - 32　D 触发器的逻辑符号

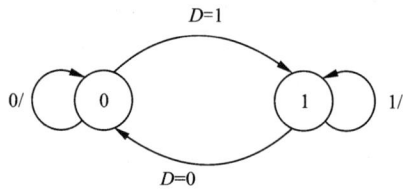

图 8 - 33　D 触发器的状态转换图

　　例 8 - 6　如图 8 - 34 所示,试根据给定的 D 触发器输入信号波形,对应画出输出 Q 和 $\overline{Q}$ 的波形。

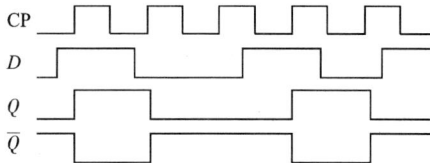

图 8 - 34　D 触发器输出波形

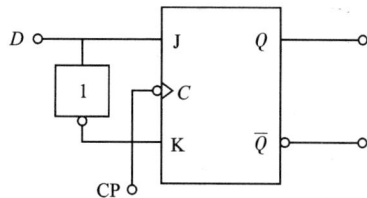

图 8 - 35　JK 触发器转换成 D 触发器的接线图

3.1.4　触发器逻辑功能转换

（1）将 JK 触发器转换成 D 触发器

图 8 - 35 所示为将 JK 触发器转换成 D 触发器的接线图。

（2）将 JK 触发器转换成 T 触发器

T 触发器的逻辑功能为：在 CP 时钟脉冲控制下,$T=0$ 时触发器状态保持不变,$Q_{n+1}=Q_n$；$T=1$ 时触发器翻转,$Q_{n+1}=\overline{Q}_n$,功能表如表 8 - 27 所示。图 8 - 36 为 JK 触发器转换成 T 触发器的接线图。

表 8 - 27　T 触发器的功能表

T	Q^{n+1}	功能
0	Q^n	保持
1	$\overline{Q}^n$	翻转

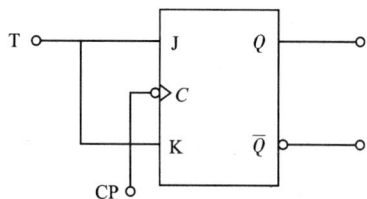

图 8 - 36　JK 触发器转换成 T 触发器的接线图

（3）将 D 触发器转换成 T′触发器

T′触发器的逻辑功能为：每来一个 CP 脉冲,触发器的状态翻转一次,即 $Q_{n+1}=\overline{Q}_n$。图 8 - 37 所示为将 D 触发器转换成 T′触发器的接线图。

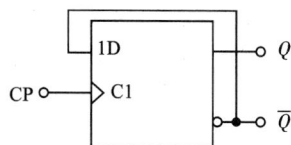

图 8 - 37　将 D 触发器转换成 T′触发器的接线图

3.1.5　集成触发器的应用

(1)集成触发器简介

集成触发器和其他数字集成电路相同，可以分成 TTL 电路和 CMOS 电路两大类。通过查阅有关数字集成电路的手册，可以得到各种类型的集成触发器的详尽资料。对于初学者，熟悉集成触发器的外引脚线排列和各引出端的功能，很有必要。图 8-38 所示为几种常用的 JK 触发器和 D 触发器的外引脚线排列图。下面对有关引出端的功能、符号意义作简单说明。

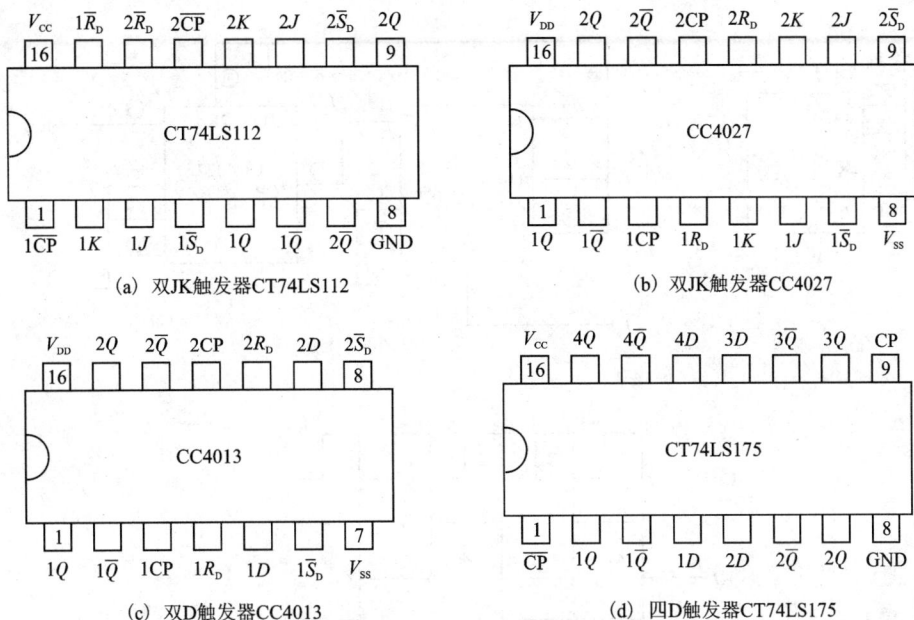

(a)　双JK触发器CT74LS112　　　　　　(b)　双JK触发器CC4027

(c)　双D触发器CC4013　　　　　　　(d)　四D触发器CT74LS175

图 8-38　几种常用集成 JK 触发器和 D 触发器的外引脚线排列

①字母符号上方加横线的，表示加入低电平信号有效。如 $\overline{S}_D = 0$，触发器置 1，$\overline{R}_D = 0$，触发器置 0。字母符号上方不加横线，则表示加高低电平信号有效。

②两个触发器以上的多触发器集成器件，在它的输入、输出符号前，加同一数字，如 $1\overline{S}_D$、$1\overline{R}_D$、1CP、$1Q$、$1\overline{Q}$、1J、1K 等等，都属于同一触发器的引脚。

③GND 表示接地，NC 为空脚，$\overline{CR}(CR)$ 表示总清零(即置零)端。

④TTL 电路的电源 V_{CC} 一般为 +5 V，CMOS 电路的电源 V_{DD} 通常在 +3 ~ +18 V 之间，V_{SS} 接电源负极(一般情况电源负极接地)。

⑤图 8-38(a)为集成边沿 JK 触发器 74LS112 的管脚排列图。所谓边沿触发器，简单说就是在脉冲上升沿或下降沿瞬间触发有效。常用集成边沿 JK 触发器 74LS112 为双下降沿 JK 触发器。

(2)集成触发器应用举例

①分频器

应用一片 CC4027 双 JK 触发器，可以组成 2 分频器，也可以组成 4 分频器。如图 8-39(a)为 2 分频器。图中引出端⑤、⑥、⑯接电源 V_{DD}，即有 1J = 1K = 1，电路为计数状态。而④、⑦、⑧端接地,即 $1S_D = 1R_D = 0$,异步置 0、置 1 功能无效(正常工作时均应使它们处于无效状态)。输入脉冲信号频率为 f_i,它由③脚加入,即从 $1CP$ 端引入。每输入一个脉冲,触发器的状态 $1Q$ 变化一次,所以输入两个脉冲,输出才变化一个周期。因此,$f_o = \frac{1}{2}f_i$,实现了 2 分频。图 8-39(b)是 4 分频器。由图可知,它是两个计数型触发器的串接,第一个计数器的输出脉冲作为第二个计数器的时钟脉冲。因此,输出端 $2Q$ 的信号频率是 $1Q$ 的一半,从而实现了对输入频率 f_i 的 4 分频。图 8-39(c)是它们的波形图。$1Q$ 为 2 分频输出信号,$2Q$ 是 4 分频输出。

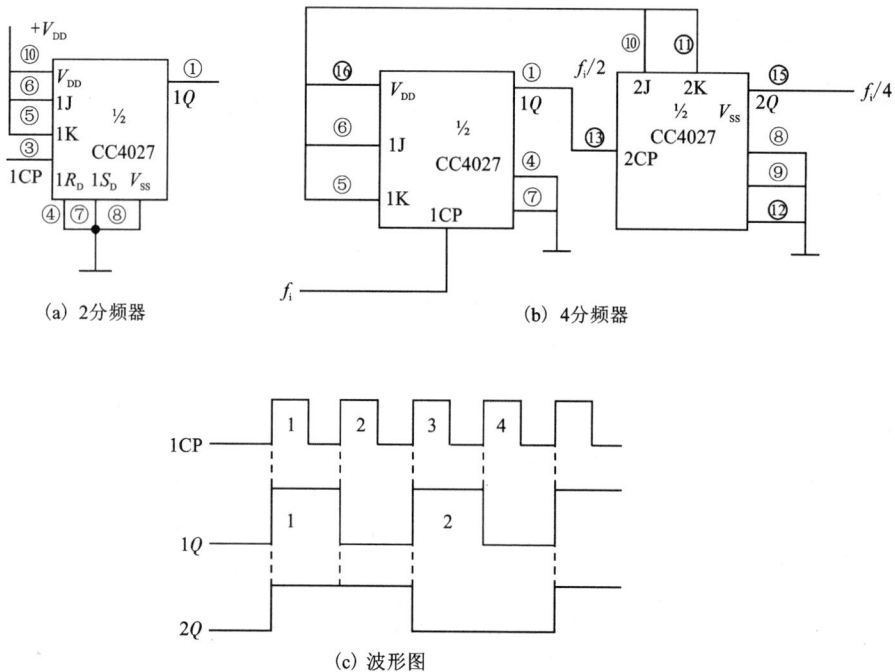

(a) 2分频器   (b) 4分频器

(c) 波形图

图 8-39 分频器

②触摸开关电路

电路用一片 CC4013 双 D 触发器组成,电路如图 8-40 所示。B 为触摸电极。其中触发器 FF_2 接成计数状态,即 $2\overline{Q}_{n+1} = 2D = 2\overline{Q}_n$。下面简单分析一下它的工作原理。

当手指触摸电极 B 时,由于人体感应作用,会在 1CP 端产生一个正跳变脉冲(由 0 变为 1)。由于 $1D = 1$(高电平),因此 $1Q$ 端输出高电平 V_{01}。V_{01} 通过电阻 R 对电容 C 充电。当电容两端电压 V_C 升高达到复位电平时,$1R_D = 1$,于是 FF_1 复位,$1Q$ 由 1 变 0,$1\overline{Q}$ 由 0 变 1。$1\overline{Q}$ 输出一个正脉冲。触发器 FF_2 是计数状态,$1\overline{Q}$ 输出的正脉冲信号使 FF_2 的输出状态发生改变。

综上所述,手指每触摸一下电极 B,$2Q$ 的输出状态就翻转一次。若原来 $2Q$ 为低电平,它使三极管 V_1 截止,继电器 K 失电不工作。用手摸一下 B 极,$2Q$ 翻转为高电平,V_1 饱和导通,继电器 K 得电工作。若再触一下 B 极,则 $2Q$ 翻转,恢复为低电平,V_1 截止,则 K

失电停止工作。通过继电器 K，可以控制其他电器的开停。如台灯、床头灯、电风扇等。电路简单、使用方便、工作可靠。

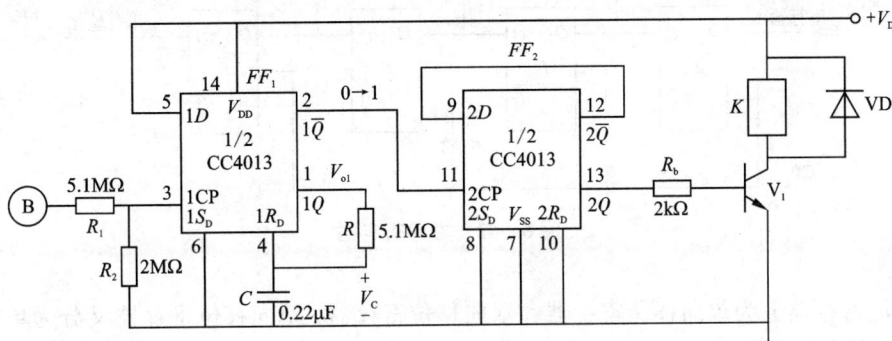

图 8 - 40　触摸开关电路

3.2　寄存器

在数字电路中经常要求将运算数据或指令代码暂时存放起来，能够存储数码的逻辑部件称为寄存器。每个触发器能够存储一位二进制数码，存放 N 位二进制数码则需要 N 个触发器。寄存器能够存放数码，移位寄存器除具有存放数码功能外，还能将数码移位。

3.2.1　数码寄存器

图 8 - 41(a)是由 JK 触发器组成的四位数码寄存器，图 8 - 41(b)是由 D 触发器组成的两位数码寄存器。当然也可用其他触发器组成寄存器。

下面以(a)图为例，简单说明寄存器的工作过程。将欲存的数码分别加在 $D_4 - D_1$ 端，在 CP 到来时，待存数码将同时存入相应的触发器中，又可以同时从各触发器的 Q 端输出，所以称其为并行输入、并行输出的寄存器。

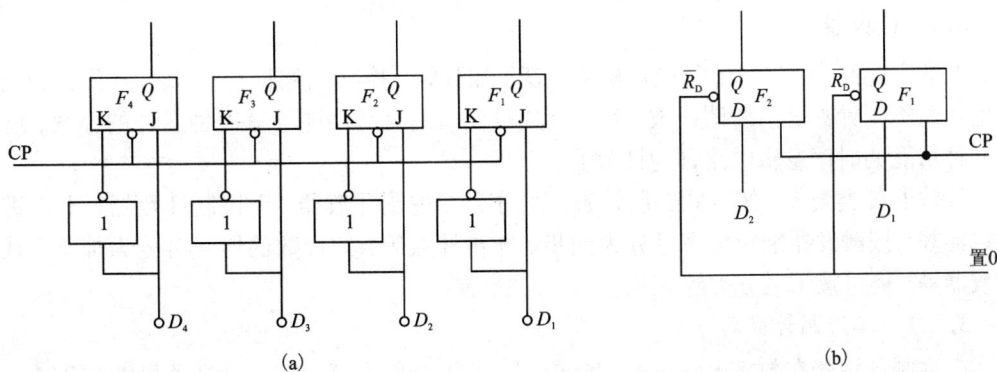

(a)　　　　　　(b)

图 8 - 41　数码寄存器

3.2.2　移位寄存器

寄存器中存放的各种数据，有时需要依次移位，来满足运算的要求。如左移一位相当于该数乘以 2 的运算；右移一位相当于该数除以 2 的运算。具有移位功能的寄存器称为移位寄存器。

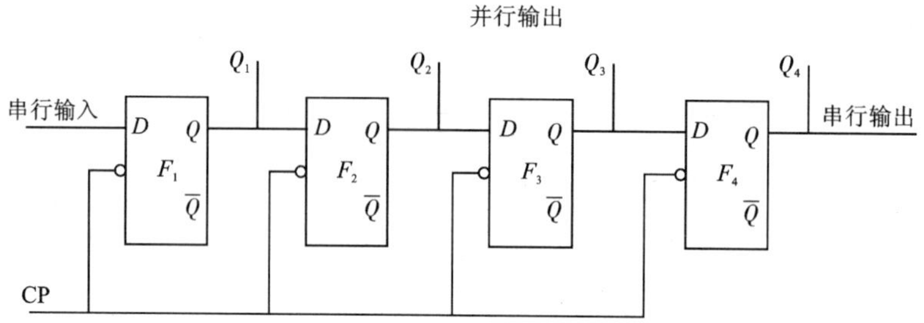

图 8 – 42　右移寄存器

移位寄存器分为单向移位寄存器和双向移位寄存器，单向移位寄存器又分为单向左移寄存器和单向右移寄存器。按输入输出方式，又分为串行输入、串行输出；串行输入、并行输出；并行输入、串行输出和并行输入、并行输出等四种。图 8 – 42 是由 D 触发器组成的四位右移寄存器，它可以串行输入、串行输出，又可以串行输入、并行输出。其中从 Q_4 输出为串行输出，从 $Q_4Q_3Q_2Q_1$ 输出为并行输出。

设现态为 $Q_4Q_3Q_2Q_1 = 0000$，若将数据 1011 从高位到低位依次输入，则

当第一个 CP 到来时，$Q_4Q_3Q_2Q_1 = 0001$

当第二个 CP 到来时，$Q_4Q_3Q_2Q_1 = 0010$

当第三个 CP 到来时，$Q_4Q_3Q_2Q_1 = 0101$

当第四个 CP 到来时，$Q_4Q_3Q_2Q_1 = 1011$

此时并行输出端 $Q_4Q_3Q_2Q_1$ 的数码与输入相对应，完成了将四位串行数据输入并转换为并行输出的过程。显然，若以 Q_4 端为输出端，再经过 4 个 CP 后，已输入的数据可依次从 Q_4 端输出，即可组成串行输入、串行输出的移位寄存器。

也可用 RS、JK 触发器组成移位寄存器。

3.3　计数器

在数字电路中，计数器的应用极为广泛，如分频、控制、测速、记时等，现代社会的生产生活离不开计数器。所谓计数，就是利用触发器的翻转功能计算时钟脉冲的个数，能实现这种功能的时序逻辑电路称为计数器。

计数器种类繁多，按不同进制计数，可分为二进制计数器、十进制计数器、十六进制计数器等，按触发器翻转次序可分为同步、异步计数等，按计数的增减可分为加法、减法计数器等，还可按工艺分类等。

3.3.1　二进制计数器

二进制计数器在数字电路中被广泛应用，由 N 个触发器组成的计数器可计数 2^N 个，我们又称 2^N 为计数的模，记作 M。

（1）同步二进制计数器

计数器的各触发器的 CP 端由同一时钟控制，触发器是否发生翻转则是由各触发器的控制端状态决定的。下面以三位二进制加法计数为例介绍计数器的原理，对 N 位计数器，控制进位的规律可以此类推。

同步二进制加法计数器如图 8 – 43 所示。

图中未接线的 J、K 端表示高电平。JK 触发器在 $J=1$，$K=1$ 时，当 CP 下降沿到来时发生翻转，即计数。当第一个 CP 到来时，最低位的 F_1 发生一次翻转，若初始状态 $Q_1=0$，则 F_1 的次态 $Q_1=1$，这时 F_2 不会发生翻

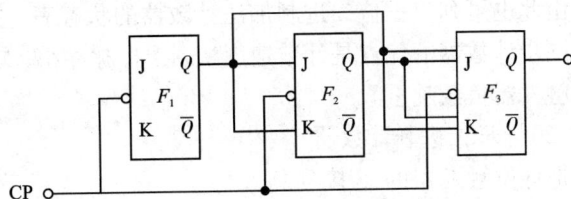

图 8-43 同步二进制加法计数器

转，因为 F_1 的现态 $Q_1=0$，同样 Q_3 不会翻转，计数器 $F_3F_2F_1$ 表示的数字便是 001；第二个 CP 到来后，F_1 再翻转使 F_1 的次态 $Q_1=0$，而此时 F_2 发生翻转使 F_2 的次态 $Q_2=1$，因为 F_2 的现态是 $Q_2=0$，所以 F_3 不会翻转，计数器 $F_3F_2F_1$ 表示的数字便是 010；第三个 CP 到来后，F_1 还会翻转使 F_1 的次态 $Q_1=1$，同样因为 F_1 的现态 $Q_1=0$ 使 F_2、F_3 不会翻转，计数器 $F_3F_2F_1$ 表示的数字便是 011；当第四个 CP 到来后，F_1、F_2 都会翻转使 F_1、F_2 的次态 $Q_1=0$，$Q_2=0$，而 F_3 也满足了翻转的条件使 F_3 的次态 $Q_3=1$，计数器 $F_3F_2F_1$ 表示的数字便是 100，说明此时已经有 4 个 CP 到来，完成了计数功能。当第五、第六、第七个 CP 到来后，计数器 $F_3F_2F_1$ 表示的数字便是相应的 CP 数量，计数器 $F_3F_2F_1$ 表示的数字分别是 101、110 和 111。当第八个 CP 到来后，F_1、F_2、F_3 都满足翻转条件，使 F_1、F_2、F_3 的次态为 $Q_1=0$、$Q_2=0$、$Q_3=0$ 便开始了下一轮的计数。

根据以上分析可得到三个触发器 J、K 端的逻辑表达式为

$$J_1 = K_1 = 1$$
$$J_2 = K_2 = Q_1$$
$$J_3 = K_3 = Q_2Q_1$$

多位计数器可按触发器的个数类推，第 n 个触发器的 J、K 端的逻辑表达式是

$$J_n = K_n = Q_{n-1}Q_{n-2}\cdots Q_2Q_1$$

表 8-28 三位二进制加法计数器状态表

时钟脉冲的个数 CP	触 发 器 状 态			十进制数
	Q_3	Q_2	Q_1	
0	0	0	0	0
1	0	0	1	1
2	0	1	0	2
3	0	1	1	3
4	1	0	0	4
5	1	0	1	5
6	1	1	0	6
7	1	1	1	7
8	0	0	0	0

由此也可列出三位二进制加法计数器的状态表，见表 8 - 28。

同步计数器的优点是计数速度快、干扰脉冲小、缺点是要求信号源功率大、位数越多，低位触发器负载越重。

（2）异步二进制计数器

把低位触发器的 $\overline{Q}$ 接到高位触发器的时钟脉冲输入端，当 CP 输入时，高位各触发器的翻转不是同时的状态的改变有先有后，高位触发器与 CP 不同步，这种计数器称为异步计数器。下面介绍三位异步二进制减法计数器，如图 8 - 44 所示。

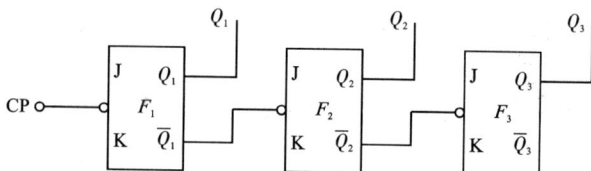

图 8 - 44　异步三位二进制减法计数器

二进制减法规则是 $1 - 1 = 0$，$1 - 0 = 1$，$0 - 0 = 0$，$0 - 1 = 1$（借位），当 $0 - 1$ 时向高位借位，就要求输出一个信号作为借位，按图 8 - 44 连接时则可满足要求。设触发器现态 $Q_1 = 0$，$Q_2 = 0$，$Q_3 = 0$，则计数器 $F_3 F_2 F_1$ 表示的数字是 000；当第一个 CP 到来后，F_1 次态 $Q_1 = 1$，而由 F_1 的 $\overline{Q_1}$ 由 1 变为 0 使 F_2 翻转，则 $Q_2 = 1$，同理 $Q_3 = 1$，计数器 $F_3 F_2 F_1$ 表示的数字是 111，其中最低位表示是差，高两位表示是借位，对计数器来说表示向第四位有借位；当第二个 CP 到来后，只有 F_1 满足翻转条件，使 F_1 的次态 $Q_1 = 0$，而 F_2、F_3 是保持状态，计数器 $F_3 F_2 F_1$ 表示的数字是 110；当第三个 CP 到来后，F_1、F_2 满足翻转条件使 $Q_1 = 1$，$Q_2 = 0$，F_3 是保持状态，计数器 $F_3 F_2 F_1$ 表示的数字是 101；同理当第四个 CP 到来后，计数器 $F_3 F_2 F_1$ 表示的数字 100；第五、第六、第七个 CP 到来后也可类推，即计数器 $F_3 F_2 F_1$ 表示的数字分别是 011、010 和 001。第八个 CP 到来后开始了第二轮的计数。根据分析，可得出三位二进制减法计数器的状态表，见表 8 - 29。

表 8 - 29　三位异步二进制减法计数器

计数脉冲 CP	触 发 器 状 态			十进制数
	Q_3	Q_2	Q_1	
0	0	0	0	0
1	1	1	1	7
2	1	1	0	6
3	1	0	1	5
4	1	0	0	4
5	0	1	1	3
6	0	1	0	2
7	0	0	1	1
8	0	0	0	0

异步计数器优点是电路简单。缺点是速度慢，并且限制 CP 的频率，而且在计数过程中会产生干扰脉冲，因此在高速的数字系统中，一般采用同步计数器。

3.3.2 十进制计数器

二进制计数器的优点是使用方便,但十进制还是人们最习惯的计数方法,这里用四位二进制数来表示一位十进制数,图 8 – 45 给出了由四个 JK 触发器组成的 5421BCD 码异步十进制加法计数器。下面分析其逻辑功能。

下面我们来分析图 8 – 45 所示的 5421BCD 码十进制加法计数器的逻辑功能。

第一步,写出驱动方程:

$$J_1 = \overline{Q}_3^n \quad K_1 = 1$$
$$J_2 = 1 \quad K_2 = 1$$
$$J_3 = Q_2^n \cdot Q_1^n \quad K_3 = 1$$
$$J_4 = 1 \quad K_4 = 1$$

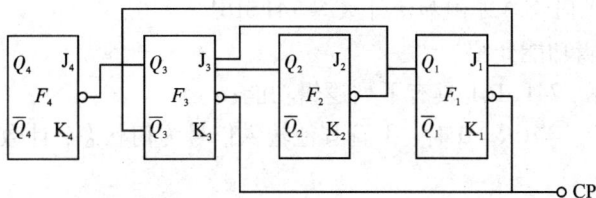

图 8 – 45　5421BCD 码十进制加法计数器

第二步,写出时钟脉冲方程表达式:

$$CP_1 = CP$$
$$CP_2 = Q_1^n$$
$$CP_3 = CP$$
$$CP_4 = Q_3^n$$

表 8 – 30　异步十进制加法计器状态表

计算脉冲 CP	触发器状态				十进制数
	Q_4	Q_3	Q_2	Q_1	
0	0	0	0	0	0
1	0	0	0	1	1
2	0	0	1	0	2
3	0	0	1	1	3
4	0	1	0	0	4
5	1	0	0	0	5
6	1	0	0	1	6
7	1	0	1	0	7
8	1	0	1	1	8
9	1	1	0	0	9
10	0	0	0	0	0

第三步，将驱动方程代入触发器的特征方程，写出次态方程：

$$Q_1^{n+1} = \overline{Q_3^n} \cdot \overline{Q_1^n} \mathrm{CP}_1 \downarrow$$

$$Q_2^{n+1} = \overline{Q_2^n} \cdot \mathrm{CP}_2 \downarrow$$

$$Q_3^{n+1} = \overline{Q_3^n} \cdot \overline{Q_2^n} \cdot \overline{Q_1^n} \cdot \mathrm{CP}_3 \downarrow$$

$$Q_4^{n+1} = \overline{Q_4^n} \cdot \mathrm{CP}_4 \downarrow$$

第四步，列出状态转换表：

设置初值 $Q_4^n = Q_3^n = Q_2^n = Q_1^n = 0$，代入次态方程依次进行计算，从第 1 个 CP 下降沿开始算至第 10 个 CP 下降沿为止，根据运算结果，得出 5421BCD 码异步十进制加法计数器的状态转换表，见表 8 – 30。

3.4　集成计数器

3.4.1　4 位集成同步二进制加法计数器 74LS161

（1）74LS161 逻辑功能介绍

如图 8 – 46 所示，74LS161 具有下列逻辑功能：

①异步清零功能。当 $\overline{CR} = 0$ 时，不管其他输入信号为何状态，计数器直接清零，与 CP 脉冲无关

②同步并行置数功能。当 $\overline{CR} = 1$、$\overline{LD} = 0$ 时，在 CP 上升沿到达时，不管其他输入信号为何状态，并行输入数据进入计数器，使 $Q_3 Q_2 Q_1 Q_0 = D_3 D_2 D_1 D_0$，即完成了并行置数功能。$\overline{LD}$ 称为预置数控制端。

③同步二进制加法计数器功能。当 $\overline{CR} = \overline{LD} = 1$ 时，若 $CT_T = CT_P = 1$ 时，则计数器对 CP 脉冲按照自然二进制码循环计数（CP 上升沿翻转）。当计数状态达到 1111 时，$CO = 1$，产生进位信号。即按 4 位自然二进制码同步计数。

④保持功能。当 $\overline{CR} = \overline{LD} = 1$ 时，若 $CT_T \cdot CT_P = 0$，计数器保持原来状态不变。

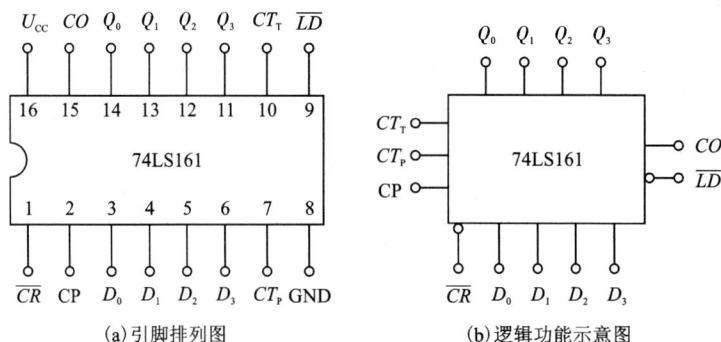

（a）引脚排列图　　　　　　（b）逻辑功能示意图

图 8 – 46　74LS161 外引脚线排列

（2）用 74LS161 构成十二进制计数器

利用 74LS161 的异步清零端 $\overline{CR}$ 和同步置数端 $\overline{LD}$ 可以很方便地组成小于 16 的任意进制计数器。图 8 – 47（a）用异步清零端清零法将 Q_3 和 Q_2 通过与非门反馈到 $\overline{CR}$ 端，以实现十二进制计数器。即将状态 1100 反馈到清零端归零。图 8 – 47（b）用同步置数法将 Q_3、Q_1 和 Q_0 通过与非门反馈到 $\overline{LD}$ 端，以实现十二进制计数器。即将状态 1011 反馈到同步置数端

归零。它们的波形图如图 8 - 48 所示。

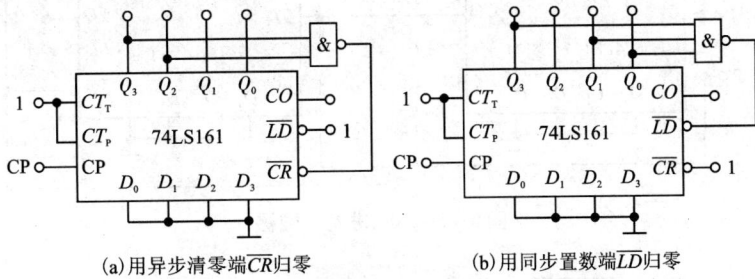

(a)用异步清零端$\overline{CR}$归零　　　　(b)用同步置数端$\overline{LD}$归零

图 8 - 47　用 74LS161 构成的十二进制计数器

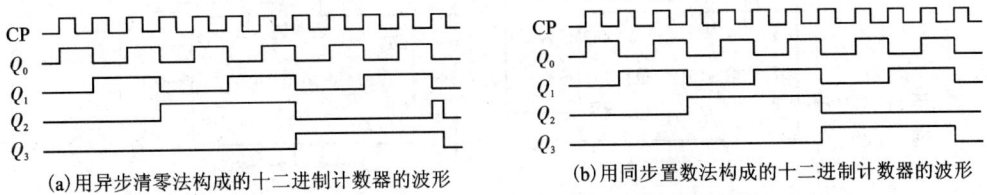

(a)用异步清零法构成的十二进制计数器的波形　　(b)用同步置数法构成的十二进制计数器的波形

图 8 - 48　用 74LS161 构成的十二进制计数器波形图

必须说明的是，用异步归零构成十二进制计数器，存在一个极短暂的过渡状态 1100。十二进制计数器从状态 0000 开始计数，计到状态 1011 时，再来一个 CP 计数脉冲，电路应该立即归零。然而用异步归零法所得到的十二进制计数器，不是立即归零，而是先转换到状态 1100，借助 1100 的译码使电路归零，随后变为初始状态 0000。

（3）用 74LS161 构成 256 进制和 60 进制计数器。

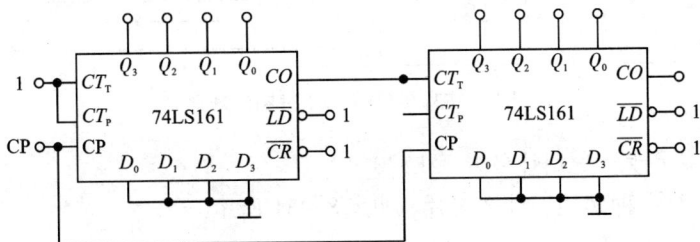

图 8 - 49　256 进制计数器

图 8 - 50 中，高位片计数到 3（0011）时，所计数为 $16 \times 3 = 48$，之后低位片继续计数到 12（1100），与非门输出 0，将两片计数器同时清零。

（4）用 74LS161 构成 8421 码 60 进制和 24 进制计数器

还可以用 74LS161 构成 N 进制计数器。异步计数器一般没有专门的进位信号输出端，通常可以用本级的高位输出信号驱动下一级计数器计数，即采用串行进位方式来扩展容量。

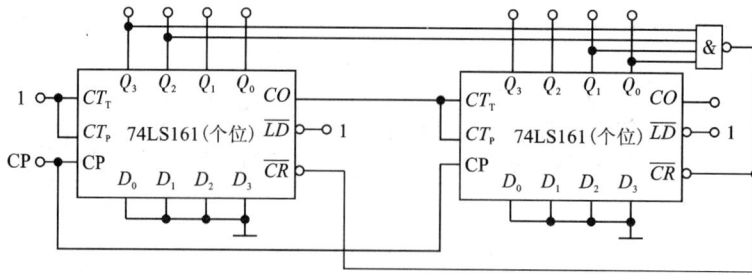

图 8 – 50　60 进制计数器

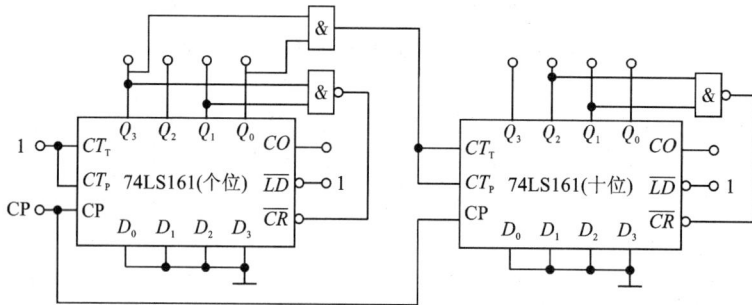

图 8 – 51　8421 码 60 进制计数器

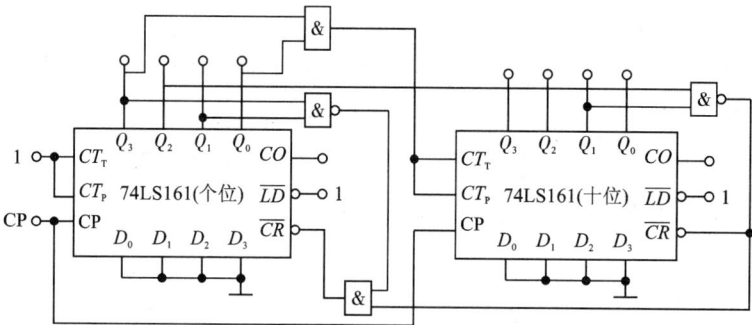

图 8 – 52　8421 码 24 进制计数器

3.4.2　集成异步十进制计数器 74LS90

(1)74LS90 是一种多功能计数芯片，如表 8 – 31 所示。

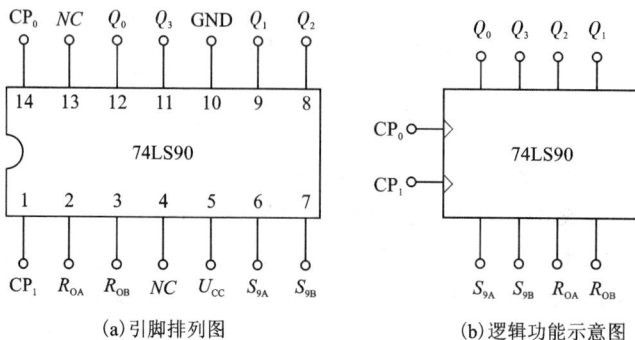

(a)引脚排列图　　　　　　　　(b)逻辑功能示意图

图 8 – 53　74LS90 外引脚线排列

表 8 – 31 74LS90 功能表

输 入						输 出			
R_{0A}	R_{0B}	S_{9A}	S_{9B}	CP_0	CP_1	Q_3	Q_2	Q_1	Q_0
1	1	0	×	×	×	0	0	0	0
1	1	×	0	×	×	0	0	0	0
×	×	1	1	×	×	1	0	0	1
×	0	×	0	↓	0	二进制计数			
×	0	0	×	0	↓	五进制计数			
0	×	×	0	↓	Q_0	8421 码十进制计数			
0	×	0	×	Q_1	↓	5421 码十进制计数			

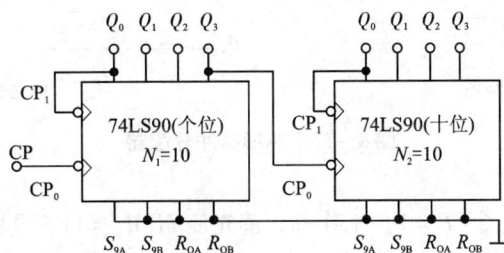

图 8 – 54 74LS90 构成的 100 进制计数器

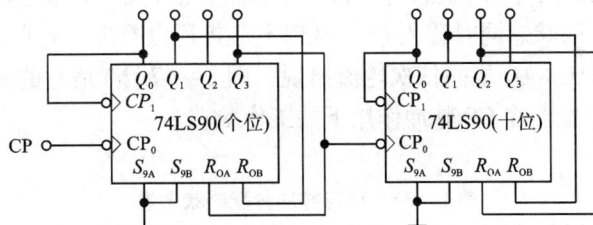

图 8 – 55 74LS90 构成的 60 进制计数器

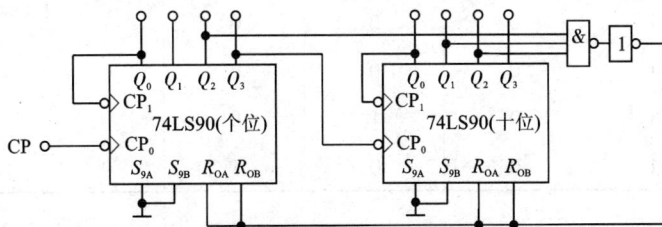

图 8 – 56 74LS90 构成的 64 进制计数器

3.5 时序逻辑电路的应用

时序逻辑电路在自动控制、自动检测、计时电路等各个方面，都有广泛的应用。下面对时序逻辑电路的应用作简单介绍。

3.5.1　环形脉冲分配器

电路用一片集成双向移位寄存器构成，如图 8-57(a)所示。寄存器的输出端 Q_3 与右移输入端 D_{SR} 相连，即 $D_{SR}=Q_3$；输入端 $D_0=1$，$D_1\sim D_3$ 接地，即为 0 态。电路在 CP 脉冲的连续作用下，输出端 $Q_0\sim Q_3$ 将轮流出现高电平 1。所以，称之为环形脉冲分配器。

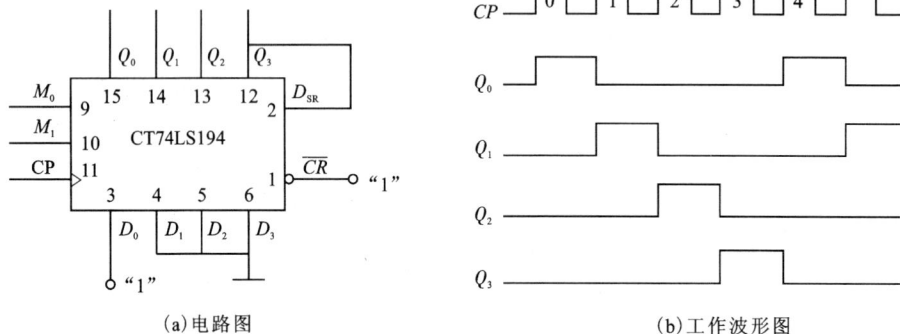

(a)电路图　　　　　　　　　　(b)工作波形图

图 8-57　环形脉冲分配器

电路工作原理如下：令 $\overline{CR}=1$。工作前，首先使 $M_0M_1=11$，电路处在并行输入工作方式。当 CP 脉冲上升沿到来后，输入端 $D_0\sim D_3$ 的信号状态被移入寄存器中，即 $Q_0Q_1Q_2Q_3=1000$。进入工作时，$M_0M_1=10$，电路处在右移工作状态。根据 CT74LS194 的右移功能可知，每输入一个 CP 脉冲，Q_0 的状态就右移一位，而其他各输出端的状态也依次右移。因为 $D_{SR}=Q_3$，所以 Q_3 的状态同时移入 Q_0。从以上分析可以看出，Q_0 的高电平 1 态将随 CP 脉冲的不断输入，在 $Q_0\sim Q_3$ 之间依次轮流出现。图 8-57(b)是它的工作波形图，表 8-32 给出了环形脉冲分配器在 CP 脉冲作用下的工作状态。

表 8-32　环形脉冲分配器状态表

CP	M_0	M_1	$D_{SR}(Q_S)$	Q_0	Q_1	Q_2	Q_3
0	1	1	0	1	0	0	0
1	1	0	0	0	1	0	0
2	1	0	0	0	0	1	0
3	1	0	1	0	0	0	1
4	1	0	0	1	0	0	0

综上分析，在 CP 脉冲的连续作用下，$Q_0\sim Q_3$ 按一定的时间节拍，顺序输出高电平 1。若用 $D_0\sim D_3$ 去控制四组彩灯，那么各组彩灯将按程序定时闪烁发光，给节日之夜增添喜庆欢乐的气氛。

3.5.2　频率计

频率计框图如图 8-58 所示。将待测频率的脉冲和取样脉冲，一起送入与门中。在取样脉冲为高电平 1($t_1\sim t_2$)期间，与门开启，待测脉冲通过与门进入计数器计数。计数器计数的结果，就是在 $t_1 \sim t_2$ 期间待测脉冲的个数 N。由此可得待测脉冲的频率为：

$$f = \frac{N}{t_2 - t_1}$$

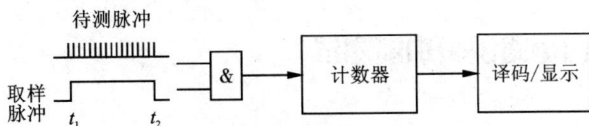

图 8-58 频率计框图

取样脉冲产生电路如图 8-59 所示。石英晶体振荡器产生频率精确的正弦波信号，经过脉冲形成电路，加工成脉冲信号。如图中所设频率为 1 kHz，通过三级十进制计数器的逐级分频，得到频率为1Hz、周期为1S、脉冲宽度为0.5S的矩形波。然后把这个方波信号送入计数器型 JK 触发器的 CP 端，于是 Q 端输出的是经过 2 次分频、脉宽为 1S 的取样脉冲。

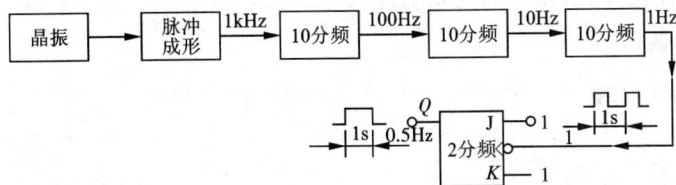

图 8-59 取样脉冲产生电路

图 8-60 是测频计测频部分的示意图。与门输出的信号，是取样脉宽 $t_1 \sim t_2$ 期间的原待测脉冲波。经过计数器计数后，送入译码显示。于是，我们就可以直接读出被测信号的频率。

图 8-61 是数字钟原理方框图，它可显示秒、分、时。

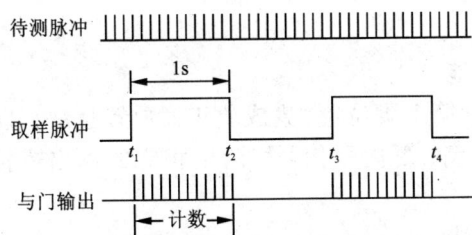

图 8-60 测频原理

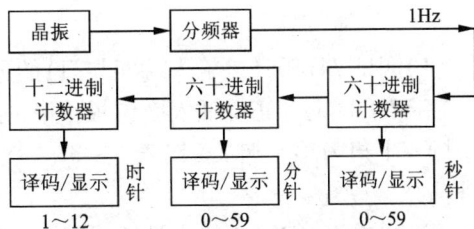

图 8-61 数字钟原理图

石英晶体振荡器产生频率精确的正弦波信号。它经过脉冲整形、分频，最后获得频率为 1 Hz 的脉冲信号，被送到"秒"显示器中。"秒"显示器是一个六十进制的加法计数器加上译码显示电路，按六十进制计数，并且显示 0~59 六十个数码。当显示数码59后再送入一个脉冲信号，"秒针"复位，同时向"分针"送入一个进位脉冲。"分针"电路的工作过程与"秒针"相似，计满60就自动复位到零，并向"时针"电路送入一个进位脉冲。"时针"电路是十二进制计数器加上译码显示器，当它计满十二个脉冲时，就自动恢复到零。

三、任务实施

任务1　TTL门电路逻辑功能测试

1.1　工作任务

熟悉 TTL 与非门、或非门、与或非门、异或门的逻辑功能。熟悉数字电路实验箱的使用。测试 74LS08（二输入端四与门）、74LS32（二输入端四或门）、74LS04（六反相器）、74LS00（二输入端四与非门）、74LS20（四输入端二与非门）、74LS86（二输入端四异或门）的逻辑功能。

1.2　内容要求

（1）熟练掌握几种基本门电路的逻辑功能；

（2）能用基本门电路构成复合门电路；

（3）理解逻辑门电路所完成的逻辑对应关系。

1.3　器材准备

（1）数字逻辑实验箱	1 台
（2）元器件：	
①74LS08（二输入端四与门）	1 片
②74LS32（二输入端四或门）	1 片
③74LS04（六反相器）	1 片
④74LS00（二输入端四与非门）	1 片
⑤74LS20（四输入端二与非门）	1 片
⑥74LS86（二输入端四异或门）	1 片
（3）导线若干	

1.4　实施步骤

（1）测试 74LS08（二输入端四与门）的逻辑功能

将 74LS08 芯片正确插入面包板，并注意识别第 1 脚位置（集成块正面放置且缺口向左，则左下角为第 1 脚）。按表 8 - 33 要求输入高、低电平信号，测出相应的输出逻辑电平。

（2）测试 74LS32（二输入端四或门）的逻辑功能

将 74LS32 正确插入面包板，并注意识别第 1 脚位置（集成块正面放置且缺口向左，则左下角为第 1 脚）。按表 8 - 33 要求输入高、低电平信号，测出相应的输出逻辑电平。

（3）测试 74LS04（六反相器）的逻辑功能

将 74LS04 正确插入面包板，并注意识别第 1 脚位置（集成块正面放置且缺口向左，则左下角为第 1 脚）。按表 8 - 33 要求输入高、低电平信号，测出相应的输出逻辑电平。

（4）测试 74LS00（二输入端四与非门）的逻辑功能

将 74LS00 芯片正确插入面包板，并注意识别第 1 脚位置（集成块正面放置且缺口向左,则左下角为第 1 脚)。按表 8 – 33 要求输入高、低电平信号,测出相应的输出逻辑电平。

(5)测试 74LS20(四输入端二与非门)的逻辑功能

将 74LS20 芯片正确插入面包板,并注意识别第 1 脚位置(集成块正面放置且缺口向左,则左下角为第 1 脚)。按表 8 – 33 要求输入高、低电平信号,测出相应的输出逻辑电平。

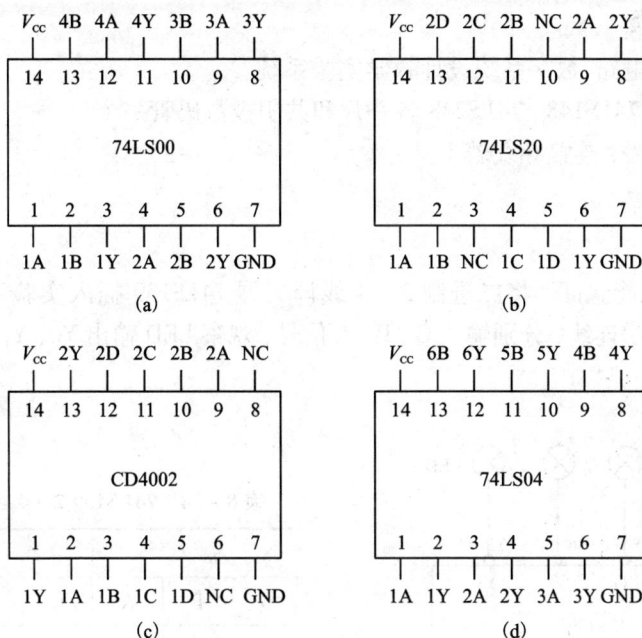

(6)测试 74LS86(二输入端四异或门)的逻辑功能

将 74LS86 芯片正确插入面包板,并注意识别第 1 脚位置(集成块正面放置且缺口向左,则左下角为第 1 脚)。按表 8 – 33 要求输入高、低电平信号,测出相应的输出逻辑电平。

图 8 – 62 几种典型芯片的外引脚图

表 8 – 33 几种典型芯片的真值表

输入		输　　　出						
A	B	74LS08 $Y = AB$	74LS32 $Y = A + B$	74LS04 $Y = \bar{A}$	74LS00 $Y = \overline{AB}$	74LS20 $Y = \overline{AB}$	74LS86 $Y = A \oplus B$	CD4002 $Y = \overline{A + B}$
0	0							
0	1							
1	0							
1	1							

1.5 考核评价

参考下篇表 6 – 1 进行。

任务2　编码器、译码器及其应用

2.1　工作任务

熟悉编码器译码器的原理，掌握 74LS139、74LS148、74LS248、七段译码显示器的工作原理。能按要求选取芯片组成特殊功能电路。

2.2　内容要求

(1)掌握译码器、编码器的工作原理和特点。

(2)熟悉常用译码器、编码器的逻辑功能和它们的典型应用。

2.3　器材准备

(1)数字逻辑电路/数字系统设计教学实验系统。

(2)74LS139、74LS148、74LS248 各一片和共阴极数码管一个。

(3)数字万用表，连接导线若干。

2.4　实施步骤

(1)译码器

①译码器的功能验证。将二进制 2 - 4 线译码器 74LS139 插入实验系统的 IC 空插座中，按图8 - 63 所示连线，分别输入 G、B、A 信号，观察 LED 输出 Y_0、Y_1、Y_2、Y_3 的状态，并将结果填入表8 - 34 中。

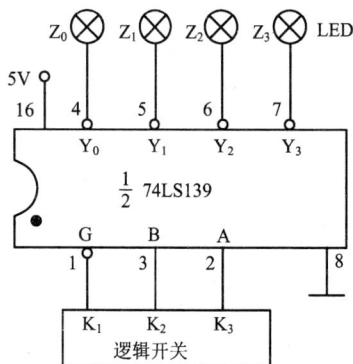

图8 - 63　74LS139 译码器的实验线路图

表8 - 34　74LS139 2 - 4 线译码器功能表

输入			输出			
G	B	A	Y_0	Y_1	Y_2	Y_3
1	×	×				
0	0	0				
0	0	1				
0	1	0				
0	1	1				

实验分析与结论：

②译码器的扩展实验，用 74LS139 双 2 - 4 线译码器可接成 3 - 8 线译码器。按图8 - 64 接线，即可完成 2 - 4 线译码器的扩展。拨动 K_1、K_2 和 K_3，验证扩展后的 3 - 8 线译码器功能，将结果填入表8 - 35 中。

③译码显示电路实验。将译码驱动器 74LS248 和共阴极数码管 LC5011 - 11 插入实验箱的空 IC 插座中，按图8 - 65(b)接线。图8 - 65(a)为共阴极数码管管脚排列图。完成译码显示电路的功能表8 - 36。

表 8 - 35　74LS139 扩展形成的 3 - 8 线译码器的功能验证表

输　入			输　出							
K_1	K_2	K_3	Y_0	Y_1	Y_2	Y_3	Y_4	Y_5	Y_6	Y_7
0	0	0								
0	0	1								
0	1	0								
0	1	1								
1	0	0								
1	0	1								
1	1	0								
1	1	1								

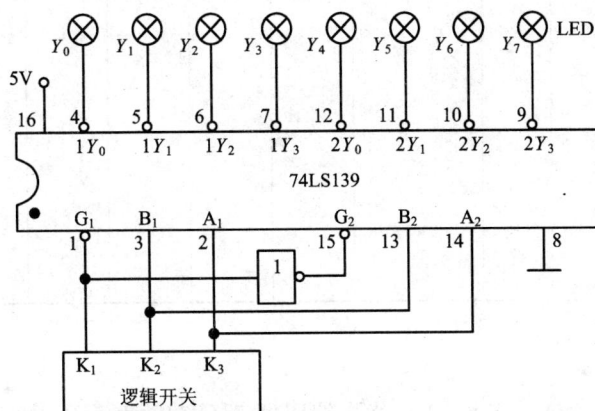

图 8 - 64　74LS139 双 2 - 4 线译码器扩展接成 3 - 8 线译码器

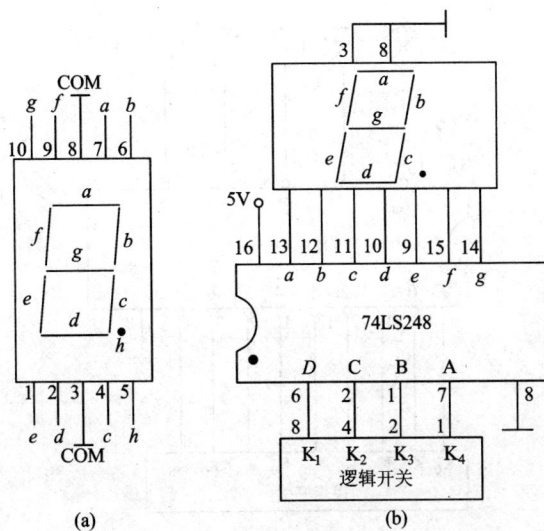

(a)　　　　　　　　　　(b)

图 8 - 65　译码显示电路实验接线图

表 8 – 36　译码显示电路的功能表

输　入					输　出						
十进制数	K_1	K_2	K_3	K_4	显示的十进制数	a	b	c	d	e	f	g
0											
1											
2											
3											
4											
5											
6											
7											
8											
9											
10											
11											
12											
13											
14											
15											

（2）编码器

①编码器的功能验证。将 8 – 3 线优先编码器 74LS148 插入 IC 空插座中，按图 8 – 66 接线，其中 E_1 与编码器输入接 9 位逻辑 0 – 1 开关，输出 Q_C、Q_B、Q_A 接实验箱 D_1、D_2 和 D_3 的 LED 发光二极管。完成 74LS148 优先编码器的功能表 8 – 37。

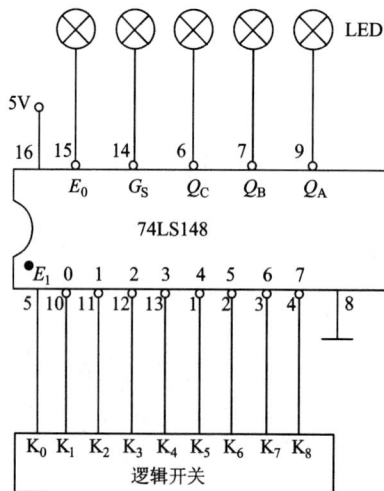

图 8 – 66　8 – 3 线优先编码器 74LS148 的功能验证实验接线图

表 8 –37 8 –3 线优先编码器 74LS148 的功能表

输入									输出				
E_1	0	1	2	3	4	5	6	7	Q_C	Q_B	Q_A	G_S	E_0
1	×	×	×	×	×	×	×	×	1	1	1	1	1
0	1	1	1	1	1	1	1	1					
0	×	×	×	×	×	×	×	0					
0	×	×	×	×	×	×	0	1					
0	×	×	×	×	×	0	1	1					
0	×	×	×	×	0	1	1	1					
0	×	×	×	0	1	1	1	1					
0	×	×	0	1	1	1	1	1					
0	×	0	1	1	1	1	1	1					
0	0	1	1	1	1	1	1	1					

2.5 考核评价

参考下篇表 6 –1 进行。

任务 3 计数器及其应用

3.1 工作任务

根据所给集成块验证其功能。能设计任意进制的计数器,并通过实验验证其正确性。

3.2 内容要求

(1)掌握计数器的计数、定时、分频和执行数字运算基本原理。

(2)掌握触发器构成计数器电路及集成计数电路的连接、计数模长的扩展技术等。

(3)掌握输出信号与控制信号、输入信号的关系。

(4)掌握 5 V 直流电源、双踪示波器、脉冲源、逻辑电平开关、逻辑电平显示器、译码显示器等仪器设备及逻辑部件的使用。

3.3 器材准备

(1) +5 V 直流电源   (2)双踪示波器

(3)连续脉冲源   (4)单次脉冲源

(5)逻辑电平开关   (6)逻辑电平显示器

(7)译码显示器

(8)CC4013 ×2(74LS74)

    CC40192 ×3(74LS192)

    CC4011(74LS00)

    CC4012(74LS20)

3.4 实施步骤

(1)用 CC4013 或 74LS74 D 触发器构成 4 位二进制异步加法计数器。

①按图 8 –67 接线,$\overline{R}_D$ 接至逻辑开关输出插口,将低位 CP_0 端接单次脉冲源,输出端

Q_3、Q_2、Q_1、Q_0 接逻辑电平显示输入插口，各 $\overline{S}_D$ 接高电平"1"。

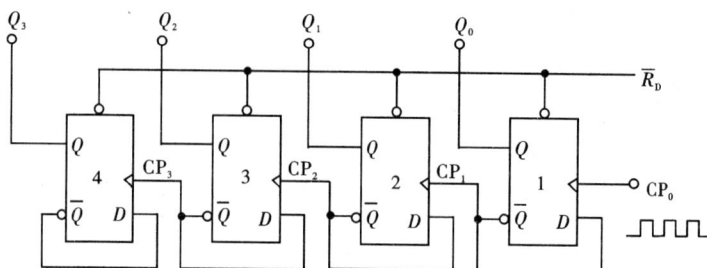

图 8－67　四位二进制异步加法计数器

②清零后，逐个送入单次脉冲，观察并列表记录 $Q_3 \sim Q_0$ 状态。

③将单次脉冲改为 1 Hz 的连续脉冲，观察 $Q_3 \sim Q_0$ 的状态。

④将 1 Hz 的连续脉冲改为 1 kHz，用双踪示波器观察 CP、Q_3、Q_2、Q_1、Q_0 端波形，描绘之。

⑤将图 8－67 电路中的低位触发器的 Q 端与高一位的 CP 端相连接，构成减法计数器，按实验内容②，③，④进行实验，观察并列表记录 $Q_3 \sim Q_0$ 的状态。

（2）测试 CC40192 或 74LS192 同步十进制可逆计数器的逻辑功能

计数脉冲由单次脉冲源提供，清零端 CR、置数端 $\overline{LD}$、数据输入端 D_3、D_2、D_1、D_0 分别接逻辑开关，输出端 Q_3、Q_2、Q_1、Q_0 接实验设备的一个译码显示输入相应插口 A、B、C、D；$\overline{CO}$ 和 $\overline{BO}$ 接逻辑电平显示插口。按表 8－38 逐项测试并判断该集成块的功能是否正常。

表 8－38　CC40192 功能表

输入								输出			
CR	$\overline{LD}$	CP_U	CP_D	D_3	D_2	D_1	D_0	Q_3	Q_2	Q_1	Q_0
1	×	×	×	×	×	×	×	0	0	0	0
0	0	×	×	d	c	b	a	d	c	b	a
0	1	↑	1	×	×	×	×	加 计 数			
0	1	1	↑	×	×	×	×	减 计 数			

①清除。令 $CR=1$，其他输入为任意态，这时 $Q_3Q_2Q_1Q_0=0000$，译码数字显示为 0。清零功能完成后，置 $CR=0$

②置数。$CR=0$，CP_U，CP_D 任意，数据输入端输入任意一组二进制数，令 $\overline{LD}=0$，观察计数译码显示输出，判断预置功能是否完成，此后置 $\overline{LD}=1$。

③加计数。$CR=0$，$\overline{LD}=CP_D=1$，CP_U 接单次脉冲源。清零后送入 10 个单次脉冲，观察译码数字显示是否按 8421 码十进制状态转换表进行；输出状态变化是否发生在 CP_U 的上升沿。

④减计数。$CR=0$，$\overline{LD}=CP_U=1$，CP_D 接单次脉冲源。参照③进行实验。

（3）图 8－69 所示，用两片 CC40192 组成两位十进制加法计数器，输入 1 Hz 连续计数

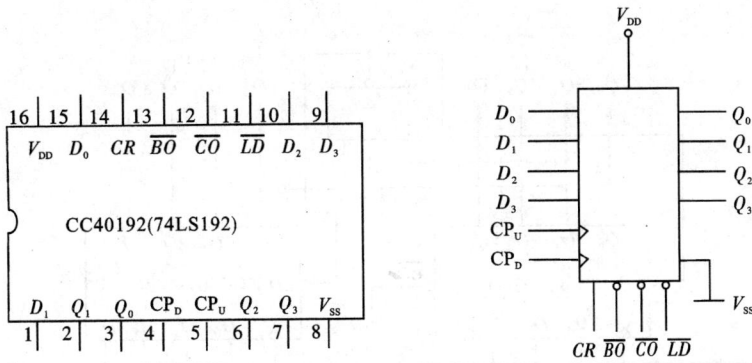

图8-68　CC40192引脚排列及逻辑符号

脉冲,进行由00—99累加计数,记录之。

(4)将两位十进制加法计数器改为两位十进制减法计数器,实现由99—00递减计数,记录之。

(5)按图8-70电路进行实验,记录之。

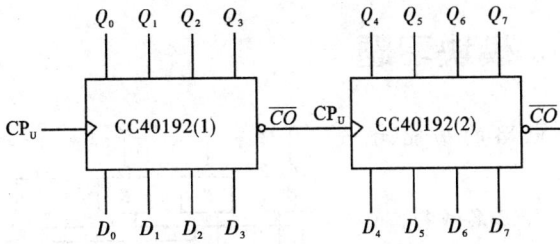

图8-69　CC40192级联电路

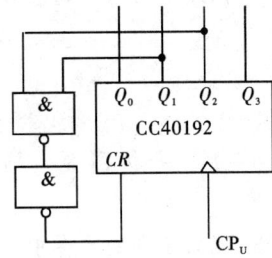

图8-70　六进制计数器

(6)按图8-71,或图8-72进行实验,记录之。

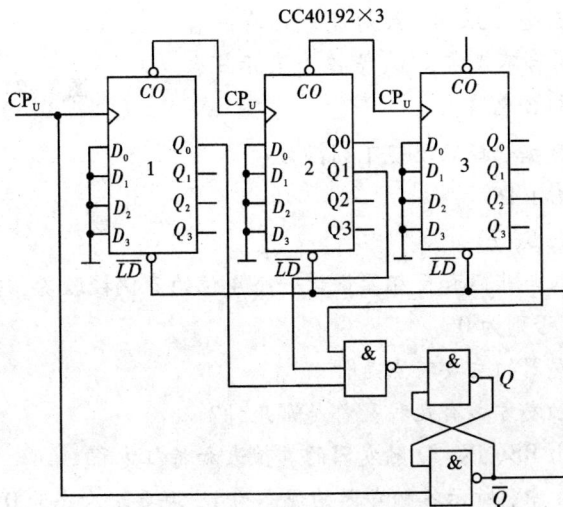

图8-71　421进制计数器

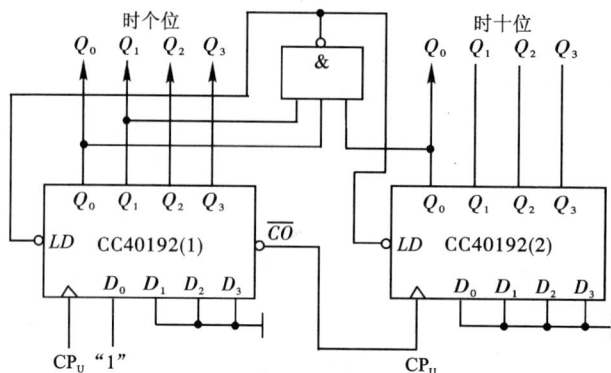

图 8－72　特殊 12 进制计数器

（7）设计一个数字钟移位 60 进制计数器并进行实验。

3.5　考核评价

考核评价参考下篇表 6－1 进行：

四、模块习题

8－1　分析图 8－73 所示组合电路的功能是什么？

8－2　在击剑比赛中，若有 A、B、C 三名裁判，A 为主裁判。当两名以上裁判（必须包括 A 在内）认为运动员得分，按动电钮，发出得分信号，设计该组合电路。

8－3　用红、黄、绿三个指示灯表示三台设备的工作情况：绿灯亮表示全部正常；红灯亮表示有一台不正常；黄灯亮表示两台不正常；红、黄全亮表示三台都不正常。试设计出组合电路。

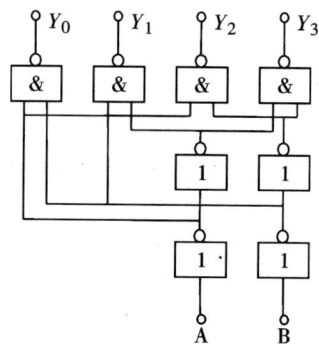

图 8－73　习题 8－1 图

8－4　用四选一数据选择器实现下列函数：

（1）$F = A\bar{B}C + AB\bar{C} + AB$

（2）$F = \sum m(1, 3, 5, 7)$

8－5　试用 2 输入与非门和反相器设计一个 4 位的奇偶校验器，当 4 个输入变量中有偶数个 1 时输出为 1，否则为 0。

8－6　双稳态触发器的主要特点是什么？

8－7　触发器的触发方式有几种？都是哪几种？

8－8　请分别写出 RS、JK、D 触发器的真值表和特征方程。

8－9　在图 8－74 中，所示各触发器的现态为 1，现要求次态为 0，试将输入信号填入括号中。

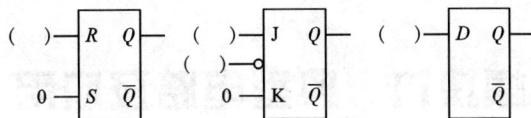

图 8 – 74　习题 8 – 9 图

8 – 10　试分析图 8 – 75 的逻辑功能。

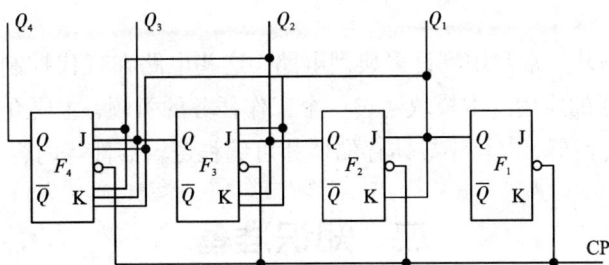

图 8 – 75　习题 8 – 10 图

8 – 11　串行加法器逻辑框图如图 8 – 76 所示。你能说明它的工作过程吗？

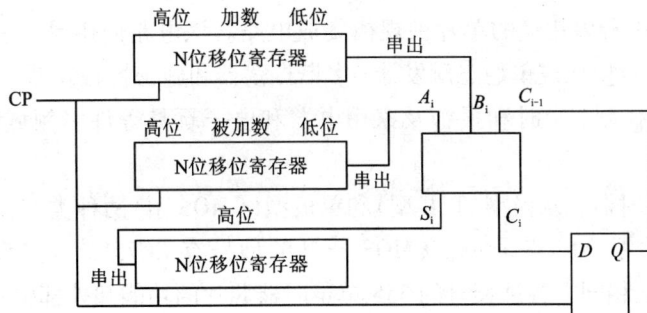

图 8 – 76　习题 8 – 11 图

8 – 12　试用 JK 触发器组成四位左移寄存器。

8 – 13　试用 JK 触发器组成四位二进制减法计数器。

8 – 14　某数控机床用一个 20 位的二进制计数器，它最多能累计多少个脉冲？

8 – 15　一个五位二进制计数器，设开始时为"01001"当最低位接收 19 个脉冲时，触发器状态 $F_5 \sim F_1$ 的 $Q_5 Q_4 Q_3 Q_2 Q_1 = ?$

模块九　典型电路及应用

一、模块描述

在数字电路系统中，常常用到许多典型电路，这些电路在现代控制、通信及自动检测领域中有着极为广泛的应用。本模块通过一个工作任务的引领，主要介绍 555 定时器及其应用、数模和模数转换器，以及半导体存储器和可编程逻辑器件等内容。

二、知识准备

1　典型集成电路及其应用

1.1　555 集成电路介绍

555 定时器是一种多用途的单片中规模集成电路。该电路使用灵活、方便，只需外接少量的阻容元件就可以构成单稳态触发器、多谐振荡器和施密特触发器。因而在波形的产生与变换、测量与控制、定时和报警及家用电器和电子玩具等许多领域都得到了广泛的应用。

目前生产的定时器有双极型(TTL 型)和单极型(CMOS 型)两种类型，双极型 555 定时器 5G555 与国外产品 NE555 相同。CMOS 产品的型号有 CC7555、CC7556，与国外产品 ICM7555、ICM7556 相同。各种型号的 555 单定时器芯片的功能和外部引脚排列基本相同。

555 为单定时器；556 为双定时器，其内部包含两个独立的 555 单元，它们共用一组电源。下面以 5G555 为例分析 555 定时器的工作原理与逻辑功能。

(1)555 集成电路的结构

5G555 定时器内部电路如图 9-1 所示，一般由分压器、比较器、触发器和开关及输出等四部分组成。

(2)555 集成电路的工作原理

当 5 脚悬空时，比较器 A_1 和 A_2 的比较电压分别为 $\frac{2}{3}U_{DD}$ 和 $\frac{1}{3}U_{DD}$。

①当 $U_{TH} > \frac{2}{3}U_{DD}$，$U_{\overline{TR}} > \frac{1}{3}U_{DD}$ 时，比较器 A_1 输出低电平，A_2 输出高电平，基本 RS 触发器被置 0，放电三极管 T 导通，输出端 U_o 为低电平；

②当 $U_{TH} < \frac{2}{3}U_{DD}$，$U_{\overline{TR}} < \frac{1}{3}U_{DD}$ 时，比较器 A_1 输出高电平，A_2 输出低电平，基本 RS 触

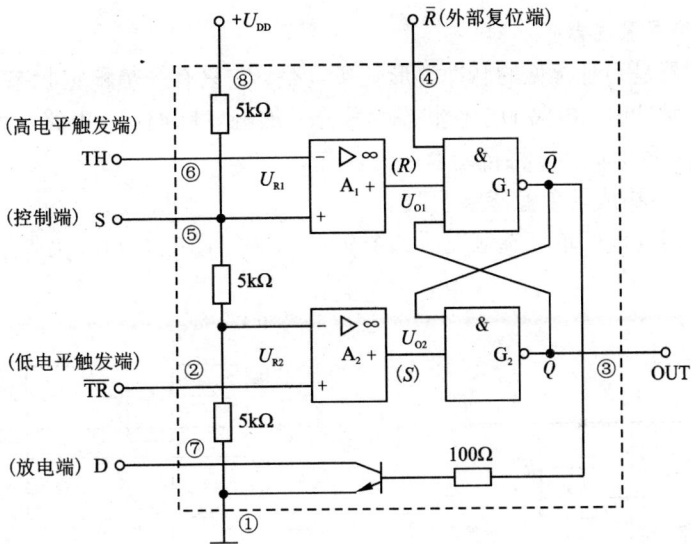

图 9 – 1 5G555 定时器内部电路

发器被置 1，放电三极管 T 截止，输出端 U_0 为高电平；

③当 $U_{TH} < \frac{2}{3}U_{DD}$，$U_{\overline{TR}} > \frac{1}{3}U_{DD}$ 时，比较器 A_1 输出高电平，A_2 也输出高电平，基本状态不变，电路亦保持原状态不变。

如果在电压控制端(5 脚)施加一个外加电压(其值在 $0 \sim U_{DD}$ 之间)，比较器的参考电压将发生变化，电路相应的电平也将随之变化，并进而影响电路工作状态。

另外，$\overline{R}$ 为复位输入端，当 $\overline{R}$ 为低电平时，不管其他输入端的状态如何，输出 U_0 为低电平，即 $\overline{R}$ 的控制级别最高。正常工作时，一般应将其接高电平。

(3)555 集成电路的外部端脚参数与功能

表 9 – 1 5G555 定时器功能表

输 入			输 出	
复位 $\overline{R}$	高电平触发端 U_{TH}	低电平触发端 $U_{\overline{TR}}$	输出(U_0)	放电管 D
0	×	×	低	导通
1	$> \frac{2}{3}U_{DD}$	$> \frac{1}{3}U_{DD}$	低	导通
1	$< \frac{2}{3}U_{DD}$	$> \frac{1}{3}U_{DD}$	不变	不变
1	$< \frac{2}{3}U_{DD}$	$< \frac{1}{3}U_{DD}$	高	截止

1.2 555集成电路的应用

1.2.1 单稳态触发器

单稳态触发器是一种常见的脉冲整形变换电路，它只有一个稳定状态，还有一个是暂稳态。未加触发脉冲时，电路的工作状态为稳态；加触发脉冲后，电路从稳态翻转到暂稳态，暂稳态持续一段时间后，将自动返回到稳态。

(1)555定时器构成的单稳态触发器

由555定时器构成的单稳态触发器如图9-2所示，图中R和C为外接定时器件。

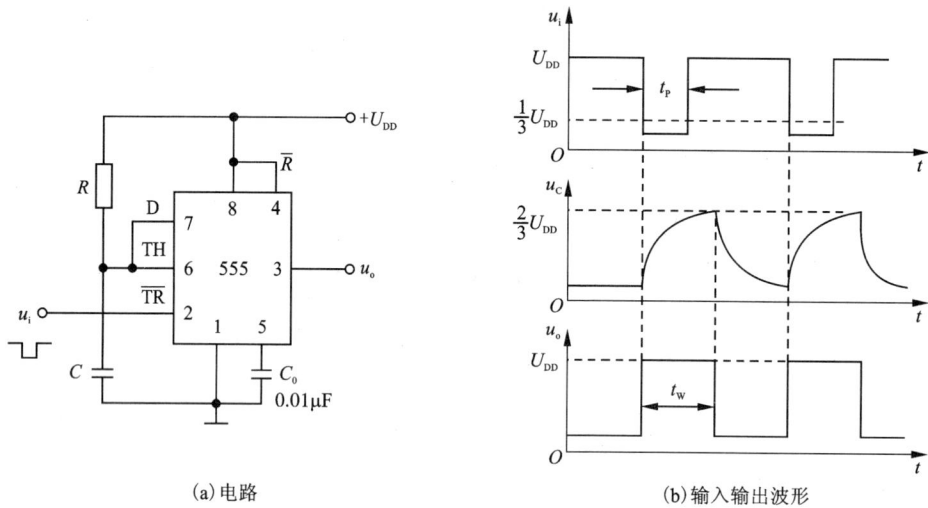

(a)电路　　　　　　　(b)输入输出波形

图9-2　用555定时器构成的单稳态触发器

当电路无触发信号时，u_i保持高电平，电路工作在稳定状态，即输出端u_o保持低电平，555内放电三极管饱和导通，管脚7"接地"，电容电压u_C为0 V。

当u_i下降沿到达时，555低电平触发输入端(2脚)由高电平跳变为低电平，电路被触发，u_o由低电平跳变为高电平，电路由稳态转入暂稳态。

在暂稳态期间，555内放电三极管截止，U_{DD}通过R向C充电。其充电回路为$U_{DD} \rightarrow R \rightarrow C \rightarrow$地，电容电压$u_C$由0 V开始增大，在电容电压$u_C$上升到电压$\frac{2}{3}U_{DD}$之前，电路将保持暂稳态不变。

当u_C上升至电压$\frac{2}{3}U_{DD}$时，输出电压U_0由高电平跳变为低电平，555内放电三极管由截止转为饱和导通，管脚7"接地"，电容C经放电三极管对地迅速放电，电压u_C由$\frac{2}{3}U_{DD}$迅速降至0 V(放电三极管的饱和压降)，电路由暂稳态重新转入稳态。

当暂稳态结束后，电容C通过饱和导通的三极管放电，时间常数$\tau = R_{CES}C$，式中R_{CES}是三极管的饱和导通电阻，其阻值非常小，因此τ值亦非常小。经过$(3 \sim 5)\tau$后，电容C放电完毕，恢复过程结束。

恢复过程结束后，电路返回到稳定状态，单稳态触发器又可以接收新的触发信号。图

9-2 给出了各点的工作波形。

由图 9-2 工作波形可以看出，输出脉冲宽度 t_W 等于电容电压由 0 充电上升至 $\frac{2}{3}U_{DD}$ 所需时间，代入 RC 过渡过程计算公式，可得

$$t_W = RC\ln\frac{U_{DD}-0}{U_{DD}-\frac{2}{3}U_{DD}} = RC\ln3 = 1.1RC$$

上式说明，单稳态触发器输出脉冲宽度 t_W 仅决定于定时元件 R、C 的取值，与输入触发信号和电源电压无关，调节 R、C 的取值，即可方便的调节 t_W。

（2）单稳态触发器的应用

单稳态触发器具有脉冲的定时、延时等功能，因而得到广泛应用。

①脉冲的定时 由于单稳态触发器能产生宽度为 t_W 的矩形输出脉冲，利用这个矩形脉冲去控制某电路，使它在 t_W 时间内动作（或不动作），这就是脉冲的定时。如图 9-3(a) 所示是利用输出宽度为 t_W 的矩形脉冲作为与门输入信号之一，只有在 t_W 时间内，与门才开门，信号 A 才能通过与门，如图 9-3(b) 所示。

②脉冲的延时 图 9-4(a) 所示电路利用单稳态电路的输出 u_o 作为其他

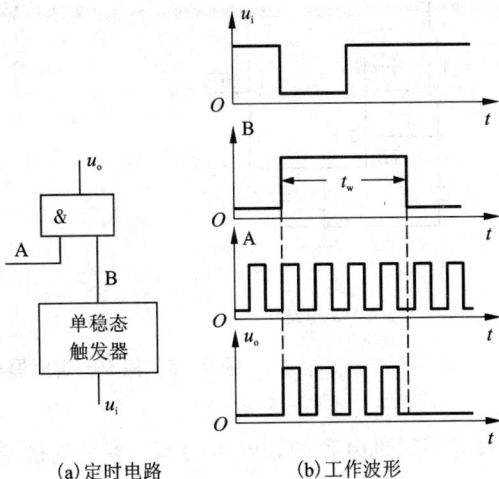

(a)定时电路　　(b)工作波形

图 9-3　用作定时的单稳态电路

电路的触发信号。由图 9-4(b) 可见，u_o 的下降沿比输入触发信号 u_i 的下降沿延迟了 t_W。因此，利用 u_o 下降沿触发其他电路（例如 JK 触发器），比用 u_i 下降沿触发时延迟了 t_W 时间，这就是单稳态电路的延时作用。

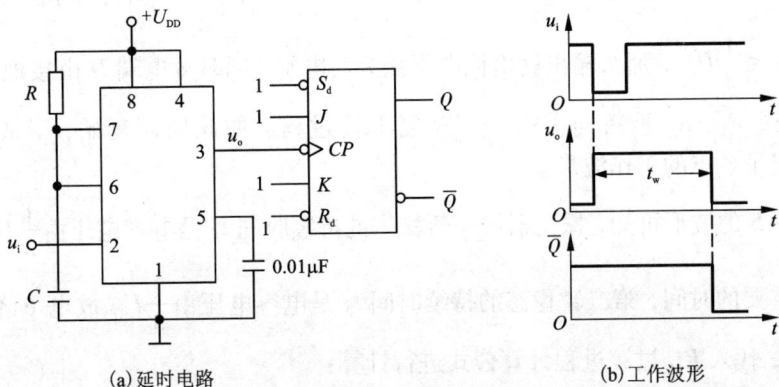

(a)延时电路　　　　(b)工作波形

图 9-4　延时电路及波形

1.2.2 多谐振荡器

多谐振荡器是一种产生矩形脉冲的自激振荡器。由于矩形波含有丰富的高次谐波，习惯上称为多谐振荡器。多谐振荡器因没有稳定的输出状态，因而又称为无稳态电路。

（1）555 定时器构成的多谐振荡器

由 555 定时器构成的多谐振荡器如图 9-5 所示。图中 R_1、R_2 和 C 为外接定时器件，触发信号为自给电压。

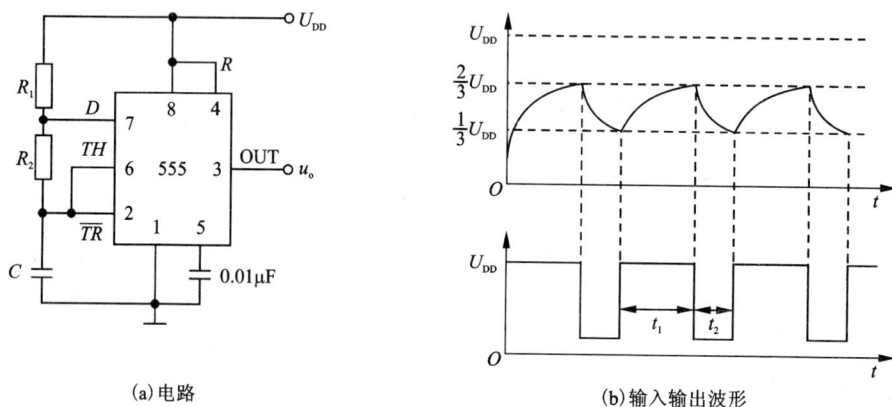

(a)电路　　　　　　　　　　　　　　(b)输入输出波形

图 9-5　用 555 定时器构成的多谐振荡器

假定零时刻电容初始电压为零，零时刻接通电源后，因电容两端电压不能突变，则有 $U_{TH} = U_{\overline{TR}} = U_C = 0 < \frac{1}{3}U_{DD}$，输出高电平，进入第一暂稳态；同时放电端 D 与地断路，电源通过 R_1、R_2 向电容充电，电容电压开始上升，当电容两端电压 $U_C \geqslant \frac{2}{3}U_{DD}$ 时，$U_{TH} = U_C \geqslant \frac{2}{3}U_{DD}$，输出低电平，电路进入第二暂稳态；由于充电电流从放电 D 入地，电容不再充电，反而通过电阻 R_2 和放电端 D 向地放电，电容电压开始下降，当电容两端电压 $U_C \leqslant \frac{1}{3}U_{DD}$ 时，$U_{TH} = U_C \leqslant \frac{1}{3}U_{DD}$，那么输出就由低电平变为高电平，同时放电端 D 由接地变为与地断路；电源通过 R_1、R_2 重新向 C 充电，重复上述过程。如此周而复始，形成自激振荡，图 9-5 给出了各点的工作波形。

由图 9-5 的波形可知，振荡器第一暂稳态的持续时间 t_1 是电容电压由 $\frac{1}{3}U_{DD}$ 充电上升至 $\frac{2}{3}U_{DD}$ 所需要的时间，第二暂稳态的持续时间 t_2 是电容电压由 $\frac{2}{3}U_{DD}$ 放电下降至 $\frac{1}{3}U_{DD}$ 所需要的时间，代入 RC 过渡过程计算公式进行计算：

$$t_1 = (R_1 + R_2)C\ln \frac{U_{DD} - \frac{1}{3}U_{DD}}{U_{DD} - \frac{2}{3}U_{DD}} = (R_1 + R_2)C\ln 2 = 0.7(R_1 + R_2)C$$

$$t_2 = 0.7 R_2 C$$

电路振荡周期 T

$$T = t_1 + t_2 = 0.7(R_1 + 2R_2)C$$

(2)多谐振荡器的应用——液位控制器

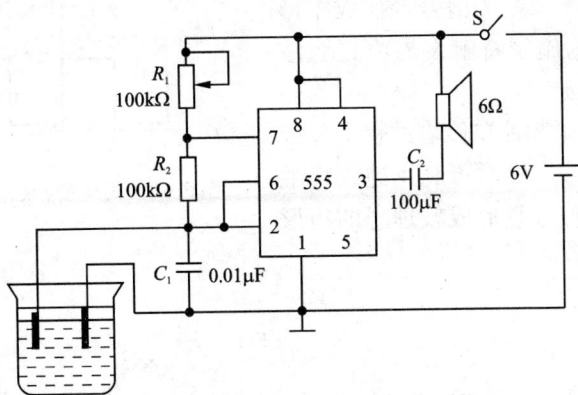

图 9 − 6 液位控制器

液位控制器的电路如图 9−6 所示。图中 C_1 两端经导线接入两个电极，将探测电极浸入要控制的液体中。当液位正常时使电极之间导通，C_1 被短路而不能充电，C_1 两端没有电压，555 多谐振荡器不工作，扬声器不发声。当液位下降到探测电极以下时，探测电极之间开路，C_1 被充电，多谐振荡器工作，扬声器便发出报警声。

1.2.3 施密特触发器

(1)555 定时器构成的施密特触发器

用 555 定时器构成的施密特触发器如图 9−7 所示。

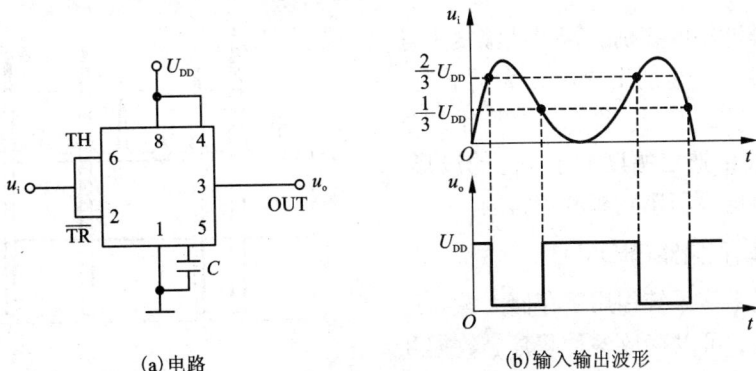

(a)电路   (b)输入输出波形

图 9 − 7 555 定时器构成的施密特触发器

$u_i = 0$ V 时，U_o 输出高电平，当 u_i 上升到 $\frac{2}{3} U_{DD}$ 时，u_o 输出低电平，u_i 由 $\frac{2}{3} U_{DD}$ 继续上升，u_o 保持不变，当 u_i 下降到 $\frac{1}{3} U_{DD}$ 时，电路输出跳变为高电平。而且在 u_i 继续下降到 0 V，以及上升未超过 $\frac{2}{3} U_{DD}$ 时，电路的这种状态不变。图 9−7 给出了各点的工作波形。

（2）施密特触发器的应用

施密特触发器可对脉冲波形进行整形、变换和对脉冲幅度进行鉴别。

①用于波形变换。施密特触发器可以将三角波、正弦波及其他不规则的信号变换成矩形脉冲，图9-8所示为施密特触发器将正弦波变换成同周期的矩形波。

②用于脉冲整形。脉冲在传输过程中常因为受到干扰而发生畸变，这时可利用施密特触发器整形，将变形的信号整形成较理想的矩形脉冲，如图9-9所示。

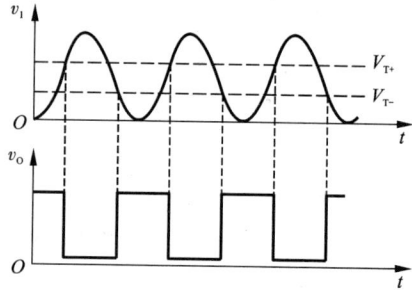

图9-8　用施密特触发器实现波形变换

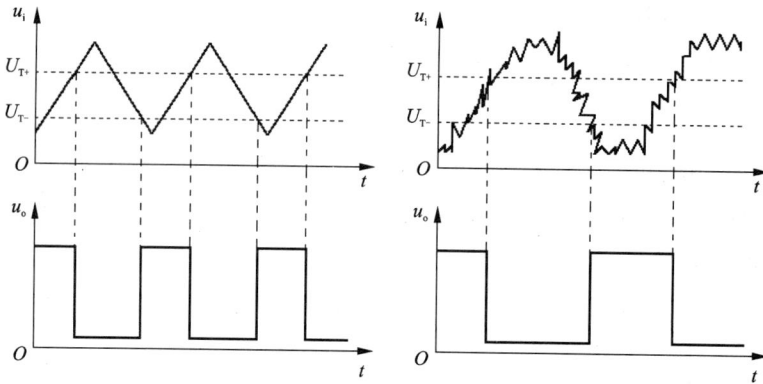

图9-9　用施密特触发器实现脉冲整形

③用于脉冲幅度鉴别。若想从幅度不等的一系列脉冲中，鉴别出幅度较大的脉冲，就可利用施密特触发器。图9-10所示就是在一系列脉冲中选出幅度大于 V_{T+} 的波形，达到用施密特触发器鉴别幅度的目的。

1.3　只读存储器（ROM）

存储器是数字系统中用于存储大量二进制信息的部件，可以存放各种程序、数据和资料。半导体存储器按照内部信息的存取方

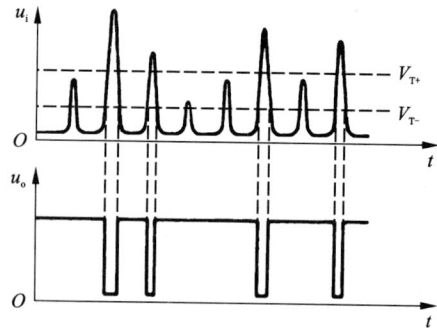

图9-10　施密特触发器用作幅度鉴别

式不同分为只读存储器（ROM - Read-Only Memory）和随机存取存储器（RAM - Random Access Memory）两大类。每个存储器的存储容量为字线×位线。

ROM因工作时其内容只能读出而得名，常用于存储数字系统及计算机中不需改写的数据，例如数据转换表及计算机操作系统程序等。ROM存储的数据不会因断电而消失，即具有非易失性。

ROM一般需由专用装置写入数据。按照数据写入方式特点不同，ROM可分为以下

几种：

(1)固定 ROM。也称掩膜 ROM，这种 ROM 在制造时，厂家利用掩膜技术直接把数据写入存储器中，ROM 制成后，其存储的数据也就固定不变了，用户对这类芯片无法进行任何修改。

(2)一次性可编程 ROM(PROM)。PROM 在出厂时，存储内容全为 1(或全为 0)，用户可根据自己的需要，利用编程器将某些单元改写为 0(或 1)。PROM 一旦进行了编程，就不能再修改了。

(3)光可擦除可编程 ROM(EPROM)。EPROM 由用户写入信息后，当需要改变时还可以改写，使用比较灵活，可以克服 PROM 只能编程一次的缺点。

EPROM 采用紫外线擦除方式，它的存储单元多采用 N 沟道浮栅 MOS 管，信息的存储是通过 MOS 管浮栅上的电荷分布来决定的，编程过程就是一个电荷注入过程。编程结束后，尽管撤除了电源，但由于绝缘层的包围，注入到浮栅上的电荷无法泄漏，因此电荷分布维持不变，EPROM 也就成为非易失性存储器件了。当外部能源(如紫外线光源)加到 EPROM 上时，EPROM 内部的电荷分布才会被破坏，此时聚集在 MOS 管浮栅上的电荷在紫外线照射下形成光电流被泄漏掉，使电路恢复到初始状态，从而擦除了所有写入的信息。这样 EPROM 又可以写入新的信息。

(4)电可擦除可编程 ROM(E^2PROM)。E^2PROM 也是采用浮栅技术生产的可编程 ROM，但是构成其存储单元的是隧道 MOS 管，隧道 MOS 管也是利用浮栅是否存有电荷来存储二值数据的，不同的是隧道 MOS 管是用电擦除的，并且擦除的速度要快得多(一般为毫秒数量级)。

E^2PROM 的电擦除过程就是改写过程，它具有 ROM 的非易失性，又具备类似 RAM 的功能，可以随时改写(可重复擦写 1 万次以上)。目前，大多数 E^2PROM 芯片内部都备有升压电路。因此，只需提供单电源供电，便可进行读、擦除/写操作，这为数字系统的设计和在线调试提供了极大方便。

(5)快闪存储器(Flash Memory)。快闪存储器的存储单元也是采用浮栅型 MOS 管，它继承了 E^2PROM 优点，它的容量更大、速度更快、成本更低，擦除更快捷。现有的移动 U 盘就属于快闪存储器。

1.3.1　ROM 的结构

ROM 内部结构由地址译码器和存储矩阵组成，图 9-11 所示是 ROM 的内部结构示意图。

1.3.2　ROM 的基本工作原理

(1)电路组成

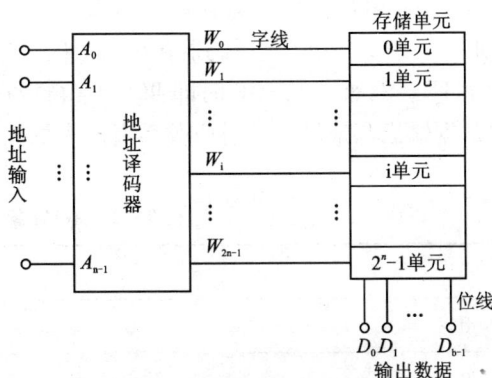

图 9-11　ROM 的内部结构示意图

二极管 ROM 电路如图 9-12 所示，$W_0 \sim W_3$ 称为字线，$D_0 \sim D_3$ 称为位线；水平线与竖线交叉处为存储单元，有二极管为"1"，无二极管为"0"。地址线两根为 A_0 和 A_1，地址译码器输出高电平有效。其中与门阵列组成译码器，或门阵列构成存储阵列，其存储容量为

$4 \times 4 = 16$ 位。

（2）输出信号表达式

与门阵列输出表达式：

$$W_0 = \bar{A}_1 \bar{A}_0 \quad W_1 = \bar{A}_1 A_0 \quad W_2 = A_1 \bar{A}_0 \quad W_3 = A_1 A_0$$

或门阵列输出表达式：

$$D_0 = W_0 + W_2 \quad D_1 = W_1 + W_2 + W_3 \quad D_2 = W_0 + W_2 + W_3 \quad D_3 = W_1 + W_3$$

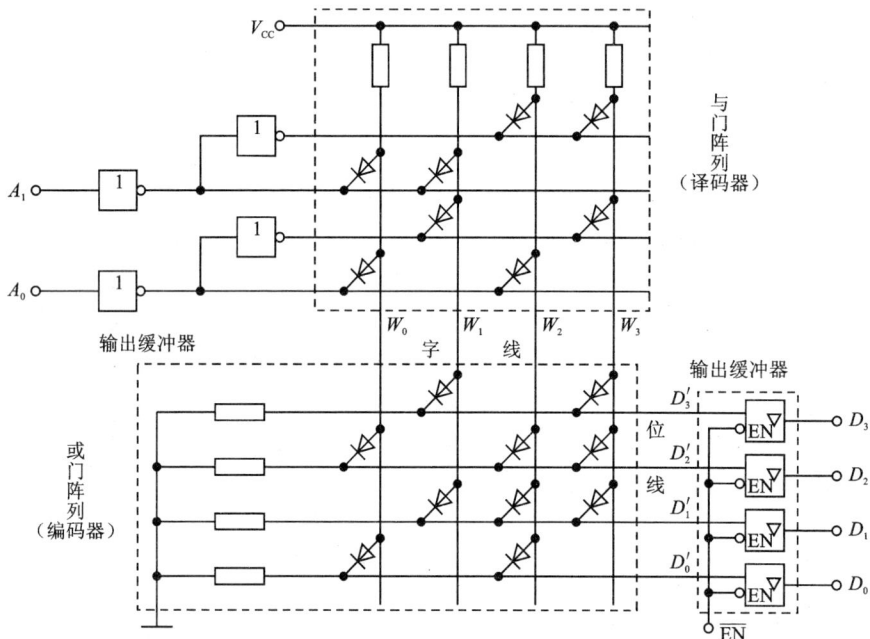

图 9 - 12　二极管 ROM 电路

（3）ROM 输出信号的真值表

如图 9 - 12 可知，当译码器输出有效时，连接在该字线上的二极管导通，对应的数据输出为"1"。例如 $A_1 A_0 = 10$ 时即 $W_2 = 1$，再根据或门阵的对应关系可推出图 9 - 11 固定 ROM 数据输出与地址码的对应关系真值表如表 9 - 2 所示。

表 9 - 2　ROM 输出信号真值表

A_1	A_0	D_3	D_2	D_1	D_0
0	0	0	1	0	1
0	1	1	0	1	0
1	0	0	1	1	1
1	1	1	1	1	0

（4）功能说明

从函数发生器角度看，A_1、A_0 是两个输入变量，D_3、D_2、D_1、D_0 是 4 个输出函数。表 9 - 2 说明：当变量 A_1、A_0 取值为 00 时，函数 $D_3 = 0$、$D_2 = 1$、$D_1 = 0$、$D_0 = 1$；当变量 A_1、A_0 取值为 01 时，函数 $D_3 = 1$、$D_2 = 0$、$D_1 = 1$、$D_0 = 0 \cdots$

从译码编码角度看，与门阵列先对输入的二进制代码 $A_1 A_0$ 进行译码，得到 4 个输出信号 W_0、W_1、W_2、W_3，再由或门阵列对 $W_0 \sim W_3$ 4 个信号进行编码。表 9 - 2 说明：W_0 的编码是 0101，W_1 的编码是 1010，W_2 的编码是 0111，W_3 的编码是 1110。

1.3.3 ROM 的应用

（1）作函数运算表电路

数学运算是数控装置和数字系统中需要经常进行的操作，如果事先把要用到的基本函数变量在一定范围内的取值和相应的函数取值列成表格，写入只读存储器中，则在需要时只要给出规定"地址"就可以快速地得到相应的函数值。这种 ROM，实际上已经成为函数运算表电路。

例 9 - 1 试用 ROM 构成能实现函数 $y = x^2$ 的运算表电路，x 的取值范围为 0 ~ 15 的正整数。

解： ①设定变量

自变量 x 的取值范围为 0 ~ 15 的正整数，对应的 4 位二进制正整数，用 $B = B_3 B_2 B_1 B_0$ 表示。根据 $y = x^2$ 的运算关系，可求出 y 的最大值是 $15^2 = 225$，可以用 8 位二进制数 $Y = Y_7 Y_6 Y_5 Y_4 Y_3 Y_2 Y_1 Y_0$ 表示。

②列真值表—函数运算表

表 9 - 3 例 9 - 1 中 Y 的真值表

B_3	B_2	B_1	B_0	Y_7	Y_6	Y_5	Y_4	Y_3	Y_2	Y_1	Y_0	十进制数
0	0	0	0	0	0	0	0	0	0	0	0	0
0	0	0	1	0	0	0	0	0	0	0	1	1
0	0	1	0	0	0	0	0	0	1	0	0	4
0	0	1	1	0	0	0	0	1	0	0	1	9
0	1	0	0	0	0	0	1	0	0	0	0	16
0	1	0	1	0	0	0	1	1	0	0	1	25
0	1	1	0	0	0	1	0	0	1	0	0	36
0	1	1	1	0	0	1	1	0	0	0	1	49
1	0	0	0	0	1	0	0	0	0	0	0	64
1	0	0	1	0	1	0	1	0	0	0	1	81
1	0	1	0	0	1	1	0	0	1	0	0	100
1	0	1	1	0	1	1	1	1	0	0	1	121
1	1	0	0	1	0	0	1	0	0	0	0	144
1	1	0	1	1	0	1	0	1	0	0	1	169
1	1	1	0	1	1	0	0	0	1	0	0	196
1	1	1	1	1	1	1	0	0	0	0	1	225

③写标准与或表达式

$Y_7 = m_{12} + m_{13} + m_{14} + m_{15}$ 　　　　$Y_6 = m_8 + m_9 + m_{10} + m_{11} + m_{14} + m_{15}$

$Y_5 = m_6 + m_7 + m_{10} + m_{11} + m_{13} + m_{15}$ 　　$Y_4 = m_4 + m_5 + m_7 + m_9 + m_{11} + m_{12}$

$Y_3 = m_3 + m_5 + m_{11} + m_{13}$ 　　　　$Y_2 = m_2 + m_6 + m_{10} + m_{14}$

$Y_1 = 0$ 　　　　$Y_0 = m_1 + m_3 + m_5 + m_7 + m_9 + m_{11} + m_{13} + m_{15}$

④画 ROM 存储矩阵节点连接图

为做图方便，可将 ROM 矩阵中的二极管用节点表示。

在图 9 – 13 所示电路中，字线 $W_0 \sim W_{15}$ 分别与最小项 $m_0 \sim m_{15}$ 一一对应，我们注意到作为地址译码器的与门阵列，其连接是固定的，它的任务是完成对输入地址码（变量）的译码工作，产生一个个具体的地址——地址码（变量）的全部最小项；而作为存储矩阵的或门阵列是可编程的，各个交叉点即可编程点的状态，也就是存储矩阵中的内容，可由用户编程决定。

当我们把 ROM 存储矩阵做一个逻辑部件应用时，可将其用方框图表示如图 9 – 14。

（2）实现任意组合逻辑函数

从 ROM 的逻辑结构示意图可知，只读存储器的基本部分是与门阵列和或门阵列，与门阵列实现对输入变量的译码，产生变量的全部最小项，或门阵列完成有关最小项的或运算，因此从理论上讲，利用 ROM 可以实现任何组合逻辑函数。

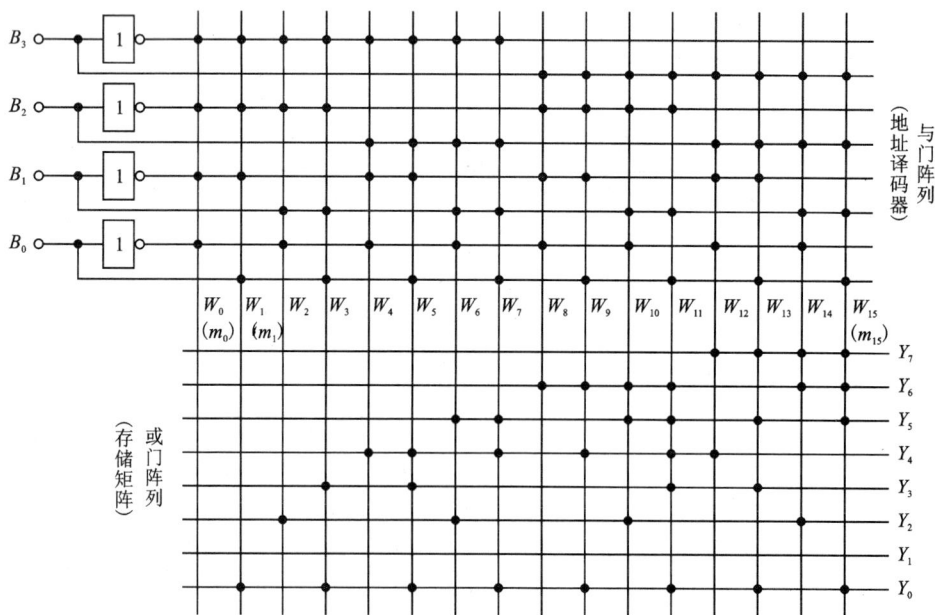

图 9 – 13　例 9 – 1 ROM 存储矩阵连接图

例 9 – 2　试用 ROM 实现下列函数：

$Y_1 = \overline{A}BC + \overline{A}B\overline{C} + A\overline{B}\overline{C} + ABC$ 　　　　$Y_2 = BC + CA$

$Y_3 = \overline{A}B\overline{C}\overline{D} + \overline{A}BCD + \overline{A}B\overline{C}\overline{D} + A\overline{B}\overline{C}D + AB\overline{C}\overline{D} + ABCD$

$Y_4 = ABC + ABD + ACD + BCD$

解：①写出各函数的标准与或表达式，按 A、B、C、D 顺序排列变量，将 Y_1、Y_2 扩展成为四变量逻辑函数。

$$Y_1 = \sum_m(2,3,4,5,8,9,14,15)$$

$$Y_2 = \sum_m(6,7,10,11,14,15)$$

$$Y_3 = \sum_m(0,3,6,9,12,15)$$

$$Y_4 = \sum_m(7,11,13,14,15)$$

②选用 16×4 位 ROM，画存储矩阵连线图（如图 9-15 所示）

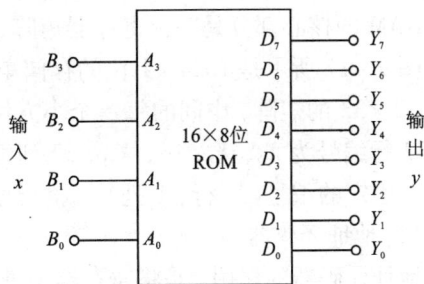

图 9-14 例 9-1 ROM 的方框图表示方法

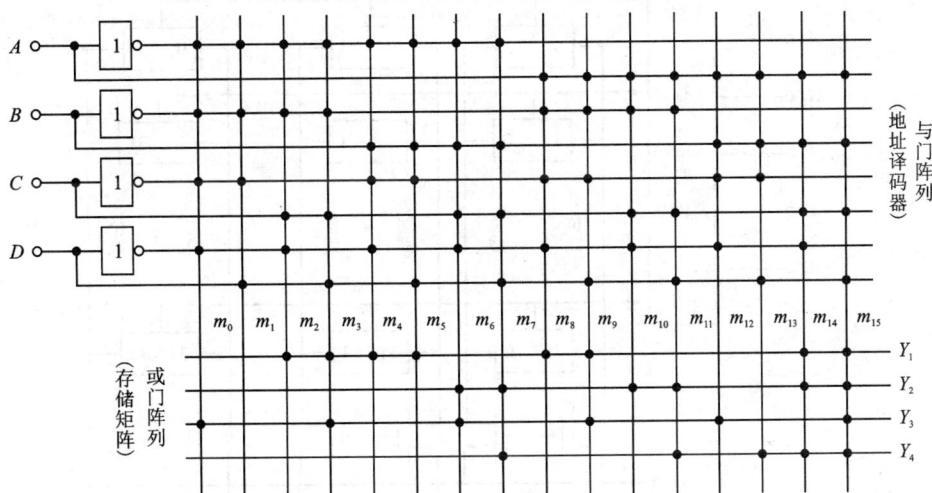

图 9-15 例 9-2 ROM 存储矩阵连线图

1.4 随机存取存储器（RAM）

随机存取存储器简称 RAM，也叫做读/写存储器，既能方便地读出所存数据，又能随时写入新的数据。按照存储机理的不同，RAM 又可分为静态 RAM（简称 SRAM）和动态 RAM（简称 DRAM）。静态 RAM 的特点是数据由触发器记忆，只要不断电，数据就能永久保存。但功耗大，成本高。动态 RAM 存储数据的原理是基于 MOS 管栅极电容的电荷存储效应。由于漏电流的存在，电容上存储的数据（电荷）不能长久保存。RAM 的缺点就是数据的易失性，即一旦掉电，所存的数据全部丢失，不利于数据长期保存。

1.4.1 RAM 的基本结构

RAM 的基本结构由存储矩阵、地址译码器、读/写控制电路组成，如图 9-16 所示。

（1）存储矩阵

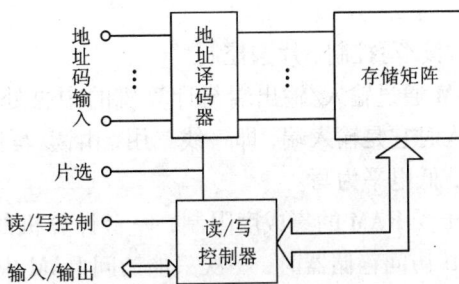

图 9-16 RAM 的结构示意框图

RAM 的核心部分是一个寄存器矩阵,用来存储信息,称为存储矩阵。

图 9 - 17 所示是 1024 × 1 位的存储矩阵和地址译码器。属多字 1 位结构,1024 个字排列成 32 × 32 的矩阵,中间的每一个小方块代表一个存储单元。为了存取方便,给它们编上号,32 行编号为 X_0,X_1,…,X_{31},32 列编号为 Y_0,Y_1,…,Y_{31}。这样每一个存储单元都有了一个固定的编号(X_i 行、Y_j 列),称为地址。

(2)地址译码器

地址译码器的作用,是将寄存器地址所对应的二进制数译成有效的行选信号和列选信号,从而选中该存储单元。通常地址和存储单元是一一对应的关系。

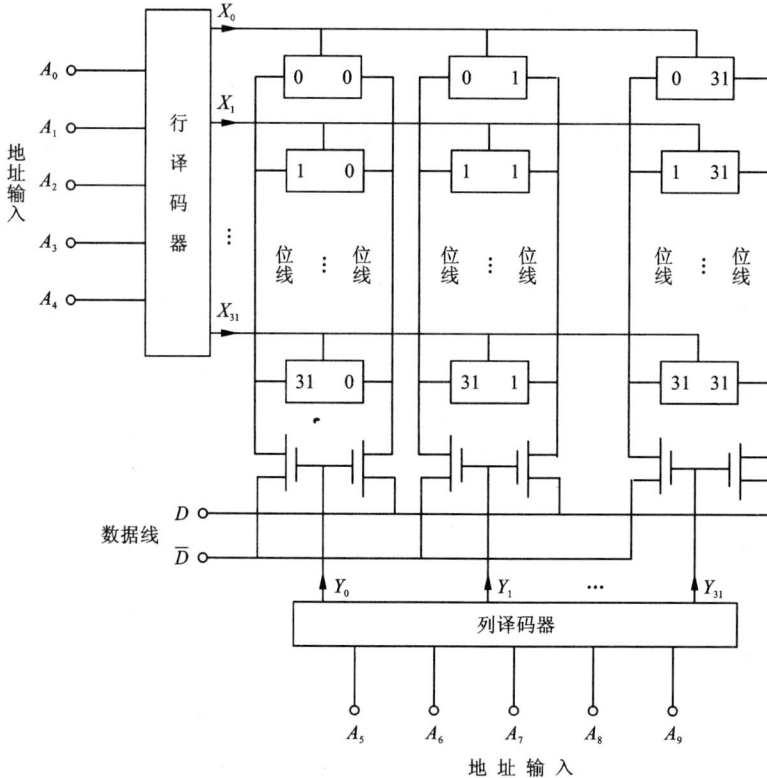

图 9 - 17　1024 × 1 位 RAM 的存储矩阵

(3)读/写控制、片选控制

RAM 通过输入/输出端与计算机的中央处理单元(CPU)交换数据,读出时它是输出端,写入时它是输入端,即一线二用,由读/写控制线控制。一般 RAM 的读/写控制线高电平为读,低电平为写。

由于受 RAM 的集成度限制,一台计算机的存储器系统往往是由许多片 RAM 组合而成。CPU 访问存储器时,一次只能访问 RAM 中的某一片(或几片),即存储器中只有一片(或几片)RAM 中的一个地址接受 CPU 访问,与其交换信息,而其他片 RAM 与 CPU 不发生联系,片选就是用来实现这种控制的。通常一片 RAM 有一根或几根片选线,当某一片的片选线接入有效电平时,该片被选中,才在输入/输出控制信号(读/写控制信号)的作用下，对某一地址对应的存储单元进行读写操作。读信号有效时，由存储单元读出(输出)信息；写信号有效时，存储单元写入(输入)信息。图 9 - 18 给出了一个简单的读/写控制电路。

当选片信号 $CS = 1$ 时，G_5、G_4 输出为 0，三态门 G_1、G_2、G_3 均处于高阻状态，输入/输出(I/O)端与存储器内部完全隔离，存储器禁止读/写操作，即不工作。

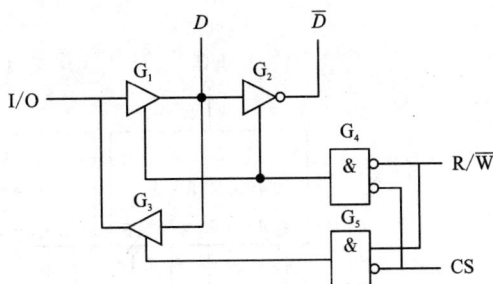

图 9 - 18　RAM 读/写控制电路

当 CS = 0 时，芯片被选通：当 $R/\overline{W} = 1$ 时，G_5 输出高电平，G_3 被打开，于是被选中的单元所存储的数据出现在 I/O 端，存储器执行读操作；当 $R/\overline{W} = 0$ 时，G_4 输出高电平，G_1、G_2 被打开，此时加在 I/O 端的数据以互补的形式出现在内部数据线上，并被存入到所选中的存储单元，存储器执行写操作。

1.4.2　RAM 的芯片简介

(1)芯片引脚排列图

图 9 - 19 所示是 2K × 8 位静态 CMOS RAM 6116 的引脚排列图。$A_0 \sim A_{10}$ 是地址码输入端，$D_0 \sim D_7$ 是数据输出端，$\overline{CS}$ 是选片端，$\overline{OE}$ 是输出使能端，$\overline{WE}$ 是写入控制端。

(2)芯片工作方式和控制信号之间的关系

表 9 - 4 所列是 6116 的工作方式与控制信号之间的关系，读出和写入线是分开的，而且写入优先。

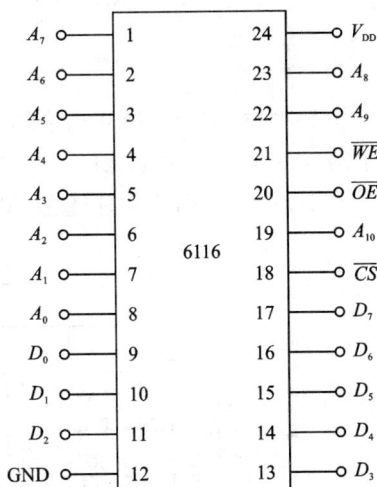

图 9 - 19　静态 RAM 6116 引脚排列图

表 9 - 4　静态 RAM6116 工作方式与控制信号之间的关系

$\overline{CS}$	$\overline{OE}$	$\overline{WE}$	$A_0 \sim A_{10}$	$D_0 \sim D_7$	工作状态
1	×	×	×	高阻态	低功耗维持
0	0	1	稳定	输出	读
0	×	0	稳定	输入	写

1.4.3　RAM 的容量扩展

在实际应用中，当单片 RAM 不能满足存储容量时，经常需要将多片 RAM 组合起来构成大容量的 RAM。

(1)位扩展

位扩展就是将几片相同的 RAM 地址并接在一起，让它们共用地址码，各片的片选线接在一起，读/写控制线也接在一起，如图 9 - 20 是用 8 片 1024(1K) × 1 位 RAM 构成的

1024×8 位 RAM 系统。

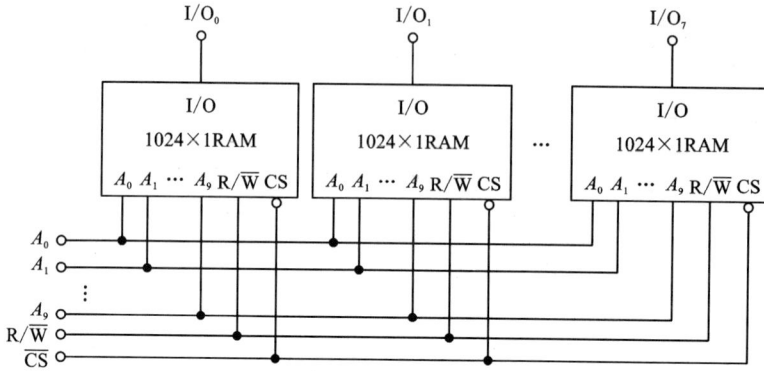

图 9 - 20 1K ×1 位 RAM 扩展成 1K ×8 位 RAM

（2）字扩展

用 8 片 $1K \times 8$ 位 RAM 构成的 $8K \times 8$ 位 RAM。如图 9 - 21 中输入/输出线，读/写线和地址线 $A_0 \sim A_9$ 是并联起来的，高位地址码 A_{10}、A_{11} 和 A_{12} 经 74138 译码器 8 个输出端分别控制 8 片 $1K \times 8$ 位 RAM 的片选端，以实现字扩展。

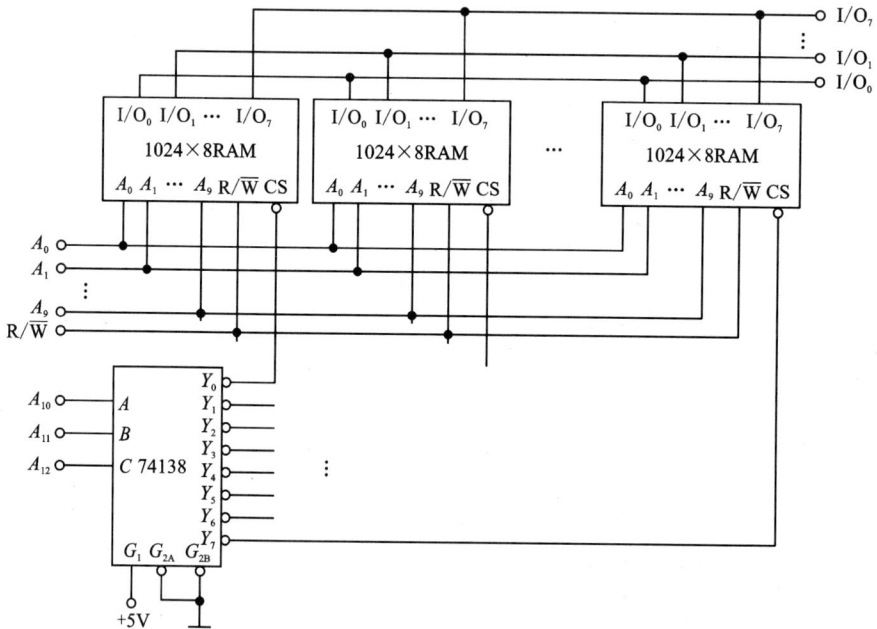

图 9 - 21 1K ×8 位 RAM 扩展成 8K ×8 位 RAM

如果需要，我们还可以采用位与字同时扩展的方法扩大 RAM 的容量。

1.5 可编程逻辑器件(PLD)

可编程逻辑器件 PLD(Programmable Logic Device)是一种电路的半成品芯片,这种芯片按一定排列方式集成了大量的门和触发器等基本逻辑元件,出厂时不具有特定的逻辑功能,需要用户利用专用的开发系统对其进行编程,在芯片内部的可编程连接点进行电路连接,使之完成某个逻辑电路或系统的功能,才能成为一个可在实际电子系统中使用的专用芯片。

PLD 自问世以来,经历了从低密度的可编程只读存储器(PROM)、可编程逻辑阵列(PLA)、可编程阵列逻辑(PAL)、通用阵列逻辑(GAL)到高密度的现场可编程门阵列(FPGA)和复杂可编程逻辑器件(CPLD)的发展过程。可编程逻辑器件(PLD)的分类如图 9–22 所示。

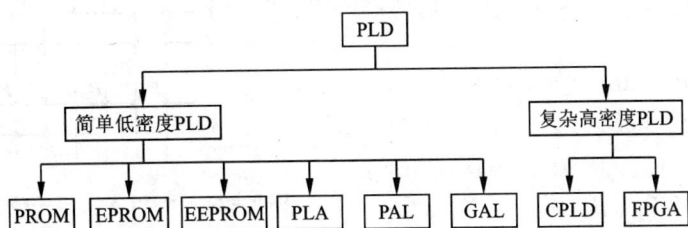

图 9 – 22　PLD 的分类

PLD 采用的可编程元件有四类:①一次性编程的熔丝或反熔丝元件。②紫外线擦除、电可编程的 EPROM。③电擦除、电可编程存储单元。④静态存储器(SRAM)的编程元件。

为了方便阅读和描述逻辑,可采用图 9–23 所示的表示方法表示 PLD。

图 9–23(a)是 PLD 中输入缓冲器的表示方法,它的两个输出分别是输入的原码和反码。图 9–23(b)给出了与门的标准逻辑表示符号。图 9–23(c)为与门在 PLD 中常用的表示方法。图 9–23(d)和图 9–23(e)分别给出了或门的标准逻辑符号和在 PLD 中采用的表示方法。图 9–23(f)表示该或门有四个乘积项输入。在 PLD 中,门输入部分只画一根线,通常称为乘积线。竖线和乘积线的交叉点均有耦合元件,交叉点的“·”表示固定连接;“×”表示可编程连接;无任何标记则表示不连接。

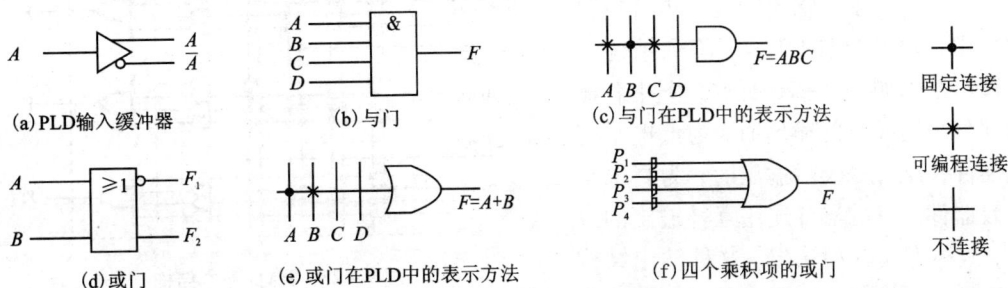

图 9 – 23　PLD 采用的逻辑符号

1.5.1 可编程逻辑阵列（PLA）

可编程逻辑阵列 PLA 是基于与或阵列的阵列，它是可编程的，故可以实现非标准式的各种电路。用 PLA 实现组合逻辑电路时，首先将逻辑函数进行化简，再将化简后的逻辑函数表达式中各乘积项填入逻辑阵列图中。

例 9-3 用 PLA 实现一位二进制全加器。

解： 由全加器真值表，用卡诺图化简得最简逻辑表达式为：

$$S = \overline{A}\overline{B}C + \overline{A}B\overline{C} + A\overline{B}\overline{C} + ABC$$

$$C_i = AB + AC + BC$$

式中：A、B 为两个加数，C 为低位进位，S 为本位和，C_i 为本位向高位的进位。

在 S 及 C_i 表达式中共有七个乘积项，它们是：

$$P_0 = \overline{A}\overline{B}C \quad P_1 = \overline{A}B\overline{C} \quad P_2 = A\overline{B}\overline{C}$$

$$P_3 = ABC \quad P_4 = AB \quad P_5 = AC \quad P_6 = BC$$

用这些乘积项组成 S 和 C_i 表达式如下：

$$S = P_0 + P_1 + P_2 + P_3$$

$$C_i = P_4 + P_5 + P_6$$

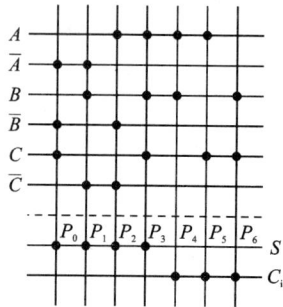

图 9-24 用 PLA 实现一位二进制全加器

根据上式，可画出由 PLA 实现全加器的阵列结构图如图 9-24 所示。

1.5.2 可编程阵列逻辑（PAL）

PAL 是在 PROM 基础上发展起来的一种可编程逻辑器件，采用了熔丝编程方式、双极型制造工艺，因而器件的工作速度很高（可达十几 ns）。PAL 器件由可编程的与阵列、固定的或阵列和输出电路三部分组成。由于它们是与阵列可编程，而且输出结构种类很多，因而给逻辑设计带来很大的灵活性。

（1）PAL 的基本结构

PAL 基本与门阵列是可编程的，而或门阵列是固定连接的。如图 9-25 所示。

（2）PAL 的输出方式

PAL 具有多种输出结构。组合逻辑常采用"专用输出的基本门阵列结构"，其输出结构如图 9-26 所示。图中若输出部分采用或非门输出时，为低电平有效器件；若采用或门输出时，为高电平有效器件。有的器件还用互补输出的或门，故称为互补型输出，这种输出结构只适用于实现组合逻辑函数。目前常用

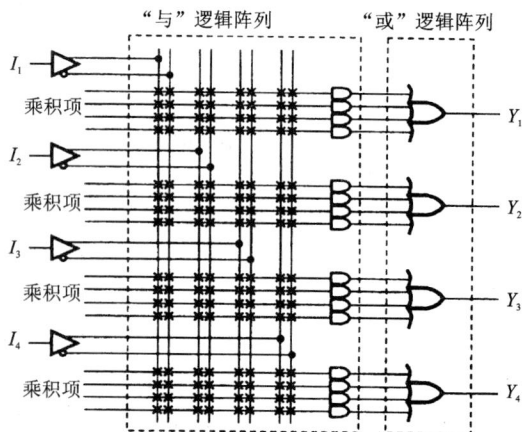

图 9-25 PAL 基本结构

的产品有 PAL10H8（10 输入，8 输出，高电平有效）、AL10L8（10 输入，8 输出，低电平有效）、PAL16A1（16 输入，1 输出，互补型）等。

PAL 实现时序逻辑电路功能时，其输出结构如图 9-27 所示，输出部分采用了一个 D

触发器，其输出通过选通三态缓冲器送到输出端，构成时序逻辑电路。

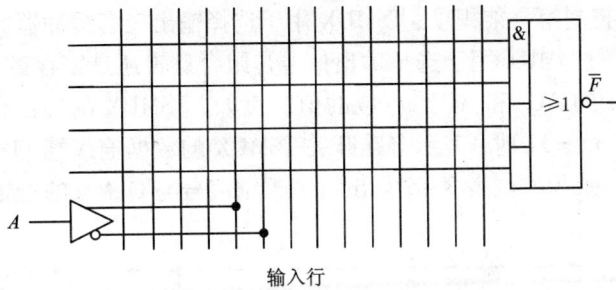

图9-26　专用输出门阵列结构

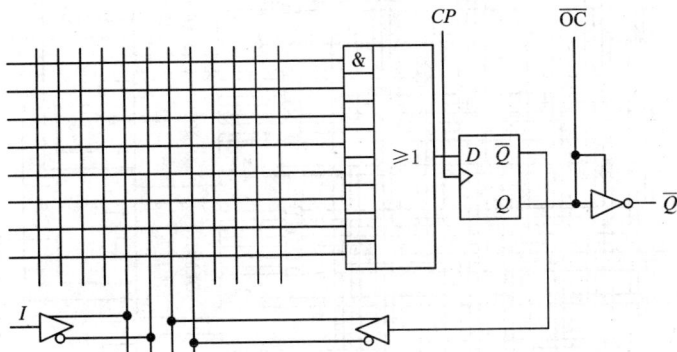

图9-27　时序输出结构

（3）PAL 的特点

PAL 的主要优点①提高了功能密度，节省了空间；②提高了设计的灵活性，且编程和使用都比较方便；③有上电复位功能，可以防止非法复制。但缺点是由于它采用双极型熔丝工艺（PROM 结构），只能一次性编程，因而使用者仍要承担一定的风险。

1.5.3　通用阵列逻辑（GAL）

通用阵列逻辑 GAL 是 Lattice 公司于 1985 年首先推出的新型可编程逻辑器件。GAL 是 PAL 的第二代产品，但它采用了 ECMOS 工艺，可编程的 I/O 结构，用户可以重复修改芯片的逻辑功能，在不到 1 秒钟时间内即可完成芯片的擦除及编程的逻辑器件，按门阵列的可编程结构，GAL 可分成两大类：一类是与 PAL 基本结构相似的普通型 GAL 器件，其与门阵列是可编程的，或门阵列是固定连接的，如 GAL16V8；另一类是与 FPLA 器件相类似的新一代 GAL 器件，其与门阵列及或门阵列都是可编程的，如 GAL39V18。如图9-28 所示是 GAL16V8 的逻辑电路图，它有 16 个输入引脚（其中八个为固定输入引脚）和八个输出引脚。其内部结构是由八个输入缓冲器，八个输出反馈/输入缓冲器，八个输出三态缓冲器，八个输出逻辑宏单元 OLMC，8×8 个与门构成的与门阵列以及时钟和输出选通信号输入缓冲器等组成。一个 OLMC 由与阵列输出组成，其内部结构如图9-29 所示，每个 OLMC 包括或门阵列中的一个或门，或门的每一个输入对应一个乘积项，因此或门的输出为有关乘积项之和；图中的异或门用于控制输出信号的极性，当 XOR(n) 端为 1 时，异或门起反相器作用；反之为同相器，XOR(n)对应于结构控制字中的一位，n 为引脚号；D 触发器对异或门的输出状态起记忆作用，使 GAL 适用于时序逻辑电路。每个 OLMC 中有四个多路开关 MUX，PTMUX 用于控制第一乘积项；TSMUX 用于选择输出三态缓冲器的选通信号；FMUX 决定反馈信号的来源；OMUX 用于选择输出信号是组合逻辑还是寄存逻辑。多路开关状态取决于结构控制字中的 AC_0 和 AC_1(n)位的值。例如，TSMUX 的控制信号是 AC_0 和 AC_1(n)，当 $AC_0 \cdot AC_1$(n)=11 时，表示多路开关 TSMUX 的数据输入端 11 被选通，表示三态门的选通信号是第一乘积项。表 9-5 列出有关控制信号与 OLMC 的配置关系。

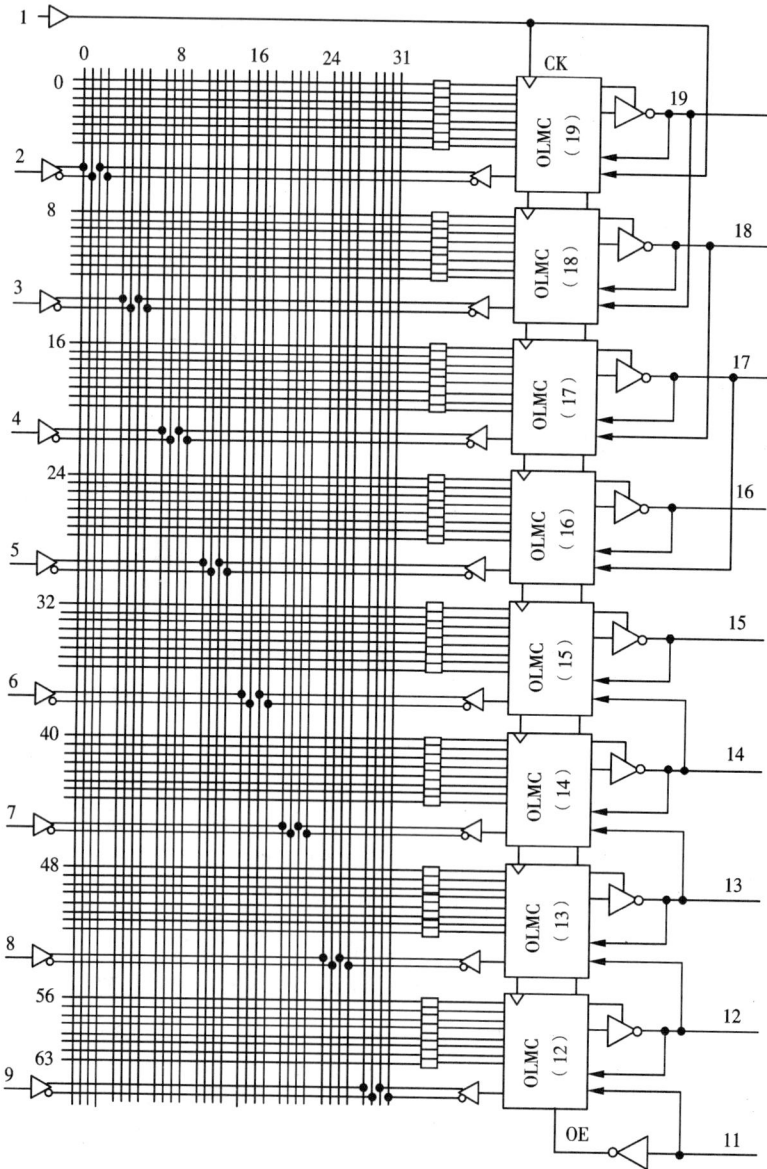

图 9-28 GAL16V8 逻辑图

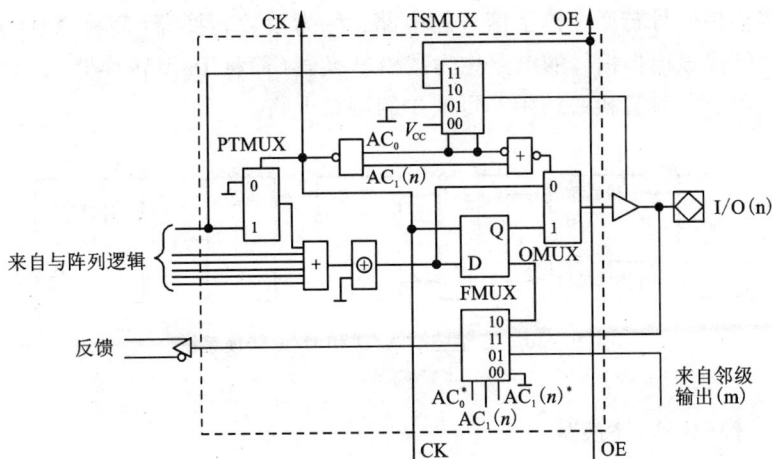

图 9 - 29　OLMC 内部结构

表 9 - 5　OLMC 的配置控制

SYN	AC_0	$AC_1(n)$	$XOR(n)$	配置功能	输出极性
1	0	1	—	输入模式	—
1	0	0	0	所有输出是组合的	低有效 高有效
1	1	1	0	所有输出是组合的	低有效 高有效
0	1	1	0 1	组合输出积存输出	低有效 高有效
0	1	0	0 1	寄存输出	低有效 高有效

表 9 - 5 中 SYN、AC_0、$AC_1(n)$ 和 $XOR(n)$ 都是结构控制字。SYN = 0 时，GAL 器件有寄存输出能力；SYN = 1 时，GAL 为一个纯粹组合逻辑器件。在两个宏单元 OLMC(12) 和 OLMC(19) 中，$\overline{SYN}$ 还代替了 $AC_1(m)$，而 SYN 代替了 AC_0，以维持与 PAL 器件的兼容。$XOR(n)$ 位决定着每个输出的极性，当 $XOR(n) = 0$，输出低电平有效；当 $XOR(n) = 1$ 时，输出高电平有效。GAL 器件具有许多优良特性，但其应用取决于开发环境——硬件工具 Logic Lab 编程器及软件工具 GALLAB 和 CUPL。

2　数/模与模/数转换

随着数字技术，特别是计算机技术的飞速发展与普及，在现代控制、通信及检测领域中，对信号的处理广泛采用了数字计算机技术。由于系统的实际处理对象往往都是一些模拟量(如温度、压力、位移、图像等)，要使计算机或数字仪表能识别和处理这些信号，必须首先将这些模拟信号转换成数字信号；而经计算机分析、处理后输出的数字量往往也需要将其转换成为相应的模拟信号才能为执行机构所接收，其自动控制过程如图 9 - 30 所示。图中能将模拟信号转换成数字信号的电路，称为模数转换器（简称 A/D 转换器）；而能把数字信号转换成模拟信号的电路称为数模转换器（简称 D/A 转换器），A/D 转换器和 D/A 转换器已经成为计算机系统中不可缺少的接口电路。

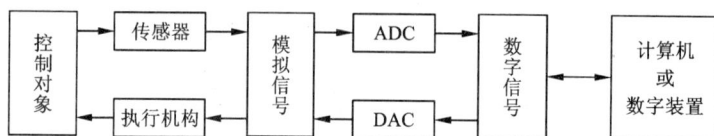

图 9 - 30　工业控制 A/D 和 D/A 转换系统

2.1　数 - 模(D/A)转换器

2.1.1　D/A 转换器的基本原理

数字量是用代码按数位组合起来表示的，对于有权码，每位代码都有一定的权。为了将数字量转换成模拟量，必须将每 1 位的代码按其权的大小转换成相应的模拟量，然后将这些模拟量相加，即可得到与数字量成正比的总模拟量，从而实现了数字 - 模拟转换。这就是构成 D/A 转换器的基本思路。

图 9 - 31 所示是 D/A 转换器的输入、输出关系框图，$D_0 \sim D_{n-1}$ 是输入的 n 位二进制数，v_o 是与输入二进制数成比例的输出电压。

图 9 - 32 所示是一个输入为 3 位二进制数时 D/A 转换器的转换特性，它具体而形象地反映了 D/A 转换器的基本功能。

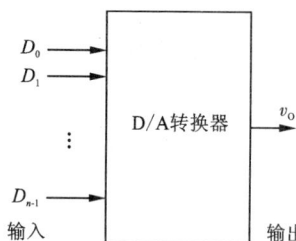

图 9 - 31　D/A 转换器的输入、输出关系框图

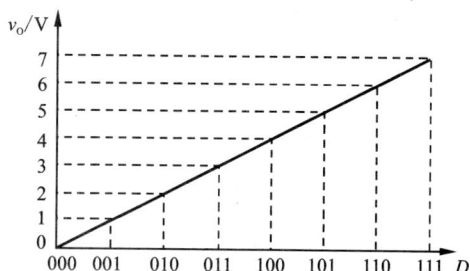

图 9 - 32　3 位 D/A 转换器的转换特性

2.1.2　倒 T 形电阻网络 D/A 转换器

在单片集成 D/A 转换器中，使用最多的是倒 T 形电阻网络 D/A 转换器。四位倒 T 形电阻网络 D/A 转换器的原理图如图 9 - 33 所示。

$S_0 \sim S_3$ 为模拟电子开关，$R - 2R$ 电阻解码网络呈倒 T 形，运算放大器 A 构成求和电路。S_i 由输入数码 D_i 控制，当 $D_i = 1$ 时，S_i 接运放反相输入端（"虚地"），I_i 流入求和电路；当 $D_i = 0$ 时，S_i 将电阻 2R 接地。

无论模拟开关 S_i 处于何种位置，与 S_i 相连的 2R 电阻均等效接"地"（"地"或"虚地"）。这样流经 2R 电阻的电流与开关位置无关，为确定值。

分析 $R - 2R$ 电阻解码网络不难发现，从每个节点向左看的二端网络等效电阻均为 R，

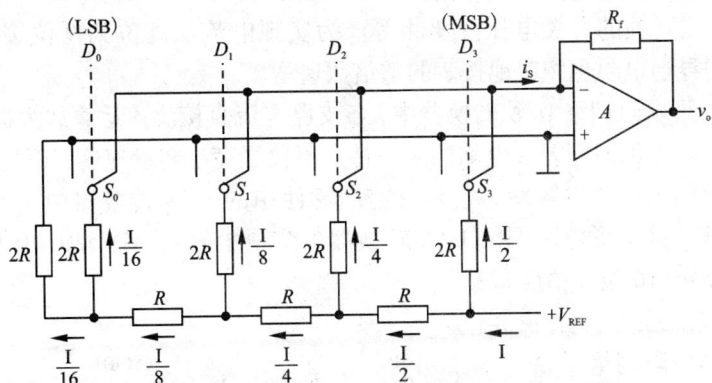

图 9 - 33　倒 T 形电阻网络 D/A 转换器

流入每个 $2R$ 电阻的电流从高位到低位按 2 的整倍数递减。设由基准电压源提供的总电流为 $I(I = V_{REF}/R)$，则流过各开关支路（从右到左）的电流分别为 $I/2$、$I/4$、$I/8$ 和 $I/16$。于是可得总电流

$$i_{\Sigma} = \frac{V_{REF}}{R}\left(\frac{D_0}{2^4} + \frac{D_1}{2^3} + \frac{D_2}{2^2} + \frac{D_3}{2^1}\right) = \frac{V_{REF}}{2^4 \times R}\sum_{i=0}^{3}(D_i \cdot 2^i) \qquad (9 - 1)$$

输出电压

$$v_0 = -i_{\Sigma}R_f = -\frac{R_f}{R} \cdot \frac{V_{REF}}{2^4}\sum_{i=0}^{3}(D_i \cdot 2^i) \qquad (9 - 2)$$

将输入数字量扩展到 n 位，可得 n 位倒 T 形电阻网络 D/A 转换器输出模拟量与输入数字量之间的一般关系式如下：

$$v_0 = -\frac{R_f}{R} \cdot \frac{V_{REF}}{2^n}\left[\sum_{i=0}^{n-1}(D_i \cdot 2^i)\right] \qquad (9 - 3)$$

由上可知，输出电压与输入数字信号成正比，完成了数 - 模转换。

例 9 - 4　一个六位 DAC，若 $V_{REF} = -10$ V，$R_f = R$，$n = 6$，求：

1）当 LSB 自 0 变为 1 时，输出电压的变化；

2）当 $D = 110101$ 时，$v_0 = ?$

3）当 $D = 111111$ 时，$v_0 = ?$

解：

1）LSB 0→1　$D = 000001$

$$V_0 = -\frac{V_{REF}}{2^n}D_0 \cdot 2^0 = \frac{10}{2^6}(1 \times 2^0) = 0.16 \text{ V}$$

2）$D = 110101$　$V_0 = \frac{10}{2^6}(2^5 \times 1 + 2^4 \times 1 + 2^2 \times 1 + 2^0 \times 1) = 8.28$ V

3）$D = 111111$　$V_0 = \frac{10}{2^6}(2^5 \times 1 + 2^4 \times 1 + 2^3 \times 1 + 2^2 \times 1 + 2^1 \times 1 + 2^0 \times 1) = 9.84$ V

要使 D/A 转换器具有较高的精度，对电路中的参数有以下要求：

（1）基准电压稳定性好；

（2）倒 T 形电阻网络中 R 和 $2R$ 电阻的比值精度要高；

（3）每个模拟开关的开关电压降要相等。为实现电流从高位到低位按 2 的整倍数递减，模拟开关的导通电阻也相应地按 2 的整倍数递增。

由于在倒 T 形电阻网络 D/A 转换器中，各支路电流直接流入运算放大器的输入端，它们之间不存在传输上的时间差。电路的这一特点不仅提高了转换速度，而且也减少了动态过程中输出端可能出现的尖脉冲。它是目前广泛使用的 D/A 转换器中速度较快的一种。常用的 CMOS 开关倒 T 形电阻网络 D/A 转换器的集成电路有 AD7520（10 位）、DAC1210（12 位）和 AK7546（16 位高精度）等。

2.1.3 权电流型 D/A 转换器

尽管倒 T 形电阻网络 D/A 转换器具有较高的转换速度，但由于电路中存在模拟开关电压降，当流过各支路的电流稍有变化时，就会产生转换误差。为进一步提高 D/A 转换器的转换精度，可采用权电流型 D/A 转换器。原理图如图 9 - 34 所示。

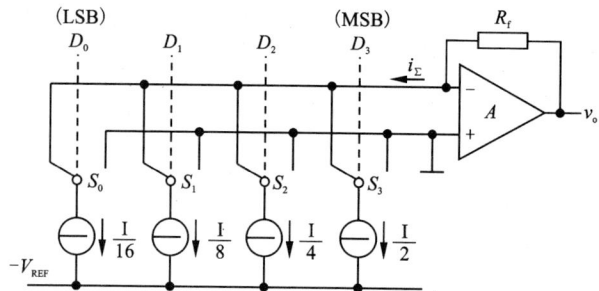

图 9-34 权电流型 D/A 转换器的原理图

这组恒流源从高位到低位电流的大小依次为 $I/2$、$I/4$、$I/8$、$I/16$。当输入数字量的某一位代码 $D_i = 1$ 时，开关 S_i 接运算放大器的反相输入端，相应的权电流流入求和电路；当 $D_i = 0$ 时，开关 S_i 接地。分析该电路可得出

$$v_0 = i_\Sigma R_f = R_f \left(\frac{I}{2} D_3 + \frac{I}{4} D_2 + \frac{I}{8} D_1 + \frac{I}{16} D_0 \right)$$

$$= \frac{I}{2^4} \cdot R_f (D_3 \cdot 2^3 + D_2 \cdot 2^2 + D_1 \cdot 2^1 + D_0 \cdot 2^0)$$

$$= \frac{I}{2^4} \cdot R_f \sum_{i=0}^{3} D_i \cdot 2^i \qquad\qquad (9-4)$$

采用了恒流源电路之后，各支路权电流的大小均不受开关导通电阻和压降的影响，这就降低了对开关电路的要求，提高了转换精度。

2.1.4 D/A 转换器的主要技术指标

（1）转换精度

D/A 转换器的转换精度通常用分辨率和转换误差来描述。

①分辨率。分辨率是用来表示输出最小电压的能力。分辨率等于 DAC 输出的最小电压与输出最大电压之比。最小输出电压是指输入的数字代码只有最低有效位为 1，其余各位都是 0 的输出电压。最大输出电压是指输入的数字代码各有效位全为 1 的输出电压。根据式（9-3）可知 N 位 D/A 转换器的分辨率可表示为 $\dfrac{1}{2^n - 1}$。

输入数字量位数越多，即分辨率越高。在实际应用中，往往用输入数字量的位数表示 D/A 转换器的分辨率。

②转换误差。转换误差产生的原因主要有转换器中各元件参数值的误差，基准电源不够稳定和运算放大器的零漂等。

D/A 转换器的绝对误差(或绝对精度)是指输入端加入最大数字量(全1)时，D/A 转换器的理论值与实际值之差。该误差值应低于 LSB/2。

例如，一个8位的 D/A 转换器，对应最大数字量(FFH)的模拟理论输出值为 $\frac{255}{256} V_{\text{REF}}$，$\frac{1}{2}\text{LSB} = \frac{1}{512} V_{\text{REF}}$。所以实际值取值范围是 $(\frac{255}{256} \pm \frac{1}{512}) V_{\text{REF}}$。

(2)转换速度

①建立时间(t_{set})　建立时间指输入数字量变化时，输出电压变化到相应稳定电压值所需时间。一般用 D/A 转换器输入的数字量从全0变为全1时，输出电压达到规定的误差范围($\pm\text{LSB}/2$)时所需时间表示。建立时间短，说明 D/A 转换速度快，单片集成 D/A 转换器建立时间最短可达 $0.1~\mu\text{s}$ 以内。

②转换速率(SR)转换速率指大信号工作状态下模拟电压的变化率。

(3)温度系数

温度系数指在输入不变的情况下，输出模拟电压随温度变化产生的变化量。一般用满刻度输出条件下温度每升高1℃，输出电压变化的百分数作为温度系数。

2.1.5　应用实例

(1)组成任意波形发生器

只要给 D/A 转换器输入特定的二进制代码，经过 D/A 转换后，再经低通滤波器滤波，便可得到不同形状的波形。波形的形状仅取决于输入的特定二进制代码。

(2)组成锯齿波发生器

首先计数器对时钟脉冲进行计数，同时把计数值输送给 D/A 转换器，使 D/A 转换器输出一个阶梯电压，再经过低通滤波器滤波，便得到线性锯齿波电压。

2.2　模 – 数(A/D)转换器

2.2.1　A/D 转换的基本原理

在 A/D 转换器中，因为输入的模拟信号在时间上是连续量，而输出的数字信号代码是离散量，所以进行转换时必须在一系列选定的瞬间(亦即时间坐标轴上的一些规定点上)对输入的模拟信号取样，然后再把这些取样值转换为输出的数字量。因此，一般的 A/D 转换过程是通过采样、保持、量化和编码这四个步骤完成的，如图9-35所示。

(1)采样和保持

为了能不失真地恢复原模拟信号，采样脉冲信号的频率 f_s 应不小于输入模拟信号所含最高次谐波分量的频率 f_{Imax} 的两倍，即：$f_s \geq 2f_{\text{Imax}}$

每次把采样电压转换为相应的数字量都需要一定的时间，所以在每次取样以后，必须把取样电压保持一段时间，通常由采样 – 保持电路来实现。满足这一功能的电路如图9-36所示。

图中 N 沟道 MOS 管 T 作为采样开关用。当控制信号 v_L 为高电平时，T 导通，输入信号 v_I 经电阻 R_i 和 T 向电容 C_h 充电。若取 $R_i = R_f$，则充电结束后 $v_O = -v_I = v_C$。

当控制信号返回低电平，T 截止。由于运算放大器输入阻抗很大，可认为开路，C_h 无

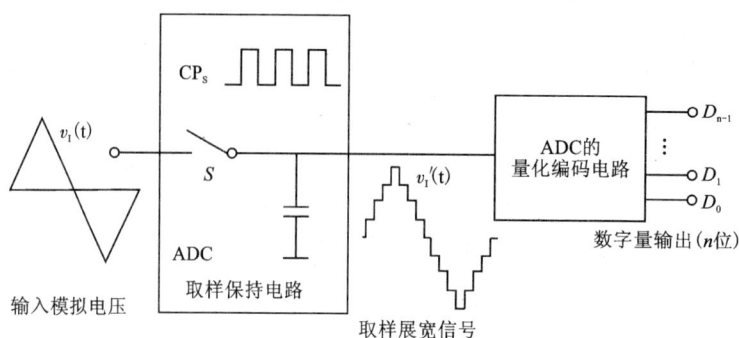

图 9 - 35　模拟量到数字量的转换过程

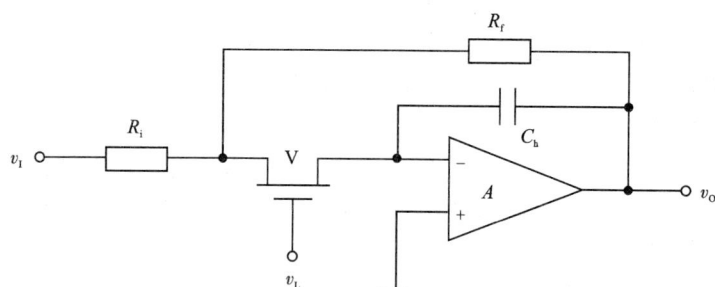

图 9 - 36　采样 - 保持电路的基本形式

放电回路，所以 v_o 的数值被保存下来，故 $u_o = u_c$ 保持不变，直到下一个采样脉冲到来。

由于采样过程中需要通过 R_i 和 T 向 C_h 充电，所以使采样速度受到了限制。同时，R_i 的数值又不允许取得很小，否则会进一步降低采样电路的输入电阻。

（2）量化和编码

我们知道，数字信号不仅在时间上是离散的，而且在数值上的变化也不是连续的。这就是说，任何一个数字量的大小，都是以某个最小数量单位的整倍数来表示的。因此，在用数字量表示取样电压时，也必须把它化成这个最小数量单位的整倍数，这个转化过程就叫做量化。所规定的最小数量单位叫做量化单位，用 Δ 表示。显然，数字信号最低有效位中的 1 表示的数量大小，就等于 Δ。把量化的数值用二进制代码表示，称为编码。这个二进制代码就是 A/D 转换的输出信号。

既然模拟电压是连续的，那么它就不一定能被 Δ 整除，因而不可避免的会引入误差，我们把这种误差称为量化误差。在把模拟信号划分为不同的量化等级时，用不同的划分方法可以得到不同的量化误差。

假定需要把 $0 \sim +1$ V 的模拟电压信号转换成 3 位二进制代码，这时便可以取 $\Delta = (1/8)$ V，并规定凡数值在 $0 \sim (1/8)$ V 之间的模拟电压都当作 $0 \times \Delta$ 看待，用二进制的 000 表示；凡数值在 $(1/8)$ V $\sim (2/8)$ V 之间的模拟电压都当作 $1 \times \Delta$ 看待，用二进制的 001 表示，等等，如图 9 - 37（a）所示。不难看出，最大的量化误差可达 Δ，即 $(1/8)$ V。

为了减少量化误差，通常采用图 9 - 37（b）所示的划分方法，取量化单位 $\Delta = (2/15)$

模拟电平	二进制代码	代表的模拟电平
1V	111	$7\Delta = (7/8)$V
7/8	110	$6\Delta = 6/8$
6/8	101	$5\Delta = 5/8$
5/8	100	$4\Delta = 4/8$
4/8	011	$3\Delta = 3/8$
3/8	010	$2\Delta = 2/8$
2/8	001	$1\Delta = 1/8$
1/8	000	$0\Delta = 0$
0		

(a)

模拟电平	二进制代码	代表的模拟电平
1V	111	$7\Delta = (14/15)$V
13/15	110	$6\Delta = 12/15$
11/15	101	$5\Delta = 10/15$
9/15	100	$4\Delta = 8/15$
7/15	011	$3\Delta = 6/15$
5/15	010	$2\Delta = 4/15$
3/15	001	$1\Delta = 2/15$
1/15	000	$0\Delta = 0$
0		

(b)

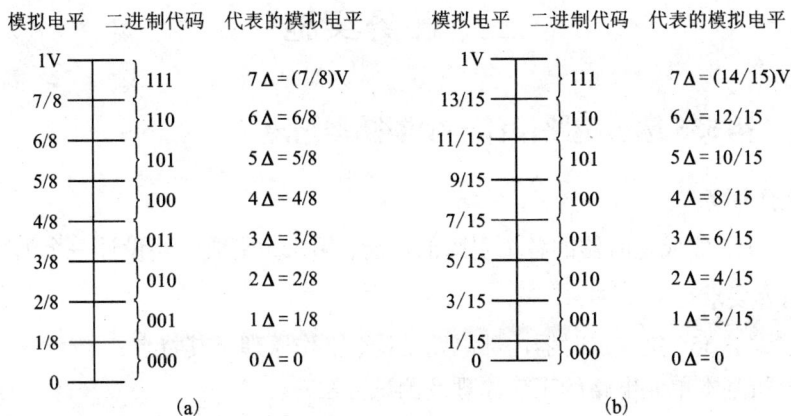

图 9 - 37　量化和编码

V，并将 000 代码所对应的模拟电压规定为 0 ~ （1/15） V，即 0 ~ $\Delta/2$。这时，最大量化误差将减少为 $\Delta/2 = （1/15）$ V。这个道理不难理解，因为现在把每个二进制代码所代表的模拟电压值规定为它所对应的模拟电压范围的中点，所以最大的量化误差自然就缩小为 $\Delta/2$ 了。

2.2.2　A/D 转换器的主要指标

（1）转换精度

单片集成 A/D 转换器的转换精度是用分辨率和转换误差来描述的。

①分辨率。分辨率说明 A/D 转换器对输入信号的分辨能力。A/D 转换器的分辨率以输出二进制（或十进制）数的位数表示。从理论上讲，n 位输出的 A/D 转换器能区分 2^n 个不同等级的输入模拟电压，能区分输入电压的最小值为满量程输入的 $1/2^n$。在最大输入电压一定时，输出位数愈多，量化单位愈小，分辨率愈高。例如 A/D 转换器输出为 8 位二进制数，输入信号最大值为 5 V，那么这个转换器应能区分输入信号的最小电压为 19.53 mV。

②转换误差。转换误差表示 A/D 转换器实际输出的数字量和理论上的输出数字量之间的差别。常用最低有效位的倍数表示。例如给出相对误差 ≤ ±LSB/2，这就表明实际输出的数字量和理论上应得到的输出数字量之间的误差小于最低位的半个字。

（2）转换时间

指 A/D 转换器从转换控制信号到来开始，到输出端得到稳定的数字信号所经过的时间。

不同类型的转换器转换速度相差甚远。其中并行比较 A/D 转换器转换速度最高，8 位二进制输出的单片集成 A/D 转换器转换时间可达 50 ns 以内。逐次比较型 A/D 转换器次之，他们多数转换时间在 10 ~ 50 μs 之间，也有达几百纳秒的。间接 A/D 转换器的速度最慢，如双积分 A/D 转换器的转换时间大都在几十毫秒至几百毫秒之间。在实际应用中，应从系统数据总的位数、精度要求、输入模拟信号的范围及输入信号极性等方面综合考虑 A/D 转换器的选用。

三、任务实施

任务1　用555集成电路设计一个消防报警器

1.1　工作任务

熟练运用555集成定时器的各个引脚的功能,用555集成电路设计一个消防报警器。

1.2　内容要求

(1)熟练掌握555集成定时器内部电路结构、工作原理及其特点;

(2)会分析基本单元电路的工作原理及测试方法;

(3)会使用常用的工具,万用电表测试元器件、双踪示波器测试各点波形等。

1.3　器材准备

+6 V直流电源一套、万用电表一个、双踪示波器一个、电吹风一个、555芯片1块;

晶体三极管3AX31(3AX81或3AG或3DU型光敏管)1个;

电容器:10 μF/10 V电解电容1个;0.01 μF的电容2个;

电阻:20 kΩ 1个;100 kΩ 1个;滑动变阻器2 kΩ 1个;5W 8Ω扬声器1个、导线若干。

1.4　实施步骤

(1)电路组成

简易消防报警电路如图9-38所示:

(2)电路工作原理

3AX31锗管在常温下,集电极和发射极之间的穿透电流 I_{CEO} 一般在 $10\sim50$ μA,且随温度升高而增大较快。当温度低于设定温度值时,晶体管T的穿透电流 I_{CEO} 较小,555复位端 $\overline{R}_D$(4)脚的电压较低,电路工作在复位状态,555定时器构成的多谐振荡

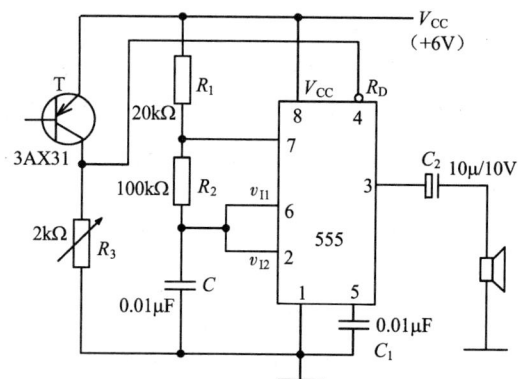

图9-38　简易消防报警电路图

器停振,扬声器不发声。当温度升高到设定温度值时,晶体管T的穿透电流 I_{CEO} 较大,555复位端 $\overline{R}_D$ 的电压升高到解除复位状态之电位,555定时器构成的多谐振荡器开始振荡,扬声器发出报警声。

(3)技能训练

按图接线,①先把测温元件3AX31置于要求报警的温度下,调节 R_1 使电路刚发出报警声,然后固定电阻 R_1。②用冷风吹3AX31,试听音响效果。③用热风吹3AX31,再试听音响效果。④根据电路鸣叫和不鸣叫的不同状态,测量集成电路有关引脚的电压并记录在表9-6中。

表9-6 简易消防报警电路检测表

测量点	电压值（V）							
555 引脚	①	②	③	④	⑤	⑥	⑦	⑧
不鸣叫								
鸣叫								
测试中出现的故障及排除方法								

注意事项：报警的音调取决于 555 定时器构成的多谐振荡器的振荡频率，由元件 R_2、R_3 和 C 决定，改变这些元件值，可改变音调，但要求 R_2 大于 $1\ k\Omega$。

1.5 考核评价

参考下篇表6-1实施。

四、模块习题

9-1 555 定时器主要由哪几部分组成？每部分各起什么作用？

9-2 555 定时器应用电路的基本形式有哪几种？

9-3 存储器有哪几种？它们的存储容量如何计算？

9-4 56×8 的存储器有多少根地址线、字线、位线？

9-5 随机存取存储器与只读存储器有什么不同？

9-6 PLA 的与或阵列与 ROM 的与或阵列有什么区别？

9-7 选择题

(1) TTL 单定时器型号的最后几位数字为_____。

A. 555　　　　B. 556　　　　C. 7555　　　　D. 7556

(2) 555 定时器可以组成_____。

A. 多谐振荡器　　　　　　　B. 单稳态触发器

C. 施密特触发器　　　　　　D. JK 触发器

(3) 一个容量为 1 K×8 的存储器有_____个存储单元。

A. 8　　　　B. 8 K　　　　C. 8000　　　　D. 8192

(4) 要构成容量为 4 K×8 的 RAM，需要_____片容量为 256×4 的 RAM。

A. 2　　　　B. 4　　　　C. 8　　　　D. 32

(5) 寻址容量为 16 K×8 的 RAM 需要_____根地址线。

A. 4　　　　B. 8　　　　C. 14　　　　D. 16

(6) 某存储器具有 8 根地址线和 8 根双向数据线，则该存储器的容量为_____。

A. 8×3　　　　B. 8K×8　　　　C. 256×8　　　　D. 256×256

(7) 随机存取存储器具有_____功能。

A. 读/写　　　　B. 无读/写　　　　C. 只读　　　　D. 只写

(8) 只读存储器 ROM 在运行时具有_____功能。

A. 读/无写　　　　B. 无读/写　　　　C. 读/写　　　　D. 无读/无写

(9)只读存储器 ROM 中的内容,当电源断掉后又接通,存储器中的内容_____。

A. 全部改变　　　B. 全部为 0　　　C. 不可预料　　　D. 保持不变

(10)随机存取存储器 RAM 中的内容,当电源断掉后又接通,存储器中的内容_____。

A. 全部改变　　　B. 全部为 1　　　C. 不确定　　　D. 保持不变

9-8　判断题(正确打√,错误的打×)

(1)实际中,常以字数和位数的乘积表示存储容量。(　　)

(2)RAM 由若干位存储单元组成,每个存储单元可存放一位二进制信息。(　　)

(3)用 2 片容量为 16 K×8 的 RAM 构成容量为 32 K×8 的 RAM 是位扩展。(　　)

(4)所有的半导体存储器在运行时都具有读和写的功能。(　　)

(5)ROM 的每个与项(地址译码器的输出)都一定是最小项。(　　)

(6)PROM 不仅可以读,也可以写(编程),则它的功能与 RAM 相同。(　　)

(7)PAL 的每个与项都一定是最小项。(　　)

(8)PAL 和 GAL 都是与阵列可编程、或阵列固定。(　　)

(9)PAL 的输出电路是固定的,不可编程,所以它的型号很多。(　　)

(10)GAL 不需专用编程器就可以对它进行反复编程。(　　)

9-9　用 PLA 实现下列逻辑函数:

$$F_1 = AB\bar{C} + \bar{A}C + A\bar{B}C$$
$$F_2 = \bar{A}B + AC + ABD + BCD$$

9-10　图 9-39 中所示为 555 定时器所构成的多谐振荡器。已知:$U_{DD} = 10$ V, $R_1 = 40$ kΩ, $R_2 = 80$ kΩ, $C = 1$ μF,求振荡周期 T,并对应画出 u_c 和 u_o 的电压波形。

9-11　分析图 9-40 所示 555 定时器断线光电隔离式保护电路的工作原理。

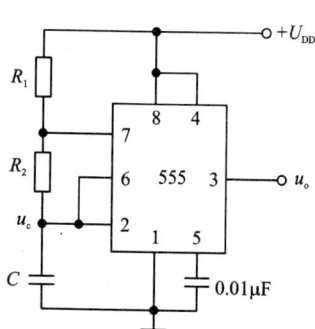

图 9-39　题 9-10 图

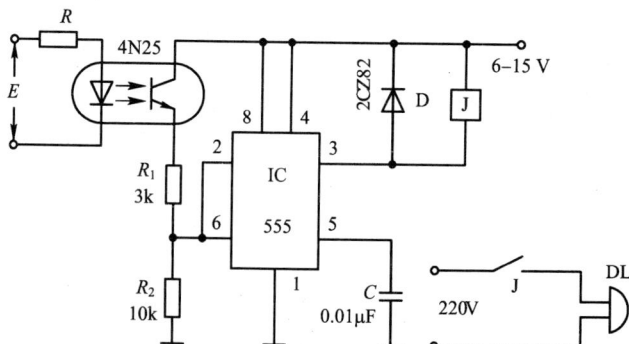

图 9-40　题 9-11 图

9-12　简述倒 T 形电阻网络实现 D/A 转换的基本原理。

9-13　简述 A/D 转换的基本步骤。

9-14　如果要求 D/A 转换器精度小于 2%,至少要用多少位 D/A 转换器?

9-15　某 8 位 D/A 转换器输出满度电压为 10 V,那它的 1LSB 对应电压值是多少?

9-16　举例说明 D/A 转换器、A/D 转换器在现实生活中的应用情况。

附录一　半导体器件命名方法

中国晶体三极管是根据"中华人民共和国国家标准 GB 249—89"半导体分立器件型号命名方法命名,通常由五个部分组成。具体的型号及含义如下表:

中国半导体器件型号组成部分的符号及其意义

第一部分		第二部分		第三部分				第四部分	第五部分
用数字表示器件的电极数目		用汉语拼音字母表示器件的材料和极性		用汉语拼音字母表示器件的类型				用数字表示器件序号	用汉语拼音字母表示规格号
符号	意义	符号	意义	符号	意义	符号	意义		
2	二极管	A	N 型,锗材料	P	普通管	D	低频大功率管		
		B	P 型,锗材料	V	微波管	A	高频大功率管		
		C	N 型,硅材料	W	稳压管	T	半导体晶闸管		
		D	P 型,硅材料	C	参量管	Y	体效应器件		
				Z	整流管	B	雪崩管		
3	三极管	A	PNP 型,锗材料	L	整流堆	J	阶跃恢复管		
		B	NPN 型,锗材料	S	隧道管	CS	场效应管		
		C	PNP 型,硅材料	N	阻尼管	BT	半导体特殊器件		
		D	NPN 型,硅材料	U	光电器件	FH	复合管		
		E	化合物材料	K	开关管	PIN	PIN 型管		
				X	低频小功率管	JG	激光器件		
				G	高频小功率管				

例如:3AG11C 表示 PNP 型锗材料高频小功率三极管,2CW11 表示 N 型硅材料稳压二极管。但场效应器件、半导体特殊器件、复合管、PIN 型管、激光器件的型号命名只由第三、四、五部分组成。

附录二 常用符号一览表

1 元器件(分立元件)

(1)器件名称

V	二极管、三极管、晶闸管、场效应管
A	放大器
S	开关
T	变压器
R_P	电位器

(2)器件管脚名称

本书采用小写英文字母表示各管脚名称(个别除外)

b	三极管基极
c	三极管集电极
e	三极管发射极,单结晶体管发射极
g(G)	场效应管栅极,晶闸管控制极
d(D)	场效应管漏极
s(S)	场效应管源极
a	晶闸管阳极
k	晶闸管阴极
b_1、b_2	单结管第一基极、第二基极

2 电压与电流

(1)电源电压

①符号规定。大写的英文字母 U,下角标采用大写的英文字母,并双写该字母。

②符号

U_{BB}	晶体三极管基极电源电压,单结晶体管的电源电压
U_{CC}	晶体三极管集电极电源电压
U_{EE}	晶体三极管发射极电源电压
U_{GG}	场效应管栅极电源电压,晶闸管控制极电源电压
U_{DD}	场效应管漏极电源电压
U_{AA}	晶闸管阳极电源电压

(2)电压与电流

①符号规定

英文小写字母符号 $u(i)$,其下标若为英文小写字母,则表示交流电压(电流)瞬时值(例如,u_o 表示输出交流电压瞬时值)。

　　英文小写字母符号 $u(i)$，其下标若为英文大写字母，则表示含有直流的电压(电流)瞬时值(例如，u_0 表示含有直流的输出电压瞬时值)。

　　英文大写字母符号 $U(I)$，其下标若为英文小写字母，则表示正弦电压(电流)有效值或幅值(例如，U_0 表示输出正弦电压有效值)。

　　英文大写字母符号 $U(I)$，其下标若为英文大写字母，则表示直流电压(直流)(例如，U_0 表示输出直流电压)。

　　若在英文大写字母符号 $U(I)$ 之前加符号"△"，则表示直流电压(电流)的变化量。

②符号使用

U_B、U_C、U_E	基极、集电极、发射极的直流电压
U_{BE}	三极管基射极间的直流电压
U_{BRCEO}	基极开路时三极管集射极间的反向击穿电压
$U_{(BR)EBO}$	集电极开路时三极管射基极间的击穿电压
u_i	交流输入电压
u_o	交流输出电压
U_{CE}	三极管集射极间直流电压
U_{CES}	三极管的集射极间饱和压降
u_s	信号源电压
i_B	基极含有直流成分的瞬时电流
i_C	集电极含有直流成分的瞬时电流
i_E	发射极含有直流成分的瞬时电流
i_b	基极交流电流
i_c	集电极交流电流
i_e	发射极交流电流
I_{BQ}、I_{CQ}、I_{EQ}	基极、集电极、发射极的静态工作电流
I_{BS}	临界基极饱和电流
I_{CS}	临界集电极饱和电流
I_{CBO}	发射极开路时的集基极间的反向饱和电流
I_{CEO}	基极开路时的集射极间的穿透电流
I_{CM}	集电极最大允许电流
$U_{GS(th)}$	场效应管开启电压
$U_{GS(off)}$	场效应管夹断电压
U_{GS}	场效应管栅源间直流电压
U_{gs}	栅源间的交流电压
I_D	漏极直流电流
U_{DS}	漏源间直流电压
U_{ds}	漏源间的交流电压
I_A	流过晶闸管阳极的直流电流
i_a	流过晶闸管阳极的交流电流
U_{GK}	晶闸管控制极至阴极间的直流电压

u_f	反馈电压
u_{id}	差模输入电压，净输入电压
u_{ic}	共模信号电压
U_+、I_+	运放同相端的输入电压、输入电流
U_-、I_-	运放反相端的输入电压、输入电流
U_Z、I_Z	稳压管的稳定电压、稳定电流
I_F	最大整流电流
U_{RM}	最大反向工作电压
I_R	二极管的反向电流
f_M	二极管的最高工作频率
U_{REF}	电压比较器的参考电压
U_{TH}	阈值电压或门限电压
U_{TH}，U_{TL}	上门限电压、下门限电压
ΔU_{TH}	回差电压
u_{FM}	调频信号电压
u_{AM}	调幅信号电压
u_{PM}	调相信号电压
u_{DSB}	双边带调幅信号电压
u_{SSB}	单边带调幅信号电压
u_Ω	调制信号电压
u_C	载波电压

3　功率

P_{CM}	集电极最大耗散功率
P_{DC}	直流电源提供的功率
P_C	二极管耗散功率
P_O	输出功率
P_{Omax}	最大输出功率

4　电阻、电容、电感

R_b	基极偏置电阻
R_c	集电极电阻
R_e	发射极电阻
R_L	负载电阻
r_i	输入交流电阻
r_{be}	基射极间的输入电阻
r_o	输出交流电阻
r_s	信号源内阻
r_{id}	差模输入电阻
r_{od}	差模输出电阻

r_{if}	具有反馈时的输入电阻
r_{of}	具有反馈时的输出电阻
R_g	场效应管的栅极电阻
R_d	场效应管的漏极电阻
R_s	场效应管的源极电阻
C	电容
L	电感

5　频率参数

f_H	放大电路的上限截止频率
f_L	放大电路的下限截止频率
BW	通频带
f_0	振荡频率
ω_0	谐振角频率
f_{Hf}	具有反馈时的上限截止频率
f_{Lf}	具有反馈时的下限截止频率
f_s	晶体的串联谐振频率
f_p	晶体的并联谐振频率

6　性能参数

$\bar{\beta}$	三极管直流电流放大倍数
β	三极管交流电流放大倍数
A_u	交流电压放大倍数
A_{us}	源电压放大倍数
A_i	电流放大倍数
g_m	场效应管低频跨导
η	效率
A_{ud}	差模电压放大倍数
A_{uc}	共模电压放大倍数
K_{CMR}	共模抑制比
A	开环放大倍数
A_{uf}	闭环电压放大倍数
γ	稳压系数
s	纹波电压
δ	占空比
S_T	温度系数
φA	放大电路的相位移
φB	反馈网络的相位移

附录三　常用词汇英汉对照表

1. 低频电子线路　　　　　low frequency electronic circuits
2. 高频电子线路　　　　　high frequency electronic circuits
3. 模拟电子线路　　　　　analogue electronic circuits
4. 数字电路　　　　　　　digital circuits
5. 电力电子　　　　　　　power electronic
6. 无线电技术基础　　　　fundamentals of radio technology
7. 电路基础　　　　　　　fundamentals of electronic circuits
8. 电路　　　　　　　　　circuits
9. 微机原理　　　　　　　microcomputer systems
10. 传感技术　　　　　　sensor-based technology
11. 信号与系统　　　　　signals and systems
12. 通信原理　　　　　　communication principle
13. 移动通信　　　　　　mobile communication
14. 光纤通信　　　　　　fiber optic communication
15. 卫星通信　　　　　　satellite communication
16. 数字通信　　　　　　digital communication
17. 通信终端设备　　　　terminal units of communication
18. 电子测量　　　　　　measurement and instrumentation
19. 专业英语　　　　　　professional English
20. 电磁场和电磁波　　　electromagnetic field and electromagnetic wave
21. 计算机应用基础　　　basis of computer application
22. 电视原理　　　　　　television principles
23. 彩色电视机原理　　　color television principles
24. 音像技术　　　　　　technology of audio-visuals
25. 接口技术　　　　　　computer interfacing
26. C 语言　　　　　　　computing in C Language
27. 单片机原理　　　　　single-chip computer systems
28. 计算机网络　　　　　computer network
29. 网络与通信　　　　　network and communications
30. 办公自动化设备　　　OA equipment
31. 多媒体技术　　　　　multimedia technology
32. 电阻　　　　　　　　resistor
33. 电解电容　　　　　　electrolytic capacitor

34.	电容	capacitor
35.	电感	inductor
36.	运算放大器	operational amplifier
37.	直流电压器	DC voltage source
38.	直流电流器	DC current source
39.	交流电压器	AC voltage source
40.	交流电流器	AC current source
41.	三极管	transistor
42.	二极管	diode
43.	发光二极管	LED（light-emitting diode）
44.	稳压二极管	zener diode
45.	与门	AND
46.	或门	OR
47.	非门	NOT
48.	与非门	NAND
49.	或非门	NOR
50.	与或非门	AND – OR – NOT
51.	异或门	XOR
52.	同或门	NXOR
53.	二进制数	Binary number
54.	二 – 十进制码	Binary-decimal-code（BCD）
55.	十进制数	Decimal number
56.	八进制数	Octal number
57.	十六进制数	Hexdecimal number
58.	正逻辑	Positive logic
59.	负逻辑	Negative logic
60.	上升沿	Rise edge
61.	下降沿	Fall edge
62.	电平触发	Level triggered
63.	边沿触发	Edge triggered
64.	开关特性	Switching characteristics
65.	开关时间	Switching time
66.	开启电压	Threshold voltage
67.	地	ground
68.	时钟	Clock
69.	脉冲	Pulse
70.	延迟	Delay
71.	复位	Reset
72.	同步	Synchronous

73. 异步   Asynchronous
74. 集成电路   Integrated circuit（IC）
75. 组合逻辑电路   Combinational logic circuit
76. 时序逻辑电路   Sequential logic circuit
77. 奇偶校验   Parity check
78. 存储器   Memory
79. 只读存储器   Read-only memory（ROM）
80. 随机存取存储器   Random access memory（RAM）
81. 触发器   flip-flop
82. 锁存器   latch
83. 反相器   Inverter
84. 计数器   Counter
85. 分频器   Frequency devider
86. 比较器   Comparator
87. 加法器   Adder
88. 半加器   Half Adder
89. 全加器   Full Adder
90. 串行进位加法器   Serial carry Adder
91. 译码器   Decoder
92. 编码器   Encoder
93. 寄存器   Register
94. 移位寄存器   Shift Register
95. 数据选择器   Multiplexer
96. 数据分配器   Data distributor/ Demultiplexer
97. 七段显示器   Seven-segment display
98. 七段译码器/驱动器   Seven-segment decoder/driver
99. 多谐振荡器   Multivibrator
100. 数/模转换器   Digital to Analog converter（ADC）
101. 模/数转换器   Analog to Digital converter（DAC）

参 考 文 献

［1］蔡元宇. 电路及磁路. 北京：高等教育出版社，1991

［2］邱关源. 电路. 北京：高等教育出版社，1995

［3］秦曾煌. 电工学. 北京：高等教育出版社，2003

［4］刘连青. 电工与电子技术基础. 北京：电子工业出版社，2003

［5］刘子林. 电机与电气控制. 北京：电子工业出版社，2003

［6］丁卫民. 电工学与工业电子学. 北京：机械工业出版社，2002

［7］陈小虎. 电工电子技术. 北京：高等教育出版社，2000

［8］赵承获. 电机与电气控制技术. 北京：高等教育出版社，2002

［9］黄净. 电气控制与可编程控制器. 北京：机械工业出版社，2004

［10］甄贵章. 机电控制技术. 北京：农业出版社，20004

［11］王少华. 电工电子技术基础. 长沙：中南大学出版社，2005

［12］康华光. 电子技术基础. 北京：高等教育出版社，1999

［13 ］李源生. 电工电子技术. 北京：清华大学出版社，2004

［14］陈新龙. 胡国庆. 电工电子技术基本教程. 北京：清华大学出版社，2006

［15］华成英. 模拟电子技术基础教程. 北京：清华大学出版社，2006

［16］张立生. 危水根. 电路与模拟电子技术. 北京：清华大学出版社，2006

［17］胡宴如. 模拟电子技术. 北京：高等教育出版社，2000

［18］付植桐. 电子技术. 北京：高等教育出版社，2004

［19］张龙兴. 电子技术基础. 北京：高等教育出版社，2003